第二版
The Second Edition

精解

中国仿古建筑构造

ZHONGGUO
FANGGUJIANZHU
GOUZAO
JINGJIE

田永复 编著

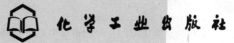
化学工业出版社

·北京·

本书在第一版基础上修正了书中存在的一些错漏之外，并补充了一些适应当前仿古建筑设计与建造需要的新内容。全书共分 7 章，分别介绍了中国仿古建筑的特色，中国仿古建筑木构架、屋面瓦作、围护结构、台基地面结构以及装饰装修等方面的知识，最后还就仿古建筑设计施工方面进行了点拨。

　　本书综合了《营造法式》《工程做法则例》《营造法原》等专著的基本内容，对仿古建筑的基本构造、名词术语、设计原理、施工要点等，进行专题专述、以文配图、释疑解难，以求达到使初学者易学易懂，给教学者解决疑难，让设计者有所参考，供施工者学习借鉴的目的。

图书在版编目（CIP）数据

　　中国仿古建筑构造精解/田永复编著 . —2 版 . —北京：
化学工业出版社，2013.5（2022.1重印）
　　ISBN 978-7-122-16714-9

　　Ⅰ.①中…　Ⅱ.①田…　Ⅲ.①仿古建筑-建筑构造-中国
Ⅳ.①TU29

　　中国版本图书馆 CIP 数据核字（2013）第 049343 号

责任编辑：王　斌　邹　宁　　　　　　　　　　　装帧设计：王晓宇
责任校对：边　涛

出版发行：化学工业出版社（北京市东城区青年湖南街 13 号　邮政编码 100011）
印　　装：中煤（北京）印务有限公司
787mm×1092mm　1/16　印张 20¼　字数 520 千字　　2022 年 1 月北京第 2 版第 12 次印刷

购书咨询：010-64518888　　　　　　　售后服务：010-64518899
网　　址：http://www.cip.com.cn
凡购买本书，如有缺损质量问题，本社销售中心负责调换。

定　　价：85.00 元　　　　　　　　　　　　　　　　版权所有　违者必究

本书第一版综合了《营造法式》、《工程做法则例》、《营造法原》等著作的基本内容，易学易懂，出版后受到读者的广泛欢迎，已多次重印，成为古建领域的畅销图书。广大读者对于该书给出了较高的评价，作为出版者我们深感欣喜和鼓舞。读者认为该书通俗易懂，适合初学者快速掌握古建知识，称其为"现代精简版营造法式"、"学古建必备案头书"。

与此同时，我们也收到了读者对于该书的一些批评和修改意见，本着对读者负责的态度，我们邀请原书作者对第一版的书稿进行了通读，对发现的问题进行了修正，并根据读者反馈补充了一些适应当前仿古建筑设计与建造需要的新内容。另一方面，书中插图较多，而且大多具有丰富的、有价值的细节内容，而第一版的插图较小，给阅读带来一定的影响，为了进一步改善阅读体验，我们提升了用纸品质，并调整版式使其更为合理，这样，本书在具有较强实用性的同时也具有了一定的收藏价值，希望修订过后的图书能够成为此领域的一本经典图书。

最后，再次感谢读者对本书的大力支持，也希望《中国仿古建筑构造精解（第二版）》能够为我国古建筑知识的普及做出更大的贡献。我们化学工业出版社建筑出版分社也将为建筑行业专业人士、高等院校建筑专业师生以及广大建筑爱好者带去更多更好的专业图书。

化学工业出版社
建筑出版分社
2013 年 3 月

再版说明

中国古建筑是中华民族的重要遗产，它充分体现了我们祖先的聪明才智，也对我国建筑事业做出了巨大贡献。随着我国经济文化的不断发展，中国仿古建筑已逐渐融入到我国建筑行业领域，广泛应用于全国各地的旅游景点和风景庭院。本书是为仿古建筑爱好者提供学习、设计、施工和具体实践的参考书籍。它综合了《营造法式》、《工程做法则例》、《营造法原》等专著的基本内容，对仿古建筑的基本构造、名词术语、设计原理、施工要点等，进行专题专述、以文配图、释疑解难，以求达到使初学者易学易懂，给教学者解决疑难，让设计者有所参考，供施工者学习借鉴的目的。

全书按仿古建筑特点分成 7 章，将各种常规性仿古建筑的构造图样、规格尺寸、名词释疑等，进行既有综合性，又有独立性的解释说明，以方便读者查阅和使用。具体内容如下。

第 1 章　中国仿古建筑特色论述。概括论述中国仿古建筑的形式，中国仿古建筑的度量，中国仿古建筑的斗栱的基础知识。

第 2 章　中国仿古建筑木构架。分别讲解庑殿、歇山、硬山、悬山、亭子、游廊、水榭、石舫的木构架及其各个构件的具体结构。

第 3 章　中国仿古建筑屋面瓦作。综合介绍屋面形式，屋面瓦作，屋脊构造的实施方法。

第 4 章　中国仿古建筑围护结构。重点释疑木门窗围护结构，砖墙砌体围护结构，砖料装饰构件的相应内容。

第 5 章　中国仿古建筑台基地面结构。具体分述台基结构，其他石作构件，地面结构的相关特点。

第 6 章　中国仿古建筑装饰装修。精炼剖析通用装饰构件，室内装修结构，室外装饰结构，仿古建筑油漆彩画的具体内容。

第 7 章　中国仿古建筑设计施工点拨。分别介绍仿古建筑设计绘图要点、仿古建筑有关施工要点的点拨。

中国仿古建筑的设计与施工是实践性很强的工作，需要在实践中不断总结经验和积累知识，由于本人知识的局限性，对本书编写中存在的不足之处，恳请广大读者批评指正，在此表示谢意。

在本书编写过程中，吴宝珠、杨芳、徐俭红、杨晓东、廖艳平、田春英、孟宪军、田夏峻、田夏涛、孟晶晶等担任了部分章节的收集、整理和绘图工作，在此一并表示谢意。

编著者

2009 年 10 月

第 一 版 前 言

第3章 中国仿古建筑屋面瓦作 ················· 115

第1章
中国仿古建筑特色论述

1.1 中国仿古建筑的形式

1.1.1 中国古建筑历史文献原著有哪些
——《营造法式》、《工程做法则例》、《营造法原》

中国古建筑在历经唐宋元明清时期后，留有两部完整的历史文化遗产，即：宋朝李诚修编的《营造法式》和清朝颁布的工部《工程做法则例》，它给我们研究仿古建筑工程提供了很好的依据。而在江浙一带江南营造世家姚承祖的民间著作《营造法原》也颇有影响。

1. 宋《营造法式》

《营造法式》是北宋崇宁二年（即1103年）颁发的一部关于"土木工程做法和工料定额"的法典文本，由当时朝廷主管土木工程部门"将作监"的官吏李诚（字李仲明）编修成书。全书分列为：释名、诸作制度、功限、料例、图样五大部分，共三十六卷。

卷一、卷二为"总释"，主要考证、注释建筑术语，订出"总例"。卷三至卷十五为诸作制度，即：壕寨制度、石作制度、大木作制度、小木作制度、雕作制度、旋作制度、锯作制度、竹作制度、瓦作制度、泥作制度、彩画作制度、砖作制度、窑作制度等。卷十六至卷二十五为诸作工限，即上述诸作的劳动定额和计算方法。卷二十六至卷二十八为诸作料例，即上述诸作的用料定额和工艺等。卷二十九至卷三十四为图样，包括总例、壕寨、石作、大木作、小木作、雕作、彩画作等所涉及的图样。

2. 清《工程做法则例》

《工程做法则例》是清朝雍正十二年（即1734年）间，由以管理工部事务的和硕果亲王允礼为首的15名官员，"将营建坛庙、宫殿、仓库、城垣、寺庙、王府及一切房屋油画裱糊等项工程做法，应需工料，详细酬拟物料价值"，经核实造册而成的工程条例，上报朝廷批准颁布作为官方营建工程的执行文件。全书共七十四卷。

卷一至卷二十为庑殿、歇山、硬山等大木作做法；卷二十一至卷二十七为垂花门、亭廊等小式大木作做法；卷二十八至卷四十为各规格斗栱做法；卷四十一为各项装修做法；卷四

1

十二至卷四十七为石作、瓦作、土作等做法；卷四十八至卷六十为各工种用料数量规定；卷六十一至卷七十四为各种用工数量规定。

3. 吴《营造法原》

《营造法原》是指以苏州、无锡、浙江等（三国时代吴国）地区为代表的江南民间古建筑形式，我们简称之为"吴制"，它是江南营造世家姚承祖（字汉亭）先生晚年根据家藏秘籍和图册，在（1935年）前苏州工专建筑工程系所编的讲稿，经原南京工学院张至刚教授整理改编而成的民间著作。全书共十六章。

第一章为地面总论，讲解房屋台基基本知识。第二章为平房楼房大木总例。第三章为提栈总论，介绍屋架基本知识。第四章为牌科，介绍斗栱内容。第五章为厅堂总论。第六章为厅堂升楼木架配料。第七章为殿堂总论，讲解房屋的基本结构知识。第八章为装折，介绍门窗及室内装饰。第九章为石作，介绍石砌结构知识。第十章为墙垣。第十一章为屋面瓦作及筑脊。第十二章为砖瓦灰砂纸筋应用之例。第十三章为做细清水砖作等，介绍砖墙、屋面瓦作的基本知识。第十四章为工限，说明木作及水作的用工标准。第十五章为园林建筑总论。第十六章为杂俎，简单介绍园林其他小型建筑物基本知识。

1.1.2 中国仿古建筑结构特点及其组成如何
——大屋顶、木骨架、檐装饰、石台基

中国仿古建筑的结构特点，可归纳为四句话，即：大屋顶、木骨架、檐装饰、石台基。

大屋顶是指：屋顶垂直高度大，屋坡陡曲屋脊峻峭，屋檐外伸距离宽，如图1-1-1所示，表现出中华建筑的民族气势。

木骨架是指：整个房屋的受力是由桁梁枋柱等组成的木构架承担，房屋建筑的体形大小和间数分隔也由木构架布置决定，如图1-1-2所示。

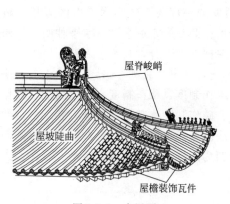

图1-1-1 大屋顶

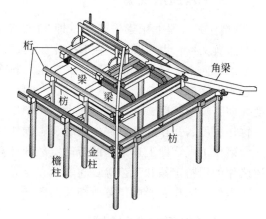

图1-1-2 木骨架

檐装饰是指：屋面檐口采用瓦件装饰（如图1-1-1所示）和墙柱顶檐采用斗栱（如图1-1-3所示）或砖檐装饰，使整个建筑显得多姿多彩。

石台基是指：整栋房屋通过柱网组合架立在石砌承台上，它有效地解决了荷载传递、地面排水、地坪坚实等问题，如图1-1-4所示。

中国仿古建筑房屋的总体构造，由：木构架结构、屋顶结构、围护结构、台基地面结构、装饰装修构件五大部分组成。

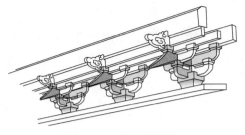

图 1-1-3　檐斗栱装饰

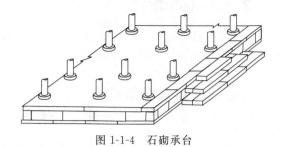

图 1-1-4　石砌承台

1.1.3 中国仿古建筑的类型如何划分

——时代特征，房屋造型，使用功能

中国仿古建筑的类型和形式很多，但具有普及性和代表性的类型，可以归纳为三种分法，即：按时代特征分类，按房屋造型分类，按使用功能分类。

1. 按时代特征分类

中国古建筑从秦汉时期（公元前 221 年～公元 220 年）至明清时代（公元 1368 年～公元 1911 年），历经秦、汉；三国、两晋、南北朝；隋、唐、五代；宋、辽、金、元；明、清等十多个朝代的变迁和进化，根据历史文化和营造技术水平的发展，可归纳为三个历史时期的建筑，即：将秦、汉；三国、两晋、南北朝这一时期的建筑，我们列为汉式建筑。将隋、唐、五代；宋、辽、金、元这一时期的建筑，我们列为宋式建筑。将明、清两个朝代的建筑，列为清式建筑。

因此，中国仿古建筑，按时代特征分类，分为汉式建筑、宋式建筑和清式建筑。

2. 按房屋造型分类

中国仿古建筑，按房屋造型分类，分为：庑殿建筑、歇山建筑、硬山悬山建筑、攒尖顶建筑等，如图 1-1-5 所示。其他还有一些在此基础上进行屋顶变化的形式，如盔顶建筑、十字顶建筑、工字建筑等，但都不太普及。

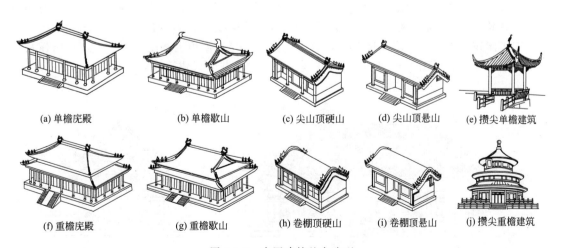

(a) 单檐庑殿　　(b) 单檐歇山　　(c) 尖山顶硬山　　(d) 尖山顶悬山　　(e) 攒尖单檐建筑

(f) 重檐庑殿　　(g) 重檐歇山　　(h) 卷棚顶硬山　　(i) 卷棚顶悬山　　(j) 攒尖重檐建筑

图 1-1-5　中国建筑基本造型

3. 按使用功能分类

中国仿古建筑，按使用功能分类，分为：殿堂楼阁、凉亭游廊、水榭石舫、垂花门牌楼等类型，如图 1-1-21～图 1-1-30 所示。

1.1.4 汉式建筑有何特点

——造型平直、檐角微翘、装饰朴实

在中国封建时代初期，秦灭六国统一王朝以前，中国建筑是以茅草屋顶、木骨泥墙、筑土台基为主体的"茅茨土阶"台榭体系结构，没有形制定格。当发展到秦汉至南北朝时期，开始大兴秦砖汉瓦，废弃台榭体系，兴盛木构架技术，才使中国建筑具有了一定的形制风格，我们将这个时期的建筑通称为"汉代建筑"。由于这个时期战乱横行，年代久远而没有留下历史建筑遗物，在仿古建筑中，只能根据考古学家对出土文物的发掘、考证和总结，取得一些依据。

汉式建筑的特点为：整体造型平直舒展、脊端檐角微微上翘、屋脊装饰朴实无华。如图 1-1-6 所示为仿汉式建筑"项王故里"的英风阁大殿，展示了楚汉相争时期的建筑风格。

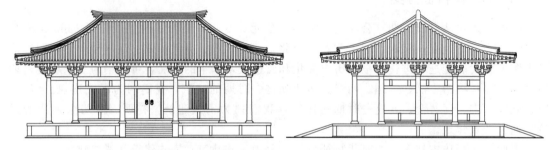

图 1-1-6　汉式建筑（英风阁大殿）

1.1.5 宋式建筑有何特点

——脊檐弯曲、檐角上翘，装饰华丽

从隋唐至宋元时期，是中国古建筑的鼎盛发展时期，无论是建筑规模、建筑种类，还是装饰的豪华程度，都有了飞跃发展和提高。虽然唐、宋、辽、金、元时期的建筑在细节上有些不同，但基本上都符合宋《营造法式》的理论要求，我们将这一时期的建筑称为"宋式建筑"。

宋式建筑的特点为：屋顶屋檐有明显下弯曲线，脊端檐角上翘度比较大，屋脊屋檐及木架装饰繁华绚丽。如图 1-1-7 所示为《营造法式》中所载宋式建筑立面图样。

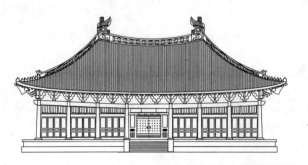

图 1-1-7　宋式建筑

1.1.6 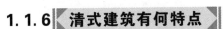 清式建筑有何特点

——造型稳重，脊檐正规、翼角稍翘，华而不繁

中国古建筑经过唐宋时期的飞跃发展后，明清时期开始转型进入稳固、提高和标准化时期，将群龙无首的土木建筑，正式纳入到统治集团的管辖范畴，并产生出清工部《工程做法则例》的条例文件。因此，我们将这个时期的建筑称为"清式建筑"。

清式建筑的特点是：整体造型稳重大方，屋脊屋檐中规中矩，正脊平直、翼角稍翘，装饰豪华而不繁缛。如图1-1-8所示为清式单檐庑殿建筑。

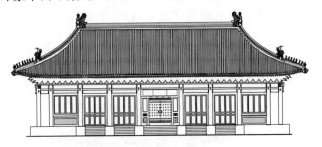 

图1-1-8　清式建筑（单檐庑殿建筑）

1.1.7 庑殿建筑是怎样的

——四阿殿、五脊殿、吴殿、四合舍

庑殿建筑在我国古代房屋建筑中是等级最高的一种建筑形式，由于它体大庄重、气势雄伟，在古代封建社会里，它是皇权、神权等最高统治权威的象征，因此，庑殿一般只用于宫殿、坛庙、重要门楼等，而其他官府、衙役、商铺、民舍等多不允许采用。

庑殿建筑是一个具有前、后、左、右四个坡面屋顶的建筑，清称它为"四阿殿"；又因为最上层屋顶由五个屋脊所组成，故宋称它为"五脊殿"、"吴殿"。吴称它为"四合舍"。根据建筑立面的檐口形式，又分为单檐庑殿（如图1-1-9所示）和重檐庑殿（如图1-1-10所示）。

 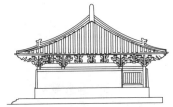

图1-1-9　五台山佛光寺大殿（宋式单檐庑殿）

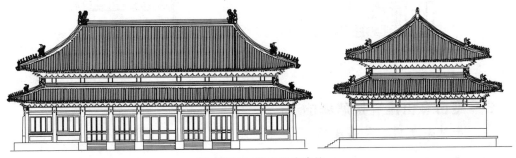

图1-1-10　清式重檐建筑

1.1.8 歇山建筑是怎样的

——九脊殿、厦两头造、曹殿、汉殿

在封建社会时期等级制度中，歇山建筑是仅次于庑殿建筑的一种等级，由于它具有造型优美活泼，姿态表现适应性强等特点，被得到广泛应用，大者可用作殿堂楼阁，小者可用作亭廊舫榭，是园林建筑中运用最为普遍的建筑之一。

歇山建筑也是一种四坡形屋面，但在其山面不像庑殿屋面那样直接由正脊斜坡而下，而是通过一个垂直山面之后再斜坡而下，故取名为歇山建筑，这种建筑的单檐屋顶由四个坡面、九条屋脊（1正脊、4垂脊、4戗脊）所组成，故有称为"九脊殿"，宋又称为"厦两头造"、"曹殿"、"汉殿"。

歇山建筑依据屋顶形式不同，分为尖山顶（如图1-1-11、图1-1-12、图1-1-14所示）和卷棚顶（如图1-1-13所示）两种，每种又可分为单檐建筑和重檐建筑。

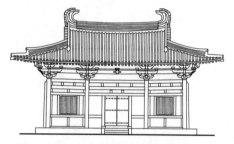

图1-1-11 山西南禅寺大殿（唐代建筑）

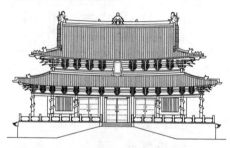

图1-1-12 山西晋祠圣母殿（宋代建筑）

图1-1-13 卷棚顶单檐（清代建筑）

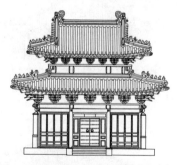

图1-1-14 山尖顶单檐（清代建筑）

1.1.9 硬山悬山建筑是怎样的

——封山屋顶、悬山屋顶

硬山与悬山建筑是一种普通人字形的两坡屋面建筑，它用于普通民舍和大式建筑的偏

6

房。在封建等级社会里，它是属于最次等的普通建筑，但实际上它所接触的范围面广量大，一切不太显眼和不重要的房屋，都采用硬山、悬山建筑形式。

硬山、悬山建筑也分为尖山顶式和卷棚顶式两种，一般只做成单檐形式，很少做成重檐结构。

① 硬山建筑的特点是：两端山墙与屋面封闭相交，山面没有伸出的屋檐，山尖显露突出，木构架全部封包在墙体以内，如图 1-1-15 所示。

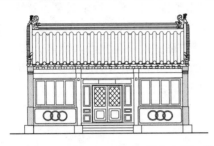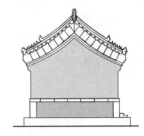

图 1-1-15　硬山顶建筑

② 悬山建筑的特点是：两端屋顶伸出山墙之外悬挑，以遮挡雨水不直接淋湿山墙，这可使两端山墙的山尖做成透空型，以利调节室内空气，特别适合潮湿炎热地区的居室。整个体形比硬山显得更为活泼，如图 1-1-16 所示。

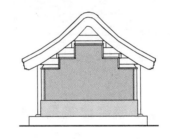

图 1-1-16　悬山顶建筑

1.1.10　攒尖建筑是怎样的
——尖屋顶

攒尖顶建筑是指将屋顶积聚成尖顶形式的建筑，它由一个尖脊顶及其辐射的若干垂脊所组成，可用于作为观赏性殿堂楼阁和凉亭建筑。

殿堂楼阁型建筑可做成多边形和圆形，也可做成单檐和重檐，如图 1-1-17、图 1-1-18 所示。

亭子建筑也分为单檐亭和重檐亭两大类；每一类又可分为多角亭、圆形亭等，如图 1-1-19、图 1-1-20 所示。

图 1-1-17　故宫中和殿　　图 1-1-18　天坛祈年殿　　图 1-1-19　单檐角亭　　图 1-1-20　重檐圆亭

1. 1. 11 　何谓殿堂楼阁

——储藏静修为阁、观赏娱乐为楼

殿堂（即宫殿与厅堂）一般是指规模较大的大厅式建筑物，宫殿是规模雄伟壮观并具有一定权威的建筑，厅堂是规模较次而平易近人的建筑。其建筑形式大多为庑殿、歇山建筑，只有较少数厅堂为硬山、悬山建筑。在园林建筑中多用于接待宾馆、游乐展览、餐饮商业等用房。

楼阁是指二层及其以上古式房屋，各层带有平座（即挑廊），一般为歇山和攒尖顶形式。对以用作储藏静修为主者多命名为"阁"；对以用作观赏娱乐为主者多命名为"楼"。如图 1-1-21 所示为天津蓟县独乐寺观音阁（辽代建筑）。如图 1-1-22 所示为武汉黄鹤楼（仿唐宋建筑）。

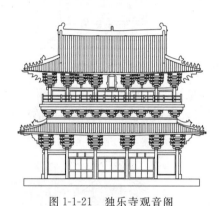

图 1-1-21　独乐寺观音阁　　　　　　　　　　图 1-1-22　武汉黄鹤楼

1. 1. 12 　亭子游廊建筑是怎样的

——透空亭、长廊

亭子是指有顶无墙的透空型小型建筑物，是园林中不可缺少的建筑，"无亭不成园"在我国有着悠久的历史，它是供游人观赏、乘凉小憩之所，被得到广泛的应用，如用作路亭、街亭、桥亭、井亭、凉亭和钟鼓亭等。依其平面形式可以分为多角亭、圆形亭、扇形亭和矩形亭等；依高低层次分为单檐亭、重檐亭、多层亭等。如上图 1-1-23 所示。

上下多边形重檐亭　　　苏州拙政园扇面亭　　　北京北海见春亭　　　上圆下方形重檐亭

图 1-1-23　亭子建筑

游廊又称长廊，是供游人遮风挡雨的廊道篷顶建筑，它具有可长可短、可直可曲、随形而弯、依势而曲的特点，因此，它常作为蟠山围腰、穿水渡桥，以及各种地理环境之中的风景配套建筑。依其地势造型不同，可命名为：直廊、曲廊、回廊、水廊、桥廊、爬山廊、叠落廊等。如图 1-1-24 所示。

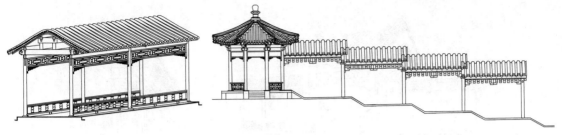

图 1-1-24　游廊建筑

1.1.13　水榭石舫建筑是怎样的

——亭榭、画舫

水榭是属于亲水平台式建筑物，它既可临岸建筑，也可引桥于水中建筑，很像是漂浮于湖水景色之中的水上凉亭，所以也称为"亭榭"。

"榭"最早是指筑在高台上的简易木构草亭，用来作为阅兵训武的指挥凉棚，以后将它引用到园林中，并加以修饰和发展，才成为如今的水榭。

水榭一般都是为四面透空的矩形建筑，如图 1-1-25 所示为南京中山陵方形水榭；图 1-1-26 所示为北京颐和园谐趣园的组合形水榭。

图 1-1-25　南京中山陵水榭

图 1-1-26　北京颐和园谐趣园水谢

石舫是仿船形的傍岸建筑，是诗情画意的忆景产物，它似船非船，似景非景，但给园林景色的点缀起着很美妙的作用。石舫有的称为"画舫"，南方地区称为"旱船"，游人可在船舱或甲板上谈诗论画，促膝谈心。它是将石基台座做成船形，再在其上修建楼廊亭阁而成，图 1-1-27 为北京日坛公园清式石舫，图 1-1-28 为西安大唐兴庆宫石舫。它们都可做成跳板形搭桥与陆地连接，以达到以假乱真的目的。

图 1-1-27　北京日坛公园石舫

图 1-1-28　西安大唐兴庆宫石舫

1.1.14　垂花门、楼牌是怎样的

——屋顶门、牌坊

垂花门是一种带屋顶棚式的大门，因在屋檐两端吊有装饰性垂莲柱而得名，门的两边或

9

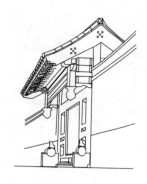

图 1-1-29　垂花门

连接围墙，或连接游廊。垂花门虽然是一种门，但它有着很强的装饰效果，常用于我国古建筑群中的院落、宫殿、寺庙和园林等分隔之门，如图 1-1-29 所示。

牌楼又称"牌坊"，它是一种既具有景区标牌作用，又具有屋顶装饰形式的排架结构，被广泛用于街道起讫点，园林、寺庙、陵墓和桥梁等出入口，是突出景区的一种标志性装饰建筑，如图 1-1-30 所示。在实例中，如北京雍和宫昭泰门牌楼、北京颐和园排云门牌楼等都是很有欣赏价值的建筑。

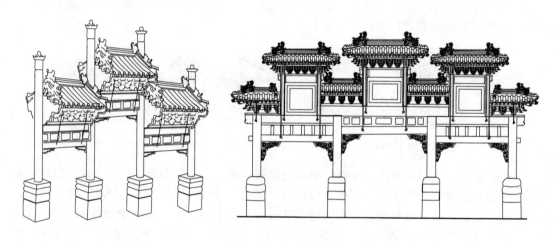

图 1-1-30　牌楼建筑

1.2　中国仿古建筑的度量

1.2.1　中国仿古建筑的度量尺度是怎样的

——宋尺、清尺、鲁班尺

1. 宋营造尺

古建筑的度量尺度，依历史朝代不同而有所区别，汉式建筑的度量没有统一建制。
宋式建筑的度量采用"营造尺"和"材份等级"制两种。
宋"营造尺"是用于丈量房屋长、宽、高等大尺度的丈量尺制。1 营造尺＝31.20cm。
"材份等级"制是作为控制建筑规模等级和丈量木构件规格的一种模数制度。

2. 清营造尺

清式建筑的度量采用"营造尺"和"斗口制"两种。

清"营造尺"是用于丈量房屋长、宽、高等大尺度和作为度量尺度的基础尺制。1 营造尺＝31.96cm，一般取 1 营造尺＝32cm。

"斗口制"是作为控制建筑规模等级和丈量木构件规格的一种模数制度。

3. 吴营造尺

《营造法原》采用鲁班尺作为营造尺。实际上根据明代文献《鲁班营造正式》和《鲁班经》记述，鲁班尺分为鲁班真尺和曲尺，鲁班真尺是一种门光尺，专用于确定门、窗、床、器物等洞口尺寸；而曲尺是一种营造尺，用于下料、制作、营造等的度量。《营造法原》中所述的鲁班尺就是这种营造尺（曲尺），一鲁班尺＝27.50cm。

根据以上所述，古代建筑营造尺，如表 1-2-1 所示。

表 1-2-1　营造尺与公制对照表

名　　称	营造尺	公　　制
宋制营造尺	1 营造尺	31.20cm
清制营造尺	1 营造尺	32.00cm
《营造法原》营造尺	1 鲁班尺	27.50cm

1.2.2 何谓"材份等级"制，如何运用

——材、栔八等制

"材份等级"制是由规定比例"材"和规定比例"栔"所组成。"材"的比例为：材厚 10 份，材广 15 份。"栔"的比例为：栔厚 4 份，栔广 6 份（见图 1-2-1 中"材栔断面比例"）。

为了控制建筑规模的大小，《营造法式》卷五述**"凡构屋之制，皆以材为祖。材有八等，度屋之大小，因而用之"**，这八个材等如图 1-2-1 所示。

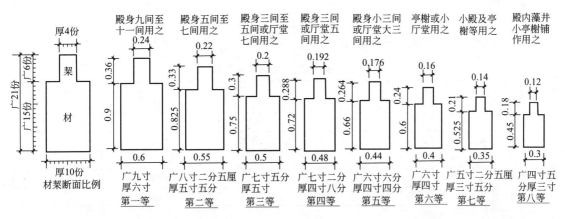

图 1-2-1　《营造法式》八等材制度

由图中可知，一等材最大，用于最高级别的殿庭建筑；八等材最小，只用于较小级别建筑。广 15 份为一材，广 6 份为一栔，每份大小，依八个等级规定尺寸算之。

上述"材份等级"主要用于斗栱、梁、柱、枋（阑额）、椽等木作构件的度量，如《营造法式》卷五对梁的用材规定**"檐栿如四椽及五椽栿，若四铺作以上至八铺作，并广两材两栔；草栿广三材。如六椽至八椽以上栿，若四铺作至八铺作，广四材，草栿同"**。即指对梁高的两种规定，一般梁高为2材2栔（草栿3材），若较大的梁，则高为4材。

　　又如柱的用材规定**"凡用柱之制，若殿间即径两材两栔至三材；若厅堂柱即径两材一栔；余屋即径一材一栔至两材"**。即指殿庭柱径为2材2栔至3材；厅堂柱径为2材1栔；其他房屋柱径为1材1栔。

　　再如椽径的用材规定**"用椽之制，椽每架平不过六尺，若殿阁或加五寸至一尺五寸，径九分至十分。若厅堂椽径七分至八分。余屋径六分至七分。长随架斜，至下架即加长出檐"**。即指其中椽子长度按规定"营造尺"，而椽径大小按"材份等级"，殿阁椽径为9～10份；厅堂椽径为7～8份；余屋椽径为6～7份。

　　对以上这些规定，只要将材的等级选定后，就可确定其构件大小。

　　【例1】 若选定六等材，求四椽栿檐椽和殿间柱的截面尺寸？

　　解： ① 檐栿是指由前檐至后檐，进深方向的屋架梁，四椽栿即承托有四根椽子的梁，依题所选用的材份等级，按图1-2-1得：六等材广为0.6尺，栔广为0.24尺，由上述**"檐栿如四椽及五椽栿，广两材两栔"**，因一材一栔为：0.6尺＋0.24尺＝0.84尺，则梁广两材两栔＝0.84尺×2＝1.68尺。《营造法式》规定梁厚为广的2/3。如果按1营造尺＝31.2cm计算，则得：

　　梁高＝1.68尺×31.2cm＝52.42cm，可取定为52cm。

　　梁宽＝2/3广＝2/3梁高＝52.42cm×2÷3＝34.95cm，可取定为35cm。

　　② 殿间柱的直径由上述**"凡用柱之制，若殿间柱即径两材两栔至三材"**，由上面对梁高计算可知，两材两栔等于52.42cm，而三材为0.6尺×3材×31.2cm＝56.16cm，因此，殿间柱直径可取定为52～56cm。

　　【例2】 若选定六等材，求"厅堂椽径七分至八分"是多少？

　　解： 按上述**"用椽之制，椽每架平不过六尺，若殿阁或加五寸至一尺五寸"**的尺寸是直接指营造尺，而其中**"径九分至十分。若厅堂椽径七分至八分。余屋径六分至七分"**的"分"即指"份"，依图1-2-1中材栔断面比例可知，一材为15份，若取用六等材（即广0.6尺），则1份＝0.6尺÷15＝0.04尺。"厅堂椽径七分至八分"，应为7份×0.04尺＝0.28尺，8份×0.04＝0.32尺。

　　如果按1营造尺＝31.2cm计算，则得：

　　厅堂椽径＝0.28尺×31.2cm＝8.74cm至0.32尺×31.2cm＝9.98cm。

　　为便于读者实际应用，现根据上述八等材的制度，特将尺度列入表1-2-2中。

表1-2-2　宋"材份等级"表

材等级	使用范围	"材""栔"规格		"材""栔"
		材广	栔广	每份
一等材	殿身9间至11间	0.9尺	0.36尺	0.06尺
二等材	殿身5间至7间	0.825尺	0.33尺	0.055
三等材	殿身3间至5间或厅堂7间	0.75尺	0.30尺	0.05
四等材	殿身3间至5间或厅堂5间	0.72尺	0.288尺	0.048
五等材	殿身小3间或厅堂大3间	0.66尺	0.264尺	0.044
六等材	亭榭或小厅堂	0.6尺	0.24尺	0.04
七等材	小殿及亭榭	0.525尺	0.21尺	0.035
八等材	殿内藻井小亭榭铺作	0.45尺	0.18尺	0.03

1.2.3 何谓"斗口"制，如何运用

——口份、口数八等制

斗口又称为"口份"或"口数"，《工程做法则例》卷二十八述"斗口有头等材，二等材，以至十一等材之分。**头等材迎面按翘昂斗口宽六寸，二等材斗口宽五寸五分，自三等材以至十一等材各减五分，即得斗口尺寸**"。这就是说，"斗口制"分为11个等级，以头等材为6寸开头，以后每个等级减少0.5寸，即二等材5.5寸、三等材5寸、四等材4.5寸，直至十一等材1寸。斗口制尺寸如表1-2-3所示。

表 1-2-3　斗口制尺寸表

斗口等级	营造尺	公制	斗口等级	营造尺	公制	斗口等级	营造尺	公制
一等材	6寸	19.20cm	五等材	4寸	12.80cm	九等材	2寸	6.40cm
二等材	5.5寸	17.50cm	六等材	3.5寸	11.20cm	十等材	1.5寸	4.80cm
三等材	5寸	16.00cm	七等材	3寸	9.60cm	十一等材	1寸	3.20cm
四等材	4.5寸	14.40cm	八等材	2.5寸	8.00cm			

"斗口制"主要是用来控制房屋规模和大式建筑的大木作做法模数制尺度。在实例使用中，一般多在四等材以下，如城阙角楼建筑，最大用到四、五等材；平地房屋最大不过七、八等材；垂花门、亭类建筑多为十、十一等材。

在《工程做法则例》中对23种大式建筑，4种小式建筑的尺度都做了具体规定。如《工程做法则例》卷一对九檩庑殿规定"**凡面阔、进深以斗科攒数而定，每攒以口数十一份定宽。如斗口二寸五分，以科中分算，得斗科每攒宽二尺七寸五分。如面阔用平身斗科六攒，加两边柱头科半攒，共斗科七攒，得面阔一丈九尺二寸五分**"。即指，九檩庑殿的横向宽度和纵向深度，按斗栱组数而定，每一组斗栱间宽按11口份（斗口），若采用斗口2.5寸（八等材），以斗栱中心线间距计算，每组斗栱间距＝2.5寸×11斗口＝27.5寸＝2尺7寸5分。若房间宽用六组平身科斗栱，加两边柱头科斗栱外侧半宽，共为七组斗栱，则房间宽＝7组×27.5寸＝192.5寸＝1丈9尺2寸5分。

对檐柱规定"**凡檐柱以斗口七十份定高。如斗口二寸五分，得檐柱连平板枋，斗科通高一丈七尺五分。……以斗口六份定寸径，如斗口二寸五分，得檐柱径一尺五寸**"。即是说，檐柱高规定按70口份（斗口），包含平板枋和斗栱在内，通高＝70斗口×2.5寸＝175寸＝1丈7尺5分。檐柱直径规定为六份（斗口），则檐柱直径＝6斗口×2.5寸＝15寸＝1.5尺。

如果按1营造尺＝32cm，则檐柱高＝19.25尺×32cm＝616cm＝6.16m；柱径＝1.5尺×32cm＝48cm＝0.48m。

1.2.4 中国仿古建筑的规模等级如何确定

——宋"殿庭、厅堂、余屋"，清"大式、小式"

仿古建筑的规模等级，宋《营造法式》、《营造法原》分为殿庭、厅堂和余屋三类；清《工程做法则例》分为大式建筑和小式建筑。如何划分这种规模等级，在这两部历史文献中，都没有作出明确交代，也都很难用一个量化标准加以区分，只能根据文献中的运用规模尺度，确定几条划分原则。

1. 宋制殿庭、厅堂和余屋的区分

殿庭用材较厅堂大，余屋用材最小，很显然除殿庭、厅堂之外的建筑都列为余屋，很容易区别。而殿庭与厅堂的区分原则如下。

（1）形制规模的大小区别

殿庭一般是指气氛庄严、权威性高、观赏性强的建筑，一般为庑殿和歇山屋顶，外观有单檐和重檐形式，室内多装饰有天花或藻井。

厅堂是指权威性较次、结构形式较活泼，除人字屋顶外，可做成歇山屋顶，大多为单檐建筑，很少有重檐形式。根据《营造法原》所述**"厅堂较高而深，前必有轩，其规模装修，故较平房为复杂华丽也"**，即室内一般都设有廊轩，"雕梁画栋"的装饰程度较高。

（2）木构架的构造区别

殿庭木构架的进深，一般由七檩至十一檩，开间由五间多达十一间。用材等级为二、三、四等材，横梁构件多为圆形截面。最早所建殿庭的内外柱，都处在一个层高范围内，如图 1-2-2(a) 五台山佛光寺大殿所示。

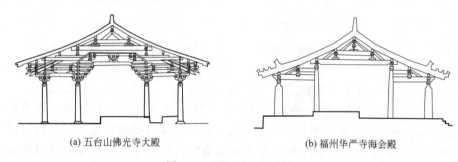

(a) 五台山佛光寺大殿　　　　　　　(b) 福州华严寺海会殿

图 1-2-2　殿庭与厅堂构架

厅堂木构架的进深，一般为五檩至七檩，最多达九檩，多设有前轩后廊。用材等级为四、五、六等材，横梁构件截面采用"圆作堂、扁作厅"。内外柱列不等高，内柱是直接上升到上层梁底，形成高矮不同的空间层次，如图 1-2-2(b) 所示。

虽然图 1-2-2 叙及殿庭与厅堂之区别，但在实际所见的建筑中，两者混用者较多。

（3）屋脊的形制区别

殿庭屋脊一般比较高大，正脊两端采用龙吻（图 1-2-3）、鸱尾（图 1-2-4）等装饰。

厅堂屋脊比较矮小，正脊两端只采用花饰纹头（图 1-2-5）、雌毛（图 1-2-6）等装饰。

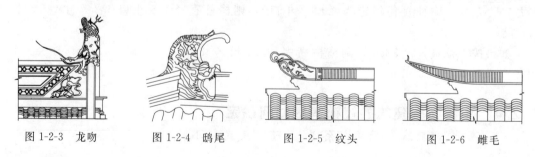

图 1-2-3　龙吻　　　　　图 1-2-4　鸱尾　　　　　图 1-2-5　纹头　　　　　图 1-2-6　雌毛

2. 清制大式建筑与小式建筑的区别

在《工程做法则例》中，对大式建筑木构架尺寸，一般采用不同材等的斗口制，而小式建筑没有这种要求。至于具体如何区分，并没有专门叙述其区分的方法，只能根据以下原则

加以区别。

（1）房屋等级规模的区别

大式建筑可用于坛庙、宫殿、陵寝、城楼、府邸等房屋，多带斗栱（少数不带斗栱），可做成单檐和重檐，一般体量比较大，三至九间，带前（后）廊或围廊。而小式建筑只适用于辅助用房、宅舍、店铺等房屋，不带斗栱，只能做单檐，一般体量较小，三至五间，可带前（后）廊，但不带围廊。

（2）木构架大小的区别

大式建筑的木构架可从三檩至十一檩。小式建筑最多不超过七檩，一般为三至五檩。

（3）屋顶瓦作的区别

大式建筑可采用庑殿、歇山、硬悬山、攒尖等各式屋顶的琉璃瓦或青筒瓦（布瓦），屋脊为定型窑制构件。而小式建筑最高只能采用硬悬山、攒尖等屋顶的青筒瓦（布瓦），一般采用合瓦或干搓瓦，屋脊所用瓦件完全由现场材料加工而成。

1.2.5 中国仿古建筑平面度量名称如何称呼
——开间、面阔、进深

中国仿古建筑房屋的承重构件是柱，一栋房屋的平面分间，是以柱中线为界定线。凡四柱所围之面积称为"间"或"开间"。间之横向称为"阔"或"面阔"；间之纵向称为"深"或"进深"。若干面阔之和称为"通面阔"，若干进深之和称为"通进深"。

如图1-2-7所示，中国仿古建筑房屋的开间数为单数，正面方向正中的一间，宋称为"心间"，清称为"明间"，吴称为"正间"。在其两旁对称布置的，称为"次间"，次间之外的称为"梢间"，也有将最外两端的称为"尽间"。如果在进深方向（即从山面观看）有若干间，则分别称为"两山明间"、"两山次间"、"两山梢间"。在间之外有柱无隔的称为"廊"，宋称为"副阶"，分为前檐廊、后檐廊、东西侧廊。

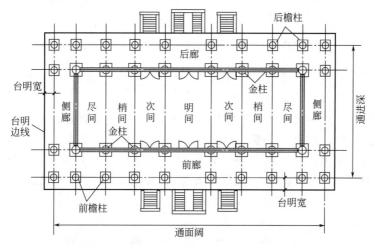

图 1-2-7 平面开间名称

开间最外一排的柱子称为"檐柱"或"廊柱"，分为前檐（廊）柱和后檐（廊）柱，两端为山檐（廊）柱。在檐（廊）柱靠里的一排柱子称为"金柱"或"步柱"，分前金（步）柱和后金（步）柱。如果在金（步）柱之内还有一排柱者，即在檐柱之内有两排金柱时，将紧靠檐柱的一排称为"外金柱"，另一排称为"里金柱"。柱脚立于柱顶石上，所以在平面布置时，要同时画出柱与柱顶石的投影。

一栋房屋的构架，落脚在一座台基上，露出地面的部分称为"台明"，在檐柱之外与檐柱有一定距离的边线称为台明线。

1.2.6 中国仿古建筑面阔进深尺寸如何确定
——宋吴阔不越18尺、清阔11口份

对中国仿古建筑矩形开间的横向面阔尺寸，宋《营造法式》、清《工程做法则例》、吴《营造法原》各略有不同。

1. 唐宋时期的面阔进深尺寸

（1）面阔尺寸

在宋《营造法式》以前，各朝代都没有明确对面阔作出统一的条文规定，而《营造法式》也仅在看详和卷一的定平条中述道："**凡定柱础取平，须更用真尺较之。其真尺长一丈八尺，广四寸，厚二寸五分**"。它主要是说明校正房屋基础之间水平间距的用尺方法，但从中可以推测出基础之间的间距为1丈8尺，再经若干实物和有关文献记载的考证，即可推定在宋之前，有个传统标准，即"**心间不越18尺**"。也就是说，对于殿堂和厅堂的心间面阔，虽没有一个完整的定制，但都遵守着一个历史传统标准，即为18尺。而次、梢间可逐次减一尺或酌情处理，按唐辽宋营造尺折为公制，心间面阔约为5.3～5.6m（相当现代模数制5.4～5.7m）。至于余屋面阔，当然远小于此数，可依现场功能需要酌情而定。

（2）进深尺寸

同面阔一样，在宋以前也没有明确规定，《营造法式》也只在卷五的橡条中述道"**用橡之制，橡每架平不过六尺，若殿阁或加五寸至一尺五寸……**"。其中所指"橡每架平"即指进深方向，每两根檩木之间的水平距离，一般不超过六尺，即使对规模较大的殿堂建筑，也只加5寸至1尺5寸（即橡每架平为6～7.5尺）。因此，只要知道屋架所布置的檩木根数（参看1.2.4中殿堂与厅堂区别所述），进深尺寸即可得出。

2. 明清时期的面阔进深尺寸

清《工程做法则例》对23种大式建筑，4种小式建筑的面阔进深都有明确交代。

（1）对大式带斗栱建筑面阔进深

如九檩单檐带斗栱庑殿规定"**凡面阔、进深以斗科攒数而定，每攒以口数十一份定宽。如斗口二寸五分，以科中分算，得斗科每攒宽二尺七寸五分。如面阔用平身斗科六攒，加两边柱头科半攒，共斗科七攒，得面阔一丈九尺二寸五分。如次间收分一攒，得面阔一丈六尺五寸**"，即按清营造尺换算公制为：正间面阔＝（11口份×0.25尺×7攒）×32cm＝19.25尺×0.32m＝6.16m，次间面阔＝（11口份×0.25尺×6攒）×31.2cm＝16.5尺×0.32m＝5.28m。

接上述"**如进深每山分间，各用平身斗科三攒，两边柱头科各半攒，共斗科四攒，明间、次间各得面阔一丈一尺。再加前后廊各深五尺五寸，得通进深四丈四尺**"，这是指进深方向分为三间，每间进深按四攒，即两山明间进深＝11斗口×0.25尺×4攒＝11尺；两山次间应为2间，进深共为11尺×2攒＝22尺；前后廊深各为5.5尺×2＝11尺，因此通进深＝两山明间11尺＋两山次间22尺＋前后廊11尺＝44尺。由此可求得明间的阔深比为19.25尺：44尺＝1：2.3。

又如九檩带斗栱歇山规定"凡面阔、进深以斗科攒数而定,每攒以口数十一份定宽。如斗口三寸,以科中分算,得斗科每攒宽三尺三寸。如面阔用平身科斗栱四攒,加两边柱头科各半攒,共斗科五攒,得面阔一丈六尺五寸。如次间收分一攒,得面阔一丈三尺二寸。梢间再收一攒,临期酌定",即折合公制为:正间面阔=(11 口份×0.3 尺×5 攒)×32cm=5.28m,次间=(11 口份×0.3 尺×4 攒)×32cm=4.22m。

接上述"如进深用平身斗科八攒,加两边柱头科各半攒,共斗科九攒,并之,得进深二丈九尺七寸"。这是指不分间,按两间合成通间,进深按九攒,因此,通进深=11 斗口×0.3 尺×9 攒=29.7 尺=2 丈 9 尺 7 分,折合=29.7 尺×32cm=9.50m。由此可求得明间的阔深比为 16.5 尺:29.7 尺=1:1.8。

(2) 对不带斗栱和小式建筑面阔进深

对不带斗栱和小式建筑,直接按营造尺给出尺寸,如九檩大木(无斗栱)规定"如面阔一丈三尺……次、梢间面阔,临期酌夺地势定尺寸。如通进深二丈九尺,内除前后廊八尺,得二丈一尺"。又如七檩小式规定"如面阔一丈五寸……次、梢间面阔,临期酌夺地势定尺寸。如进深一丈八尺,内除前后廊六尺,得进深一丈二尺"。又如五檩小式规定"如面阔一丈……次、梢间面阔,临期酌夺地势定尺寸。进深一丈二尺"。依此,大式无斗栱建筑的正间面阔,一般不超过 13 尺(即 4.16m,按现代模数制可取为 4m),则明间的阔深比为 1:1.62。小式建筑不超过 10.5 尺(即 3.36m,按现代模数制可取为 3.3m),则阔深比为(1:1.14)~(1:1.2)。其他可"临期酌夺地势"而定。

根据以上所述,清《工程做法则例》虽然规定比较具体,但对实际应用难以掌握其规律,对此,梁思成教授在《营造算例》中,总结出一个规律性规定,如果檐柱高已定者,按表 1-2-4 所示取定面阔和进深,供后人运用参考。

表 1-2-4 《营造算例》面阔、进深规定

名 称	面 阔		进深	
	有斗栱	无斗栱	有斗栱	无斗栱
明间	77 斗口	7/6 檐柱高	通进深=5/8 通面阔	
两次间	66 斗口	明间面阔-1/8 明间面阔		
两梢间	55 斗口	次间面阔-1/8 次间面阔		

3.《营造法原》的面阔进深尺寸

《营造法原》只规定,次间面阔按正间面阔的 8/10,而正间面阔没有明确规定,但大多也按"心间不越 18 尺"的原则控制。如《营造法原》中图例:"苏州铁瓶巷任宅"正间面阔为 4.67m,次间面阔为 3.55m(近似正间八折);正间折合鲁班尺=4.67m÷0.275m/尺=16.98 尺≈1 丈 7 尺。

《营造法原》在厅堂总论中述"其进深可分三部分,即轩、内四界、后双步。扁作厅有于轩之外复筑廊轩,而圆堂则无",也就是说一般厅堂进深由三部分组成,其中"内四界"为基本,如果还要加大进深的话,对扁作厅建筑,可在轩之外,还可加廊和轩;而对圆作堂建筑则不加。进深尺寸是以大梁跨长为准,对厅堂内四界进深"按开间尺寸加二",即若开间为 1 丈 8 尺,加 2 尺,则内四界进深为 2 丈。在此之外,可按增廊加轩计算。

如上例"苏州铁瓶巷任宅"正间进深为 5.20m,折鲁班尺=5.20m÷0.275m/尺=18.9 尺≈1 丈 9 尺,符合按开间 1 丈 7 尺加 2。

根据以上所述,仿古建筑的面阔及进深如表 1-2-5 所示。

表 1-2-5　仿古建筑面阔及进深表

名　称		面　阔		进　深	
		有斗栱	无斗栱	有斗栱	无斗栱
清《工程做法则例》	明间	77斗口	大式≤13尺，小式≤10.5尺	通进深=5/8通面阔	
	次间	66斗口	明间面阔－1/8明间面阔		
	梢间	55斗口	次间面阔－1/8次间面阔		
宋《营造法式》	心间	不越18尺		6～7.5尺×椽架平数	
	次梢间	按心间面阔酌减一尺			
吴《营造法原》	正间	不越18尺		按开间尺寸＋2尺	
	次间	8/10正间面阔			

1.2.7　中国仿古建筑的檐柱尺寸如何确定

——宋高不越间、清高70口份、吴高按间阔

中国仿古建筑檐柱尺寸有：柱高和柱径。檐柱高是决定房屋檐口高度的基本数据，檐柱径是体现房屋整体比例协调的基本尺度。也就是说，檐柱的高低和粗细，关系到对一栋房屋的均衡比例是否失调的美观感受。对于檐柱尺寸的确定，宋清时代各有所不同。

1. 唐宋时期的檐柱尺寸

宋《营造法式》对柱高只述及**"若副阶廊舍，下檐柱虽长，不越间之广"**，未涉及具体高度值。也就是说檐柱高应在"高不越间宽"的原则下，灵活掌握。

但唐宋时期建筑的最外一排檐柱并不等高，它们是以心间两根檐柱（称平柱）为准，逐渐向角柱方向升高一个距离，宋称为"生起"，《营造法式》五述**"至角，则随间数生起角柱。若十三间殿堂，则角柱比平柱生高一尺二寸；十一间生高一尺，九间生高八寸，七间生高六寸，五间生高四寸，三间生高二寸"**。即是说，当心间柱高不动，由次、梢、尽各间，每间升高2寸，如图1-2-8所示。

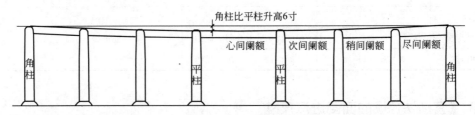

图 1-2-8　七间升高六寸

对于柱径，《营造法式》卷五述**"凡用柱之制，若殿间即径两材两栔至三材；若厅堂柱即径两材一栔；余屋即径一材一栔至两材。若厅堂等屋内柱，皆随举势定其短长，以下檐柱为则"**。这就是说，柱径按房屋规模大小而分粗细，如果将材栔折算成"份数"（一材＝15份，一栔＝6份），殿间柱径为42～45份，厅堂柱径为36份，余屋柱径为21～30份；而厅堂内柱的高度，要以下檐柱高为准加举高来确定。

2. 明清时期的檐柱尺寸

清《工程做法则例》对檐柱高的确定有两种：即按口份和按面阔定高。

（1）对带斗栱大式建筑

如九檩单檐带斗栱庑殿**"凡檐柱以斗口七十份定高。如斗口二寸五分，得檐柱连平板枋**

斗栱，通高一丈七尺五寸。内除平板枋斗栱之高，即得檐柱净高尺寸。如平板枋高五寸，斗科高二尺八寸，得檐柱净高一丈四尺二寸。**檐柱净高五十六点八斗口。以斗口六份定寸径，如斗口二寸五分，得檐柱径一尺五寸"**。这 70 斗口的高度，包括平板枋和斗栱高度（坐斗底至挑檐桁底），平板枋高固定为 2 斗口（5 寸），但斗栱高随使用昂翘数而有高低（一般分单昂、重昂、单翘单昂、单翘重昂、重翘重昂五种斗栱），如果均按 2.5 寸斗口材等计算，则檐柱净高如表 1-2-6 所示。

表 1-2-6　不同翘昂斗栱的檐柱高（按八等材＝2.5 寸）

檐柱通高			斗栱高度（按斗口 2.5 寸计算）				平板枋高度			檐柱净高		
斗口	尺	m	翘昂类别	斗口	尺	m	斗口	尺	m	斗口	尺	m
70 定高	连平板枋斗栱 17.5	5.60	单昂	7.2	1.8	0.576	2	0.5	0.2	60.80	15.20	4.864
			单翘	9.2	2.3	0.736				58.80	14.70	4.704
			单昂单翘	9.2	2.3	0.736				58.80	14.70	4.704
			单翘重昂	11.2	2.8	0.896				56.80	14.20	4.544
			重翘重昂	13.2	3.3	1.056				54.80	13.70	4.384
			平均	10	2.5	0.800	2	0.5	0.16	58.00	14.50	4.640

由表 1-2-6 可以看出，檐柱净高平均值为 58 斗口，为减少不同斗栱计算上的麻烦，梁思成教授建议，带斗栱建筑的檐柱净高，统一按 60 斗口、柱径按 6 斗口计算。

（2）对不带斗栱和小式建筑

如九檩大木（无斗栱）**"凡檐柱以面阔十分之八定高低，十分之七定径寸。如面阔一丈三尺，得柱高一丈四寸，径九寸一分"**。

由于不带斗栱大式和小式建筑，都不涉及斗栱问题，因此其檐柱高：带廊者按明间面阔的 80％（即十分之八）定之，其他不带廊者按 70％定之，带前廊无后廊者按 75％定之。柱径按面阔的 7％（即十分之七）定之。如面阔为 13 尺，则带廊柱高＝13 尺×80％＝10.4 尺，柱径＝13 尺×7％＝0.91 尺。

以上所述之檐柱高，是针对房屋建筑而言，对于廊亭建筑则不适宜，根据我国古建工作者的经验，亭子的檐柱高：四方亭按 0.8～1.1 倍面阔，六方亭按 1.5～2 倍面阔，八方亭按 1.8～2.5 倍面阔。

3.《营造法原》的廊柱尺寸

《营造法原》将檐柱称为"廊柱"，一般没有严格要求，厅堂廊柱高按正开间面阔的八九折计算，殿庭廊柱高可按正开间面阔。

廊柱围径约为正开间面阔的 0.16～0.2 倍（除以 3.1416，其柱直径约为正开间面阔的 0.05～0.06 倍）计算。

根据以上所述，仿古建筑檐柱规格如表 1-2-7 所示。

表 1-2-7　仿古建筑檐柱规格表

名　称	檐　柱　高	檐　柱　径
《营造法式》	心间高不越间	殿 42～45 份，厅 36 份
	次间每间递升 2 寸	余屋 21～30 份
《工程做法则例》	有斗栱建筑按 60 斗口	有斗栱建筑按 6 斗口
	无斗栱建筑按 0.7～0.8 倍明间面阔	无斗栱建筑按 0.07 倍檐柱径
《营造法原》	殿庭按正间面阔	0.05～0.06 倍正间面阔
	厅堂按 0.8～0.9 倍正间面阔	

1.2.8 中国仿古建筑的柱子是垂直的吗

——宋"杀梭柱"、清"收溜、掰升"

为增强整个房屋的稳定性，我国古建筑木构架中的柱子，并不完全是上下等粗垂直的，而是考虑将柱子的头脚有一定的倾斜，这就是柱子的"收分"与"侧脚"。宋式和清式在处理上各有不同，《营造法原》对此没有规定。

1. 唐宋时期的柱子收分与侧脚

柱子的收分是指将柱径做成脚大头小的一种处理，宋称为"杀梭柱"。《营造法式》卷五述"**凡杀梭柱之法，随柱之长分为三份。上一份又分为三份，如栱卷杀，渐收至上径比栌枓底四周各出四分，又量柱头四分紧杀如覆盆样，令柱颈与栌枓底相副，其柱身下一分杀令径围与中一分同**"。这就是说，将柱长分成三段，对其上三分之一，再分成为三段，像做栱弧样开始收分，每段各往内收一分，使柱顶直径比栌枓底四周各宽出四分。另将柱头棱角按4分弧半径，砍做成圆弧状，使柱头与栌枓底圆滑连接，如图1-2-9所示。柱身最下面的1份与中间的1份相连接处的围径，应剔凿成与中间相同的围径。

柱子的侧脚是指在柱子垂直中线的基础上，将柱脚向外移动一个距离，《营造法式》卷五述"**凡立柱并令柱首微收向内，柱脚微出向外，谓之侧脚。每屋正面随柱之长，每一尺即侧脚一分。若侧面，每长一尺，即侧脚八厘，至角柱，其柱首相向，各依本法**"。即指一根檐柱，若柱首不动，在面阔方向（正面）柱脚向山面移动0.01倍柱高，在进深方向（侧面）柱脚向外移动0.008倍柱高。

2. 明清时期的柱子收分与侧脚

明清时期柱子的收分称为"收溜"，侧脚称为"掰升"。柱子收溜很简单，由柱脚向上，大式建筑按0.007倍柱高收分，小式建筑按0.01倍柱高收分。至于掰升，则按收溜尺寸而定，即"溜多少，升多少"，只有正面掰升，无侧面掰升。

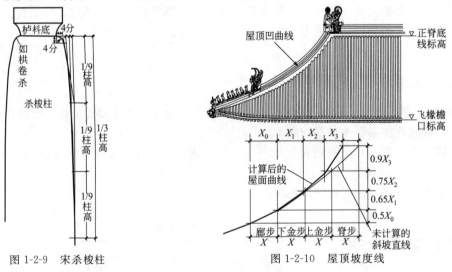

图1-2-9　宋杀梭柱　　　　　　　　图1-2-10　屋顶坡度线

1.2.9 中国仿古建筑屋顶坡度线如何确定

——宋"举折"、清"举架"、吴"提栈"

中国仿古建筑屋顶的坡度线，不是一根斜直线，而是一根向下凹的曲线，这是中国仿古建筑主要特点之一。由作图可知，一条曲线可用若干折线所组成，每根折线长就是屋顶上两根檩木之间的斜距。因此，木构架屋顶的折线，就是决定屋顶下凹曲线的基础线，如图1-2-10所示。每根折线的长度，可由其水平投影线长（即水平长）和垂直投影线长（即垂直高）来决定。

其中，折线的水平长：宋《营造法式》称为"椽平长"，一般按6尺，但殿阁可按6.5～7.5尺。清《工程做法则例》叫做"步架"，大式廊步按0.4倍檐柱高，其他按此8折；小式廊步按5倍檐柱径，其他按此8折。《营造法原》称为"界深"，按3.5尺、4尺、4.5尺、5尺等进行选用。

折线的垂直高，统称为"举高"。组成屋顶坡度折线的高度，要通过具体计算确定，确定屋顶坡度折线的方法，宋《营造法式》称为"举折"法，清《工程做法则例》称为"举架"法，《营造法原》称为"提栈"法。

根据以上所述，步架（步距）规定如表1-2-8所示。

表 1-2-8 步架（步距）规定表

名　称		水　平　长
《营造法式》	椽平长	一般按6尺
		殿阁按6.5～7.5尺
《工程做法则例》	步架	大式廊步按0.4倍檐柱高，其他按此8折
		小式廊步按5倍檐柱径，其他按此8折
《营造法原》	界深	按3.5尺、4尺、4.5尺、5尺选用

1.2.10 《营造法式》"举折"法是怎样的

——先举屋，再折屋

宋"举折"法，是由举屋之法和折屋之法两步组合而成。举屋之法是计算总举高的方法，折屋之法是计算分举高的方法。

1. 举屋之法

《营造法式》卷五条述"举屋之法，如殿阁楼台，先量前后撩檐枋心，相去远近分为三份（若余屋柱梁作或不出挑者，则用前后檐柱心），从撩檐枋背至脊樽（tuan）背举起一份（如屋深三丈即举起一丈）。如筒瓦厅堂，即四份中，举起一份，又通以四份所得丈尺，每一尺加八分。若筒瓦廊屋及板瓦厅堂，每一尺加五分。或板瓦廊屋之类，每一尺加三分"（文中所述撩檐枋，是指屋架最外边由斗栱承托的屋顶挑檐枋）。这段话，我们分两段解释如下：

"举屋之法，如殿阁楼台，……（如屋深三丈即举起一丈）"，这段是说，对有斗栱建筑，以前后挑檐枋心（无斗栱建筑，即不出挑者，就以檐柱心）距离为准，将前檐至后檐的枋心距离分为三份，以1/3份作为檐枋背至脊樽（檩）背的总举高（如屋深三丈举起一丈）。为便于理解，设 H 为总举高，L 为前后撩檐枋水平距，即：

殿堂楼台总举高为 $H=(1/3)L$

而"如筒瓦厅堂，……每一尺加三分"这段话中，"以四份举起一份"用符号表示$(1/4)L$，"每一尺加八分"即0.8L，每丈加八分为0.08L，则：

筒瓦厅堂总举高为 $H=(1/4)L+0.08L$

筒瓦廊屋及板瓦厅堂总举高为 $H=(1/4)L+0.05L$

板瓦廊屋总举高为 $H=(1/4)L+0.03L$

2. 折屋之法

《营造法式》卷五续述"**折屋之法，以举高尺丈每尺折一寸，每架自上递减半为法，如举高二丈，即先从脊槫背上取平，下至撩檐枋背，其上第一缝折二尺，又从上第一缝槫背取平，下至撩檐枋背于第二缝折一尺。若椽数多，即逐缝取平，皆下至撩檐枋背，每缝并减上缝之半（如第一缝二尺，第二缝一尺、第三缝五寸、第四缝二寸五分之类）。如取平皆从槫心抨绳令紧为则。如架道不匀，即约度远近随宜加减**"。这段话分解如下，其中：

"**折屋之法，以举高尺丈每尺折一寸，每架自上递减半为法**"，意即求分举尺寸时，应以总举高的 1/10 折取，以后每一步架，由上往下按减半算之。

"**如举高二丈，即先从脊槫背上取平，下至撩檐枋背，其上第一缝折二尺**"，即假如总举高为二丈时，首先从脊檩上皮水平线与其垂直中心线的交点，向下至挑檐枋上皮中心点，作一连线，在其连线上，第一缝按举高二丈折二尺，即：$(2/20)H=(1/10)H$，为第一折线点。

"**又从上第一缝槫背取平，下至撩檐枋背于第二缝折一尺**"，即再从第一檩上皮中点，至挑檐枋上皮中心点做连线，在其连线上，于第二缝按举高二丈折一尺，即 $=(1/20)H$ [则此缝就是第一缝之半$(1/10)H \div 2$]，为第二折线点。

"**若椽数多，即逐缝取平，皆下至撩檐枋背，每缝并减上缝之半**"，即对多个椽平长者，皆逐缝由檩上中点，至挑檐枋上中点连线，按上一缝折尺减半，即为所取之点。也就是说，第三缝为第二缝之半 $=(1/20)H \div 2=(1/40)H$；第四缝为第三缝之半 $=(1/40)H \div 2=(1/80)H$……

"**如取平皆从槫心抨绳令紧为则**"即上述取点连线时，檩上皮横线（取平）应以檩中心垂直线的交点为准。

以上所述，如图 1-2-11 所示。现设 H 为总举高，分举高为 h_1、h_2、h_3、…、h_n，则：

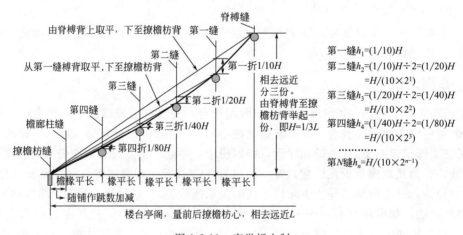

第一缝 $h_1=(1/10)H$
第二缝 $h_2=(1/10)H \div 2=(1/20)H$
$=H/(10 \times 2^1)$
第三缝 $h_3=(1/20)H \div 2=(1/40)H$
$=H/(10 \times 2^2)$
第四缝 $h_4=(1/40)H \div 2=(1/80)H$
$=H/(10 \times 2^3)$
…………
第N缝 $h_n=H/(10 \times 2^{n-1})$

图 1-2-11 宋举折之制

依上所述，只要确定了总举高 H，就可计算出各个分举高 h，随即可根据"椽平长"，按坐标绘出屋顶折线。

1.2.11 《工程做法则例》"举架"法是怎样的
——先定步架，再按举架

清将两檩之间的水平距离称为"步架"、"步距"；两檩之间的垂直距离称为"举高"，举高与步架之比值称为"举架"，即：举架＝举高÷步架。

1. 步架的确定

宋制步架称为"椽平长"，清制步架，依不同位置有不同名称，靠檐（廊）的称为"檐（廊）步"，靠脊檩的称为"脊步"，在这两者之间的称为"金步"，金步步数较多时，分别称为下金步、中金步、上金步。步架之大小，《工程做法则例》也根据大小式建筑不同，有不同的定尺标准，对带斗栱建筑中各步，规定有不同的斗口数，且庑殿、歇山等建筑因类型不同也有区别。小式建筑也分不同类型规定不同尺寸。为减少这种烦琐，梁思成教授在《营造算例》中建议："**大式做法统一为，廊步按檐柱高的 0.4 倍定深，其余各步均按廊步的 0.8 倍计算（或按进深均分之）。如檐柱高为 60 斗口，则廊步深为 24 斗口，其他各步为 19.2 斗口（或按进深均分之）。小式做法：廊步按 5 倍檐柱径计算，其余按廊步 0.8 倍计算（或按进深均分之）。如檐柱径为 0.7 尺，则廊步深为 3.5 尺，其他为 2.8 尺（或按进深均分之）"。即：**

大式做法：廊步架＝0.4 倍檐柱高；金步架、脊步架＝0.32 倍檐柱高。

小式做法：廊步架＝5 倍檐柱径；金步架、脊步架＝4 倍檐柱径。

2. 举架的计算

对举架的计算，《工程做法则例》是在各大木作中，分别叙述柁墩、金柱、脊柱之高时，都已明确其举架规定值。其规定很简单实用，具体举架值规定如下。

五檩小式：檐步五举（0.5），脊步七举（0.70）。

七檩大（小）式：檐步五举（0.5），金步七举或六五举（0.70 或 0.65），脊步九举或八举（0.90 或 0.80）。

九檩大式：檐步五举（0.50），下金步六五举（0.65），上金步七五举（0.75），脊步九举（0.90）。

十一檩大式：檐步五举（0.50），下金步六举（0.60），中金步六五举（0.65），上金步七五举（0.75），脊步九举（0.90）。

按上述，举架＝举高÷步架＝0.5、0.6、0.65、0.70、0.75、0.90 等，如图 1-2-12 所示。因此，当前面步架确定后，即可按下式计算各分举高：

$$分举高＝步架×举架值$$

通过步架和分举高即可绘出屋顶折线。

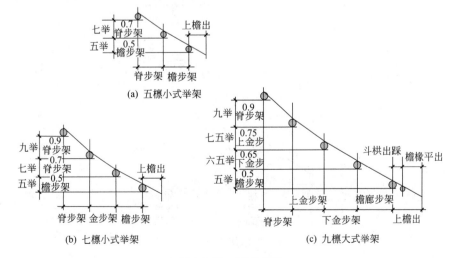

(a) 五檩小式举架

(b) 七檩小式举架　　　(c) 九檩大式举架

图 1-2-12　清式举架

1.2.12 《营造法原》"提栈"法是怎样的

—— 先定起算值，再照界深算

《营造法原》第三章续述："提栈计算方法，与工程做法所述相似，均自廊桁推算至脊桁，唯其起算方法各异。其法先定起算，起算则以界深为标准（但五尺以上，仍以五尺起算）。然后以界数之多少，定其第一界至顶界（脊桁），递加之次序"。这也就是说，它的计算方法与清式举架相似，清式第一个举架值为"五举"，俗称"五举"开头。而提栈以"三算半"为起算之初值，即最小算值。"起算值"以界深（指两桁之间水平距离）尺寸为标准（即为界深的1/10，如界深三尺半，起算值＝0.35；界深四尺，起算值＝0.4。但界深五尺以上者，起算值一律按0.5）。

由1.2.11所述可知，清式举架＝举高÷步架＝0.5、0.6、0.65、0.70、0.75、0.90等举架值。

则提栈为：提栈系数＝提栈高÷界深，其中提栈系数＝0.35、0.4、0.45、0.5、0.55、0.6、0.65、0.7、0.8、0.9等系数值。由此可知，提栈高＝界深×提栈系数。

然后按界数多少，由第一界（即步柱算值），顺序向顶界（脊桁）计算。《营造法原》歌诀："民房六界用二个，厅房圆堂用前轩。七界提栈用三个，殿宇八界用四个。依照界深即是算，厅堂殿宇递加深"。这其中六界用二个，七界用三个，八界用四个等，是指递加"算"的整个数。如六界的界深为3.5尺，起算值则也为三算半，用二个即是指"三算半、四算半"，即后一个递加一。若界深为4尺，起算值也为四算，用二个则应是"四算、五算"。

如图1-2-13(a)"六界提栈用二个"所示，从步柱桁到脊柱桁按二算计算，而插入中间的童柱桁按加半算。

七界是指有前廊、内四界、后双步的结构，前半屋坡按"七界提栈用三个"计算，后双步每界可酌减为四尺，如图1-2-13(b)"七界提栈用三个"所示，界深为四尺半，则用提栈三个，即"四算半、五算半、六算半"。后双步的起算值，按前廊起算值酌减半算。其他如此类推。

上述提栈仅仅只是一个参考性计算方法，不像"举折"、"举架"那样严格，在实际应用中，多在此基础上进行适当修减。对其中房屋"界数"，由设计者根据情况确定，一般平房

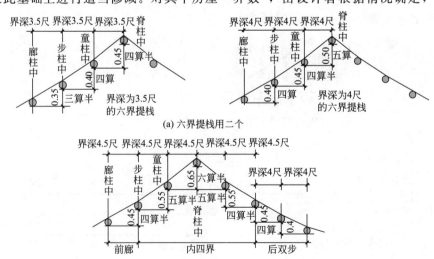

(a) 六界提栈用二个

(b) 七界提栈用三个

图1-2-13 《营造法原》提栈

采用四界、五界、六界；厅堂多用六界、七界；殿堂八界。

1.2.13 檐廊柱之外的屋檐伸出如何确定
——宋、清、吴各执上檐出

举折和举架是确定从脊槫（脊檩）至撩檐枋（或檐檩）的屋面曲线，但撩檐枋（或檐檩）之外，还应伸出一段长度才是屋面檐口，屋面檐口伸出的距离称为"檐椽平出"或"上檐出"。如何确定这段距离，宋清各执一法。

1. 宋《营造法式》檐口伸出的规定

《营造法式》卷五述**"造檐之制，皆从撩檐枋心出，如椽径三寸，即檐出三尺五寸；椽径五寸，即檐出四尺至四尺五寸。檐外别加飞檐，每檐一尺出飞子六寸"**。即，从撩檐枋心向外至檐口的伸出，由"檐椽出"和"飞椽出"两个距离组成，如图1-2-14所示。

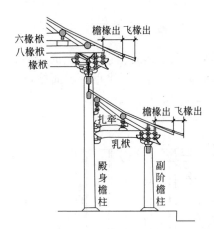

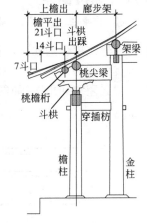

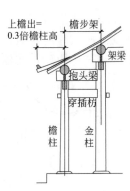

图1-2-14 《营造法式》上檐出　　图1-2-15 清式带斗栱上檐出　　图1-2-16 清式无斗栱上檐出

"檐椽出"按椽径大小计算，若椽径3寸，出檐3.5尺（约为12倍椽径）；椽径5寸，出檐4～4.5尺（约为8～9倍椽径）。

根据这一规定，大约殿堂一等材的檐椽出为5～4.5尺；二三等材的檐椽出为4.5～4尺。厅堂四五等材的檐椽出为4～3.5尺，其他余屋的檐椽出为3.5～3尺。"飞椽出"按檐椽出的0.6倍计算。

2. 清《工程做法则例》檐口伸出的规定

《工程做法则例》规定：带斗栱建筑由挑檐桁中至飞椽外皮（按21斗口计算，其中檐椽出占2/3，14斗口；飞椽出占1/3，7斗口）之距，再加斗栱出踩距离（三踩斗栱为3斗口、五踩为6斗口、七踩为9斗口）的合计值计算为上檐出，如图1-2-15所示。因此，只要确定房屋的斗口等级后，即可得出上檐出尺寸。无斗栱建筑由檐檩中至飞椽外皮的距离，为上檐出，按0.3倍檐柱高计算，如图1-2-16所示。依上檐椽出占2/3，飞椽出占1/3，则檐椽出为0.2倍檐柱高，飞椽出为0.1倍檐柱高。

3. 吴《营造法原》檐口伸出的规定

《营造法原》第二章述**"出檐椽下端伸出廊桁之外……其长约为界深之半。除简陋房屋**

外，常于出檐椽之上，加钉飞椽，以增加屋檐伸出之长度，其长约为出檐椽之半"。依此述，檐椽出为 0.5 倍界深，飞椽出为 0.25 倍界深。牌科另加出参长。

这里提醒注意的是，无论是宋制还是清制，上檐出的尺寸最长不得超过檐廊步架，即称为"檐不过步"，以免产生檐口倾覆现象。

根据以上所述，仿古建筑的檐椽、飞椽伸出尺寸如表 1-2-9 所示。

表 1-2-9 仿古建筑的檐椽、飞椽伸出尺寸

名 称	檐椽出	檐椽出有斗栱者	飞椽出
《营造法式》	椽径 0.5 尺内按 3.5 尺，椽径 0.5 尺外按 4～4.5 尺	加出跳长	按 0.6 倍檐椽出
《工程做法则例》	有斗栱按 14 斗口，无斗栱按 0.2 倍檐柱径	加出踩长	按 0.5 倍檐椽出
《营造法原》	按 0.5 倍界深	加出参长	按 0.5 倍檐椽出

1.2.14 屋顶转角的起翘尺度如何确定

——宋"生出生起"、清"冲三翘四"、吴"冲一翘点五"

由前面 1.1 节可以看出，中国古建筑屋顶的四角，都是向上翘起的，它对优美的造型起着画龙点睛的作用。屋顶上的四个转角称为"翼角"，翼角部分的檐口要比正身屋面檐口高起并伸出一个距离，此称为翼角的"起翘和冲出"，如图 1-2-17 所示。

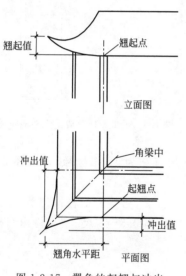

图 1-2-17 翼角的起翘与冲出

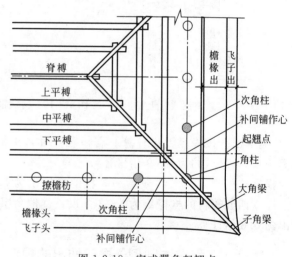

图 1-2-18 宋式翼角起翘点

1. 翼角起翘点的定位

屋面正身部分的檐口是一直线，翼角部分起翘与冲出后，它的檐口就形成了一根两端上翘的曲线，从直线变为曲线的起点称为"起翘点"，起翘点位置的远近，会影响曲线的陡缓。我们将起翘点向外伸出的平面尺寸称为"冲出"，将起翘点立面向上升起的距离称为"起翘"。因此，要作出起翘曲线，就需要找出起翘点位置。

（1）宋式翼角的起翘点

《营造法式》卷五"造檐之制"中述**"其檐自次角柱补间铺作心，椽头皆生出向外，渐至角梁"**。其意是指，以次角柱（即角柱旁边的一根柱）上的补间铺作（即两柱之间的平身

科斗栱）中心为起点，每根檐椽头逐渐向外伸出，直到角梁端点，如图 1-2-18 所示。

一般来说，次角柱补间铺作是在两柱之中间，以这攒斗栱的中心点为翼角椽头与正身椽头的分界点，向正身椽方向，椽头线为直线；向角梁方向，椽头逐根向外生出一段距离，成为曲线。

（2）清式翼角的起翘点

《工程做法则例》没有明确起翘点的规定，但在平面图中，一般是以转角处两个方向的下金檩（简称搭交下金檩）中心线交点位置与飞椽檐口位置的交点为起翘点，如图 1-2-19 所示。即从搭交下金檩中心点分别画正身檐口平行线，使其与飞椽檐口线相交，其交点即为起翘点。

（3）吴式翼角的起翘点

《营造法原》第五章厅堂总论述"**出檐椽与飞椽之上端，以步桁处戗边为中心，下端逐根加长，成曲线与老戗及角飞椽相齐，成网状，称为摔网椽。摔网椽自步柱中心起，逐根以戗山木填高，至戗面相齐**"。这就是说起翘点以步柱中心线为准，摔网椽逐根伸长至老戗面。立脚飞椽逐根上翘至角飞椽，如图 1-2-20 所示。

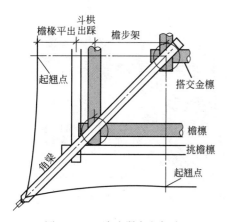

图 1-2-19　清式翼角起翘点

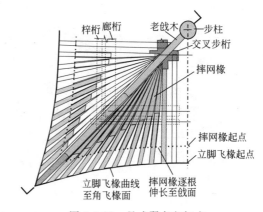

图 1-2-20　吴式翼角起翘点

2. 翼角的起翘和冲出

（1）宋式的起翘和冲出

《营造法式》中起翘称为"生起"、冲出称为"生出"。卷五"造檐之制"中接上述"**椽头皆生出向外，渐至角梁，若一间生四寸，三间生五寸，五间生七寸，五间以上约度随宜加减**"。这就是说翼角椽生出尺寸是按开间多少而定，若只有一间，翼角椽冲出 4 寸（12.5cm），三间翼角椽冲出 5 寸（15.6cm），五间翼角椽冲出 7 寸（21.8cm）。

而生起依"**若近角飞子随势上曲，令背与小连檐平**"，即在转角附近的飞椽，从正身起翘点至角梁之势，随势上曲。但对角梁起翘和冲出多少，没有提出明确要求，只是述及："**凡角梁之长，大角梁自下平槫至下架檐头，子角梁随飞檐头外至小连檐下斜至柱心**"。也就是说翼角的冲出按翼角椽的生出而定，而翼角的起翘，则依角梁自然伸长到生出位置（檐头）即可。

（2）清式的起翘和冲出

《工程做法则例》只在确定仔角梁长度时提到"**凡仔角梁以出廊并出檐各尺寸，用方五斜七加举定长……再加翼角斜出椽径三份**"。但在实际操作中，经古代工匠们的长期实践摸

27

索，总结出一个合理的经验，即称为"冲三翘四"。"冲三"是指水平投影的仔角梁端头，要比正身飞椽头长出3倍椽径。"翘四"是指仔角梁端头上表面，要比正身飞椽头上表面高出4倍椽径。"冲三翘四"的原则一直沿用下来作为清式法则的一个组成内容。

以上所述宋清二式的起翘和冲出，仅仅作为仿古建筑设计和施工的参考依据，因为在实际建筑工程中，大多都没有百分之百按上述要求而机械执行的。

（3）《营造法原》的起翘和冲出

《营造法原》称翼角为"戗角"，制造安装戗角的过程称为"发戗"，其中老角梁称为"老戗"，仔角梁称为"嫩戗"，如图1-2-21(a)中所示。

它的起翘做法是在翼角处的廊桁和步桁之上设置老戗，老戗端部斜立嫩戗。嫩戗斜长按三倍飞椽长。从起翘点以后，**"立脚飞椽逐根加厚，第一根飞椽加2分，第二根飞椽加3分，余则依此类推"**。第七章殿庭总论述**"老戗之长，依淌样出檐之长（0.5界深），水平放长一尺……嫩戗连于老戗，称坐式……嫩戗全长，照飞椽长度（0.25界深）三倍为准"**，如图1-2-21(b)所示，使嫩老戗成一角度，用飞椽逐渐加长而实现起翘。因此，我们可以得出当其冲出值为一尺，起翘值 $= 3 \times 0.25$ 界深 $\times \cos(130° - 90°) = 0.75$ 界深 $\times 0.76604 = 0.5745$ 界深，即冲1尺，翘0.5745界深。

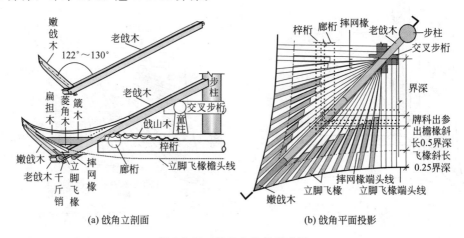

(a) 戗角立剖面　　　　　　　　　(b) 戗角平面投影

图 1-2-21　戗角木构件组成图

根据以上所述，仿古建筑的翼角的冲出与起翘如表1-2-10所示。

表 1-2-10　仿古建筑的翼角冲出与起翘

名称	翼角起翘点	冲出值	起翘值
《营造法式》	梢间补间铺作中心线与檐口交点	椽头1间伸4寸、3间伸5寸、5间伸7寸	起翘按角梁高
《工程做法则例》	搭交下金檩中心线与檐口交点	冲出三檩径	起翘四檩径
《营造法原》	交叉步桁中心线与檐口交点	冲出一尺	起翘0.5745界深

1.3　中国仿古建筑的斗栱

1.3.1　斗栱是何物，有何作用

——"斗、栱、翘、昂、升"等构件之叠合

斗栱是中国古建筑中最富有民族特色的一种构件，它广泛传播于日本、朝鲜、越南和东

南亚各国，对亚洲地区的建筑发展有着深远影响。在我国古代建筑中的殿堂、楼阁、亭廊、轩榭、牌楼等大式建筑上，是不可缺少的装饰构件。

斗栱是由若干个栱件层层垒叠，相互搭交而成的既具有悬挑作用，又具有装饰效果的支撑性构件。宋《营造法式》称为"铺作"，清《工程做法则例》称为"斗科"，《营造法原》称为"牌科"，现代仿古建筑通称为"斗栱"。

组成斗栱的栱件有：斗、栱、翘、昂、升 5 种基本栱件和相关附件，如图 1-3-1 所示。将这些独立栱件，进行相互组合，而不用任何黏胶和铁钉，就能组成既坚实又美观的受力构件，这是中国古建筑上的一大杰作。由若干栱件组合成一套斗栱的计量单位，宋称为"朵"，清称为"攒"，吴称为"座"。每朵（攒、座）斗栱，可以根据不同需要，分列有不同规格和形式。

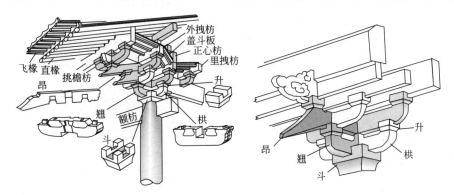

图 1-3-1　斗栱的基本构造

斗栱作用，可以归纳为以下 4 点。

1. 它可以增加屋檐宽度，延长滴水距离

斗栱是用各种横直交叉的栱件，层层垒叠而成，由下而上层层扩展，放置在屋面檐口的柱枋上，可使檐口的伸出宽度增加。通过 1.2.13 中图 1-2-15 和图 1-2-16 可以看出，无斗栱的上檐出＝檐平出＋飞椽出；而有斗栱的上檐出＝檐平出＋飞椽出＋斗栱出踩，所以有斗栱建筑的上檐出要较大。上檐出大，对基础墙体的遮风挡雨范围也大，因而，对保护台明免受侵蚀的作用也有所加强。

2. 它能将檐口荷载进行均匀传布

屋面荷载是通过各个桁檩，传递给屋架梁，再由梁传递到柱。而有斗栱建筑的檐口荷载，不通过屋架梁，直接由檐口一排的若干组斗栱承接，然后均匀分散地传递到檐口柱枋上，使受力和传递更加合理。

3. 它能丰富檐口造型，增添装饰效果

斗栱是由几种不同形式的栱件组合而成，它的立体造型非常优美，把它装置在檐口下，使得整座建筑显得生动活泼，富丽堂皇，大大增添了建筑的美观感。

4. 它能增强抗震能力，提高建筑安稳度

在一般建筑中，梁与柱的交接点是承受横向剪力的薄弱点，在这些接点中，除刚性接点外，其余接点抗震能力都比较差。而斗栱正好解决了这一弱点，因为，它的构件都是横直交叉，严密咬合在一起的，可以承受来自纵横两向的剪力，并能自身分解这些作用力的破坏

性，因而可大大提高整个建筑的抗震能力。最为明显的例子是，在1976年唐山大地震中，靠近唐山的蓟县是受影响较大的地区，在该县境内的独乐寺大院内，一些低矮小型的无斗栱建筑，大部分都被震坏，而20多米高带有斗栱的观音阁和山门却安然无恙。

1.3.2 栱件中的"斗"是怎样的，其规格如何
——宋"栌枓"、清"大斗"、吴"坐斗"

古代中国，为了度量谷物米面的数量，采用一套方形容器的量具，称为"石（dan）、斗、升、合（ge）"，合相当于"两"，升相当于"斤"，十合为一升，十升为一斗，十斗为一石（dan）。栱件"斗"的外形轮廓形似于量米容器斗，故而称之。

栱件"斗"是组成斗栱的最基础构件，我们将它列为第一层，在它中部刻凿有十字形槽口，以便在十字凹槽中嵌承第二层栱件（即横栱，纵翘），如图1-3-2所示，宋铺作称为"栌枓"；清科科称为"大斗"；《营造法原》牌科称为"坐斗"。现代我们通称为"座斗"。

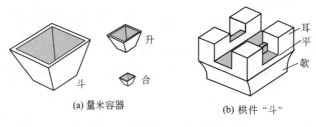

(a) 量米容器 (b) 栱件"斗"

图1-3-2 量米容器及栱件"斗"

1. 宋《营造法式》斗的规格

法式四述："**栌枓施之于柱头，其长与广皆三十三份，若施于角柱之上者，方三十六份，高二十份，上八份为耳，中四份为平，下八份为欹。开口广十份，深八份。底四面各杀四份，欹凹一份**"。即栌枓置于柱顶上面，长度与宽度都是33份，若置于角柱上面者，长与宽为36份，其高均为20份。将高分为三份，8份为耳（即槽帮高），4份为平（即槽底厚度），8份为欹（即底座高）。槽口宽10份，深8份。底座四面各收进4份，座边内凹1份，如图1-3-3(a)示。

2. 清《工程做法则例》斗的规格

清按平身科、柱头科、角科不同，其尺寸略有区别。平身科和角科的大斗，长宽为3斗口，高2斗口，分为耳腰底；柱头科大斗长4斗口，宽3斗口，高2斗口。如图1-3-3(b)所示。

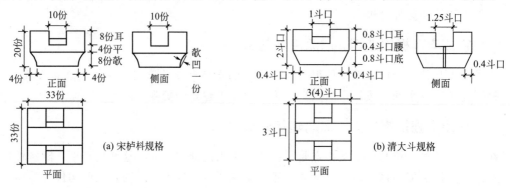

(a) 宋栌枓规格

(b) 清大斗规格

图1-3-3 座斗规格

3. 吴《营造法原》斗的规格

《营造法原》牌科分为三种型号，五七式为基本型号，第四章述"五七式，以斗之宽高而命名，为方形，其斗面宽为七寸，高五寸，斗底宽亦为五寸。斗高分作五份，斗腰占其三，斗底占其二。上斗腰占斗腰之二，下斗腰仅占其一"。即坐斗高五宽七名为五七式，方斗高占 3/5，斗底占 2/5，基本与宋清相同。

根据以上所述，座斗尺寸规格如表 1-3-1 所示。

表 1-3-1　座斗尺寸规格

名　　称		斗　长	斗　宽	斗　高
《营造法式》	栌科	33 份	33 份	20 份
《工程做法则例》	大斗	3(4)斗口	3 斗口	2 斗口
《营造法原》	坐斗	7 寸	7 寸	5 寸

1.3.3 栱件中的"栱"是怎样的，其规格如何
—— 宋"泥瓜令慢"、清"正瓜厢万"、吴"1级、2级"

"栱"是斗栱中嵌入座斗上的第二层承托栱件，它是平行于建筑面阔方向的弓形曲木，形似于倒立三脚栱形，故而称之。中间栱脚开凿槽口，以供与垂直栱件十字嵌交。两个边脚是安装升的位置，可在其上叠加上一层栱件，如图 1-3-4 所示。

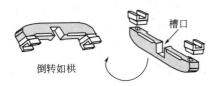

倒转如栱　　槽口

图 1-3-4　座斗上第一个栱件

1."栱"的名称

因为斗栱是一个悬挑构件，它的构件由中心层层垒叠，并逐层向外扩展，所以"栱"依不同位置和长短，有不同名称。

宋《营造法式》按其长短分为：瓜子栱、令栱、慢栱；清《工程做法则例》按其长短分为：瓜栱、厢栱、万栱。其形式基本相同，如图 1-3-5 中所示。

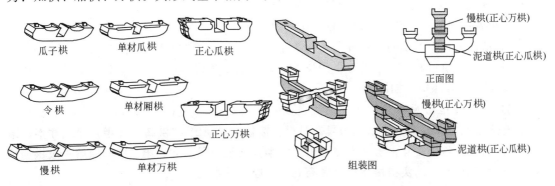

图 1-3-5　"栱"的名称

在本层，栱是以横向面宽方向，嵌在座斗的槽口内，宋称为"泥道栱"（与其垂直相交的为华栱）。清称为"正心瓜栱"（与其垂直相交的为翘）。《营造法原》称为"第一级栱"。

在第三层，栱是平行垒叠在第二层栱脚的升上，这道栱，宋称为"慢栱"；清称为"正心万栱"。《营造法原》称为"第二级栱"，如图1-3-5中所示。

2. "栱"的尺寸

（1）宋《营造法式》对"栱"的规定

《营造法式》四述："**泥道栱其长六十二份，每头以四瓣卷杀，每瓣长三份半，与华栱相交安于栌枓口内。瓜子栱施之于跳头，若五铺作以上重栱造，即于令栱内泥道栱外用之，四铺作以下不用，其长六十二份，每头以四瓣卷杀，每瓣长四份。令栱施之于里外跳头之上，与耍头相交，其长七十二份，每头以五瓣卷杀，每瓣长四份。**"即正心泥道栱长62份，与华栱垂直相交，嵌入栌枓内，两头按3.5份长做成四折线的卷曲形，如图1-3-6所示。

瓜子栱用于五铺作以上重栱构造的挑出端，位于令栱与泥道栱之间，四铺作以下不用，长与泥道栱相同。

令栱位于里挑和外挑的端头上，与附件"耍头"垂直相交，长72份，两端按4份长做五折线卷曲。

泥道栱、瓜子栱、慢栱、令栱等的高均为15份，宽10份。

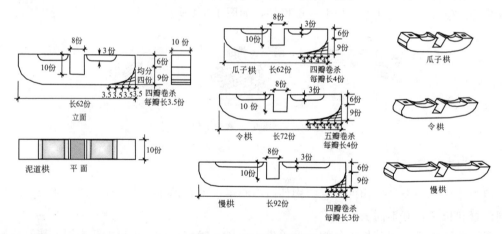

图1-3-6　宋"栱"规格

（2）清《工程做法则例》对"栱"的规定

《工程做法则例》在卷二十八中直接作出规定：

正心瓜栱、正心万栱的长，分别为6.2斗口和9.2斗口，宽1.24斗口，高2斗口。

单材瓜栱、单材厢栱、单材万栱的长，分别为6.2斗口、7.2斗口、9.2斗口，其宽为1斗口，高为1.4斗口，如图1-3-7所示。

（3）吴《营造法原》对"栱"的规定

《营造法原》牌科五七式基本型号，对栱，按鲁班尺规定："**栱高三寸半，厚二寸半，第一级栱深按斗面各出二寸，加升底宽各出二寸半，共长一尺七寸。第二级栱照第一级栱加长八寸，共长二尺五寸。实栱用于柱上者高五寸，厚二寸半**"。

根据以上所述，栱的尺寸规格如表1-3-2所示。

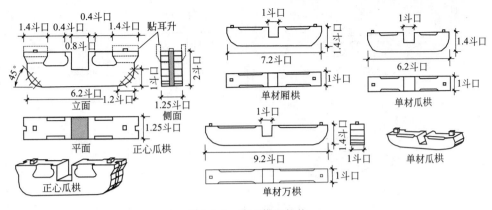

图 1-3-7　清"栱"规格

表 1-3-2　栱的尺寸规格

项目	《营造法式》（份）			《工程做法则例》（斗口）			《营造法原》（尺）		
栱位置	栱名称	长	宽	高	栱名称	长	宽	高	五七式栱	长	宽	高

项目	《营造法式》（份）				《工程做法则例》（斗口）				《营造法原》（尺）			
栱位置	**栱名称**	**长**	**宽**	**高**	**栱名称**	**长**	**宽**	**高**	**五七式栱**	**长**	**宽**	**高**
斗栱正中心部位	泥道栱	62	10	15	正心瓜栱	6.2	1.25	2	第一级栱	1.7	0.25	0.35
	慢栱	92	10	15	正心万栱	9.2	1.25	2	第二级栱	2.5	0.25	0.35
斗栱内外悬挑部位	瓜子栱	62	10	15	瓜栱	6.2	1	1.4	柱上栱		0.25	0.50
	令栱	72	10	15	厢栱	7.2	1	1.4				
	慢栱	92	10	15	万栱	9.2	1	1.4				

1.3.4 栱件中的"翘"是怎样的，其规格如何

——宋"华栱"、清"翘"、吴"十字栱"

"翘"，宋称为"华栱"，清称为"翘"，吴称为"丁字栱或十字栱"，它是与"栱"垂直相交的纵向栱件，其形式基本与栱相同。因在"栱"的中间凿有仰口卡槽，而在"翘"的中间则为盖口卡槽，"翘"盖在"栱"上相互搭交，落于座斗槽内，如图 1-3-8 中所示，它是向檐口里外悬挑伸出，形成斗栱的第二层基础构件。

如果欲使伸出距离加大，可在其上的升上再行垒叠一层较长的翘或昂，有两层翘的斗栱称为"重翘斗栱"，只一层翘的称为"单翘斗栱"。如果有一层翘一层昂的称为"单翘单昂斗栱"，如果有一翘二昂的称为"单翘重昂斗栱"。

1. 宋《营造法式》对华栱的规定

法式四述："华栱，足材栱也（若补间铺作则用单材），两卷头者其长七十二份，每头以四瓣卷杀，每瓣长四份，与泥道栱相交安于栌枓口内。若累铺作数多，或内外俱匀，或里跳减一铺至两铺，其骑槽檐栱，皆随所出之跳加之，每跳之长，不过三十份，传跳虽多，不过一百五十份。"即：华栱为足材栱（若在开间之间则用单材栱），足材栱是指采用材份等级为一材一栔（即 15 份＋6 份＝21 份）规格，单材栱是指采用材份等级为一材（即 15 份）规格。也就是说，华栱高为 21 份，长为 72 份，其组装如图 1-3-8 所示。若斗栱层数多，安置重翘的话，或二翘里外两端伸出均匀，或重翘里端减掉一层至两层，这时卡在上一层的翘（骑槽檐栱），靠屋檐端的伸出，按所挑出的层数伸长，每一挑伸出的长度，不超过 30 份，但不管有多少挑出，最长不超过 150 份。

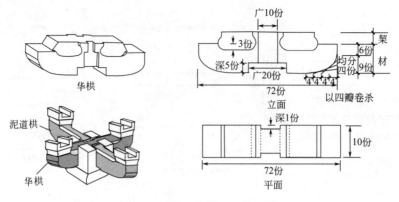

图 1-3-8 宋"华栱"及其规格

2. 清《工程做法则例》对翘的规定

清《工程做法则例》在卷二十八中规定，翘最多只二层，平身科、柱头科头翘长 7.1 斗口，宽 1 斗口，高 2 斗口，如图 1-3-9 所示。二翘长 13.1 斗口，宽 1 斗口，高 2 斗口。

角科头翘长应加斜，即 7.1 斗口×1.4＝9.94 斗口，宽 1.5 斗口，高 2 斗口；二翘长 13.1 斗口加斜（即 18.34 斗口），宽为［1.5＋0.2(老角梁宽－1.5)］斗口，高 2 斗口。

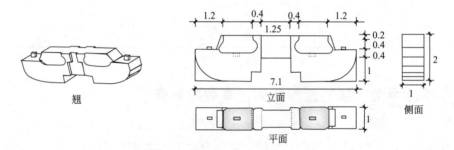

图 1-3-9 清"翘"的规格（单位：斗口）

3. 吴《营造法原》对丁字或十字栱的规定

《营造法原》牌科章述"丁字及十字科，出参栱长，第一级自桁中心至升中心，为六寸，第二级为四寸，第三级仍为四寸。有时视出檐深浅及用材大小，可酌予收缩"。即：丁字或十字栱，向外或向里伸出长，由桁中心至升中心，第一级为 6 寸，以上每级伸出均为 4 寸。但计算栱的实长时，要加半升底宽（2.5 寸/2）。即第一级伸出长＝6 寸＋2×（2.5 寸/2）＝9.5 寸，则第一级出参栱长＝2×7.25 寸＝14.5 尺。第二级栱照第一级栱加长 8 寸，即第二级栱长为 14.5 寸＋8 寸＝22.5 寸

根据以上所述，翘尺寸规格小结如表 1-3-3 所示。

表 1-3-3 "翘"的尺寸规格

《营造法式》单位:份				《工程做法则例》单位:斗口				《营造法原》单位:尺			
名称	长	宽	高	名称	长	宽	高	五七式栱	长	宽	高
足材华栱	72	10	21	柱头平身头翘	7.1	1	2	第一级出参栱	1.45	0.25	0.35
单材华栱	92	10	15	柱头平身重翘	13.1	1	2	第二级出参栱	2.25	0.25	0.35
累铺作华栱	150	10	15	角科斜头翘	9.94	1.5	2				
				角科斜二翘	18.34	1.5＋0.2 (老角深宽－1.5)	2				

1.3.5 栱件中的"昂"是怎样的，其规格如何

—— 宋"昂嘴"、清"单重昂"、吴"凤头昂"

"昂"是从唐宋时期演化而来的一个构件，当时利用它作为檐口处的悬挑杠杆，采用后高前低的斜挑形式，使较小的层高获得较大的悬挑距离，以承接悬挑端的檐口荷载。后因它的安全度受到挑战，所以到了清代，改掉了它的杠杆作用，将其演变为只起装饰作用的栱件。"昂"的外端特别加长，似鸭嘴形状，称它为"昂嘴或昂头"，它平行垒叠在华栱（或翘）的升上，并与慢栱（或正心万栱）垂直搭交，以增加里外（纵向）悬挑距离，是形成斗栱第三层的栱件，如图 1-3-10 所示。

如果要求斗栱的外伸距离加大，还可在昂上再叠加一昂或二昂，此称为"重昂斗栱"。

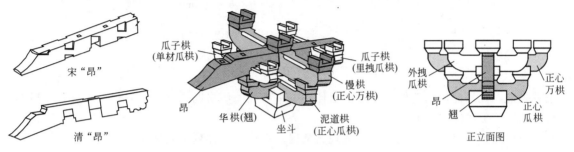

图 1-3-10　斗栱中的"昂"

1. 宋《营造法式》对"昂"的规定

宋昂原本分为上昂和下昂两种，后因安全性问题，上昂逐渐被淘汰，因此，这里只介绍下昂，对于昂嘴的做法，《营造法式》四述："**下昂，自上一材垂尖向下，从科底心下取直，其长二十三份，其昂身上彻屋内。自科外斜杀向下，留厚二份，昂面中凹二份，令凹势圆和**"。如图 1-3-11 所示，华栱之上有二材，"自上一材垂尖向下"是指华栱外端上面一材垂直向下，从交互科中线底，量取 23 份长为昂嘴，以此放大样做昂。"其昂身上彻屋内"即昂尾向屋内方向斜上。"自科外斜杀向下，留厚二份，昂面中凹二份，令凹势圆和"是指从交互科之底外角作向下斜线，量取 2 份为昂厚，再将昂面中间凹成 2 份圆弧。

接上述"**凡昂安科处，高下及远近，皆准一跳。若从下第一昂，自上一材下出斜垂向下科口内，以华头子承之。至如第二昂以上，只于科口内出昂，其承昂科口及昂身下，皆斜开镫口，令上大下小，与昂身相衔**"。此意即说，在昂与科（栌科或交互科）的搭交处，无论是昂头或是昂嘴挑出的距离，均为一跳。如果是头层昂，应从昂上一材距离（每层栱件高为一材一栔）向下斜出，斜面与科口间的空隙距离，用华头子（即华栱端头）连接。

若是二层昂及其以上的昂，均可直接从交互科口的科口接触处，向下画昂身，如图 1-3-12（b）所示。

关于昂的长度上斜到何处，法式四述"**若昂身于屋内上出，皆至下平槫。若四铺作，用插昂，即其长斜随跳头**"，

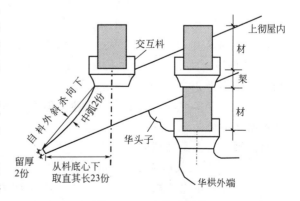

图 1-3-11　宋昂尖做法

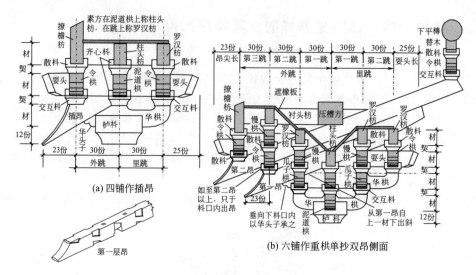

图 1-3-12　宋制昂的构造

也就是说，凡昂向屋内斜伸者，一律延伸到下平槫处。而对四铺作，不需延长，只做插昂即可，如图 1-3-12(a) 所示。

根据以上所述，宋昂规格，应依现场情况，进行放大样列出具体尺寸。

2. 清《工程做法则例》对"昂"的规定

清对昂的尺寸规定比较明确，分平身科、柱头科的头昂和二昂，以及角科头昂、二昂和由昂（即角科最上层斜昂）。

（1）头昂尺寸

① 平身科、柱头科的头昂，根据斗栱昂翘组合层数不同，其头昂长各有不同：单昂、重昂斗栱的头昂长为 9.85 斗口；单翘单昂斗栱的头昂长为 15.3 斗口（如图 1-3-13 所示）。

单翘重昂斗栱的头昂长为 15.85 斗口；重翘重昂斗栱的头昂长为 21.85 斗口。

平身科头昂的宽度均为 1 斗口。柱头科头昂的宽度：单翘单昂斗栱和重翘重昂斗栱为 3 斗口，单翘重昂斗栱为 2.67 斗口。

昂的高度：昂头高均为 3 斗口，昂尾高均为 2 斗口。如图 1-3-13(a) 所示。

② 角科的头昂长度，按平身科头昂长加斜，即平身科昂长乘 1.4 系数。昂高与平身科昂高相同。但头昂宽度：单昂和重昂斗栱为 1.5 斗口，单翘单昂斗栱为 [1.5＋0.33(老角梁宽－1.5)] 斗口，单翘重昂斗栱为 [1.5＋0.25(老角梁宽－1.5)] 斗口，重翘重昂斗栱为 [1.5＋0.4(老角梁宽－1.5)] 斗口。

（2）二昂尺寸

① 平身科、柱头科的二昂长度：重昂斗栱为 15.3 斗口，单翘重昂斗栱为 21.3 斗口，重翘重昂斗栱为 27.3 斗口。

二昂的宽度：平身科为 1 斗口。柱头科重昂斗栱为 3 斗口，单翘重昂斗栱为 3.33 斗口，重翘重昂斗栱为 3.5 斗口。

昂的高度与头昂高相同。

② 角科的二昂长度为：1.4 倍平身科二昂长度。

二昂宽度：重昂斗栱为 [1.5＋0.33(老角梁宽－1.5)] 斗口，单翘重昂斗栱为 [1.5＋0.5(老角梁宽－1.5)] 斗口，重翘重昂斗栱为 [1.5＋0.6(老角梁宽－1.5)] 斗口。

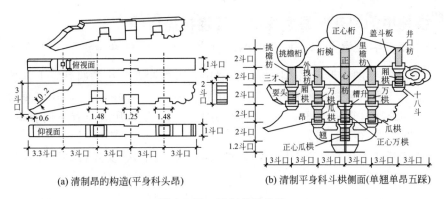

(a) 清制昂的构造(平身科头昂)　　(b) 清制平身科斗栱侧面(单翘单昂五踩)

图 1-3-13　清制昂的构造

昂的高度也与头昂相同，即为头 3 尾 2。

根据以上所述，清制昂的规格尺寸如表 1-3-4 所示。

表 1-3-4　清制"昂"的尺寸规格

名称	平身科				柱头科				角科			
	名称	长	宽	高	名称	长	宽	高	名称	长	宽	高
头昂	单昂	9.85	1	头3尾2	单昂	9.85			单昂	13.79	1.5	头3尾2
	重昂	9.85	1	头3尾2	重昂	9.85			重昂	13.79	1.5	头3尾2
	单翘单昂	15.3	1	头3尾2	单翘单昂	15.3	3	头3尾2	单翘单昂	21.42	1.005+0.33倍角梁	头3尾2
	单翘重昂	15.85	1	头3尾2	单翘重昂	15.85	2.67	头3尾2	单翘重昂	22.19	1.125+0.25倍角梁	头3尾2
	重翘重昂	21.85	1	头3尾2	重翘重昂	21.85	3	头3尾2	重翘重昂	30.59	0.9+0.4倍角梁	头3尾2
二昂	重昂	15.3	1	头3尾2	重昂	15.3	3	头3尾2	重昂	21.42	1.005+0.33倍角梁	头3尾2
	单翘重昂	21.3	1	头3尾2	单翘重昂	21.3	3.33	头3尾2	单翘重昂	29.82	0.75+0.5倍角梁	头3尾2
	重翘重昂	27.3	1	头3尾2	重翘重昂	27.3	3.5	头3尾2	重翘重昂	38.22	0.6+0.6倍角梁	头3尾2

3. 吴《营造法原》对"昂"的规定

《营造法原》牌科章述"昂形有二，其内靴脚者，称靴脚昂，即北方之昂。其形微曲，下而复上，其头作凤头形者，称凤头昂"。即昂形有靴脚及凤头两种，如图 1-3-14 所示，靴脚昂规格与上述清昂规格相同，而凤头昂，牌科述"凤头昂之凤尖，厚较昂根八折，昂底以不过下升腰为原则……至于昂翘起之势，以及凤头之大小，须出具大样，审形出料，而手法各异，无固定方式也"。即具体规格按栱件组合尺寸现场确定，做出凤头形即可。

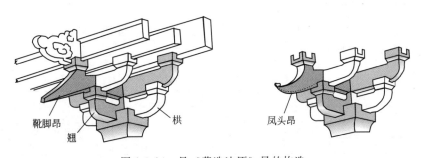

图 1-3-14　吴《营造法原》昂的构造

1.3.6 栱件中的"升"是怎样的，其规格如何

——宋"齐交散枓"、清"槽八三才"、吴"栱料扁做"

"升"是比座斗小的斗形，因旧时量米容器中，大的叫斗，小的叫升，十升为一斗，故此而得名。但宋《营造法式》通称为"枓"。升是承接上层栱件的基座，其底面与下层栱件的两端栱脚面相连接，它一般只有一个方向刻有开口。升依其所置位置不同有不同的名称，如图1-3-12、图1-3-13所示。

宋"升"依其位置分为：齐心枓（即处在栱的中脚之上）、交互枓（即处在华栱两个端脚之上）、散枓（除齐心枓和交互枓之外，处在其他栱件端脚之上）。

清"升"依其位置分为：槽升子（处在正心栱两个端脚之上）、十八斗（处在翘昂的两端脚之上）、三才升（处在里外拽栱的两端脚之上）。

1. 宋《营造法式》对"升"的规定

法式四述："交互枓施之于华栱出跳之上，其长十八份，广十六份。齐心枓施之于栱心之上，其长与广皆十六份。散枓施之于栱两头，其长十六份，广十四份。凡交互枓、齐心枓、散枓，皆高十份，上四份为耳，中二份为平，下四份为欹。开口皆广十份，深四份，底四面各杀二份，欹凹半份。"即交互枓置于华栱的两端上，长16份，宽16份；齐心枓置于栱的中心位置上，长宽均为16份；散枓置于栱的两端上，长16份，宽14份。三者高均为10份，分为上4份、中2份、下4份。中间开口宽10份，深4份。下底四面各收2份，如图1-3-15所示。

由此可知，交互枓和齐心枓是专用在一定位置上，而其他位置都用散枓。

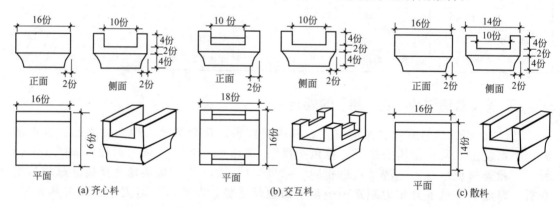

(a) 齐心枓　　　　　　　(b) 交互枓　　　　　　　(c) 散枓

图1-3-15　宋制"升"的构造

2. 清《工程做法则例》对"升"的规定

清《工程做法则例》对各升的规定，为节约篇幅，我们将其具体尺寸列出如表1-3-5所示。其构造如图1-3-16所示。

表1-3-5　清制"升"的尺寸表

名称	长（斗口）		宽（斗口）		高（斗口）
	顶	底	顶	底	
槽升子	1.30	0.90	1.72	1.31	1（耳0.4、腰0.2、底0.4）
三才升	1.30	0.90	1.48	1.10	1（耳0.4、腰0.2、底0.4）
十八斗	1.80	1.40	1.48	1.10	1（耳0.4、腰0.2、底0.4）

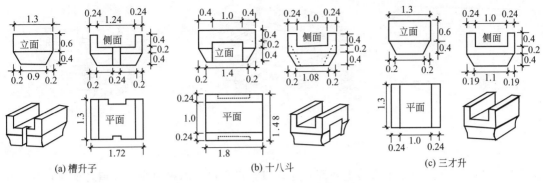

(a) 槽升子   (b) 十八斗   (c) 三才升

图 1-3-16   清制升的构造（单位：斗口）

3. 吴《营造法原》对"升"的规定

《营造法原》牌科章述 **"升料则以栱料扁做，升高为二寸半，升宽为三寸半，升底同升高。升高分配亦作五份，计上升腰高一寸，下升腰高半寸，升底高一寸"** 。其中所述之尺寸是以鲁班尺为营造尺，如图 1-3-17 所示。

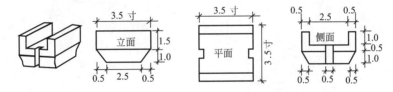

图 1-3-17   《营造法原》对"升"的规定示意

根据以上所述，升的规格尺寸如表 1-3-6 所示。

表 1-3-6   升的尺寸规格

《营造法式》（份）				《工程做法则例》（斗口）				《营造法原》（尺）			
名称	长	宽	高	名称	长	宽	高	名称	长	宽	高
齐心斗	16	16	10	槽升子	1.3	1.72	1	五七式升	0.35	0.35	0.25
交互斗	18	16	10	三才升	1.3	1.48	1				
散斗	16	14	10	十八斗	1.8	1.48	1				

1.3.7 ▌栱件中的附件是指什么，其规格如何

——要头、撑头木、盖斗板

斗栱中的附件是指因栱件垒叠高度不够，需要填补斗栱顶面上所存空隙的有关构件，即：要头、撑头木、盖斗板等，《营造法原》不设这些构件。

1. 要头

要头，如图 1-3-18 所示。在宋铺作中，它是置于昂头或华栱之上（如图 1-3-12 中所示），而在清式斗栱中，它是直接垒叠在昂上（如图 1-3-13 中所示）。

（1）宋《营造法式》对"要头"的规定

宋制要头又称"爵头"，法式四述 **"造要头之制用足材，自枓心出，长二十五份，自上棱斜杀向下六份，自头上量五份斜杀向下二份，谓之雀台。两面留心各斜抹五份，下随尖各"**

39

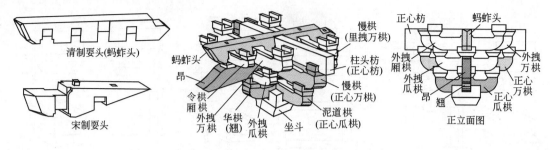

图 1-3-18　要头

斜杀向上二份，长五份。下大棱上两面开龙牙口，广半份，斜梢向尖，又谓之锥眼，开口与华栱同，与令栱相交，安于齐心枓下"。即要头按足材计算，从令栱心（或栌枓心）伸出长度为 25 份，将头做成抹尖形，上面向下抹 2 份为雀台，下面向上抹 2 份，左右向中心各抹 5 份，上下抹面的水平长均为 5 份，如图 1-3-19 和图 1-3-12 中里跳华栱之上所示。要头底面开口方法与华栱相同，与令栱相交。

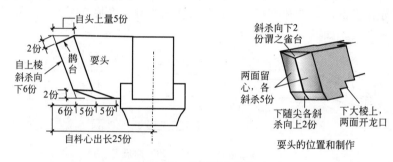

图 1-3-19　宋制要头的构造

（2）清《工程做法则例》对"要头"的规定

清制要头又称为"蚂蚱头"，因其端头做成蚂蚱头形式而得名，而后尾常做成六分头形式（但单翘斗栱为麻叶头形式），只用于平身科和角科斗栱上，柱头科则是以桃尖代替。

清《工程做法则例》对要头的规定，为节约篇幅，我们将其具体尺寸如表 1-3-7 所示。其构造如图 1-3-20 所示。

表 1-3-7　清制要头尺寸表

名称	要头长		要头宽	要头高
	平身科	角科	平身科、角科	
单昂	12.54	6.00	1.00	2.00
单翘单昂	15.60	9.00		
重昂	15.60	9.00		
单翘重昂	21.60	12.00		
重翘重昂	27.60	15.00		

图 1-3-20　清制要头的构造

2. 撑头木

宋称"衬方头"，清称"撑头木"，它是斗栱中最后一个填补空隙的构件，如图 1-3-21所示。

宋"衬方头"为矩形截面，头尾与相关构件榫接，其长、宽、高尺寸依铺作拼装后的实

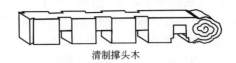

| 宋制衬方头 | 清制撑头木 |

图 1-3-21 衬方头、撑头木

际情况确定，如图 1-3-21 中所示。

清制撑头木的头部多与枋木榫接，后尾做成麻叶头形式，其具体尺寸如表 1-3-8 所示。

表 1-3-8 清制撑头木尺寸表

名称	撑头长		撑头宽	撑头高
	平身科	角科	平身科、角科	
单昂	6.00	3.00	1.00	2.00
单翘单昂	15.54	6.00		
重昂	15.54	6.00		
单翘重昂	21.54	9.00		
重翘重昂	27.54	12.00		

3. 盖斗板

盖斗板宋称为"遮椽板"，清称为"盖斗板"，它是将斗栱的上面进行遮盖的木板，主要作用是防止雀鸟钻入做巢。其尺寸可自行确定［如图 1-3-12（b），图 1-3-13（b）所示］。

1.3.8 斗栱有哪些类型，如何划分
——外檐、内檐、出踩、不出踩

斗栱的类型因时代不同和使用位置不同，其分类方法比较多，为了简化，我们总的归纳为两种分法。

① 按斗栱所处位置进行分类，分为：外檐斗栱和内檐斗栱两大类。其中：外檐斗栱是指处于房屋开间之外，在檐廊檐口部位上的斗栱；内檐斗栱是指处于房屋开间之内，在室内梁枋上的斗栱。

② 按挑出与否进行分类，分为：不出踩斗栱和出踩斗栱两大类。其中：不出踩斗栱是指栱件与梁枋处于一个立面垒叠而成的斗栱；出踩斗栱是指栱件在梁枋立面每叠一层的同时，分别向进深方向两边各悬挑出一个距离而成的斗栱，如图 1-3-22 所示。

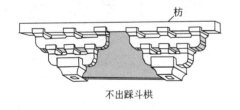

| 不出踩斗栱 | 里外出踩斗栱 | 向外出踩斗栱 |

图 1-3-22 出踩、不出踩斗栱

1.3.9 外檐斗栱有哪些种类
——柱头、平身、角科、平座、溜金

外檐斗栱是指处在建筑物外檐檐口部位的斗栱，它分为：柱头科斗栱、平身科斗栱、角科斗栱、溜金斗栱、平座斗栱等。

1. 柱头科斗栱

它是指坐立在正对檐柱之上的斗栱，宋称为"柱头铺作"，清称为"柱头科"，《营造法原》

称"柱头牌科"。它的特点是要与檐步的横梁（宋为乳栿，清为桃尖梁）相配合，以梁为轴，迎面（阔面向）左右栱件对称。侧面（进深向）昂嘴朝外，宋昂叠在乳栿之上，如图1-3-23（a）所示。清昂承托在桃尖梁之下，如图1-3-23（b）所示。《营造法原》与清制相似，采用图1-3-21中里外出踩斗栱，梁叠在昂上，梁端与昂头同厚，梁头做云头形状（这一点与清制不同）。

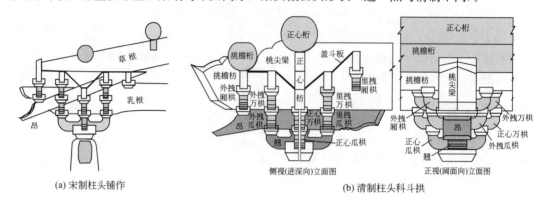

(a) 宋制柱头铺作　　　　　　　　(b) 清制柱头科斗栱

图1-3-23　柱头科斗栱

2. 平身科斗栱

它是指坐立在两檐柱之间的平板（或额）枋之上的斗栱，也就是柱头科之间的斗栱，宋称为"补间铺作"，清称为"平身科"，《营造法原》称为"桁间牌科"。它的特点是迎面（阔面向）以昂为轴左右对称；侧面昂头朝外，昂尾朝里，图1-3-24（a）所示为宋制补间铺作，图1-3-24（b）所示为清制平身科斗栱。《营造法原》"桁间牌科"见本书1.1.2节中图1-1-3檐斗栱所示。

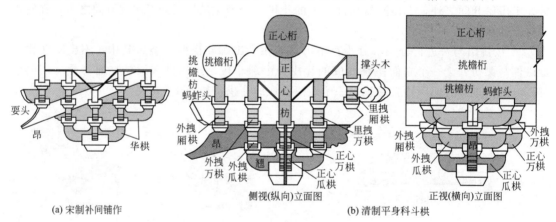

(a) 宋制补间铺作　　　　　　　　(b) 清制平身科斗栱

图1-3-24　平身科共栱

3. 角科斗栱

上面初步介绍了柱头科和平身科的特点与区别，为了便于进一步理解栱件之间的相互联系，我们将柱头科、平身科、角科等的底面仰视图一并列出，如图1-3-25所示，以便与上述图1-3-23（b）、图1-3-24（b）进行对照。

角科斗栱是指坐立在角柱之上的斗栱，宋称为"转角铺作"，清称为"角科"，《营造法原》称为"角柱牌科"。上述柱头科和平身科的栱件，是相互垂直叠交的，而角科除十字叠交栱件外，还有斜角方向栱件，如图1-3-25中角科所示。它的特点是除有相互垂直搭交的翘昂之外，在正心位置上昂的外侧增加一搭交闹昂，并在45°方向上增加斜翘、斜昂，以承

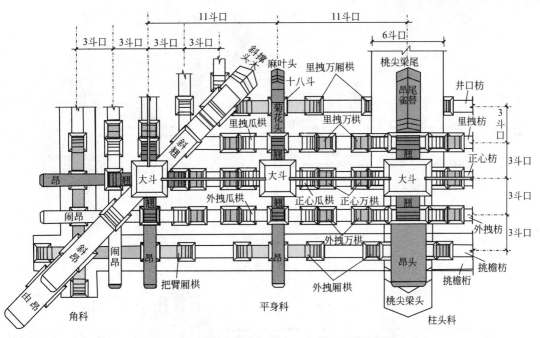

图 1-3-25　清制（柱头、平身、角科）斗栱仰视图

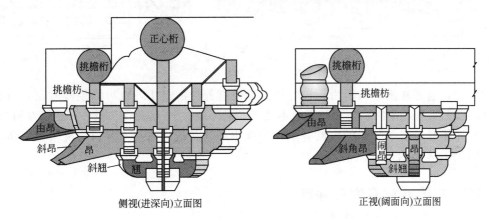

图 1-3-26　清制角科斗栱

托两个方向的搭交枋木（即挑檐枋、里外拽枋等），由于斜角栱件绘制视图比较烦琐，这里只列出清制视图，如图 1-3-26 所示。

4. 溜金斗栱

溜金斗栱是清制式的一种斗栱，宋制没有这种名称，但有类似形状的，将昂尾延长成挑杆，直伸到下平槫位置［见图 1-3-12(b)］，《营造法原》称为"琵琶科"。

溜金斗栱是用撑头木的尾端制成斜杆，按举架斜度，从檐柱轴线部位溜到金柱轴线部位，将这两个部位的斗栱连接起来，使之形成一个整体而加强整个建筑的稳定性，如图 1-3-27 所示。溜金斗栱多用于比较豪华的带有围廊的大式建筑上，如北京故宫太和殿的围廊上就用有这种斗栱。

5. 平座斗栱

平座即指楼房的楼层檐口带有伸出的平台（相当现代楼房的檐廊），平座斗栱就是支承

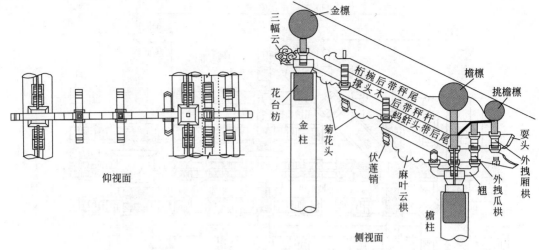

图 1-3-27　溜金斗栱

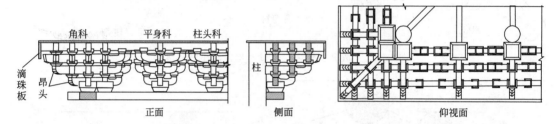

图 1-3-28　平座斗栱

平台的斗栱，起着悬挑梁的作用。它的特点是没有外伸的昂头，也可以说没有昂，只有翘（单翘或重翘），宋制平座斗栱一般里端不挑出，只外端挑出（《营造法原》称为丁字科）；而清制平座斗栱有与宋制相同的，也有里外都挑出的。其他构造与平身科、柱头科、角科相同，如图 1-3-28 所示。

1.3.10 内檐斗栱有哪些种类

——品字斗栱、隔架斗栱

内檐斗栱是指处在内檐金柱轴线部位，或室内横梁上需要架立的斗栱。它分为：品字斗栱和隔架斗栱。

1. 品字斗栱

品字斗栱因其斗升的摆布轮廓有似品字而得名，它的特点是没有昂，只有翘，分单翘和重翘，里外对称，左右对称，《营造法原》称为十字科，宋专用作平座斗栱。清多用作平座斗栱和大殿里金柱轴线部位的斗栱，如图 1-3-29 所示。

2. 隔架斗栱

隔架斗栱是指间隔上下横梁之间的斗栱，如楼房中的楼板承重梁，为减轻其荷载，往往在其下布置一根随梁作辅助梁，在承重与随梁之间，就用隔架斗栱作为传递构件。宋制建筑没有此构件。隔架斗栱一般为比较简单的单栱或二重栱结构，栱顶上面的撑托木多做成雀替形式，大斗底下的托墩多做成荷叶墩、宝瓶等形式，其规格如图 1-3-30 所示。

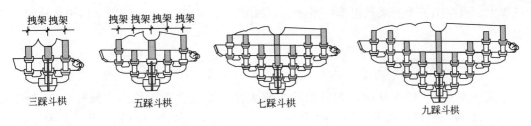

图 1-3-29　品字斗栱侧面图

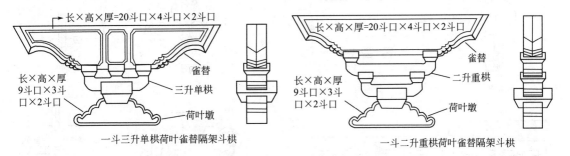

图 1-3-30　隔架斗栱规格

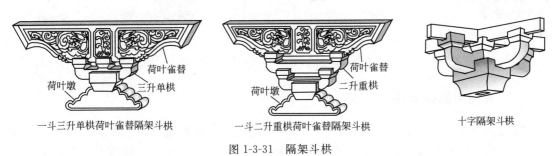

图 1-3-31　隔架斗栱

常用的隔架斗栱有：一斗二升重栱荷叶雀替隔架斗栱、一斗三升单栱荷叶雀替隔架斗栱、十字隔架斗栱等，如图 1-3-31 所示。

（1）一斗三升单栱荷叶雀替隔架斗栱

该隔架斗栱是将双翅雀替安置在一斗三升斗栱上，并在栱的座斗下安装底座而成。

（2）一斗二升重栱荷叶雀替隔架斗栱

该隔架斗栱是为了增加架空高度而采用双栱重叠的雀替隔架斗栱。

（3）十字隔架斗栱

十字隔架斗栱是指采用单栱单翘相互垂直交叠的隔架斗栱。

1.3.11 不出踩斗栱有哪些种类
——一斗三升、一斗二升麻叶、单栱单翘、重栱单翘

不出踩斗栱都是比较简单的斗栱，宋《营造法式》没有述及这类斗栱，但唐宋建筑中，有用到人字栱的，应属于这类。《营造法原》只有一斗三升和一斗六升栱（见图 1-3-32）。清制不出踩斗栱有以下四种形式的平身科斗栱。

1. 一斗三升栱

它是指由一个坐斗和栱脚上三个升所组成的斗栱，这是最简单的一种斗栱，它是在一栱

的三脚上，直接用三个升来承担檩枋而命名，如图 1-3-32(a) 所示。该拱多用于较次要的建筑上。

2. 一斗二升麻叶栱

它是一斗三升栱的改良栱，即将栱的中脚去掉，安插垂直于栱的"麻叶板"，使之由"栱、升、麻叶"三件组成的斗栱，如图 1-3-32(b) 所示，它的装饰性较一斗三升为好。

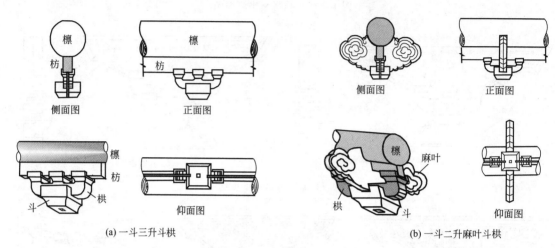

(a) 一斗三升斗栱　　　　　　　　　　　　　　(b) 一斗二升麻叶斗栱

图 1-3-32　一斗三升、一斗二升麻叶斗栱

3. 单栱单翘麻叶栱

它是在一斗二升麻叶栱的基础上，增加一个翘而成，并在翘的两个脚上，各装一块云板，使之成为两个方向都有装饰板的斗栱，如图 1-3-33 所示。它的装饰效果又要好于一斗二升。

4. 重栱单翘麻叶栱

它是在单栱单翘麻叶栱的基础上，再增加一栱而成，如图 1-3-34 所示。它主要用于需要增加高度的一种简易斗栱。

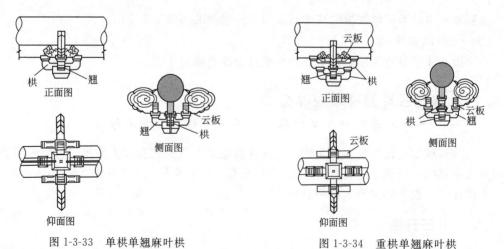

图 1-3-33　单栱单翘麻叶栱　　　　　　　　图 1-3-34　重栱单翘麻叶栱

1.3.12 出踩斗栱有哪些种类
——铺作、出跳、出踩、出参

出踩斗栱的特点是在层层垒叠中，每垒叠一层就向进深方向两边各挑出一个距离，宋称此距离为"跳"，如图 1-3-35 所示，每一跳为 30 份；清称此距离为"拽架"，如图 1-3-35 所示，每一拽架为 3 斗口。

1. 宋制铺作与出跳

关于铺作与出跳，《营造法式》卷四述**"凡铺作自柱头上栌枓口内，出一栱或一昂，皆谓之一跳，传至五跳止。出一跳谓之四铺作、出两跳谓之五铺作、出三跳谓之六铺作、出四跳谓之七铺作、出五跳谓之八铺作"**。这段话主要是解释铺作与出跳的关系。

"铺作"即指铺一层的做法，几铺作即为几层的做法。宋制最简单的出跳斗栱为四层做法，这四层即为：栌枓、华栱（或华头子上出一昂）、耍头、衬方头等，称为四铺作。五铺作是在四铺作基础上增加一层。六铺作是在五铺作基础上再加一层，如此类推。

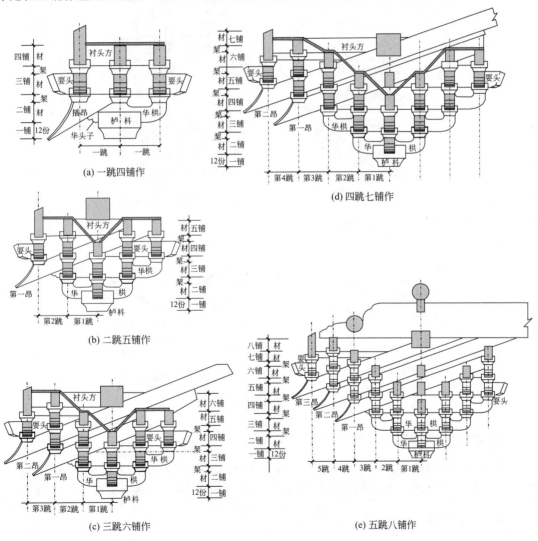

图 1-3-35　宋制出跳与铺作

"出跳"是指以栌枓心为轴，向进深方向或面阔方向挑出之意，一栱（或一昂）各向两边挑出一个距离时，均称为一跳，如图1-3-35（a）所示。因为栱件都是一种悬挑构件，当从栌枓有一栱一昂挑出时，就会挑出两个距离，称为二跳；有一栱二昂挑出时，就称为三跳，如此类推。从一跳四铺作开始起，每增加一铺作，就对应挑出一跳，故有两跳五铺作、三跳六铺作，直至五跳八铺作，其侧视面如图1-3-35所示。

2. 清制翘昂出踩斗栱

"出踩"是清制斗栱对挑出的称呼，挑出的距离称为"拽架"。在进深方向，以一翘（或一昂），里外各挑出一拽架称为"二踩"，加中间一个支点，共称为"三踩"。也就是说，清制斗栱以栱中心点为一踩，每叠加一翘（或一昂），就增添二踩，故清制出踩斗栱分为：单翘三踩斗栱、单昂三踩斗栱、重翘五踩斗栱、重昂五踩斗栱、单翘单昂五踩斗栱、单翘重昂七踩斗栱、单翘三昂九踩斗栱、重翘重昂九踩斗栱、重翘三昂十一踩斗栱等，以平身科斗栱侧立面为例，如图1-3-36所示。其中，对凡只有翘而无昂者，均为品字斗栱。

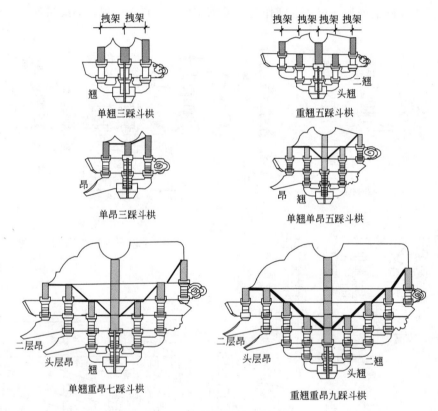

图1-3-36　清制翘昂出踩斗栱

3. 吴《营造法原》出参牌科

《营造法原》将牌科逐层挑出称为"出参"，以桁中心为准，向里外各出一级称为"三出参"，向里外各出二级称为"五出参"。丁字科、十字科即为这类牌科，见图1-3-31所示。

4. 牌楼斗栱

牌楼斗栱是专门用于牌楼上的斗栱，《营造法原》称为"网形科"，它是一种以对称形式挑出的斗栱，它只有平身科和角科。

平身科斗栱中，翘昂的前后两端完全对称，如图 1-3-37 中剖面Ⅰ—Ⅰ所示。也就是说，它的昂是具有前后昂嘴的双头昂，属于单翘重昂斗栱。

角科的两个垂直面和两个角，也完全对称，如图 1-3-37 中仰视面和角科端头立面所示。牌楼斗栱的角科以边柱的柱顶为终端，只有普通角科斗栱的外转角部分，两组外转角组合成一攒牌楼角科。

牌楼斗栱一般为七踩、九踩，北京雍和宫牌楼最高用到十一踩。

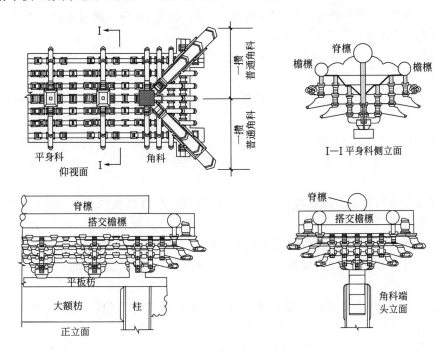

图 1-3-37　单翘重昂七踩牌楼斗栱

1.3.13 斗栱的规格如何计量
——单材栱、足材栱、间距

斗栱中各个栱件的尺寸，已分别在上述 1.3.2～1.3.7 条内叙述，现着重介绍斗栱尺寸的具体计算。

（一）斗栱尺寸的依据和计算

1. 宋制铺作的尺寸和计算

宋制铺作将斗栱规格分为单材栱和足材栱。

（1）单材栱的规格

凡各栱件规格没有特别指明要求者，均按单材栱计算。斗栱尺寸统一按"份数"计量，单材栱的规格按一材为 15 份计算，如图 1-2-1 中：一等材的材广为 9 寸，厚 6 寸，那么材广每份为：9 寸÷15＝0.6 寸，材厚也是 0.6 寸。也就是说每个等级的材份，每份均为该材广的 1/15。有了这个基本参数，就可计算出各个规格大小的具体尺寸，现举例叙述如下。

【例1】《营造法式》四卷对座斗尺寸规定为**"栌科施之于柱头,其长与广皆为三十二份,若施于角柱之上者,方三十六份。高为二十份"**。有了这个规定,再看用于哪种规格的建筑上,假若按殿身3~5间选用第三等材,其尺寸如何?

解:根据图1-2-1所示,三等材广为0.75尺,则每份为0.75尺÷15=0.05尺,则用于柱头的栌科长为32份×0.05尺=1.6尺,宽也为1.6尺,高为20份×0.05尺=1尺;用于角柱的栌科长宽为36份×0.05尺=1.8尺,高也为1尺。

【例2】如图1-3-6中的泥道栱,其长为62份,宽为10份,两端以四瓣卷杀,每瓣长3.5份,若选用第四等材,其尺寸如何?

解:根据图1-2-1所示,四等材广为0.72尺,则每份为0.72尺÷15=0.048尺,因此,泥道栱尺寸为:

栱长=62份×0.048尺=2.976尺,栱宽=10份×0.048尺=0.48尺,栱高=15份×0.048尺=0.72尺。

卷杀每瓣长=3.5份×0.048尺=0.168尺,每瓣高=9份÷4×0.048尺=0.108尺。

上开口深=10份×0.048尺=0.48尺,开口宽=8份×0.048尺=0.384尺。

(2)足材栱的规格

凡栱件规格特别指出为足材者,应按足材栱计算。足材栱规格是一材(15份)加一栔(6份),即按21份计算。

【例3】如**"华栱,足材栱也,其长七十二份"**,若选用三等材,其尺寸如何?

解:三等材广为0.75尺,则每份为0.75尺÷21=0.0357尺,因此:华栱长=72份×0.0357尺=2.57尺。

【例4】如**"造耍头之制,用足材栱,自科心出,长二十五份,自上棱斜杀向下六份,自头上量五份斜杀向下二份"**。若选用四等材,其尺寸如何?

解:四等材广为0.72尺,则每份为:0.72尺÷21=0.0343尺,因此:

耍头从科心伸出距离=25份×0.0343尺=0.857尺。

由顶的上线向下划一斜线,斜进距离=6份×0.0343尺=0.206尺。

再以头顶宽度的一半(5份)为准,砍作下斜面(即斜三角形),斜三角形的高=2份×0.0343尺=0.069尺。如图1-3-19所示。

2. 清制斗科的尺寸和计算

清制斗栱的尺寸计算比较简单,只要选定用材等级后,就可直接按1.2.3条中"斗口制尺寸表"的相应尺寸进行计算确定。

【例5】如图1-3-3中清大斗规格,长为3斗口,宽为3.25斗口,高2斗口。若选用三等材,尺寸如何?

解:按1.2.3条中"斗口制尺寸表"中三等材的规格,每斗口为0.5尺,因此:

大斗长=3斗口×0.5尺=1.5尺,宽=3.25斗口×0.5尺=1.625尺,高=2斗口×0.5尺=1尺。

3.《营造法原》牌科的尺寸

《营造法原》为简化牌科尺寸的复杂性,统一归纳为三种规格,即:五七式、四六式、双四六式。

（1）五七式牌科

所谓"五七式"是指座斗的高宽尺寸，即正面斗宽为七寸，竖高为五寸。这一规格的各栱件尺寸规定如下。

斗为：宽 0.7 尺，高 0.5 尺（上腰 0.2 尺，下腰 0.1 尺，底高 0.2 尺），底宽 0.5 尺。

第一级栱为：长 1.7 尺，高 0.35 尺，厚 0.25 尺。升宽 0.35 尺，高 0.25 尺（上腰 0.1 尺，下腰 0.05 尺，底高 0.1 尺），底 0.25 尺。

第二级栱为：长按第一级加长 0.8 尺，高厚不变。升宽、高、底不变。

（2）四六式牌科

四六式是按五七式尺寸各八折，即斗宽＝0.7 尺×0.8＝0.56 尺，竖高＝0.5 尺×0.8＝0.4 尺。第一级栱长 1.36 尺，高 0.28 尺，厚 0.2 尺。升宽 0.28 尺，高 0.2 尺等。

（3）双四六式牌科

双四六式是按四六式尺寸加倍，即斗宽＝0.56 尺×2＝1.12 尺，高＝0.4 尺×2＝0.8 尺。第一级栱长 2.72 尺，高 0.58 尺，厚 0.4 尺。升宽 0.56 尺，高 0.4 尺等。

（二）斗栱的计量单位和间距

1. 斗栱的计量单位

由上述可知，一组斗栱是由各种栱件层层垒叠而成，这样一组斗栱的单位，宋称为"朵"，清称为"攒"，《营造法原》称为"座"。所以一个开间的斗栱多少，是按朵数或攒（座）数进行计量的。

2. 斗栱的间距

斗栱的间距是确定斗栱数量的基本尺寸，这个间距的确定方法如下。

（1）宋制铺作的间距

法式四述**"当心间须用补间铺作两朵，次间及梢间各用一朵，其铺作分布，令远近皆匀"**。这就是说，除柱头铺作和转角铺作必须安装外，当心间另行安装两朵补间铺作，次梢间各安装一朵补间铺作，它们之间的距离，应以开间尺寸进行均匀分配。

（2）清制斗科的间距

清规定斗栱之间的距离，一般为 11 斗口，如图 1-3-38 所示。有少数重檐建筑按 12 斗口。如果开间尺寸不能正好被 11 整除，则可进行均匀分布调整。

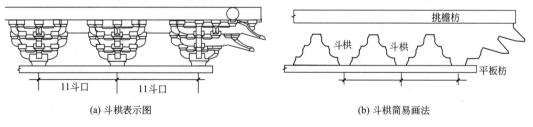

(a) 斗栱表示图　　　　　　　　　　　　(b) 斗栱简易画法

图 1-3-38　斗栱间距

（3）《营造法原》的间距

《营造法原》规定**"两座牌科之中心距离，定为三尺，视其开间之广狭，平均排列"**。也就是说，在一个开间中，按 3 尺定座数，余尺再均匀分摊到间距内。

1.3.14 斗栱中垫栱板、正心枋、里外拽枋是指什么

—— 风栱板、正心枋、拽枋、挑檐枋

1. 垫栱板

垫栱板又称"风栱板"、"斗槽板",宋称"栱眼壁板",它是填补每攒斗栱之间空隙的遮挡板,它可以形成整个斗栱的整体性,起着将若干斗栱连接成整,增添美观,防止雀鸟进入的作用,如图1-3-39所示。板厚一般为0.4斗口,高宽按斗栱情况设置而定。

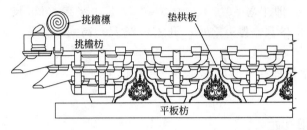

图1-3-39 斗栱垫栱板

2. 正心枋

正心枋是清制称呼,宋称"柱头枋",它是处在斗栱中心位置,檐桁(檩)下面的枋木。因为斗栱的主要作用是承担悬挑檐口的屋顶荷重,该荷重由檐桁(檩)传递到枋木,再由枋木落实到斗栱上,正心枋就是将荷重传递到中心栱件上的枋木,如图1-3-23、图1-3-24中所示。一根枋的高度不能连接到栱件上时,可以增加2或3根枋木。断面高2斗口,厚1.24斗口。

3. 里、外拽枋

"拽枋"是指在清制斗栱上,处在正心枋前后,其上没有桁(檩)的枋木,宋称为"罗汉枋",外拽枋是指处在斗栱中心外挑部分的枋木;里拽枋是指处在斗栱中心内挑部分的枋木,如图1-3-23、图1-3-24中所示。其断面高2斗口,厚1斗口。

4. 挑檐枋

挑檐枋是指处在挑檐桁下面的枋木,宋称为"撩檐枋",一般在斗栱的最外端位置,它是屋顶最边沿的承托构件,如图1-3-24所示。其断面高2斗口,厚1斗口。

第 2 章
中国仿古建筑木构架

2.1　庑殿建筑的木构架

2.1.1　庑殿建筑木构架的基本组成是怎样的

——柱、梁、桁、枋之组合（梁架、草架、贴式）

庑殿建筑木构架主要分为两大部分，即正身部分和山面部分。正身部分是指，除房屋两端的梢间或尽间以外的所有开间部分，这部分的木构架是按进深轴线方向所布置的一排排相同的排架所构成。

而房屋两端的两个梢间或尽间为山面部分，两端山面也是由另一种完全相同的木结构，对称布置在正身的两端，即如图 2-1-1 中"山面"所示。

1. 正身部分木构架

在正身部分，对每一进深轴线上由柱、梁所组成的木构架，清称它为"梁架"，宋《营

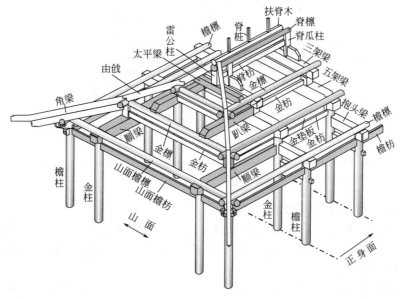

图 2-1-1　庑殿木构架

53

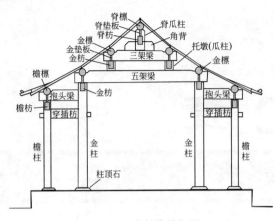

图 2-1-2　清制横排架图

造法式》称它为"草架"，《营造法原》称它为"贴式"，为叙述方便，在此我们通称为"排架"。每个排架的结构是完全相同的，一栋房屋由若干个排架分隔形成开间。如图 2-1-1 中"正身面"所示，它是整个木构架的基本结构，其有关构件设置与名称，宋清略有不同。

（1）清制横排架结构

清制横排架的基本结构如图 2-1-2 所示，檐柱和金柱是整个构架的承重柱，由穿插枋相互支撑联系。屋顶荷载由五架梁和抱头梁传递到承重柱上，三架梁和瓜柱将屋尖部分荷载传递给五架梁。整个屋面由檩木（檐檩、金檩、脊檩）承接。在相邻排架的柱与柱之间，由枋木（檐枋、金枋、脊枋）连接成整体构架。如果房屋规模大，在此基础上再增加梁、枋、檩等构件。

（2）宋制横排架结构

宋制横排架的基本结构如图 2-1-3 所示，该图为殿堂双槽草架侧样，殿身檐柱和殿身内柱是整个构架的承重柱，由乳栿相互支撑联系。屋顶荷载由椽栿（十椽栿、八椽栿、六椽栿、四椽栿、平梁）传递到承重柱上，檐口屋面荷载由乳栿传递给副阶檐柱。整个屋面由槫木（上中下平槫和脊槫）承接。在相邻排架的柱与柱之间，由额枋（由额、门额、阑额）连接成整体构架。

图 2-1-3 所示为殿堂房屋排架，如果是小规模厅堂建筑，可在此基础上减少椽栿和殿身内柱，规模再小者，可减除副阶结构。

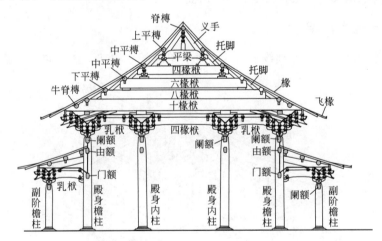

图 2-1-3　宋制横排架图

（3）《营造法原》横排架结构

《营造法原》横排架的基本结构如图 2-1-4 所示，该图是选用苏州府文庙大成殿正贴式的木构架图，它是苏浙一带最为典型的四合舍重檐殿堂建筑，它既保持有宋制建筑特征，也加入了江南地方色彩。

承重柱为廊柱和步柱，屋顶荷由界梁（六界梁、四界梁、山界梁）传递到柱上。整个屋面由桁条（廊桁、步桁、金桁、脊桁）承载。在相邻排架的柱与柱之间，由枋木（廊枋、步

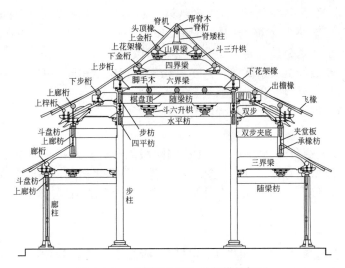

图 2-1-4 《营造法原》吴制横排架图

枋）连接成整体构架。桁条之下辅以机木（连机、金机、脊机）。

根据以上所述构件，对组成庑殿木构架的构件名称，小结如表 2-1-1 所示。

表 2-1-1 庑殿木构架相关构件名称表

构件名称	宋《营造法式》称呼	清《工程做法则例》称呼	《营造法原》称呼
庑殿	五脊殿、吴殿	庑殿、四阿殿	四合舍
柱类	副阶檐柱或殿身檐柱	檐柱	廊柱
	殿身内柱	金柱	步柱
	侏儒柱、蜀柱	瓜柱、柁墩	矮柱、童柱
梁类	椽栿（四椽栿、六椽栿、八椽栿、十椽栿）	架梁（三架梁、五架梁、七架梁）	界梁（山界梁、四界梁、六界梁）
	乳栿、搭牵	抱头梁或桃尖梁、双步梁	廊川、双步
桁条	槫（脊槫、上平槫、中平槫、下平槫、牛脊槫、撩檐枋）	檩或桁（脊檩、上金檩、中金檩、下金檩、檐檩、挑檐檩）	桁（脊桁、上金桁、下金桁、上步桁、下步桁、廊桁、梓桁）
扶脊木	无	扶脊木	帮脊木
枋木	襻间、替木	枋（脊枋、上中下金枋、檐枋）	机（脊机、金机、连机）
	由额、门额	大额枋、小额枋	廊枋、步枋
椽子	檐椽、飞子	檐椽、飞椽	出檐椽、飞椽
角梁	大角梁、子角梁	老角梁、仔角梁	老戗、嫩戗
山面处理	由脊槫推出3尺后另加续角梁	在顺梁、趴梁上置太平梁和雷公柱	直接用叉角桁条

2. 山面部分木构架

庑殿建筑的山面，是一个三角形坡屋面，但因为山面没有构架梁，这就需要解决山面桁檩的搭置问题。

（1）清制山面

清制建筑是采用顺梁法，如图 2-1-1 所示，从房屋尽间正身构架的前后金柱上，向山面连接一根梁至山面檐柱上，因它是顺面阔方向的梁，故称之为"顺梁"。在前、后顺梁的外端，剔凿有檩椀，即可放置山面檐檩。然后向正间方向，间隔一步架，在顺梁上设置柁墩

（矮瓜柱）放置下金檩，再在下金檩上搁置趴梁（趴梁另一端搁置在正身架梁上），如此向上，层层布置，即可解决上金檩的搁置问题，如图2-1-1山面所示。并在最上一层的趴梁上，搁置太平梁来承托雷公柱，再以雷公柱支撑脊檩的挑出。

顺梁的标高、断面及梁头形式等，与正身构架的相应梁相同，如若正身构架进深方向使用桃尖梁时，则山面顺梁也使用桃尖顺梁。

太平梁尺寸同三架梁，雷公柱尺寸同脊瓜柱。

（2）宋制山面

《营造法式》卷五造角梁之制中述"**凡造四阿殿阁……如八椽五间至十椽七间，并两头增出脊槫各三尺，随所加脊槫尽处，别施角梁一重，俗谓之吴殿，亦曰五脊殿**"。即指八椽五间至十椽七间，直接由脊槫两端各向外推出三尺，随所增加的距离，去掉原续角梁位置，另加续角梁一副。

（3）《营造法原》山面

《营造法原》第七章"殿庭总论"中述"**四合舍殿庭外观，较歇山为庄严，都用诸性质崇威之建筑，吴中已不多见。所存者仅府文庙一处而已。……据实量文庙结果，其推山之制，与清式规定相似，惟无清式之太平梁及雷公柱之结构，仅以前后桁条挑出，成叉角桁条，下承连机及栱，其结构较为简单**"。也就是说，采用清制推山制，将正身面桁条伸出后，与山面桁条搭交即可。

2.1.2 如何布置庑殿建筑柱网
——开间3～11间，进深2～6间

1. 平面柱网的名称

由图2-1-1可以看出，整个建筑木构架是由若干立柱形成的柱网所承担，建筑柱网的布置，应与房屋开间和进深的多少有关，一般庑殿建筑的开间最少为三间，多者为十一间；常见庑殿建筑的进深最少为二间，多者为六间，各个开间均由纵横轴线上的柱子所围成，这些柱子依其位置不同有不同的名称。

（1）不带走廊的柱网名称

当房屋不设走廊时，则围成房屋的最外一圈柱子都称为"檐柱"（或廊柱），在房屋前檐一排的柱子称为"前檐柱"，在房屋后檐一排的称为"后檐柱"，在两端山面檐口的称为"山檐柱"。

当房屋前后分隔有多个进深，形成第二圈室内柱子时，则这些柱子都称为"金柱"（或内柱、步柱）；在两山檐柱之内的称为"山金柱"。若正对屋顶中心正脊下，还布置有一排柱子时，此柱称为"中柱"。两山脊轴线正中的柱子，称为"中山柱"，简称"山柱"。

（2）带有走廊的柱网名称

对带有走廊的房屋，对最外一排柱子称为"檐柱"（廊柱），分别为"前檐（廊）柱"、"后檐（廊）柱"、"山檐（廊）柱"。如果在檐（廊）柱之内有双排金柱（步柱）者，则分别称为"外金（步）柱"和"里金（步）柱"。

檐（廊）柱因只承担屋檐部分重量，故其规格一般都较金柱规格要小。

由上可知，房屋建筑的柱网布置，实际上就是确定排柱和列柱的布置。

2. 庑殿建筑常用柱网布置

平面柱网布置与房屋阔深比有关，阔深比是指通面阔与通进深之比值，一般房屋建筑的

阔深比控制在 2 左右，而庑殿建筑的阔深比最小不小于 1.7，因此，常用柱网布置有三种，即：三排四（六）列式柱网、四排多列式柱网、六排多列式柱网等。

（1）三排四（六）列式柱网

庑殿建筑最简单的柱网为三排四列，即三开间二进深，如图 2-1-5 所示，一般只用于规模不太大的单檐庑殿建筑和辅助性的门楼建筑。

也有布置为三排六列的，如北京太庙的大戟门和其他庙宇的山门柱网多为这一类，它在中排柱轴线上做木门和隔断墙，前后檐为休息过厅，如图 2-1-6 所示。

这类布置一般没有走廊，是无廊式柱网布置，前檐为门窗隔扇，后檐可与前檐同，也可以做成砖砌墙体，而两边山墙一般多为砖砌墙体。

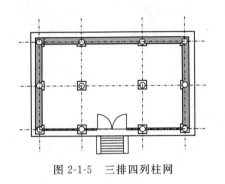

图 2-1-5　三排四列柱网

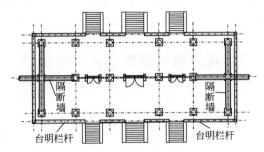

图 2-1-6　北京太庙大戟门柱网

（2）四排多列式柱网

这种柱网布置是单檐庑殿建筑所常用的一种形式，开间多少可根据实际需要而定，但进深方向一般为三间，如图 2-1-7 所示，因为单檐庑殿建筑的进深如果布置得太深，会使房屋体形变得扁矮臃肿，影响到整个房屋的造型美观。两山为墙体，前后檐为门窗隔扇或带部分槛墙。

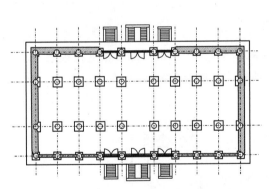

图 2-1-7　四排多列式柱网

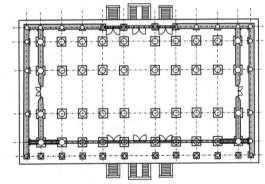

图 2-1-8　北京故宫太和殿柱网

（3）六排多列式柱网

这种柱网布置，一般多用于体形较大的重檐庑殿建筑，它是在四排多列式柱网的基础上，向外各增加一排（列）廊柱而成，可分为带前后廊和带四周围廊的。

在我国古代建筑中，这种柱网形式多用于等级较高的建筑，如景山寿皇殿、明长陵棱恩殿等为带前后廊柱网排列（即六排十列柱网），而北京故宫中的太和殿是带四周围廊的柱网排列（即六排十二列柱网），它是我国古建筑中柱网排列的最高等级，如图 2-1-8 所示。

以上三种是庑殿建筑的基本柱网，在此基础上，为扩大室内空间，可做一定的改进，即减柱造式柱网。

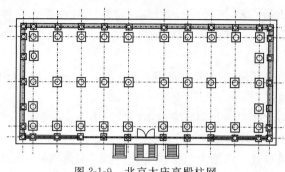

图 2-1-9　北京太庙亨殿柱网

（4）减柱造式柱网

这是一种改良式的柱网排列，有时为了增加室内的空间，可以去掉室内一部分金柱，加长横梁的跨度，但外围檐柱保持不变。这种柱网形式既保证了结构的稳定性，又可改善室内布置的灵活度，如北京太庙亨殿就是这种柱网布置，如图 2-1-9 所示，从图中的山面可以看出，除外围四根山檐柱和一根山柱外，还有四根里金柱和一根中柱，以此形成山面廊道。但除尽间外，所有开间的柱列都去掉了里金柱，这样将室内进深除廊道外，由四开间合并成为两开间，使室内空间扩大。

2.1.3 庑殿横排架简图如何表示
——"柱梁桁椽"排架线示图

横排架简图，《营造法原》称为"贴式"，它是设计房屋承重构架（梁、桁、柱等木构架）的方案图，根据房屋规模大小，常用的横排架简图有以下几种，我们以清制结构名称为例加以说明。

1. 五檩中柱横排架简图

这是庑殿建筑中最简单的一种木构架，是与三排四（六）列柱网相配套的排架简图，它是将三架梁和五架梁由中柱分割成两段，分别命名为单步梁和双步梁，梁的里端与中柱榫接，外端分别由瓜柱和檐柱支撑，如图 2-1-10（a）所示。

2. 五、七檩横梁带前后廊横排架简图

这是与四排多列柱网相配套的排架简图，一般单檐庑殿建筑的房屋多用这种排架，进深小者用五檩，进深大者用七檩，如图 2-1-10（b）所示为五檩带前后廊，图 2-1-10（c）所示为七檩带前后廊。

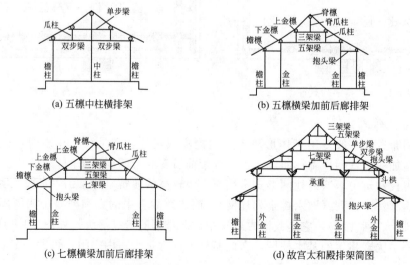

(a) 五檩中柱横排架

(b) 五檩横梁加前后廊排架

(c) 七檩横梁加前后廊排架

(d) 故宫太和殿排架简图

图 2-1-10　庑殿建筑常用木排架简图

3. 多檩横梁组合式横排架简图

这是与六排多列式柱网相配套的排架简图，多用于重檐建筑。因为一般横梁受到木材的限制，一般只能做到七架梁，而重檐建筑中的底层进深很大，要想满足加大进深的要求，则只有在七架梁之外添柱加梁，即增加外金柱和双步（或三步）梁，如图 2-1-10(d) 所示。

至于减柱造柱网的排架简图，是上述简图的综合，减柱造的尽间排架可参照多檩横梁组合式，其他间的排架，可将七檩横梁排架加中柱进行改制即可。

2.1.4 屋架梁的构造与规格是怎样的

——架梁、椽栿、界梁

庑殿正身部分横向排架所用到的横梁有三大类，即：屋架梁、抱头梁、承重等。

屋架梁是指承受屋面荷重的主梁，清《工程做法则例》称为"架梁"；宋《营造法式》称为"椽栿"（不做卷杀者称为"草栿"），《营造法原》称为"界梁"。

"架梁"是以其上所架设的檩木根数（也称架）而命名，如在本梁以上有三根檩木就称为"三架梁"，有五根檩木就称为"五架梁"，如此类推，分为三架梁、五架梁、七架梁等。

而"椽栿"是以槫木之间搁置椽子的空当数而命名，如在本椽栿以上有四个空当就称为"四椽栿"，分为四椽栿、六椽栿、八椽栿、十椽栿等（参看图 2-1-3），其中，对有三根槫木的横梁不称为二椽栿，宋《营造法式》对此给予一个专门名称，称为"平梁"〔如图 2-1-11(a) 中所示〕。

"界梁"是以两桁木之间的空当（简称"界"）而命名，分为四界梁、五界梁、六界梁等，其中对最下面的一根界梁称为"大梁"，对有二界的横梁不称为二界梁，《营造法原》称为"山界梁"（相当"平梁"），如图 2-1-4 中脊顶所示。

1. 屋架梁的长度

屋架梁的长度可按下式计算：

$$屋架梁长 = \sum 步距(或椽平长、界深) + 出头尺寸 \qquad (2-1-1)$$

式中，步距、椽平长、界深按表 1-2-8 所述。

出头尺寸，清制按 2 倍檩径（檩径有斗栱建筑按 4～4.5 斗口，无斗栱建筑按 1～0.9 倍檐柱径）。宋制没有规定，只要求与托脚的斜面能相互接触即可，如图 2-1-11(a) 所示。《营造法原》要求按**"梁头于桁中心外伸长八寸至尺余"**。

2. 屋架梁的截面

屋架梁的截面是指梁高与梁厚，古代建筑是根据历代实际经验数据加以确定，它不仅能满足结构力学的要求，更主要的是满足整个构架的视觉结构要求。

（1）清《工程做法则例》屋架梁截面

清制屋架梁为矩形截面，它是以七架梁为基础，七架梁的截面宽度按金柱径（即檐柱径加 2 寸）加大 2 寸，也就是随金柱两边各宽出 1 寸，工匠师傅称之为"加一肩"。高度按梁宽的 1.2 倍。

五架梁截面尺寸按七架梁截面尺寸乘以 0.8 的系数或各缩减 2 寸。

三架梁又按五架梁尺寸的 0.8 倍或各缩减 2 寸。梁端凿成承放桁檩的檩椀槽口，如图 2-1-11(b) 所示。

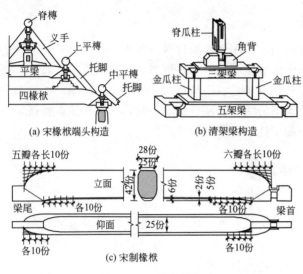

（a）宋椽栿端头构造　　（b）清架梁构造

（c）宋制椽栿

图 2-1-11　屋架梁构造

（2）宋《营造法式》椽栿截面

宋制椽栿为圆角矩形截面，《营造法式》五述"檐栿如四椽及五椽栿，若四铺作以上至八铺作，并广两材两栔，草栿广三材。如六椽至八椽以上栿，若四铺作至八铺作，广四材，草栿同"。这就是说，四椽栿、五椽栿（相当五、六架梁）的断面高为 2 材 2 栔，即梁高应为：（15 份 + 6 份）×2 = 42 份，当材份等级选定后，即可得出梁高尺寸，如选定五等材，广为 0.66 尺，则每份为 0.66 尺/15 份 = 0.044 尺，因此：四、五椽栿梁高为 42 份 × 0.044 尺 = 1.848 尺，按一营造尺 = 31.2cm 计算，则为 1.848 尺 × 31.2cm = 57.7cm。六至八椽栿梁高为 0.66 尺 × 4 份 = 2.64 尺，即 82.4cm。

梁厚规定"凡梁之大小，各随其广分为三份，以二份为厚"。如四五椽栿梁厚为 1.85 尺 × 2/3 = 1.23 尺（38.5cm）。六八椽栿梁厚为 2.64 尺 × 2/3 = 1.76 尺（54.9cm）。

而对平梁规定为"平梁若四铺作五铺作，广加材一倍。六铺作以上，广两材一栔"。又规定"若平梁四椽六椽上用者，广三十五份。如八椽至十椽上用者，其广四十二份。不以大小从下高二十五份背上下凹，皆以四瓣卷杀"。即梁断面高：四、五铺作为 30 份，六铺作以上 36 份；四、六椽 35 份，八至十椽 42 份。不管断面大小，底面以 25 份厚切削弧形 [见图 2-1-11（c）仰面所示]。

宋制梁很注意梁的两端造型，梁首（朝外檐方向）要分成几瓣做成弧形（平梁四瓣，椽栿六瓣），梁尾（朝室内方向）也分成几瓣卷杀成弧形（平梁四瓣，椽栿五瓣），其形状如图 2-1-11（c）所示。

（3）《营造法原》界梁截面

《营造法原》对殿庭所用界梁同椽栿相似，它在厅堂总论中述到"梁之做法形式颇与营造法式月梁之制相似，南方厅堂殿庭，尚盛行此制"。即庑殿所用之梁为扁矩形，其截面相似于图 2-1-11（c）所示形式，只是梁高按进深的 1/10~2/10 取定，梁厚按梁高折半。

根据以上所述，屋架梁规格如表 2-1-2 所示。

表 2-1-2　屋架梁规格表

构件名称	宋《营造法式》				清《工程做法则例》			《营造法原》
架梁长度	∑椽平长 + 两端出头（与托脚接触）				∑步距 + 2 檩径			∑界深 + 0.8~1 尺
		檐椽	草栿	平梁	七架梁	五架梁	三架梁	扁矩形
梁截面高	四、五椽栿，四至八铺作	42 份	45 份	四、五铺作 30 份	1.2 倍截面宽			0.1~0.2 倍进深
	六至八以上椽栿，四至八铺作	60 份	60 份	六铺作以上 36 份				
				四、六椽 35 份				
				八至十椽 42 份				
梁截面宽	2/3 截面高				檐柱径 + 4 寸	0.8 倍七架梁	0.8 倍五架梁	0.4~0.5 倍梁高

2.1.5 抱头梁的构造与规格是怎样的
——抱头梁、乳栿、川

抱头梁是指梁的外端端头上承接有桁檩木（俗称抱头）的檐（廊）步横梁，它位于檐柱与金柱之间，承接檐（廊）步屋顶上檩木所传荷重的横梁。

清《工程做法则例》依其端头形式不同，分为素方抱头梁（一般简称抱头梁，用于无斗栱建筑）和桃尖梁（用于有斗栱建筑）。如果其上有多根檩木，将廊步分成多步而设置梁者，分别称为单步梁、双步梁、三步梁等。

抱头梁和桃尖梁的形式如图 2-1-12 所示。

宋《营造法式》称此为乳栿、剳牵（相当于单步梁）。

《营造法原》称此为"川"，在廊步的称为"廊川"，在双步上的称为"眉川"，如图 2-1-14 所示。

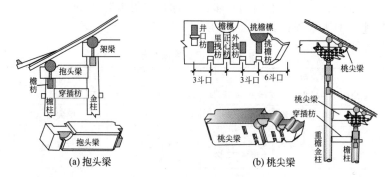

图 2-1-12　抱头梁和桃尖梁

1. 抱头梁的长度

抱头梁的长度按下式计算：

$$抱头梁长＝步距＋檐柱径 \tag{2-1-2}$$
$$桃尖梁长＝步距＋斗栱出踩＋檐柱径 \tag{2-1-3}$$

2. 抱头梁的截面

（1）清《工程做法则例》抱头（桃尖）梁截面

抱头梁高＝1.4 倍檐柱径；梁厚＝1.1 倍檐柱径。

桃尖梁高＝斗栱耍头底（或昂上皮）至檐檩中心间距离；梁厚＝檐柱径。

（2）宋《营造法式》乳栿、剳牵截面

宋《营造法式》规定**"乳栿三椽栿，若四铺作五铺作，广两材一栔，草栿广两材。六铺作以上，广两材两栔，草栿同"。"剳牵若四铺作至八铺作，出跳广两材，如不出跳，并不过一材一栔"**。即乳栿截面高＝15 份×2＋6 份＝36 份，剳牵截面高若斗栱出跳者为 15 份×2＝30 份、不出跳者为 15 份＋6 份＝21 份。

截面厚均按 2/3 截面高。

乳栿形式及卷杀同图 2-1-11(c)，仅截面尺寸较小而已。剳牵形式如图 2-1-13 所示。

（3）《营造法原》川梁截面

《营造法原》中的双步与川梁，如图 2-1-14 所示，其截面与界梁相同，梁高为二梁厚，截面尺寸为大梁的 6/10～7/10。

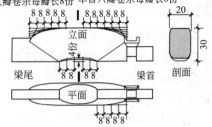

图 2-1-13 《营造法式》剳牵（单位：份）

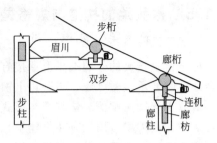

图 2-1-14 《营造法原》双步、川梁

双步即指双步梁，"步"即指桁条间的水平投影距离。双步梁多用于前、后廊上的梁。当廊步有两个桁距时就称为双步，三个桁距时就称为三步，一般廊步上的梁最多只有三步梁，最少为一步，但不称为一步梁，而改称为"川"。"川"是指界梁以外，将廊柱与步柱穿连起来的横梁，对双步、三步梁上面的一步梁，称为"川步"。

根据以上所述，抱头梁规格如表 2-1-3 所示。

表 2-1-3 抱头梁规格表

构件名称	宋《营造法式》				清《工程做法则例》		吴《营造法原》
架梁长度	廊步距＋斗栱出踩＋首尾出头				步距＋斗栱出踩＋檐柱径		同《营造法式》
	乳栿	草栿	草栿	剳牵	抱头梁	桃尖梁	廊川、双步
梁截面高	三椽栿，四、五铺作 36 份	30 份	45 份	四至八铺作出跳 30 份	1.4 倍檐柱径	昂顶至檐檩中	0.06～0.14 倍进深
	六铺作以上	42 份	42 份	不出跳 21 份			
梁截面宽	2/3 截面高				1.1 倍檐柱径	檐柱径	0.4～0.5 倍梁高

2.1.6 承重梁的构造与规格是怎样的

——阁楼承重

承重梁简称为"承重"，它是阁楼建筑中承托楼板荷载的主梁，一般为矩形截面，与前后檐柱榫接。承重上搭置楞木（或支梁），再在楞木上铺钉楼板，如图 2-1-15 所示。

清制梁高为檐柱径加 2 寸，梁厚为 0.8 倍梁高。《营造法原》按其围径为进深的 0.24倍，高为 2 倍厚。

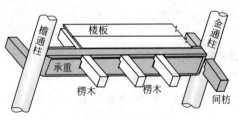

图 2-1-15 承重梁

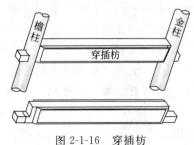

图 2-1-16 穿插枋

2.1.7 何谓随梁枋与穿插枋

——跨空枋、顺栿串、夹底

随梁枋和穿插枋都是指顺横梁方向的枋木。它是为保证木构架的整体安全稳定性，设在

受力梁下面，将柱串联起来的构造性横枋。

随梁枋，清又称为"跨空枋"，《营造法原》称为"随梁枋"，《营造法式》在厅堂构架中设的"顺栿串"，也属于此类构件。它用于规模较大或带斗栱建筑中，设置在最底部屋架大梁的下面，将承重柱串联起来，协助大梁减轻一部分荷载，如图 2-1-4 中所示。

随梁枋长按公式(2-1-2)计算。清制枋高：带斗栱按 4 斗口，无斗栱按檐柱径。枋宽：带斗栱按 3.5 斗口，无斗栱按 0.8 倍檐柱径。

《营造法原》随梁枋高按 1.4 尺，枋宽 0.5 尺。

《营造法式》顺栿串的尺寸没有具体明确，可参考按高 30 份。宽按 2/3 高。

穿插枋是设在抱头（或桃尖）梁下面，将檐（廊）柱和金（步柱）柱串联起来，保证抱头梁的稳固安全，如图 2-1-12(a)，图 2-1-16 所示。《营造法原》称为"夹底"，是指加强双步或三步梁的横向垃结木，用于廊步安置在双步梁或三步梁之下。《营造法式》不设此构件。

穿插枋截面尺寸与随梁枋相同。夹底截面按 0.7～0.8 倍川步截面尺寸。

根据以上所述，随梁枋、穿插枋规格如表 2-1-4 所示。

表 2-1-4　随梁枋、穿插枋规格

构件名称		宋《营造法式》	清《工程做法则例》	吴《营造法原》
随梁枋	构件	顺栿串	跨空枋	随梁枋
	构件长		按跨径	
	截面高	30 份	4 斗口或檐柱径	1.4 尺
	截面高	2/3 高	3.5 斗口或 0.8 倍檐柱径	0.5 尺
穿插枋	构件		穿插枋	夹底
	构件长		两柱之间距	
	截面高		与枋同	0.7～0.8 倍川步截面
	截面高		与枋同	

2.1.8　排架中柱子的构造与规格是怎样的
——檐柱、童柱、金柱、瓜柱

横排架中柱子，依其位置不同分为：檐柱、金柱和瓜柱等。

1. 檐柱

檐柱是指屋檐部位的柱子，《营造法原》称为廊柱，即指檐廊外侧的柱子，这是指单檐建筑的檐柱。檐柱高：宋制按"不超过心间面阔"。清制大式按 70 斗口，小式按 0.7～0.8 倍明间面阔。吴制按 0.7～1 倍正间面阔。

檐柱径：宋制按殿堂 42～45 份，厅堂按 36 份，其余按 21～30 份。清制按大式 6 斗口，小式 0.07 倍明间面阔。吴制按 0.16～0.2 倍正间面阔定围径。

但在重檐建筑中，上层檐的檐柱，除用底层金柱向上伸出［见图 2-1-12(b) 所示］代替外，在清制建筑中还可采用一种不落地的矮柱，以便增加上层檐的檐口宽度，这种矮柱称为"童柱"，如图 2-1-17 中二层檐柱所示。

宋没有这种设置，只分副阶檐柱和殿身檐柱，它是将殿身檐柱向上伸长来支撑第二层檐

（见图 2-1-3），相似于清制中的重檐金柱。

童柱径与下层的檐柱径同，其高可根据空间需要设定，若没有空间高度需求者，可按下式计算。

童柱高＝檐童步距×0.5＋上层檐（额枋高＋围脊枋高＋围脊板高＋0.5×承椽枋高）

$$(2-1-4)$$

2. 金柱

金柱，清制分为单檐金柱（《营造法原》称为步柱）、重檐金柱（宋称殿身檐柱）和里金柱（宋称殿身内柱）。重檐金柱如图 2-1-12(b) 所示。金柱高按下式计算。

单檐金柱高＝檐柱高＋檐金步举高

兼带童柱的重檐金柱高＝檐柱高＋童柱高 $\qquad(2-1-5)$

金柱径：大式建筑按檐柱径加 2 寸，由外向里，每进深一根累加 2 寸；小式建筑加 1寸。宋制柱径按上檐柱径。

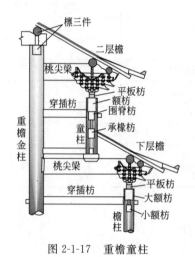

图 2-1-17 重檐童柱

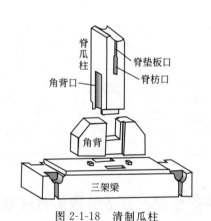

图 2-1-18 清制瓜柱

3. 瓜（蜀）柱

它是设在屋架梁之间所需要的垂直传力构件，清《工程做法则例》称这种构件：高的为"瓜柱"，矮的为"柁墩"；宋《营造法式》称为"侏儒柱"或"蜀柱"；《营造法原》称为"童柱"或"矮柱"。

瓜柱依其位置分为脊瓜柱和金瓜柱，一般为矩形截面，但南方多为圆柱形，其方径尺寸同上层梁厚或稍窄即可，其高按各分举高控制。

因脊瓜柱是直接支撑脊檩，为保障其稳定性，清制做法特在柱脚增加"角背"，如图 2-1-10(b)、图 2-1-18 所示。角背长按一步架，高按瓜柱高的 1/3，厚按本身高的 1/3。

宋《营造法式》只谈到脊瓜柱，即"**造蜀柱之制于平梁上，长随举势高下；殿梢径一材半**"。即蜀柱之高按举势的高低而定，殿阁的柱径为 1.5 材（即 22.5 份）。

《营造法原》"童柱"或"矮柱"的柱径，与其接触梁的梁径相同。

根据以上所述，木构架中的排架柱尺寸如表 2-1-5 所示。

表 2-1-5　排架柱尺寸表

名称	宋《营造法式》规定	清《工程做法则例》规定	《营造法原》规定
檐柱高	不超过心间面阔	大式 70 斗口,小式 0.7～0.8 倍明间面阔	廊柱高＝0.7～1 倍正间面阔
檐柱径	殿堂 42～45 份,厅堂 36 份,余屋 21～30 份	大式 6 斗口,小式 0.07 倍明间面阔	廊柱围径＝0.16～0.2 倍正间面阔
童柱高		檐童步距×0.5＋各相关枋木高	檐童步距×0.5＋各相关枋木高
童柱径		同檐柱径	同檐柱径
金柱高	参考重檐金柱	单檐金柱高＝檐柱高＋举高	单檐步柱高＝廊柱高＋提栈
		重檐金柱高＝檐柱高＋童柱高	重檐步柱高＝廊柱高＋童柱高＋提栈
金柱径	按檐柱径	檐柱径＋2 寸	步柱径＝1.1～1.15 倍廊径
瓜柱高	蜀柱高按举高	按举高	矮柱高按提栈高
瓜柱径	蜀柱径＝22.5 份	按所托梁厚或稍窄	矮柱径按所托梁径

2.1.9 桁檩及其板枋的构造与规格是怎样的

——桁、檩、槫、檩三件

桁（檩）搁置在屋架梁的两端,是屋面的承托构件。宋称"槫",清大式称"桁",小式称"檩",《营造法原》通称"桁"。为加强各个木排架之间的纵向整体稳定性,清制构件在桁（檩）木之下,设有垫板和枋木,因为这三件总是连在一起制作安装,清制简称为"檩三件",如图 2-1-2、图 2-1-19 所示。

在宋制木构架未设置此三连做法,而它是在各根槫木下,采用替木和斗栱作独立支撑,如图 2-1-20 所示。

在《营造法原》中只在桁木下设置"机"木。

1. 桁（檩）木

桁（檩）是承托屋面木基层,并将其荷重传递给梁柱的构件。桁（檩）木依不同位置分别称为:挑檐桁（宋称牛脊槫,吴称为梓桁）、檐檩（桁）（宋称下平槫）、金檩（桁）（宋称上、中平槫）、脊檩（桁、槫）等。

图 2-1-19　清制"檩三件"

图 2-1-20　转角处桁檩搭交方法

桁（檩）木一般均为圆形截面,在屋顶正身前后面和两端山面的桁檩,围成相互搭交的桁檩圈,搭交方法如图 2-1-20 所示。

清《工程做法则例》规定为桁（檩）径 4～4.5 斗口,挑檐桁为 3 斗口。

宋《营造法式》规定**"若殿阁,槫径一材一栔或加材一倍"**,即槫径 21 份或 30 份。

《营造法原》按 0.15 倍正间面阔定其围径。

2. 檩垫板

檩垫板是清式建筑中填补檩木与枋木之间空隙的木板，起装饰作用。而《营造法式》是在槫木下设替木（高 12 份，厚 10 份，用于单栱上者其长 96 份、用于令栱上者其长 104 份、用于重栱上者其长 126 份）。《营造法原》不设此板。

檩垫板依其位置分为檐垫板、金垫板、脊垫板等。其板厚清《工程做法则例》规定：带斗栱建筑为 1 斗口（实际工作中 6cm 左右即可），板高 4 斗口；无斗栱建筑板厚按 0.25 倍檐柱径，板高按 0.7 倍檐柱径。

3. 檩枋木

檩枋木是清式建筑中连接檩（桁）木下，瓜柱与瓜柱之间的联系木，《营造法原》称为"机"。依檩（桁）位置分为：檐枋（连机）、金枋（金机）和脊枋（脊机），为矩形截面，清制带斗栱建筑枋高 3.6 斗口，枋厚 3 斗口。无斗栱建筑枋高按 0.8 倍檐柱径，枋厚按 0.65 倍檐柱径。《营造法原》机木高 1.25 尺，厚 0.5 尺。

在宋制建筑中，用"襻间"作为替木下斗栱之间的联系支撑木，高厚与所连接栱件的高厚相同。每间设置一根，隔间上下交替设置，如图 2-1-21 所示。

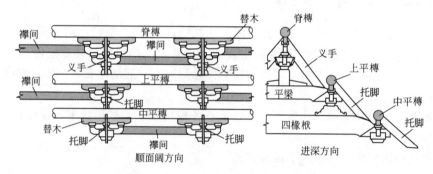

图 2-1-21　《营造法式》替木、襻间

根据以上所述，桁檩尺寸如表 2-1-6 所示。

表 2-1-6　桁檩尺寸表

名称	宋《营造法式》	清《工程做法则例》			吴《营造法原》
桁檩径	21 份或 30 份	大式 4～4.5 斗口	小式 0.9～1 倍柱径	挑檐桁 3 斗口	0.15 倍正间面阔
檩垫板	替木长单栱 96 份，令栱 104 份，重栱 126 份	板长按两立柱之间距			
	替木高 12 份	高带斗栱 4 斗口	高 0.7 倍檐柱径	高 2 斗口	
	替木厚 10 份	厚带斗栱 1 斗口	厚 0.25 倍檐柱径	厚 1 斗口	
檩下枋	襻间高 15 份	高带斗栱 3.6 斗口	高 0.8 倍檐柱径		机高 1.25 尺
	襻间厚 10 份	厚带斗栱 3 斗口	厚 0.65 倍檐柱径		机厚 0.5 尺

2.1.10 扶脊木的构造和规格如何
——帮脊木

扶脊木是清制称呼，宋制建筑没有此木，《营造法原》称为帮脊木。它是用于尖山屋顶正脊处，铺钉在脊桁（檩）上，用于栽置脊桩（即作为屋脊骨撑）和承接椽子的条木，一般做成六角形截面，上面栽脊桩，两侧剔凿椽椀窝，如图 2-1-22 所示。对于具有较高大正脊

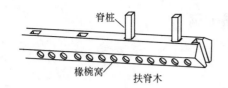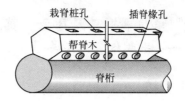

图 2-1-22　扶脊木

屋顶的建筑，可大大加强其正脊的稳定性。

扶脊木直径为 4 斗口，帮脊木围径按 0.8 倍脊桁围径。

2.1.11 何谓额枋，其构造和规格如何

——大额、小额、单额、阑额、由额、廊枋

一栋房屋的整体构架是由横向木枋，将其各个排架柱联系起来，以加强木构架的整体稳定性，这种枋称为"额枋"。依使用位置不同，分为大、小额枋，单额枋等。

额枋是指在面阔方向连接排架檐柱的横向木，因多在迎面大门之上，故称为"额"，为矩形截面。清制在大式建筑中称为大额枋、小额枋；宋称为阑额、由额；吴制称为廊（步）枋。

清制大额枋位于承托斗栱的平板枋下，截面高为 6 斗口，截面宽为 4 斗口，在边柱出头做成霸王头形式。小额枋位于大额枋下，起连接装饰作用，截面高为 4 斗口，截面宽为 2 斗口，在边柱出头做成三叉头形式，如图 2-1-23 所示。

宋制阑额位于铺作下起直接承托作用，截面高为 30 份，截面宽为 20 份，在边柱做成三叉头形式。由额位于阑额之下，起连接装饰作用，截面高为 27 份，截面宽为 18 份，在边柱不出头。

《营造法原》的廊（步）枋，起连接廊柱或步柱的作用，截面高为 0.1 倍柱高，截面宽为 0.5 倍截面高，在边柱做成三叉头形式或不出头。

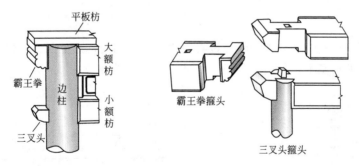

图 2-1-23　额枋

单额枋即指檐枋，因为在清制无斗栱建筑中，它是檐柱之间的唯一联系枋木，所以称为"单额"，以便与大额枋相区别，宋为阑额，吴为廊枋。

根据以上所述，额枋尺寸如表 2-1-7 所示。

表 2-1-7　额枋尺寸表

名称	宋《营造法式》		清《工程做法则例》		《营造法原》
	阑额	由额	大额或单额	小额	廊（步）枋
截面高	30 份	27 份	6 斗口或同柱径	4 斗口	0.1 倍柱高
截面宽	20 份	18 份	按上减 2 寸	按上减 2 寸	按上折半

2.1.12 何谓平板枋及角云，其规格如何

——斗盘枋、花梁头

1. 平板枋

平板枋为清制称呼，《营造法原》称斗盘枋，宋《营造法式》一般以阑额兼用，但在楼房平座中宋采用"普柏枋"，是专门用来承托斗栱的厚平板木，如图2-1-24所示。在板上置木销与斗栱连接，在板下凿销孔与枋木连接。

清制平板枋截面宽为3.5斗口，高厚为2斗口。斗盘枋截面宽按坐斗面加宽2寸，高厚为2.5寸。普柏枋截面宽按栌枓面宽33份，厚按15份。

2. 角云

角云又称为"花梁头"、"捧梁云"，它是清制亭子建筑用于转角部位的柱顶上承托两个方向横梁交叉搭接或桁檩交叉搭接的垫木，一般在该垫木外侧雕刻有云状花纹，所以称为角云，如图2-1-24所示，其规格一般为长×宽×高＝90cm×30cm×35cm。

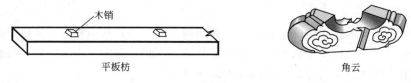

平板枋

角云

图2-1-24 平板枋、角云

2.1.13 何谓棋枋和间枋，其规格如何

——门窗框顶枋、承重之次梁

1. 棋枋

棋枋是清制重檐建筑中金柱轴线上设有门窗时，于门窗框之上所设的辅助枋木，它是为固定门窗框而设的根基木，如图2-1-25中所示。截面高为4.8斗口，截面宽为4斗口。

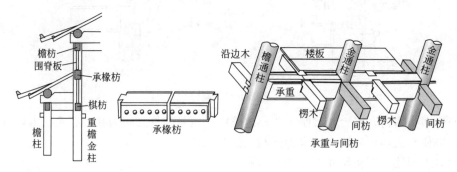

图2-1-25 棋枋、间枋

2. 间枋

间枋是指楼房建筑中，每个开间的面宽方向，连接柱与柱并承接楼板的枋木，如图2-1-25所示。由于在进深方向的柱子之间有"承重"作为承接楼板荷重的主梁，所以面宽方向

柱子之间的间枋，可算是作为承重梁上的"次梁"。截面高为 5.2 斗口，截面宽为 4.2 斗口。

2.1.14 何谓承椽枋、围脊枋、天花枋，其规格如何
——重檐建筑用承椽围脊枋、室内天棚次梁

1. 承椽枋

承椽枋是指重檐建筑中上下层交界处，承托下层檐椽后端的枋木，在枋木外侧，安装椽子位置处剔凿有椽窝，如图 2-1-26 所示。截面高为 5 斗口，截面宽为 4 斗口。

2. 围脊枋

围脊枋是指重檐建筑中上下层交界处，遮挡下层屋面围脊的枋木，截面规格与承椽枋同，如图 2-1-26 所示，在某些房屋规格不太大的建筑中，也有用围脊板来代替围脊枋的，如图 2-1-23 中所示。

3. 天花枋

天花枋是指有天花棚顶建筑中作为天棚次梁的枋木，天棚的主梁为进深方向的天花梁，截面高为 6 斗口，截面宽为 4.8 斗口。与天花梁垂直方向的为天花枋，如同间枋一样，其截面尺寸与间枋相同，如图 2-1-27 所示。

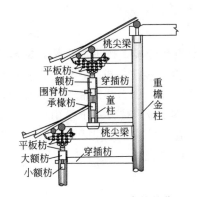

图 2-1-26 承椽枋、围脊枋的位置

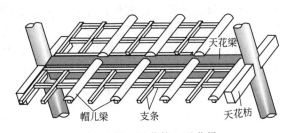

图 2-1-27 天花枋、天花梁

2.1.15 庑殿建筑山面结构如何处理
——庑殿推山

庑殿建筑山面与正身面的交角并不是一根斜直线，而是带有稍向内弯的斜曲线，这就是庑殿建筑的一个突出特点。为了要达到这个目的，需要将山面屋顶的脊部向外推出一个距离（如图 2-1-28 屋顶所示），即使正脊端离开正身排架一段距离，使山面屋坡变陡，这就叫"庑殿推山"。

1. 宋《营造法式》推山法

宋称此法为"造四阿殿"，《营造法式》卷五造角梁之制中述"凡造四阿殿阁，若四椽、六椽五间及八椽七间，或十椽九间，以上其角梁相续直至脊槫，各以逐架斜长加之。如八椽五间至十椽七间，并两头增出脊槫各三尺，随所加脊槫尽处，别施角梁一重，俗谓之吴殿，

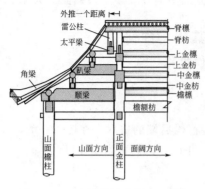

图 2-1-28 清制单檐庑殿山面剖面

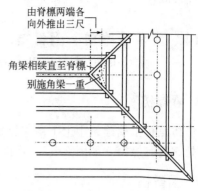

图 2-1-29 宋造四阿殿平面图

亦曰五脊殿"。即指四、六椽五间，八椽七间、十椽九间，将上角梁自然向上延续，直至与脊槫相交。但八椽五间至十椽七间可直接由脊槫两端各向外推出三尺，随所增加的距离，去掉原续角梁，另加续角梁一副。这就是说，只有规模较大的建筑，才进行推山（推出三尺），如图 2-1-29 所示。

2. 清制推山法

庑殿推山法在清工部《工程做法则例》中并未明确交代，而是由梁思成教授在研究总结清式做法的《清式营造则例》中所附《营造算例》内，作了下述交代。

（1）当步架相等时的推山计算

"在步架 x 相等的条件下，除檐步方角不推外，自金步至脊步，按进深步架，每步递减一成。如七檩每山三步，各五尺；除第一步方角不推外，第二步按一成推，计五寸；再按一成推，计四寸五分，净计四尺零五分"。其意是说，在檐、金、脊各步架相等的条件下，檐步不推，自金步向脊步，每步按前一步值（即推山后的步架值），减去一个推山值，此值为前一步架的 0.1 倍（即一成），如第二步架值为第一步架值 5 尺减 0.5 尺，得 4.5 尺；第三步架再按第二步架值的一成推，即 4.5 尺减 0.45 尺，得 4.05 尺。

将上述用符号表示如下：

设檐步架、金步架、脊步架分别为 x_0、x_1、x_2、…、x_n，则：

$x_0 = x$

$x_1 = x - 0.1x = 0.9x = 0.9^1 x$

$x_2 = x_1 - 0.1 x_1 = 0.9x - 0.1 \times 0.9x = 0.9^2 x$

$x_3 = x_2 - 0.1 x_2 = 0.81x - 0.1 \times 0.81x = 0.9^3 x$

……

$$\boldsymbol{x_n = 0.9^n x} \tag{2-1-6}$$

推山结果如图 2-1-30 所示。图 2-1-30（a）说明立面推山后的屋面曲线（粗实线），较未推山屋面曲线（虚线）要陡峻；图 2-1-30（b）说明屋面水平投影的屋面交角线，推山后的交角线（粗实线）较未推山的交角直线（虚线）弯曲。

（2）当步架不等时的推山计算

"在步架不等时，如九檩每山四步，第一步六尺，第二步五尺，第三步四尺，第四步三尺。除第一步方角不推外，第二步按一成推，计五寸，净四尺五寸。连第三步第四步亦各随推五寸，再第三步除随第二步推五寸，余三尺五寸外，再按一成推，计三寸五分，净计步架

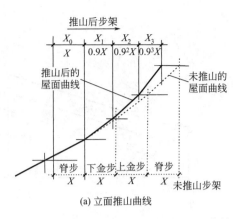
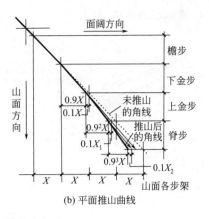

(a) 立面推山曲线　　　　　　　　(b) 平面推山曲线

图 2-1-30　清制庑殿推山方法

三尺一寸五分。第四步又随推三寸五分，余二尺一寸五分，再按一成推，计二寸一分五厘，
净计步架一尺九寸三分五厘"。

依上所述，设九檩四步的不等步架为：$x'_1 = 6$ 尺、$x'_2 = 5$ 尺、$x'_3 = 4$ 尺、$x'_4 = 3$ 尺。
又设推山后的步架分别为：x_1、x_2、x_3、x_4。则：

第一步　　$x_1 = x'_1 = 6$ 尺

第二步　　$x_2 = x'_2 - 0.1 x'_2 = 5$ 尺 $- 0.1 \times 5$ 尺 $= 4.5$ 尺

连第三步第四步　　$x''_3 = x'_3 - 0.1 x'_2 = 4$ 尺 $- 0.5$ 尺 $= 3.5$ 尺

　　　　　　　　　　$x''_4 = x'_4 - 0.1 x'_2 = 3$ 尺 $- 0.5$ 尺 $= 2.5$ 尺

第三步　　$x_3 = x''_3 - 0.1 x''_3 = 3.5$ 尺 $- 0.35$ 尺 $= 3.15$ 尺

第四步　　$x_4 = x''_4 - 0.1 x''_3 - 0.1 (x''_4 - 0.1 x''_3) = 2.5$ 尺 $- 0.35$ 尺 $- 0.215$ 尺 $= 1.935$ 尺

将上述计算整理成计算式为：

$$\left.\begin{array}{l} x_1 = x'_1 \\ x_2 = 0.9 x'_2 \\ x_3 = 0.9 x'_3 - 0.09 x'_2 \\ x_4 = 0.9 x'_4 - 0.09 x'_2 - 0.081 x'_2 \end{array}\right\} \qquad (2\text{-}1\text{-}7)$$

按上所述，将推山步架得出后，即可按下式计算出脊端外推之距离：

推出距离 = 原步架之和 - 推山后步架之和 = $\sum X - \sum X_n$

清制脊檩向外推长后，其下设置雷公柱和太平梁加以承托，如图 2-1-31 所示。

3.《营造法原》推山法

《营造法原》第七章殿庭总论述"其推山之制，与清式规定相似，惟无清式之太平梁及
雷公柱之结构，仅以前后桁条挑出，成叉角桁条，下承连机及栱，其结构较为简单"。即挑
出距离按清式规定计算，不需增加太平梁和雷公柱，只用桁条连接（即将太平梁和雷公柱去
掉）即可。

2. 1. 16　太平梁和雷公柱是何结构
——因推山而加长脊檩的承托构件

太平梁和雷公柱是清制山面脊桁（檩）向外推长后所设置的承托构件，如图 2-1-31 所
示。当把庑殿木构架的脊桁（檩）向外推长一个距离后，就可使庑殿山面的坡屋顶变得更为

陡峻，借以增添屋面的曲线美。

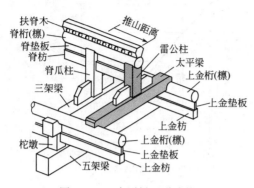

图 2-1-31 太平梁、雷公柱

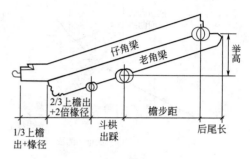

图 2-1-32 清制角梁长度

当脊桁（檩）推出后就会悬空，为此，可将脊桁（檩）前后的两根上金桁（檩）也同时推出同样距离，再将太平梁趴置其上，在太平梁上栽立雷公柱，以此承托脊桁（檩），完成庑殿山面的推山问题。

雷公柱规格与脊瓜柱相同，太平梁规格与三架梁相同。

2. 1. 17 木构架中角梁结构和规格如何

——清"老、仔角梁"；宋"大、子角梁"；吴"老、嫩戗"

正身檐步与山面檐步屋面交角处的斜木构件称为角梁，清制分为"老角梁"和"仔角梁"；宋制分为"大角梁"和"子角梁"；《营造法原》分为"老戗"和"嫩戗"。角梁后面的延续，清称为"由戗"，宋称外"隐角梁"或"续角梁"，《营造法原》无延续，直接布椽。由戗的截面同角梁一样，其长按每步架安装，直至脊檩，见图 2-1-1 中所示。

1. 角梁长度尺寸

角梁长度，清制按"冲三翘四"做法计算角梁长度，如图 2-1-32 所示，计算式为：

$$老角梁长＝（2/3 上檐出＋2 倍椽径＋檐步距＋斗栱出踩＋后尾榫长）×1.58 \qquad (2-1-8)$$
$$仔角梁长＝老角梁长＋（1/3 上檐出＋椽径）×1.58 \qquad (2-1-9)$$

式中 上檐出——按檐檩中心至檐口外皮距离，即无斗栱建筑按 0.3 倍檐柱高，有斗栱建筑按 21 斗口＋斗栱出踩；

檐步距——按表 1-2-8 所述，压金法仔角梁可按 0.5 倍檐步距；

斗栱出踩——三踩斗栱按 3 斗口、五踩斗栱按 6 斗口、七踩斗栱按 9 斗口；

后尾榫长——扣金、压金按 1 倍檩径，插金按 0.5 倍金柱径，其构造如图 2-1-33 所示。

宋《营造法式》对角梁长度没有具体明确其计算方法，可参考公式(2-1-8)计算老角梁长度。子角梁长，如果其做法与图 2-1-32 相近者，可按公式(2-1-9)进行计算；如果做法与图 2-1-33 相近者，可将公式(2-1-9)中老角梁长减去金檩至角柱的斜长。

《营造法原》对老戗长按公式(2-1-10)计算。**"嫩戗全长，照飞椽长度三倍为准"。**用菱角木、箴木和扁担木将老嫩戗加固连接，并做成翘角，如图 2-1-34 所示。

$$老戗长＝\sqrt{[（界深＋出参长＋1 尺）×1.4142]^2＋[（界深＋出参长＋1 尺）×0.5]^2}$$
$$＝\sqrt{(1.4142A)^2＋(0.5A)^2} \qquad (2-1-10)$$

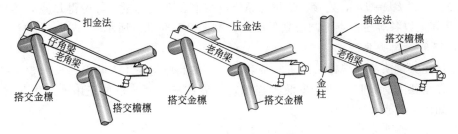

图 2-1-33　清制角梁后尾做法

$$A=界深＋出参长＋1 尺$$

2. 角梁截面尺寸

(1) 宋《营造法式》角梁规定

卷五述"**造角梁之制，大角梁其广二十八份至加材一倍，厚十八份至二十份，头下斜杀长三分之二。子角梁广十八份至二十份，厚减大角梁三份，头杀四份，上折深七份**"。即大角梁截面高为 28～30 份，梁截面宽 18～20 份。子角梁截面高 18～20 份，截面宽按大角梁扣减 3 份。如图 2-1-34 所示。

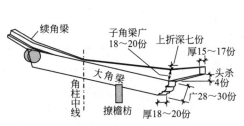

图 2-1-34　《营造法式》老、子角梁

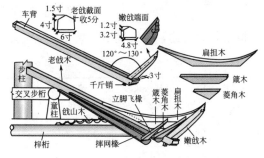

图 2-1-35　《营造法原》老嫩戗

(2) 清《工程做法则例》角梁规定

清制老、仔角梁截面尺寸相同，有斗栱建筑，角梁高按 4.5 斗口，厚按 3 斗口；无斗栱建筑，角梁高按 3 倍椽径，厚按 2 倍椽径。

(3)《营造法原》角梁规定

《营造法原》称老角梁为老戗，仔角梁为嫩戗。第七章殿庭总论中述"**老戗用料依坐斗，如坐斗为四六式，则老戗下端高为四寸，宽六寸。……老戗面上加车背一寸半，车背成三角形……戗端面平，开槽以坐嫩戗。戗端离嫩戗根长三寸，作卷杀花纹。戗梢尺寸，以戗头八折为例**"，"**嫩戗戗根大小，依老戗头八折。(嫩) 戗头再照戗根八折**"。所述截面尺寸如图 2-1-35 所示。

3. 角梁外端头的形式

(1) 老角梁端头画法

宋清及《营造法原》老角梁外端端头，基本上都相似清制"霸王拳"，其画法如下。

画法一：设老角梁侧面端头高为 AD，量 AB 为 1.5 斗口或一椽径，再在梁底面量 $0.5BD$ 得 DC，连接 BC 并 6 等分，除中间以二等份，其他均以一等份为直径划弧即成。

画法二：以 $BD=DC$，连接 BC 并 6 等分，在中点 F 向外量一等份得 E 点，连接 BE 和 EC，并在其上以各等份中点为圆心划弧即成。如图 2-1-36(b) 所示。

（2）**仔角梁端头画法**

清制仔角梁端头为套兽榫，用来安装套兽，榫的高厚均为 1.5 斗口，长为 3 斗口，头为馒头状。仔角梁上有叉口，用于安装大连檐，并做成三角背，以便正山两面大连檐在此搭接。具体如图 2-1-36(c) 所示。

宋制子角梁端头未作要求，但也可做套兽榫。

《营造法原》的嫩戗是栽立在老戗尾端上，戗尖做成带斜弧状（即猢狲面）形，如图 2-1-35 中嫩戗端面所示。

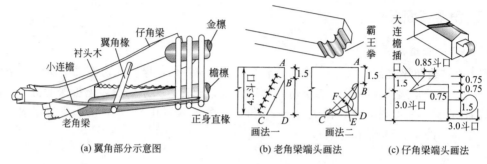

(a) 翼角部分示意图　　　(b) 老角梁端头画法　　　(c) 仔角梁端头画法

图 2-1-36　清制角梁示意图

根据以上所述，角梁规格如表 2-1-8 所示。

表 2-1-8　角梁规格

构件名称		宋《营造法式》	清《工程做法则例》	吴《营造法原》
老角梁	梁长	(2/3 上檐出＋2 倍椽径＋椽步距＋斗栱出踩＋后尾长)×1.58		$\sqrt{(1.4142A)^2+(0.5A)^2}$（A＝界深＋出参长＋1 尺）
	梁高	28～30 份	4.5 斗口	老戗根高 0.4 尺＋车背 0.15 尺，戗梢 8 折
	梁宽	18～20 份	3 斗口	老戗根宽 0.6 尺，戗梢 8 折
仔角梁	梁长	现场定	老角梁长＋(1/3 上檐出＋椽径)×1.58	嫩戗全长照飞椽长度 3 倍
	梁高	梁颈 28～30 份 梁端 21～23 份	3 倍椽径	嫩戗根高 0.32 尺＋车背 0.12 尺，戗梢 8 折
	梁宽	梁颈 18～29 份 梁端 15～17 份	2 倍椽径	嫩戗根宽 0.48 尺，戗梢 8 折

2.1.18　屋面木基层的构造是怎样的
——椽子、飞椽、望板、连檐、瓦口

屋面木基层是指整个房屋木构架的檩木以上至屋面瓦作以下的木结构部分。它的构造如图 2-1-37 所示，由下而上构件为：直椽、望板、小连檐、飞椽、压飞望板、大连檐、瓦口木等。

木基层最下层是在木构架桁（檩）之上铺钉椽子，每根椽子间距与椽径相同。为填补檐椽之间空隙，防止雀鸟钻入，可加设"椽椀板"固定在桁（檩）上，在檐椽端顶加钉小连檐木，《营造法原》为里口木。

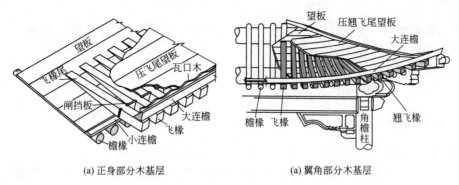

(a) 正身部分木基层　　　　　　(a) 翼角部分木基层

图 2-1-37　屋顶木基层的构造

椽子之上铺钉望板（厚 0.3 斗口或 0.11 倍檐柱径，一般采用 2.5cm），《营造法原》有用望砖（规格在 210mm×110mm×17mm 左右）来代替。

在望板之上按直椽位置铺钉飞椽，但用望砖时，飞椽直接铺钉在檐椽上。为使飞椽位置固定，在檐口加钉大连檐木，连檐木之后铺钉压飞望板（《营造法式》和《营造法原》一般不用压飞望板）。为填补飞椽之间空隙，防止雀鸟钻入，可加装闸挡板。

最后在大连檐木（或直接在飞椽）上钉装瓦口木。

2.1.19 椽子的构造和规格如何
—— 直椽、翼角椽

椽子是搁置在檩桁（槫）木上用来承托望板（或望砖）的条木，在庑殿建筑中多为圆形截面，《营造法原》也有用半圆截面的。

在屋顶正身部分，椽子依其位置有不同称呼，在檐（廊）步距上的称为檐椽；在脊步步距上的宋称为脊椽，清称为脑椽，《营造法原》称为头停椽；在其他步距上的称为花架椽或直椽。为简单起见，除檐椽之外我们都简称直椽。

从起翘点至角梁部分的椽子，清制称为翼角椽，宋称为转角椽，《营造法原》称为摔网椽。

1. 椽子长度

直椽长度和衔接按檩间距离进行配置，如图 2-1-38 所示，而檐椽需要伸出檐檩之外。

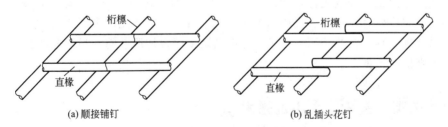

(a) 顺接铺钉　　　　　　　　　(b) 乱插头花钉

图 2-1-38　直椽铺钉方式

直椽长度按下式计算：

$$直椽长 = \sqrt{步距^2 + 举高^2} = \sqrt{步距^2 + (举架 \times 步距)^2} = \sqrt{(1 + 举架^2) \times 举架^2}$$

(2-1-11)

$$檐椽长＝\sqrt{1.25(步距＋檐椽出)^2} \tag{2-1-12}$$

$$翼角椽平均长＝\sqrt{1.25(步距＋檐椽出)^2}＋\sqrt{冲出值^2＋起翘值^2}÷根数 \tag{2-1-13}$$

式中　　　步距——按表1-2-8所述取定；

　　　　　檐椽出——按表1-2-9所述取定；

冲出值、起翘值——按表1-2-10所述取定。

2. 椽子直径

清制规定，椽径大式为1.5斗口，小式为0.33倍檐柱径。

宋《营造法式》规定"**若殿阁椽径九份至十份，若厅堂椽径七份至八份，长随架斜至下架，即加长出檐。每槫上为缝，斜批相搭钉之**"。

《营造法原》一般规定围径按2/10界深。

3. 椽子间距

椽子之间的距离称为"椽当"，《营造法原》称为"椽豁"，椽当大小一般按椽径或1.5倍椽径取定。两根椽子中心线之间的距离为2倍椽径或2.5倍椽径。

根据以上所述，椽子规格如表2-1-9所示。

表 2-1-9　椽子规格

名称	宋《营造法式》	清《工程做法则例》	吴《营造法原》
椽子长度	直椽长＝$\sqrt{(1＋举架^2)×步距^2}$	檐椽长＝$\sqrt{1.25(步距＋檐椽出)^2}$	
椽子直径	殿阁9～10份,厅堂7～8份	大式1.5斗口,小式0.33倍檐柱径	0.2倍界深
椽子间距	2～2.5倍椽径		

2.1.20 飞椽的构造和规格如何
——飞椽、翘飞椽、立脚飞椽

飞椽，是清与《营造法原》称呼，宋《营造法式》称为飞子。它是铺钉在檐口望板（或檐椽）上增加屋檐冲出和起翘的檐口椽子，与檐椽成双配对，多为方形截面，也有圆形截面的，如图2-1-39中飞椽所示。

从起翘点至角梁部分的飞椽，清称为翘飞椽，宋称为转角飞子，吴称为立脚飞椽。

飞椽直径与檐椽直径相同。飞椽出檐长度见表1-2-9中"飞椽出"所述，后尾长按出檐长的2.5倍计算。唯《营造法原》要求"**立脚飞椽须逐根加厚，第一根加厚二分，第二根加厚三分，余则依此类推**"。

2.1.21 何谓衬头木、大小连檐木
——戗山木、大连檐（飞魁）、小连檐

1. 衬头木

衬头木是指装钉在檐檩上，承托翼角椽使其上翘的垫枕木，呈锯齿三角形，《营造法原》称为"戗山木"，如图2-1-40所示。

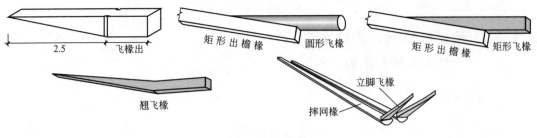

图 2-1-39 飞缘

清制衬头木高为 3 斗口，宽厚为 1.5 斗口。戗山木高按 0.4 倍界深，宽厚按高折半。

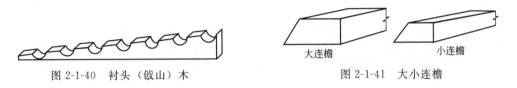

图 2-1-40 衬头（戗山）木 　　　　　图 2-1-41 大小连檐

2. 大小连檐

大连檐是用来连接固定飞椽端头的木条，为梯形截面。清制规定，高按 1.5 斗口，宽按 1.8 斗口控制。小连檐是固定檐椽端头的木条，为扁形截面，厚与望板相同，宽按 1 斗口控制。如图 2-1-41 所示。

宋《营造法式》称大连檐为"飞魁"，"广厚并不越材。**小连檐广加栔二份至三份，厚不得越栔之厚**"。《营造法原》以遮檐板代替大连檐，钉在飞椽端头用以遮盖，用里口木代替小连檐。

2.1.22 何谓椽椀板、隔椽板、瓦口板
—— 椽子卡固板、瓦垄承托

1. 椽椀板

椽椀板是用于固定檐椽的卡固板，它是用一块木板按椽径大小和椽子间距，挖凿出若干椀洞而成，如图 2-1-42(a) 中所示，将它钉在檐桁檩上，让檐椽穿洞而过。根据椽子截面形式分为：圆椽椽椀、方椽椽椀。多用在高规格建筑上，一般建筑可以不用。

2. 隔椽板

隔椽板是用于固定除檐椽之外的其他直椽的卡固板，其作用与椽椀板相同，但不用长板、条板挖凿椽椀，只用简易板块代替椽椀板，在每个椽子空隙置一块。

3. 瓦口板

瓦口板是钉在大连檐上用来承托檐口瓦的木件，是按屋面瓦的弧形做成波浪形木板条，如图 2-1-42(b) 中所示。瓦口板的高度一般按 0.5 倍椽径设置，厚度按椽径的 1/4 控制。

(a) 椽椀板 　　　　　(b) 瓦口板 　　　　　(c) 里口木

图 2-1-42 椽椀板、瓦口板、里口木

2.1.23 何谓闸挡板、里口木
——堵塞飞椽空隙填空板

1. 闸挡板

闸挡板是清制堵塞檐口飞椽之间空隙的挡板，如图 2-1-37(a) 中所示。因为，飞椽钉在直椽的望板上，而在飞椽之上还钉有一层"压飞望板"，在这两层望板之间的空隙，雀鸟很容易进入做巢，因此用闸挡板加以堵塞，可以阻止雀鸟钻入。

2. 里口木

里口木是《营造法原》填补飞椽之间空隙的牙齿形填补板，如图 2-1-42（c）所示。其凹槽是嵌飞椽，钉在檐椽或望板之上。其截面约为 0.25 尺×0.2 尺。

2.1.24 何谓菱角木、龙径木、眠檐勒望
——戗角加固构件、檐口拦望条

1. 菱角木、龙径木、硬木千斤销

菱角木、龙径木是《营造法原》老、嫩戗夹角之间用于填补其交角的拉扯木，如图 2-1-43（a）中所示的扁担木、菱角木、箴木。其中将扁担木和箴木合称为龙径木。它们的尺寸规格均应依现场构件组合进行确定。一般截面宽约 4.8 寸，其长和高依老嫩戗夹角而定。

硬木千斤销即指硬木木销，它是用于老嫩戗连接处，由老戗端头底下穿入，固定嫩戗的木销子，一般用比较结实的硬杂木制作，故称为"硬木千斤销"。

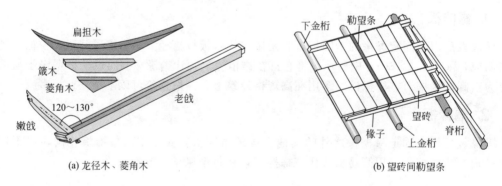

(a) 龙径木、菱角木　　　　　　　　(b) 望砖间勒望条

图 2-1-43　龙径木、勒望条

2. 眠檐勒望

勒望是《营造法原》中所指的横勒拦望条，因为《营造法原》屋顶木基层一般是在椽子上铺筑望砖来代替木望板，为了防止望砖下滑，采用由脊至檐口按每一界深距离在椽子上横钉一木条，最檐口一条称为"眠檐勒望"。截面高约 0.6～0.8 寸，宽约 1 寸。

2.2 歇山建筑的木构架

2.2.1 歇山建筑木构架的基本组成是怎样的

——柱梁桁枋之尖山顶和卷棚顶

1. 正身部分木构架

歇山建筑的木构架，分尖山顶（如图 2-2-1）和卷棚顶（如图 2-2-2）两种形式。

尖山顶歇山建筑正身部分木构架，与庑殿建筑正身木构架完全相同。而与庑殿建筑木构架所不同的主要是在山面做法不同：庑殿木构架的山面，只需用顺梁解决山面的檩木支撑即可，而歇山木构架则要将山面形成山花板的垂直面，因此，除需具有庑殿木构架中所有木构件外，还在顺梁上增加了草架柱、横穿、踏脚木和踩步金等木构件（如图 2-2-1 所示），并以草架柱、横穿、踏脚木为骨架，在其外皮封钉木板即形成三角形歇山面，一般称它为"山花板"。山花板以下接山面斜坡檐椽，形成山面的坡屋面。

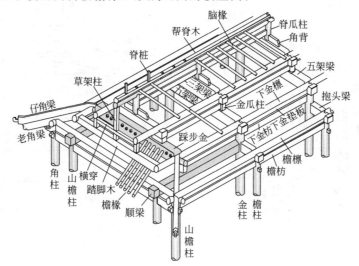

图 2-2-1 歇山建筑木构架

卷棚顶歇山木构架与尖山顶歇山木构架，除脊顶部分有所不同外，其他部分木构件也完全一样，如图 2-2-2 所示。卷棚顶歇山建筑的脊顶是两根平行的脊檩，放置在"月梁"上，再在两脊檩上安置弧形"罗锅椽"形成卷棚脊。屋架梁名称分别改为四架梁、六架梁等。

月梁由脊瓜柱支立在四架梁上，四架梁以下为六架梁。其他与尖山顶相同。

2. 山面部分木构架

歇山建筑的山面是由一个垂直立面和梯形坡屋面组成，山面构架具体处理如下。

（1）清制山面

清制建筑对山面采用"顺梁法"或"趴梁法"进行处理。它是在房屋两端梢间设置顺梁或趴梁，然后在其上栽立柁墩或瓜柱，承接踩步金，如图 2-2-1、图 2-2-2 所示，以踩步金作为基础承重构件，承托下金檩，将踏脚木搭置在下金檩上，用以支立草架柱，用该柱支撑其他金檩和脊檩，形成垂直立面骨架，在其外侧钉立山花板（由山面檐檩向内退进一檩径为山

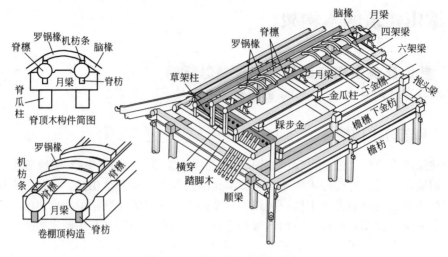

图 2-2-2　卷棚歇山建筑木构架

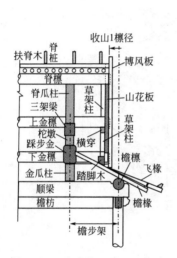

图 2-2-3　歇山收山及山面构造

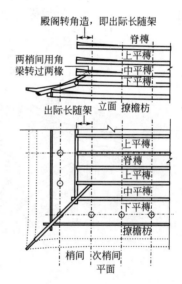

图 2-2-4　厦两头造

花板的外皮）。另由踩步金和檐檩支承檐椽，形成山面坡屋面，如图 2-2-3 所示。

（2）宋制山面

《营造法式》称歇山为"厦两头造"，在论及两山出际之槫的长短（即各檩挑出山面长度）时，提到"**若殿阁转角造，即出际长随架**"。也就是说，厦两头造之位置，随屋架中的平槫交圈位置而定，如厦两头造的位置在梢间下平槫附近时，就随下平槫的交圈而定在该交圈线上，如图 2-2-4 所示，山花板就钉在上中下槫的端头上。

（3）《营造法原》山面

《营造法原》称歇山为拔落翼，它是在廊川、双步的梁上，设置童柱承接山界梁，其上承托桁条以覆盖屋面，在界梁外皮钉山花板，与清制山面相似，只是用正常屋架梁代替踩步金而已。

根据以上所述，歇山木构架除山面外，其他基本上与庑殿相同，现根据本章 2.1 节庑殿部分所述的各相关木构件规格，小结如表 2-2-1 所示，供查看参考。

表 2-2-1　歇山屋架梁规格表

构件名称		宋《营造法式》				清《工程做法则例》			《营造法原》
屋架梁	梁长	椽栿＝∑椽平长＋两端出头（与托脚接触）				架梁＝∑步距＋2倍檩径			界梁＝∑界深＋0.8～1尺
	截面高		檐椽	草栿	平梁	六架梁	四架梁	月梁	扁矩形
		四、五椽栿，四至八铺作	42份	45份	四、五铺作30份	1.2倍截面宽			0.1～0.2倍进深
		六至八以上椽栿，四至八铺作	60份	60份	六铺作以上36份				
					四六椽35份				
					八至十椽42份				
	截面宽	2/3截面高				檐柱径＋4寸	0.8倍六架梁	0.8倍四架梁	0.4～0.5倍梁高
抱头梁	梁长	廊步距＋斗栱出踩＋首尾出头				廊步距＋斗栱出踩＋檐径			同《营造法式》
	截面高		乳栿	草栿	草栿	剳牵	抱头梁	桃尖梁	廊川、双步
		三椽栿，四、五铺作36份	30份	45份	四至八铺作出跳30份	1.4倍檐柱径	昂顶至檐檩中		0.06～0.14倍进深
		六铺作以上42份	同左		不出跳21份				
	截面宽	2/3截面高				1.1倍檐柱径	檐柱径		0.4～0.5倍梁高
承重		梁截面高				檐柱径＋2寸			0.076倍进深
		梁截面宽				0.8倍本身高			0.5倍本身高
随梁枋		顺栿串				跨空枋			随梁枋
	截面高	30份				有斗栱按4斗口，无斗栱按檐柱径			1.4尺
	截面宽	20份				有斗栱按3.5斗口，无斗栱按0.8倍檐柱径			0.5尺
穿插枋		顺栿串				穿插枋			夹底
	截面高	30份				有斗栱按4斗口，无斗栱按檐柱径			1.4尺
	截面宽	20份				有斗栱按3.5斗口，无斗栱按0.8倍檐柱径			0.5尺
檐柱	檐柱高	不超过心间面阔				大式70斗口，小式0.7～0.8倍明间面阔			廊柱高=0.7～1倍正间面阔
	檐柱径	殿堂42～45份，厅堂36份，余屋21～30份				大式6斗口，小式0.07倍明间面阔			柱径=0.05～0.06倍面阔
童柱	童柱高					檐童步距×0.5＋各相关枋木高			檐童步距×0.5＋各相关枋木高
	童柱径					同檐柱径			同檐柱径
金柱	金柱高	殿身檐柱高同重檐金柱				单檐金柱高＝檐柱高＋举高			单檐步柱高＝廊柱高＋提栈
						重檐金柱高＝檐柱高＋童柱高			重檐步柱高＝廊柱高＋童柱高＋提栈
	金柱径	按檐柱径				檐柱径＋2寸			步柱径=1.1～1.15倍步廊径

构件名称		宋《营造法式》		清《工程做法则例》			《营造法原》
瓜柱	瓜柱高	蜀柱高按举高		按举高			矮柱高按提栈高
	瓜柱径	蜀柱径＝22.5份		按所托梁厚或稍窄			矮柱径按所托梁径
	桁檩径	21份或30份		大式4～4.5斗口	小式0.9～1倍柱径	挑檐桁3斗口	0.15倍正间面阔
檩垫板		替木长单栱96份，令栱104份，重栱126份		板长按两立柱之间距			
		替木高12份		高带斗栱4斗口	高0.7倍檐柱径	高2斗口	
		替木厚10份		厚带斗栱1斗口	厚0.25倍檐柱径	厚1斗口	
檩枋		襻间高15份		高带斗栱3.6斗口	高0.8倍檐柱径		机高1.25尺
		襻间厚10份		厚带斗栱3斗口	厚0.65倍檐柱径		机厚0.5尺
扶脊木				扶脊木直径4斗口			帮脊木0.8倍桁径
额枋		阑额	由额	大额枋或单额枋	小额枋		廊(步)枋
	截面高	30份	27份	6斗口或同柱径	4斗口		0.1倍柱高
	截面宽	20份	18份	按上减2寸	按上减2寸		按上折半
平板枋				平板枋			斗盘枋
	截面高			2斗口			0.25尺
	截面宽			3.5斗口			坐斗宽＋0.2尺
承椽枋				承椽枋、围脊枋			承椽枋
	截面高			5斗口			2.22尺
	截面宽			4斗口			0.76尺
老角梁	梁长	(2/3上檐出＋2倍椽径＋檐步距＋斗栱出踩＋后尾长)×1.58		(2/3上檐出＋2倍椽径＋檐步距＋斗栱出踩＋后尾长)×1.58			$\sqrt{(1.4142A)^2+(0.5A)^2}$（A＝界深＋出参长＋1尺）
	梁高	28～30份		4.5斗口			0.4尺＋车背0.15尺
	梁宽	18～20份		3斗口			0.6尺
仔角梁	梁宽	按右式，扣减老角梁金檩至角柱斜长		老角梁长＋(1/3上檐出＋椽径)×1.58			嫩戗长＝椽长度3倍
	梁高	梁颈18～20份，梁端14～16份		3倍椽径			根0.32尺＋车背0.12尺
	梁宽	15～17份		2倍椽径			根0.48尺

2.2.2 歇山建筑柱网布置如何
——按有无廊柱的单开间和多开间

歇山建筑的柱网布置比较灵活，归纳起来有以下几种，即：无廊柱网布置、带前（后）廊柱网布置、带围廊柱网布置等。

1. 无廊柱网布置

（1）单开间无廊柱网

这是一种小型建筑的柱网布置，常用于园林建筑的亭榭和钟楼。它只有四根角柱作支撑，没有正身部分的横排架，只需使用两山部分的"踩步金"构件即可，其柱网如图 2-2-5（a）所示。在园林建筑中，多做成无围护结构的透空型空间，也可采用门窗隔扇的封闭空间，但很少采用砖墙围护。

（2）多开间无廊柱网

它是在单开间基础上扩大而成，除角柱外还有前后檐柱，其木构架由正身部分和两山部分所组成，房屋间数可根据需要设定，多用于园林建筑中的单檐歇山房屋，三开间可做成透空型的亭榭，也可做成封闭型围护，如图 2-2-5（b）所示。三开间以上的歇山一般采用隔扇门窗或墙体围护。

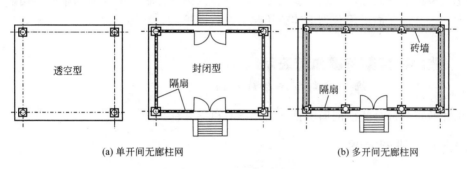

(a) 单开间无廊柱网   (b) 多开间无廊柱网

图 2-2-5　无廊柱网布置

2. 带廊柱网布置

（1）带前（或后）廊柱网

这种布置是一般房屋所常用的，它除一圈外檐柱外，还有前排（或后排）金柱，如图 2-2-6（a）所示。在金柱轴线的两端柱子，就成为山面的檐柱，有了这根山檐柱，就可按图 2-2-1 中所示进行布置顺梁或趴梁，以作为山面承重构件的支柱。

带前（或后）廊柱网的布置，除廊柱轴线外，一般在金柱轴线采用木门、槛窗和隔扇，其他三面采用墙体或隔扇围护；也可在两山采用墙体，前后檐采用隔扇进行围护。

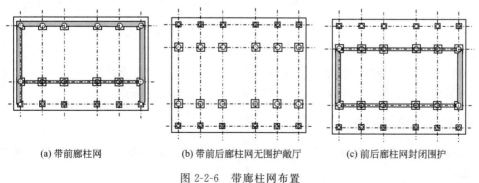

(a) 带前廊柱网   (b) 带前后廊柱网无围护敞厅   (c) 前后廊柱网封闭围护

图 2-2-6　带廊柱网布置

（2）带前后廊柱网

这种柱网是厅堂房屋用得比较多的一种，特别是南方建筑，它除外圈檐柱外，前后檐都

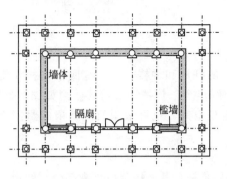

图 2-2-7　围廊柱网布置

各有一排金柱,如图 2-2-6(b)、(c) 所示。这种布置前后对称,在山面就有两根檐柱,它的木构架与图 2-2-1 所示的结构完全相同。它可做成透空型敞厅,也可用砖墙隔扇围护。

3. 围廊柱网布置

这是在前后左右都带有廊道的柱网布置,是歇山建筑中规模最大的一种柱网布置,它有外圈檐柱和里圈金柱两圈柱子,如图 2-2-7 所示。在山面除山檐柱外还有两根山金柱,可以想象,这列山金柱正好成为山面构件(踩步金)的支柱,由踩步金承托伸出的桁檩,直接支撑踏脚木、草架柱等,从而可以解决山面桁檩支撑问题,这样就可以不再需要设置顺梁或趴梁了。

围廊式柱网的开间数可根据需要设置。一般在内圈金柱轴线上,前檐梢间多用槛窗、槛墙进行围护,其他三面可用砖砌墙体或用隔扇进行围护。

2.2.3 歇山横排架简图如何表示
——有廊、无廊、廊轩等排架线简图

歇山建筑正身部分的横剖面木排架简图,有以下几种。

1. 无廊木排架简图

(1) 卷棚顶木排架简图

卷棚顶木排架是由月梁承托双脊檩所构成,月梁之下为四架梁,由前后檐柱支撑,可做成四架、六架、八架梁等木排架,如图 2-2-8(a)、(b) 所示。一般用于无廊柱网的布置。

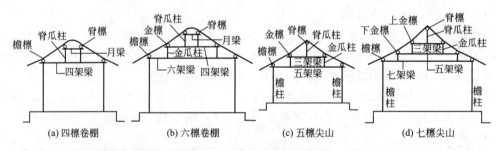

(a) 四檩卷棚　　　(b) 六檩卷棚　　　(c) 五檩尖山　　　(d) 七檩尖山

图 2-2-8　无廊歇山横排架简图

(2) 尖山顶木排架简图

尖山顶木排架是采用大脊屋顶结构,广泛用于各种普通歇山建筑的房屋上,它的木排架分别由三架梁、五架梁、七架梁等组成,如图 2-2-8(c)、(d) 所示。

2. 有廊木排架简图

有廊排架是无廊排架的扩大型,它也可以做成尖山顶或卷棚顶,可在图 2-2-8 的基础上进行扩展。

(1) 带前(或后)廊木排架简图

带前廊可增加建筑的气势,带后廊可增加附属空间,是改善建筑使用空间的一种措施,是一种不对称的木排架布置,廊步架用抱头梁作为檐步承重构件,分别传递到檐柱和金柱

上，如图 2-2-9（a）所示。

（2）带前后廊或围廊木排架简图

这是一种对称布置的木排架，前后廊步架一般相等，如图 2-2-9（b）所示。如果将金柱伸高即可改变成重檐建筑，如果增大檐步架，即可扩大廊步空间，这时可将抱头梁换成单、双步梁，如图 2-2-9（c）所示。

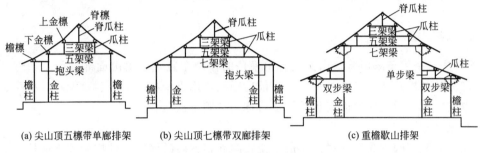

(a) 尖山顶五檩带单廊排架 (b) 尖山顶七檩带双廊排架 (c) 重檐歇山排架

图 2-2-9 有廊歇山横排架简图

3.《营造法原》廊轩木排架简图

《营造法原》中厅堂建筑一般在内四界前设有廊轩，轩是南方建筑之特点，它是在屋面之下增设弯弧形棚顶，以增加室内高爽典雅之气氛的一种顶棚装饰。当轩梁与大梁相平者，称为"抬头轩"，如图 2-2-10（a）所示；当轩梁低于大梁者，称为"磕头轩"，如图 2-2-10（b）所示。当整个房屋进深都装饰成轩顶者，称为"满轩"，如图 2-2-10（c）所示；当筑有双内四界，一个为扁作厅，另一个为圆作堂（南方将内四界大厅的主要梁架截面形式，做成扁矩形者，称为"厅"，做成圆形者称为"堂"），则两个都为轩顶者，称为"鸳鸯轩"，如图 2-2-10（d）所示。

对于要求较高但又不做轩顶的内四界厅室，可在内四界大梁之上设有双重椽木，常做成双屋顶形式，这种构架称为"草架"，草架内的梁、柱、桁、椽等都冠以草字，如图 2-2-10（a）中所示，因它们的用料可以比较粗糙，无须精致加工而得名。

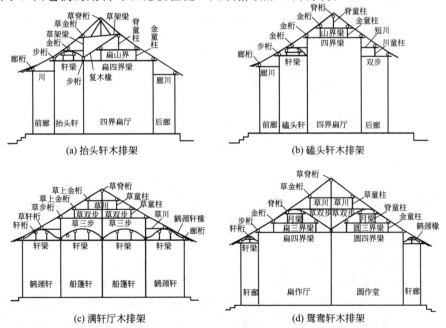

(a) 抬头轩木排架   (b) 磕头轩木排架

(c) 满轩厅木排架   (d) 鸳鸯轩木排架

图 2-2-10 南方廊轩排架简图

在内四界之后，一般设有后廊或后轩，以与前廊对称，也可将后廊加大进深做成双步梁，图 2-2-10(b) 所示。

2.2.4 歇山"顺梁法"和"趴梁法"构造如何
——踩步金、草架柱、横穿、踏脚木的承托方法

1. "顺梁法"

"顺梁法"是用于歇山建筑山面具有山檐柱的柱网布置。歇山山面部分的木构件，除延伸正身部分的各檩及其檩三件外，另设有前后顺梁，用以承托踩步金、草架柱、横穿、踏脚木等，以它们来支撑梢间屋面荷重的做法，称为"顺梁法"。

（1）顺梁

顺梁是指顺面阔方向的横梁。一般来说，顺面阔方向的横向构件应称为额或枋，主要起联系各排架柱的连接作用，很少起承重梁的作用，故一般不称为梁。而顺梁，虽也是顺面阔方向，但它起承重作用，为了与额、枋相区别，故称它为顺梁。踏脚木和踩步金是山面的承重构件，它们的荷载都传递到顺梁上，再由顺梁传递到柱上。

顺梁的水平标高与抱头梁同高，因此，其截面尺寸也应与抱头梁截面相同。如图 2-2-1 所示，顺梁的外端直接落脚在山檐柱的柱顶上，梁头做檩椀承接山面檐檩；顺梁的里端做榫与金柱连接。踩步金通过柁墩或瓜柱落脚在顺梁上。

（2）踏脚木

踏脚木是承托几根草架柱的横向受力构件，在其背上做有卯口，以便栽立草架柱榫；底皮为斜面，压在山面檐椽上。其截面尺寸为 4.5 斗口×3.6 斗口，长与架梁相同。两端与正身部分延伸过来的前后金檩扣接。

（3）草架柱

草架柱是支承歇山部分檩木的支柱，每个檩木一根，在柱顶凿剔椀槽，以承接脊檩和上金檩，柱脚做榫插入踏脚木卯口内。其截面为矩形，尺寸 2.3 斗口×1.8 斗口，高依其位置按举架的分举确定。

（4）横穿

横穿是连接并稳定草架柱的横撑，截面尺寸与草架柱相同，长度依草架柱之间的间距（即相应步架）而定。

草架柱、横穿、踏脚木等是形成歇山山面的骨架，将它们的外皮用木板封闭起来，形成三角形的"山花板"。

（5）踩步金

踩步金是相当于三架梁之下五架梁的木构件，但它的作用又较五架梁多一项功能，即起搭承山面檐椽的檩木作用。因此，在它的外侧面剔凿有若干个承接山面檐椽的椽窝。因一木两用，故特取名为"踩步金"，如图 2-2-11 所示。

踩步金的梁身部分截面及其尺寸，与相应标高的五（七）架梁相同；两个端头的截面及其尺寸，与其所搭交的檩木相同。

当采用围廊柱网布置时，在山面列有山廊，这时在踩步金位置的下面，正好有一对前后金柱，作为踩步金的支撑，使踩步金直接落脚在金柱上，其标高和作用完全与相应的五（七）架梁相同，故此时的踩步金按梁使用（即两个端头与梁头相同），一般称它为"踩步梁"，如图 2-2-12 所示。

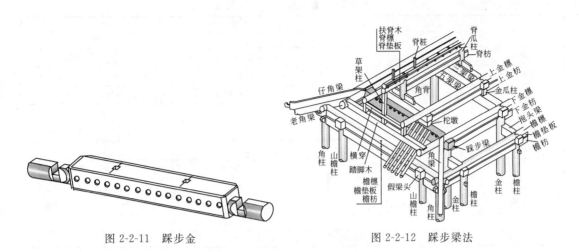

图 2-2-11　踩步金

图 2-2-12　踩步梁法

踩步梁的尺寸规格完全与相应的五（七）架梁尺寸相同，只有外侧面需剔凿承接山面椽子的椽窝与架梁有所区别。有了踩步梁，就可承接山面各构件所传的荷载，因此，就不需要再布置顺梁了。但为了保持下金檩的标高不动，踩步梁的位置需下降半檩径距离。

2.　"趴梁法"

"顺梁法"由于能够承受较大荷载，其截面也随之较大（一般与抱头梁截面相同）。但因为截面较大，梁的高度会影响隔扇窗的安装高度，由图 2-2-1 或图 2-2-2 中可以看出，顺面阔方向的檩三件中，下金枋底皮应为一水平线，一般门窗隔扇的槛框就安装在此枋之下，故有顺梁的这一间，槛框就安装不进去，于是就需采用能腾出空间的趴梁来代替。

"趴梁法"的山面木构件（即草架柱、横穿、踏脚木、踩步金等）及其尺寸，均与"顺梁法"中的木构件相同，只是用趴梁代替顺梁而已。而这时，趴梁的位置就是下金枋所处的位置，如图 2-2-13 所示，也就是说，它替代了下金枋，故有的称这种趴梁为"趴梁枋"。趴梁的截面尺寸，高为 1.5～1 倍檐柱径，厚为 1.2～0.8 倍檐柱径，长按间阔。

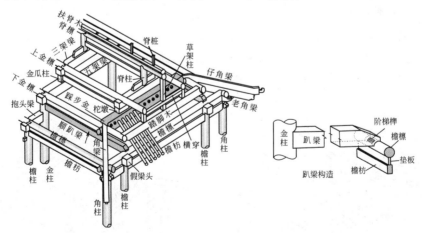

图 2-2-13　趴梁法

趴梁的外端做阶梯榫，趴在山面檐檩上的阶梯槽口内；里端作插榫，与金柱或瓜柱连接，在趴梁外端下面的柱顶上，安装一"假梁头"以作装饰，如图 2-2-13 所示。踩步金落脚在趴梁上。

根据以上所述，歇山山面部分木构件规格，小结如表 2-2-2 所示。

87

表 2-2-2　歇山山面木构件规格

名　称	清　制		
	长	高	厚
顺趴梁	按面阔	1.5～1 倍檐柱径	1.2～0.8 倍檐柱径
横趴梁	按进深	1.5～1 倍檐柱径	1.2～0.8 倍檐柱径
抹角梁	按布置位置计算	1.5～1 倍檐柱径	1.2～0.8 倍檐柱径
踏脚木	同五(七)架梁	4.5 斗口	3.6 斗口
草架柱	按举高	宽 2.3 斗口	1.8 斗口
横穿	按相应步距	2.3 斗口	1.8 斗口
踩步金	同五(七)架梁	身同梁,端同檩	身同架梁,端同檩
山花板	山面步距之和＋檩径	举高＋檩径	大式 1 斗口,小式 0.8 倍椽径
博风板	按举高加斜	宽 6 倍椽径	大式 1 斗口,小式 0.8 倍椽径
梅花钉	七个一组,每个直径 Φ4～12cm,厚 1～2cm		
歇山收山	由山面正心桁(或檐檩)中心,向内退进 1 倍桁(檩)径		

2.2.5 歇山"趴梁"的设置有几种

——对称与不对称

在歇山建筑中,趴梁的设置情况有两种:一是对称设置;二是不对称设置。

1. 趴梁对称设置

（1）顺面阔方向对称设置

当采用前后廊柱网布置的小型歇山建筑,往往因上面所述的原因,而使梢间不能设置顺梁时,可以改为设置趴梁,这就是图 2-2-13 所示的情况,前后各一根顺趴梁对称布置。

当采用多开间无廊柱网布置时,因没有了金柱,也应采用对称趴梁设置,趴梁的里端可以直接搁置在五架梁上,如图 2-2-14 所示,以它代替三架梁下的柁墩;如果高度不够而需要使用瓜柱时,可将趴梁做榫与瓜柱连接。

（2）垂直面阔方向对称设置

当采用单开间柱网布置时,因没有了正身屋架梁,这时可采用垂直面阔方向的对称趴梁,以替代屋架梁来承接踩步金,趴梁趴在檐檩上,趴梁距山面檐檩的水平距离为一步架,趴梁与踩步金之间用柁墩做支撑,如图 2-2-15 所示。

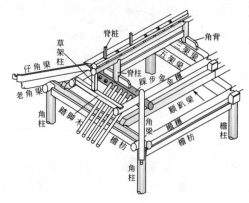

图 2-2-14　无廊趴梁对称布置

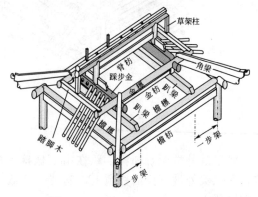

图 2-2-15　单开间对称趴梁布置

（3）斜角方向对称设置

当一个开间的进深和面阔尺寸较大时，为了减轻正身檐檩和趴梁的荷载，也可在正身檐檩和山面檐檩之间布置斜向趴梁（一般称它为抹角梁），以四根斜角趴梁代替两根垂直趴梁，让踩步金下的柁墩，各落脚在一根斜趴梁（抹角梁）上，如图 2-2-16 所示。

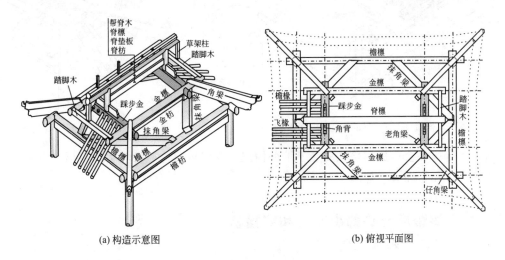

(a) 构造示意图　　　　　　　　　　　　(b) 俯视平面图

图 2-2-16　单开间对称斜趴梁布置

2. 趴梁不对称设置

趴梁不对称设置主要用于只带前廊或后廊的柱网，因为带廊的部分有一排金柱，在此轴线的尽间，可将金枋改制成趴梁，称为"趴梁枋"，该枋的外端趴在山面檐檩上，里端与金柱榫接，如同图 2-2-13 中"趴梁构造"所示。

在无廊的部分可按图 2-2-14 设置趴梁，该趴梁的外端趴在山面檐檩上，里端搁置在正身架梁上代作柁墩。因此，这是一种不同设置的前后趴梁。

2.2.6 歇山卷棚顶木构架是怎样的
——双脊檩、罗锅椽

1. 一般卷棚顶歇山的山面构造

卷棚顶是由双脊檩和罗锅椽所形成，脊檩（由月梁承托）延伸至山面的部分，由两根草架柱支撑，并落脚于踏脚木之上，其他与前面所述尖山顶的构造相同。罗锅椽截面尺寸与脑椽相同，1.5 斗口或 0.33 倍檐柱径见方。

罗锅椽的圆弧以两脊檩中线，与垂直脑椽的延长线之交点 O 为圆心划弧，如图 2-2-17 中"脊顶构件简图"所示。月梁截面尺寸与四架梁相同。其他构件尺寸与前述相同，如图 2-2-17 所示。

2. 最简单卷棚顶歇山木构架

图 2-2-15 所示的单开间对称趴梁的构造，是一种最简单的尖山顶歇山木构架，而最简单的卷棚顶是在此基础上将脊檩改为双脊檩，并将山面承托双脊檩的月梁改成踩步金形式即可。当歇山建筑的体量尺寸较小时，会使脊檩外端挑出的距离也很小，此时安装草架柱、横

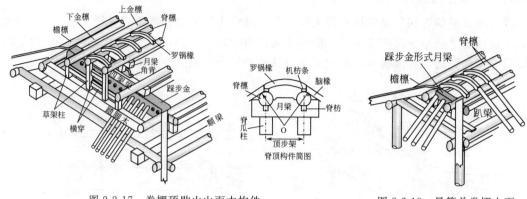

图 2-2-17 卷棚顶歇山山面木构件　　　　图 2-2-18 最简单卷棚山面

穿、踏脚木等构件会形成拥挤或安装不下的情况，此时可将这三件省去，只借用脊檩端头来钉博风板和山花板即可，如图 2-2-18 所示。

2.2.7 何谓带麻叶头的小额枋和穿插枋

——"三弯九转"麻叶头

在庑殿中我们介绍了带三叉头和霸王拳的额枋，这种枋头多用于檐额枋上。而麻叶头一般只用于建筑规模较小或截面尺寸较小的额枋和穿插枋上，麻叶头是将枋头做成"三弯九转"圈弧线的雕饰花纹，如图 2-2-19 所示。"三弯"是指由中心向外为三圈弧线。"九弯"是指十段弧线的九个交点，如图 2-2-19（a）所示。

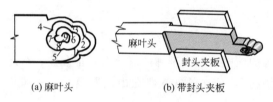

(a) 麻叶头　　　　(b) 带封头夹板

图 2-2-19　麻叶头穿插枋

带麻叶头的小额枋或者穿插枋，一般都是做成穿插榫形式，如果穿过榫眼后需要恢复原额枋厚度者，可做成封头夹板形式，如图 2-2-19（b）所示。

2.2.8 何谓山花板和博风板，其规格如何

——山填板、梅花钉

1. 山花板

山花板是歇山山面三角形的封面板，《营造法原》称为"山填板"，三角形的斜边与各檩木上皮对齐，按檩木位置，挖凿檩椀槽口，让檩木伸出，如图 2-2-20 中虚线所示。山花板的下底边与踏脚木下皮或上皮平。也就是说，山花板是一个等腰三角形挡风板，在宋《营造法式》内没有谈及山花板的规格，但可比照博风板的厚度进行设置。清制山花板厚，一般大式建筑为 1 斗口，小式建筑按 0.8～1 倍椽径。

2. 博风板的规格

歇山山面各檩木端头，要伸出山花板外皮约 0.5 倍斗口，或 1/3 椽径，这伸出的檩木端头，用博风板封堵，以便保护并作装饰。其规格如下。

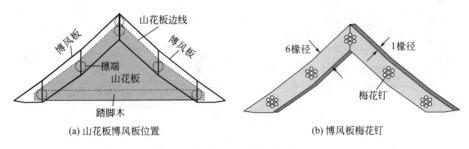

(a) 山花板博风板位置　　　　　　　(b) 博风板梅花钉

图 2-2-20　山花板与博风板

宋《营造法式》卷五述**"造博风板之制，于屋两际出槫头之外安博风板，广两材至三材，厚三份至四份，长随架道中上架两面各斜出搭掌，长二尺五寸至三尺；下架随椽与瓦头齐"**。即板宽为 30～45 份，厚 3～4 份。

清《工程做法则例》规定**"凡博风板随各椽之长得长，以椽径六份定宽，厚与山花板之厚同"**。即板宽为 6 椽径，板厚与山花板同，在板厚背面挖槫椀，嵌入槫头，使博风板紧贴山花板。山花板、博风板外形如图 2-2-20 所示。

在博风板外皮，相对桁槫位置处，装钉"梅花钉"作为点缀的装饰构件，圆饼形木块，每个直径 4～12cm，依建筑规格和博缝板宽窄选用，七个为一组，如图 2-2-20(b) 所示。

2.2.9 何谓"轩"，其构造如何
——磕头轩、抬头轩

"轩"是《营造法原》中厅堂房屋所常用的一种结构，在南方的厅堂房屋，一般多布置成"前轩后廊"结构，即进门就是轩厅，称为"廊轩"，再进去才是正厅。也有设置重轩的，位于前者称廊轩，轩深较浅；位于后者称内轩。

轩的构造主要在屋顶造型，即在屋面下再设置带有弯弧形的顶篷，起美化厅前顶篷的作用。它是设在廊步两柱之间，深自四尺至九、十尺；柱上置"轩梁"，梁端刻槽置"轩桁"，再在轩桁上安装弯椽，形成弯弧形顶篷。在贴式结构中，轩的构架有两种，当轩梁低于大梁者，称为"磕头轩"，如图 2-2-10(b) 所示；当轩梁与大梁相平者，称为"抬头轩"，如图 2-2-10(a) 所示。

"轩"之名称，主要依轩梁上所用椽子形式而命名，分为：茶壶档轩、弓形轩、一枝香轩、船篷轩、鹤颈轩、菱角轩等。

2.2.10 "茶壶档轩"是何构造
——廊川上茶壶档椽

《营造法原》茶壶轩是比较简单的一种轩屋顶形式，它是在步柱与廊柱的廊川上，直接由廊桁和步枋承接茶壶档椽，然后在椽上铺筑望砖而形成篷顶，如图 2-2-21 所示。因茶壶档椽的弯曲突起部分相似于茶壶盖口形式而得名，多用于廊道结构的屋顶。轩深一般为 3.5～4.5 尺。廊川围径为 0.6 倍大梁围径。

2.2.11 "弓形轩"是何构造
——两柱支撑弓形轩梁

《营造法原》弓形轩是在廊步两柱之间设置弯如弓形的轩梁，用以承接出檐桁和廊桁，

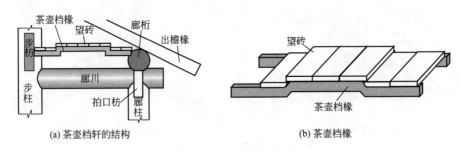

图 2-2-21　茶壶档轩

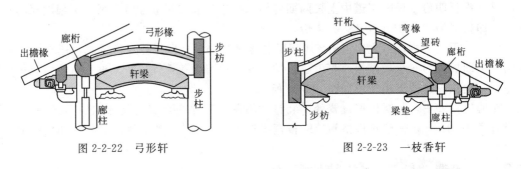

图 2-2-22　弓形轩　　　　　　　　　　图 2-2-23　一枝香轩

再在离梁背三寸左右距离，列弓形椽于廊桁与步枋之上，椽上铺筑望砖而形成篷顶，如图 2-2-22 所示。轩深为 4～5 尺。轩梁围径为 0.25 倍界梁围径。

2.2.12　"一枝香轩"是何构造
——轩梁上置一枝香安装弯椽

《营造法原》一枝香轩是指在两柱之上设置轩梁，在轩梁中间安置一个坐斗来承托一根轩桁，再于桁两边安装弯椽而形成顶篷，因轩桁有似一根香插入坐斗之上而得名，如图 2-2-23 所示。轩深为四、五尺左右。轩梁围径为 0.25 倍界梁围径。一枝香轩可依安装弯椽形式不同，分为鹤颈轩和菱角轩。

2.2.13　"船篷轩"是何构造
——轩梁上置双轩桁承弯弧椽

《营造法原》船篷轩是指在轩梁上支立两根矮童柱，用童柱承托月梁，梁的两端刻槽置双轩桁，桁上铺钉船篷形弯弧椽子，从而形成船篷形篷顶，如图 2-2-24 所示。轩深六尺至八尺，轩梁围径按 0.25 倍轩深，月梁围径按 0.9 倍轩梁围径。

2.2.14　"鹤颈轩"是何构造
——轩梁上置鹤颈椽

《营造法原》鹤颈轩是指采用鹤颈椽所做成的篷顶，它一般与其他轩（如一枝香轩、船篷轩等）配合使用，多是在其他轩基础上安装鹤颈椽而成，如图 2-2-25 所示。轩深六尺至八尺。

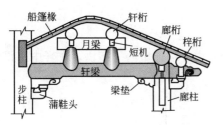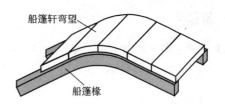

图 2-2-24 船篷轩

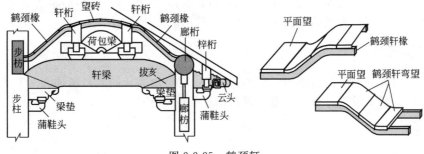

图 2-2-25 鹤颈轩

2.2.15 "菱角轩"是何构造

——轩梁上置菱角椽

《营造法原》菱角轩是指在轩梁上设置两个坐斗以承托荷包梁，在梁两端置轩桁，使廊柱与步柱之间分成三段，分别在廊柱与轩桁、步柱与轩桁两段上施以有菱角弯形的椽子，两轩桁之间施以弯椽，再在椽子上铺筑望砖从而形成的顶篷，如图 2-2-26 所示。轩深六尺至八尺。

2.2.16 轩梁、荷包梁、弯椽等的规格如何

——轩步上之构件

轩梁是指轩步的承载弯弧形顶篷的承重梁，有圆形截面和扁形截面两种，扁形截面做法与界梁相同。无论是扁形或圆形，其截面规格均按 0.2～0.25 倍轩深计算其围径或梁高，扁形截面的宽厚为梁高之半。

荷包梁是《营造法原》用于美化并代替月梁用以承托桁条的弧面梁，梁背中间隆起如荷包形状，如图 2-2-26 中所示，它多用于船篷轩顶和脊尖下的回顶，一般为矩形截面。其规格按 0.8 倍轩梁截面计算。

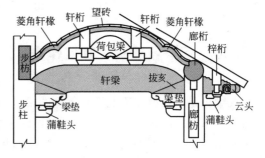

图 2-2-26 菱角轩

弯椽是指对弓形椽、船篷椽、鹤颈椽、菱角椽等弧形椽的通称，其中对有两个弯弧的称为双弯椽，均为矩形截面，宽 0.25～0.3 尺，厚 0.16～1.8 尺。

2.2.17 何谓蒲鞋头、山雾云、抱梁云、棹木

——厅堂山界梁之上装饰构件

蒲鞋头、山雾云、抱梁云、棹木等，都是《营造法原》厅堂房屋用于屋架梁上的装饰辅助构件，起着美化厅堂、提高厅堂豪华性的作用。

1. 蒲鞋头

蒲鞋头即为半个栱件，是指在柱梁接头处，由柱端伸出的丁字栱，在轩中用得较多，如图 2-2-24～图 2-2-26 中所示。

2. 山雾云

山雾云是指屋架山尖部分置于山界梁上的装饰板。这种装饰一般用于比较豪华的大厅房屋，它的脊桁是由坐在山界梁上一斗六升栱作为支撑，然后用三角形的木板斜插在坐斗上，在该板的观赏面雕刻流云飞鹤等图案，如图 2-2-27 所示。

3. 抱梁云

抱梁云是山雾云的陪衬装饰板，约小于 1/2，它与山雾云同向，斜插在一斗六升的最上面一个升口中，板上雕刻有行云图案，陪衬山雾云的立体感。

4. 棹木

棹木是大梁两端梁头底部的装饰木板，斜插在蒲鞋头（即丁字栱）的升口上，好像丁字栱的两翼。如图 2-2-27 中所示。

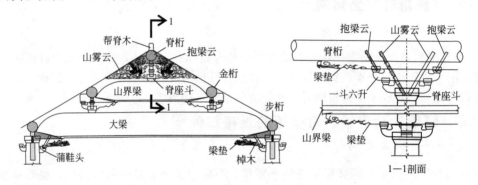

图 2-2-27　山雾云、梁垫、抱梁云、棹木

2.2.18 何谓假梁头，有何作用
——歇山山面趴梁下的填空构件

假梁头是指在檐柱顶上没有承重的梁身，只有梁头搁置在柱顶上的构件。它主要用于歇山构架采用趴梁法时，由于趴梁的位置是下金枋所处的位置，其作用替代顺梁，而趴梁是趴在山面檐檩上，该檐檩下与其下柱头之间的位置就空了，因此，就需用一个梁头安装在山面檐柱上，以承托山面檐檩，如图 2-2-13 中所示。假梁头根据是否有无斗栱，按相应的抱头梁或桃尖梁的梁头制作。

2.3 硬山、悬山建筑的木构架

2.3.1 硬山建筑木构架的基本组成是怎样的
——无山面构件之屋架

硬山建筑的木构架与庑殿、歇山建筑的正身部分木构架相同，而两端山面部分没有特殊

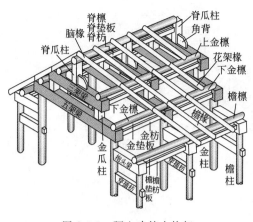

图 2-3-1　硬山建筑木构架

构件，整个木构架是由檩枋将若干个排架连接而成，即为庑殿、歇山的正身部分木构架，直到整个房屋的最两端，如图 2-3-1 所示。

硬山建筑木排架分为尖山式和卷棚式，尖山式木排架多为五檩至七檩建筑，卷棚式木排架多为四檩至八檩建筑，也就是说，大梁规格一般为五（六）架梁，如果要扩大进深，可做成带前廊或带前后廊形式，清制尖山顶木排架简图如图 2-3-2 中（a）～（c）所示。清制卷棚顶木排架简图如图 2-3-2 中（d）～（f）所示。《营造法原》可做成廊轩结构，如图 2-2-10（a）、（b）所示。

硬山建筑木构架的所有构件规格，均与庑殿横排架构件相同。

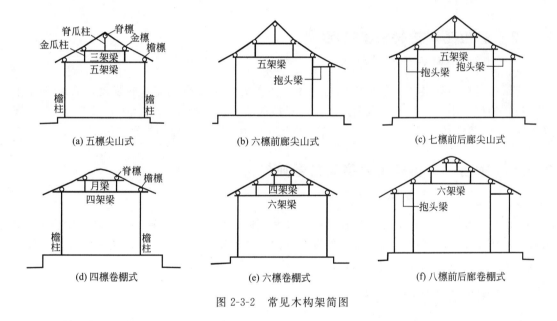

图 2-3-2　常见木构架简图

2.3.2 ▌悬山建筑木构架的基本组成是怎样的

——屋架山面悬挑之木构架

悬山建筑的木构架是在硬山建筑木构架的基础上，将两端梢间屋面部分的脊檩、金檩和檐檩等，同时向外伸出一段距离（一般按四椽径四档距），使屋顶两端向外悬挑而成，如图 2-3-3 所示。

悬挑在外的各檩端头，为避免遭受雨雪侵蚀，沿各梢檩端头钉上人字形木板，称为"博风板"，既起保护作用，也有很好的装饰效果，板宽为 6～7 椽径，板厚 0.7～1 椽径。

悬山建筑的各根檩木，由于在两山要悬挑四椽四挡距离，一般在各悬挑檩端下面应各增加"燕尾枋"一根，以加固悬挑强度和装饰效果，如图 2-3-3 中悬山部分构造图所示，其他

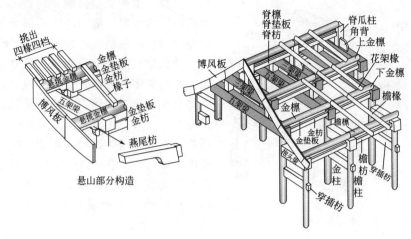

图 2-3-3　悬山建筑木构架

各构件均与硬山相同。

2.3.3　悬山燕尾枋的规格如何

——大小面各半之悬挑木

燕尾枋是悬山建筑檩木悬挑端的衬托木，主要是为加强悬挑檩木的强度，兼起装饰作用。长按梢檩伸出。里端枋尾截面尺寸，大式按高 4 斗口，厚 1 斗口；小式按高 0.65 倍檩径，厚 0.25 倍檩径。外端枋头截面尺寸，高按枋尾高的一半，厚与枋尾同。

2.3.4　硬山、悬山建筑的平面布置如何

——墀头、外包金、里包金

硬山、悬山建筑的平面布置比较简单，没有庑殿、歇山那样复杂，一般为无廊建筑，要求较高的可带前廊，或带有前后廊，但没有带围廊的建筑。房屋开间一般为三至五间，很少达到七间的，因此没有复杂的柱网布置。

1. 硬山建筑的平面布置

硬山建筑的平面，依后檐墙的做法不同有两种：一是后檐墙采用"露檐出"做法的平面布置；二是后檐墙采用"封护檐"做法的平面布置（后檐墙具体做法详见第 4 章所述）。

当后檐墙采用"露檐出"做法时，房屋山墙的前后檐两端，均有伸出前后檐墙身之外一段短距离的墙腿，此段墙腿称为"墀头"（具体内容详见第 4 章所述），以便与屋檐的挑出相互配合，如图 2-3-4(a) 所示。前檐一般为门窗槛墙，后檐为砖墙砌体。墙体一般包柱而砌（也有少数露柱而砌），可设亮窗，也可不设。

当后檐墙采用"封护檐"做法时，山墙前檐做有墀头，山墙后檐不做墀头，后檐墙直接与山墙转角连接，墙体应包柱而砌，如图 2-3-4(b) 所示。前檐一般仍为门窗槛墙，可带前廊［如图 2-3-4(b) 前檐］，也可不带前廊［如图 2-3-4(a) 前檐］。

2. 悬山建筑的平面布置

悬山建筑的后檐墙大部分采用"露檐出"做法，少数采用"封护檐"做法，但不管采用

哪种做法，山墙前后两端均不做墀头。前檐部分的槛墙和山墙均与檐柱八字形连接；后檐部分的后檐墙与山墙，可直接转角连接［如图 2-3-4(b) 后檐转角所示］，也可将柱露出以八字连接，如图 2-3-5 所示。

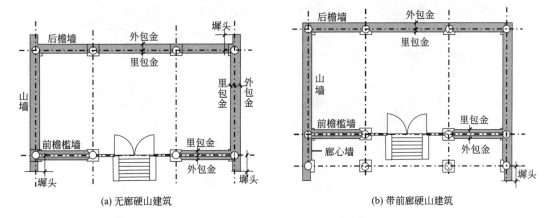

(a) 无廊硬山建筑　　　　　　　　　　(b) 带前廊硬山建筑

图 2-3-4　硬山建筑平面布置图

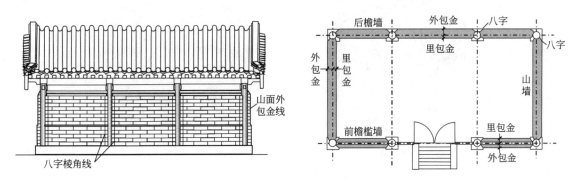

图 2-3-5　后檐露柱悬山建筑

2.4　亭子建筑的木构架

2.4.1　单檐亭子木构架的基本组成是怎样的

——下架柱枋、上架搭交梁檩

单檐亭木构架是指一层屋面檐口的亭子，依其结构，可分为上架和下架两部分。

1. 亭子下架

根据平面形状，首先设置若干根"承重柱"作为支立构件，在各根柱子的上部之间，由"檐枋"将其连接起来形成整体框架。再在柱顶上安置"花梁头"以承接檐檩，各"花梁头"之间填以垫板。另在各柱子之间，分别在其上下安装吊挂楣子和座凳楣子，即可形成亭子的下架，如图 2-4-1(a) 下架所示。

2. 亭子上架

在下架的"花梁头"上，安置搭交"檐檩"，以形成圈梁作用，这是屋顶结构的第一层（即底层）圈梁。在檐檩之上，设置"井字趴梁或抹角梁"，梁上安置柁墩，用来承接

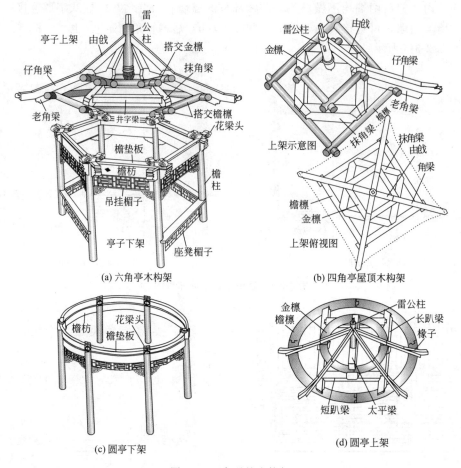

(a) 六角亭木构架

(b) 四角亭屋顶木构架

(c) 圆亭下架

(d) 圆亭上架

图 2-4-1　亭子的木构架

搭交金檩，故一般称为"交金墩"。在交金墩上，安置"搭交金檩"，形成屋顶结构的第二层圈梁。规格较大的亭子，还应在金檩上横置一根"太平梁"，在太平梁上竖置"雷公柱"作为尖顶支撑构件。而规格较小的亭子，可以省掉太平梁，雷公柱由下面所述的"由戗"支撑。

在第一圈和第二圈檩木的交角处安置角梁，各角梁尾端由延伸构件"由戗"与雷公柱插接，形成攒尖结构（圆形亭可不需角梁，只需将由戗撑压在金檩上即可，但一定要设太平梁），这就是亭子的上架结构，如图 2-4-1(a)、(b) 上架所示。

最后在檩木上布置椽子。在椽子上铺设屋面望板、飞椽、连檐木、瓦口板等，就可进行屋面瓦作。

2.4.2 重檐亭子木构架的基本组成是怎样的

—— 檐柱重檐金柱法、檐柱童柱法

重檐亭木构架是指两层屋面檐口的亭子，它是在单檐亭木构架的基础上进行扩增而来，一般采用两种扩增方法，即：檐柱重檐金柱法和檐柱童柱法。

1. 檐柱重檐金柱法［见图 2-4-2（a）］

这种方法是将原单檐亭木构架的柱子增高，将原亭上架作为上层檐，另在原下架柱（该

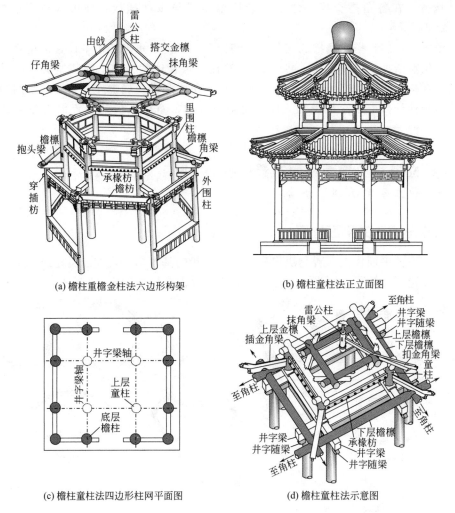

图 2-4-2　重檐亭木构架

柱这时变为重檐金柱）之外增加一圈外柱，作为重檐下架檐柱，这样，就形成外檐内金两圈柱子的带廊亭子，里外柱子由穿插枋串接起来，并在各外柱顶端安装檐枋，形成整体框架。

　　另在外围檐柱顶上，横施抱头梁与里金柱榫接，再在抱头梁外端上，安置檐檩，并在里金柱抱头梁端之上，各里金柱之间，连接"承椽枋"，这样即可将下层屋面椽子，搁置在承椽枋和檐檩之上。另在各角，对应内外柱子上的相应部位，安装插金角梁，即可形成下层檐框架。

2. 檐柱童柱法［见图2-4-2（b）］

　　檐柱童柱法是指先在下层檐柱顶端设置井字梁，或在下层檐檩上设置抹角梁，作为支撑上层檐构架的承托构件［如果对四边形重檐亭设置井字梁法时，除四根角柱外，还需另行每边增加两根檐柱，作为井字梁或抹角梁的承重柱，如图2-4-2(c)所示］。

　　用井字梁时，需先设置井字随梁，将承重柱串联起来，并作为承重梁的辅助构件，再在随梁上安装抱头井字梁，在抱头位置安装下层搭交檐檩。另在井字梁交叉处安装墩斗并竖立童柱，用来作为上层构架的檐柱，而该童柱之上的构件安置完全与单层檐柱以上的构架相同。只是在各童柱之间需增加承椽枋，用承椽枋和下层檐檩作为下层屋面椽子的承接构件。在各角搭交檐檩之上安装插金角梁与童柱插接，即可构成下层檐框架，如图2-4-2(d)所示。

用抹角梁时，应在搭交檐檩的交角处安装抹角梁；但对重檐四边亭设置抹角梁时，除四根角柱外，仍需增加八根承重柱，共计12根檐柱，再在这些檐柱上安装檐枋、花梁头、檐檩等，然后在搭交檐檩的交角处安装抹角梁。以抹角梁和搭交檐檩作为角梁的承搁构件，并使角梁后尾延伸悬挑，用穿插榫插入四根悬空童柱内。童柱以后的布置仍与井字梁法童柱相同。

2.4.3 独立凉亭的平面柱网布置有哪些
——独立亭定面阔、组合亭要共边

1. 独立形凉亭的平面柱网

独立形凉亭的平面柱网布置是决定亭子平面形状的基本内容，在园林建筑中用得最多的形式有：正多边形、矩形、圆形、扇形等，它们的柱网布置如图2-4-3所示。

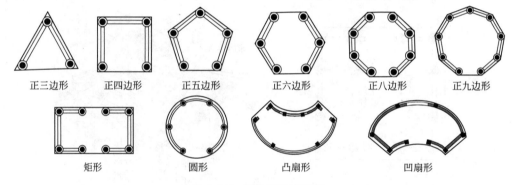

图2-4-3 独立形凉亭平面

（1）独立亭平面尺寸的确定

独立形凉亭的平面尺寸是指亭子的通面阔和通进深尺寸，如图2-4-4所示。

关于面阔与进深尺寸的取定原则，请参看第1章1.2.6节所述内容。而园林建筑中的凉亭，一般应根据地理环境有所区别，对于基地环境宽阔，观赏视距较远的空间，应选择较大的平面尺寸；而对于基地环境狭窄，观赏视距较近的空间，则应选择较小的平面尺寸。

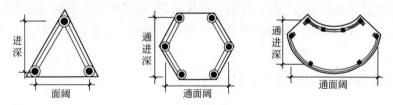

图2-4-4 亭子的平面尺寸

正多边形和圆形平面的"通面阔×通进深"尺寸，可按下述范围灵活取定。

大型空间的控制尺寸为：(6m×6m)～(9m×9m)。

中型空间的控制尺寸为：(4m×4m)～(6m×6m)。

小型空间的控制尺寸为：(2m×2m)～(4m×4m)。

矩形和扇形平面的尺寸，可按通进深：通面阔＝1：(1.5～3)的比值进行确定。

　　具体确定尺寸时，应按现场情况，首先根据面阔要求，选取柱间距离和平面形状，再权衡其规模大小而定之。

　　（2）独立单檐亭柱网的布置

　　亭子的柱网布置是指柱子根数及其排列。柱子根数与排列应根据所选取的平面形状而定，一般柱网确定原则为：正多边形平面的柱子，应按邻边之间的交角来设置，如图 2-4-3 中的三至九边形所示；圆形平面的柱子，可按圆的内接正五边形、六边形或八边形进行设置；矩形和扇形平面的柱子，一般按进深为一间，面阔为一或三间进行布置。

　　（3）独立重檐亭柱网的布置

　　独立重檐亭柱网的柱数一般采用偶数，也就是说，三角形和五角形的亭子很少做成重檐形式。重檐柱网布置应依重檐构架的设置方法而异，当按檐柱童柱法设置时，四边形亭应每边各增加 2 根柱子，以便布置井字梁和抹角梁［见图 2-4-2(c)］；其他形状的柱网与单檐亭柱网相同，只是童柱与檐柱应按相隔一步架距离进行布置。

　　当按檐柱重檐金柱法设置时，里圈金柱与外圈檐柱按一步架间距对应设置，里圈柱称为"重檐金柱"，外圈柱称为"下层檐柱"，如图 2-4-5 所示。

　　重檐金柱直径要较下层檐柱直径大 10%～20%。

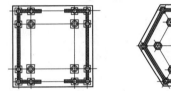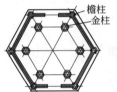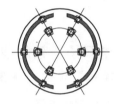

图 2-4-5　重檐亭双围柱的柱网布置

2. 组合形凉亭的平面柱网

　　（1）组合亭的平面形式

　　组合亭是由两个或两个以上独立亭（包括单檐和重檐）组拼而成，如两个圆形可以组拼为双环；两个四边形可组拼成为方胜；两个六边形可组拼成双六角；两个三角形中间夹一个四边形可组拼成扁六角形；在正方形的四个边上各连接一个短矩形，即可拼成十字形等，如图 2-4-6 所示。

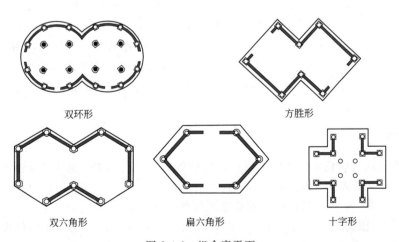

双环形　　　　　　　　　　　　　方胜形

双六角形　　　　　　扁六角形　　　　　　十字形

图 2-4-6　组合亭平面

101

（2）组合亭的柱网布置

组合亭的柱网仍按照独立亭的基本柱网进行布置，无论组拼成何种形式，都必须要保持在两个独立亭中，有两根以上的柱子相互对称或重合，以保证在整个木构架中梁枋连接的整体性，如图2-4-7所示。

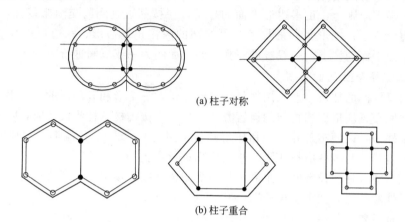

(a) 柱子对称

(b) 柱子重合

图 2-4-7　组合平面的对称与重合

2.4.4 单檐亭子下架的规格如何
——檐柱、檐枋、檐垫板等

单檐亭的木构架可以将它分为下架、上架、角梁三部分。以檐檩为界，檐檩以下部分为下架，檐檩本身及其以上部分为上架，转角部位为角梁。

单檐亭下架是一种柱枋结构的框架，除装饰性的吊挂楣子和座凳楣子外，主要构件是檐柱、檐枋、花梁头和檐垫板等，如图2-4-8所示。

1. 檐柱

亭子建筑的檐柱是整个构架的承重构件。柱高和柱径的规定，宋制柱高不越间宽，柱径"余屋即径一材一栔至两材"，即21～30份。但对亭子而言不能完全依此法则，因为有些六角亭、八角亭的面阔较小，这时可参照下述拟定。

《营造法原》柱高：方亭按面阔的8/10，六角亭按每面阔的15/10，八角亭按每面阔的16/10，而圆亭柱高按八角亭柱高。柱径均按柱高的1/10。

清制大式建筑，柱高按60斗口；柱径按5～6斗口。小式建筑的柱高，四方亭和矩形亭可按0.8～1.1倍面阔，六方亭和圆形亭按1.5～2倍面阔，八方亭按1.8～2.5倍面阔（面阔大者取小值，面阔小者取大值）；柱径为0.077～0.1倍柱高（高值大者取小值，高值小者取大值）。

2. 檐枋

它是将檐柱连接成整体框架的木构件，檐枋的截面尺寸（高×厚）：清制大额枋为5斗口×4斗口；一般檐枋按1倍柱径×0.8倍柱径。

宋制阑额为30份×20份，檐额则要求两端伸出柱头。

《营造法原》檐枋截面高为0.1倍柱高，截面宽为0.5倍截面高。此构件设在夹堂板之下，两端用榫与柱连接，仅起连接加固作用。

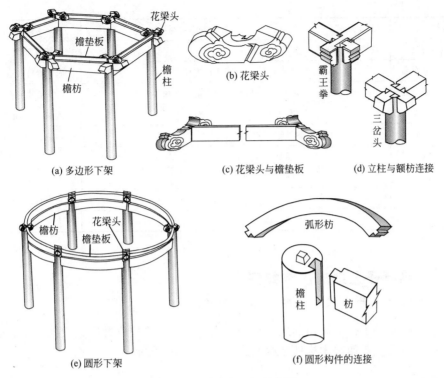

(a) 多边形下架　　　　　(b) 花梁头　　　　(c) 花梁头与檐垫板　　　(d) 立柱与额枋连接

(e) 圆形下架　　　　　　　　　　　(f) 圆形构件的连接

图 2-4-8　单檐亭下架示意图

多边亭横枋做成箍头形式，其中大额枋一般采用霸王拳形式箍头，小额枋常采用三叉头形式箍头，如图 2-4-8(d) 所示。圆形亭横枋为弧形，做凸凹榫相互连接；与柱做燕尾榫连接，如图 2-4-8(e)、(f) 所示。

3. 花梁头

花梁头又称"角云"（因它两边雕刻有云纹状花纹），它是搁置檐檩的承托构件，高约 4 斗口或 0.8 倍柱径，宽为 1 倍柱径，长约 3 倍宽。两边做凹槽接插垫板，如图 2-4-8(b)、(c) 所示，底面做卯口承插柱顶凸榫。

《营造法式》没有此构件；《营造法原》用连机代替，连机高可按 0.16 倍桁围径，宽按本身高八折。

4. 檐垫板

檐垫板是清制称呼，它是填补檐檩与檐枋之间空隙的遮挡板，高 4 斗口或 0.8 倍柱径，厚 1 斗口或 0.25 倍柱径。《营造法原》称为"夹堂板"，板高 3～5 寸，板厚 0.5 寸。

依上所述，单檐亭子下架尺寸小结如表 2-4-1 所示。

表 2-4-1　单檐亭子下架尺寸表

名称		《营造法式》	《工程做法则例》	《营造法原》
檐柱	柱高	高不越间	大式 60 斗口；小式四方亭按 0.8～1.1 倍面阔；六方亭按 1.5～2 倍面阔；八方亭按 1.8～2.5 倍面阔	按面阔：方亭 0.8、六角亭 1.5、八角亭 1.6
	柱径	21～30 份	0.077～0.1 倍柱高	0.1 倍柱高

续表

名称		《营造法式》	《工程做法则例》	《营造法原》
檐枋	枋长	按檐柱间距	按檐柱间距	按檐柱间距
	截面高	27~30 份	大式 5 斗口，小式 1 倍檐柱径	0.1 倍柱高
	截面宽	18~20 份	大式 4 斗口，小式 0.8 倍檐柱径	0.5 倍本身高
花梁头	构件长		3 倍本身宽	连机长按面阔
	截面高		0.8 倍柱径	机高按 0.16 倍桁围径
	截面宽		1 倍柱径	机宽按 0.8 倍本身高
檐垫板	板长		同檐枋	夹堂板同檐枋
	截面高		4 斗口或 0.8 倍檐柱径	夹堂板高 3~5 寸
	截面宽		1 斗口或 0.25 倍檐柱径	夹堂板厚 0.5 寸

2.4.5 单檐亭子上架的规格如何
——檐檩、井字梁、金檩、雷公柱等

单檐亭上架是亭子攒尖屋顶的屋架结构，它一般由：檐檩、井字梁或抹角梁、金枋及金檩、太平梁及雷公柱等四层木构件垒叠而成，如图 2-4-9 所示。

1. 檐檩

檐檩是攒尖顶木构架中最底层的承重构件，它按亭子的平面形状分边制作，然后在柱顶位置，相互搭交在花梁头的檩椀槽上。檐檩一般为圆形截面，清制直径大式建筑为 3.5 肢 4.5 斗口（面阔大者取大值，面阔小者取小值），《营造法式》按"余屋槫径加材一份至二份"，即 16~17 份。《营造法原》按 0.1 倍檐柱高。搭交形式如图 2-4-9(j) 所示。

2. 井字梁或抹角梁

井字梁是搁置在檐檩上用来承托其上面金檩的承托构件，一般用于四、六、八边形和圆形的亭子上，因为梁的两端一般做成阶梯榫，趴置在檩的榫卯上，故又称为"井字趴梁"。井字梁由长短二梁组成，长梁趴在檐檩上，短梁趴在长梁上，如图 2-4-9(b)、(d)、(e)、(f) 所示。其截面尺寸：清制长梁高为 6~6.5 斗口或 1.3~1.5 倍柱径，厚为 4.8~5.2 斗口或 1.05~1.2 倍柱径。短梁高 4.8~5.2 斗口或 1.05~1.2 倍柱径，厚 3.8~4.2 斗口或 0.9~1 倍柱径。宋制及吴制未明确，可参照清制。

抹角梁是斜跨转角趴置在檩木上的承托梁，故又称为"抹角趴梁"。一般用于单檐四边亭和其他重檐亭上。其截面尺寸与长井字梁相同。

3. 金檩和金枋

金檩是搁置在井字梁（或抹角梁）上方，与檐檩共同承担屋面椽子，形成屋顶形状的承托构件，如图 2-4-9 中所示。金檩的构造与截面尺寸同檐檩，只是长度要较檐檩为短，应按檐柱位置向金柱位置退进一步架计算。金檩和檐檩的标高之差按举架计算。

金枋在这里是对金檩起垫衬作用的枋木，因为金檩一般不直接搁置在井字梁或抹角梁上，它的下面须垫有柁墩或瓜柱，借以增加金檩的垂直距离。由于亭子的上架一般都不会太大，所以可用枋木来兼替柁墩或瓜柱；但对于有些屋面做得比较的陡峻亭子，仍需采用柁墩

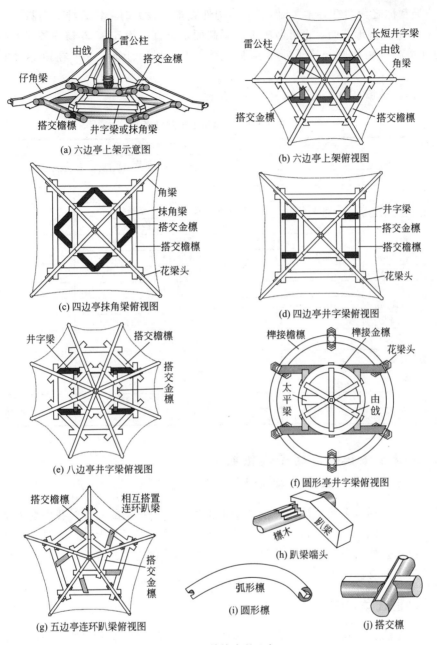

(a) 六边亭上架示意图

(b) 六边亭上架俯视图

(c) 四边亭抹角梁俯视图

(d) 四边亭井字梁俯视图

(e) 八边亭井字梁俯视图

(f) 圆形亭井字梁俯视图

(g) 五边亭连环趴梁俯视图

(h) 趴梁端头

(i) 圆形檩

(j) 搭交檩

图 2-4-9　单檐亭的上架

和垫板。金枋截面尺寸，高为 2～4 斗口或 0.4～1 倍柱径，厚为 1.25～3 斗口或 0.3～0.8 倍柱径。

4. 太平梁和雷公柱

太平梁是承托雷公柱，保证其安全的横梁，一般用于宝顶构件重量比较大的亭子上，若宝顶构件比较轻小时，可不用此构件。太平梁横搁在金檩上，其截面尺寸与短井字梁截面相同。

雷公柱是支撑宝顶并形成屋面攒尖的柱子，在小型亭子中，由于宝顶构件较轻小，雷公柱可依靠每个方向上的角梁延伸构件——"由戗"支撑住而悬空垂立着，故有的称它为"雷公垂柱",吴制称之为"灯心木"。但当宝顶构件重量比较大时,雷公柱应落脚于太平梁上。

雷公柱一般为圆形截面,也可做成多边形截面,其直径为5～7斗口或等于檐柱径,其长按脊步的(举高＋由戗厚＋椽子厚＋瓦面垂脊厚度)累加计算,并另在顶部留出脊桩以套宝顶。

依上所述,单檐亭上架尺寸如表2-4-2所示。

表2-4-2　单檐亭上架尺寸表

名称		《营造法式》	《工程做法则例》	《营造法原》
檐檩	檩长		柱间间距	
	檩径	16～17份	3.5～4.5斗口	0.1倍柱高
井字梁 抹角梁	梁长	参照清制	按现场定	参照清制
	截面高		5～6斗口或1.1～1.5倍檐柱径	
	截面宽		4～5斗口或1～1.2倍檐柱径	
金檩	构件长	参照清制	同檐檩	参照清制
	截面高		同檐檩	
	截面宽		同檐檩	
金枋	板长		同金檩	
	截面高		2～4斗口或0.4～1倍檐柱径	
	截面宽		1.35～3斗口或0.3～0.8倍檐柱径	
太平梁	梁长		同井字梁	
	截面高		同井字梁	
	截面宽		同井字梁	
雷公柱	柱长	参照清制	脊举高＋由戗厚＋椽子厚＋垂脊高	参照清制
	柱径		5～7斗口或1倍檐柱径	

2.4.6 单檐亭子角梁、椽子规格如何
——清"压金、扣金、插金法"、吴"发戗"

亭子的角梁是形成多角亭屋面转角的基本构件。对于角梁的制作,我国北方地区多按清制官式做法,南方地区常按"营造法原"吴制做法。圆形亭因为无角,故没有角梁,只有由戗,用来支撑雷公柱。由戗是角梁的延伸构件,故有的称为"续角梁",它是斜插接在雷公柱上形成攒尖顶的支撑构件,其截面尺寸与角梁相同。

1. 清制官式角梁做法

清制官式做法分老角梁和仔角梁,老角梁是转角处的基本承重构件,仔角梁是使转角檐口起翘和伸出的构件。仔角梁叠在老角梁上,老角梁的前支点是檐檩,后支点是金檩或金柱。角梁根据后支点的制作方法不同,分为"压金法"、"扣金法"、"插金法"三种做法,如图2-4-10所示。其中"插金法"只用于重檐亭的构架,而在单檐亭中多用压金法和扣金法。

"压金法"是指将老角梁的后支点挖凿成檩槽直接压在金檩上,仔角梁做成翘飞椽形式,如图2-4-10(a)所示。这种做法最简单,但要求檐口端的伸出和承重不能太大,否则会造成折檐现象,故一般只能用于较小步架的亭子上。

"扣金法"是指将老角梁和仔角梁的后支点挖凿成上下檩槽相互扣住在金檩上,如图2-4-10(b)所示,这种做法是亭子建筑中用得最多的一种方法。

"插金法"是指将老角梁和仔角梁的后尾做榫插入金(童)柱的卯口内,如图2-4-10(c)所示,它是重檐亭中下层檐角梁的主要做法。

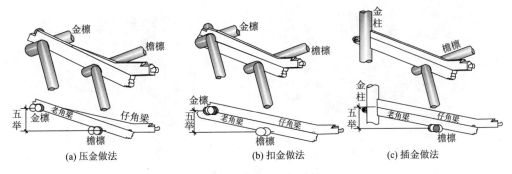

(a) 压金做法 (b) 扣金做法 (c) 插金做法

图 2-4-10　清制官式角梁做法

角梁的长度可按 0.5 举进行计算确定。

老角梁和仔角梁的截面尺寸：宋制大角梁高按 28～30 份，宽 18～20 份。子角梁腰高 28～30 份（头高 21～23 份），头宽 15～17 份。

清制老仔角梁截面尺寸相同，高按 4.5 斗口或 3 倍椽径，宽按 3 斗口或 2 倍椽径。

2.《营造法原》角梁做法

《营造法原》角梁做法称为"发戗"，它的老戗相似于老角梁，其截面尺寸为：高四寸（15.13cm），宽 6 寸（16.5cm）（老戗梢打 8 折）。嫩戗相似于仔角梁，但形状与仔角梁大不相同，嫩戗是一个底大头尖的矩形截面，斜立于老戗的檐口端，如图 2-4-11 所示。

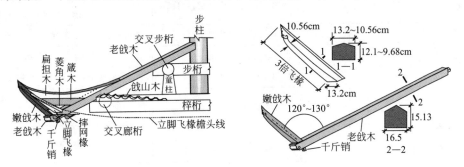

图 2-4-11　嫩老戗做法

嫩戗长按 3 倍正身飞椽长，截面尺寸的根部为老戗的 0.8 倍，上端为根部的 0.8 倍。嫩、老戗端头用千斤销固定，中间用箴木、菱角木和扁担木连接，其截面尺寸可参考老戗规格，依弯起度的大小灵活掌握。

3. 屋面椽子

椽子是屋面基层的承托构件，屋面基层由椽子（翼角椽）、望板、飞椽、压飞望板等铺叠而成。在屋面檐口部位还有小连檐木、大连檐木、闸挡板、瓦口木等，如图 2-4-12 所示。在有些亭廊建筑中也可省去大连檐木和小连檐木，适当增加瓦口木高度。

脑椽、檐椽一般为圆形截面，飞椽为方形截面，但也可以均为方形截面。截面尺寸清制按 1.5 斗口或 0.33 倍柱径取定；宋制依法式五为"余屋径六份至七份"。

脑椽、檐椽分段跨置在檐檩和金檩上，并在其上装钉望板，在望板上再安装飞椽。

檐椽和飞椽伸出长度，清制檐平出为 21 斗口或 3.3 倍柱径，其中，飞椽前端截面部分的伸出占檐平出的 1/3（即 7 斗口或 1.1 倍柱径），后尾斜楔形长为 18 斗口或 2.8 倍柱径，如图 2-4-12(a) 所示。宋制飞子截面宽按 0.8 倍椽径，厚按 0.7 倍椽径确定；尾长斜随檐

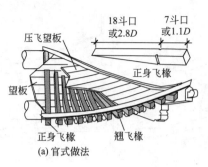
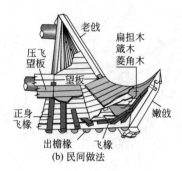

(a) 官式做法　　　　　　　　(b) 民间做法

图 2-4-12　屋面基层构件

　　而南方地区发戗做法，称为甩网椽和立脚飞椽。甩网椽即翼角椽，立脚飞椽是由正身飞椽逐渐向嫩戗方向斜立的椽子，如图 2-4-12（b）所示，正身檐椽围径按 0.2 倍界深，飞椽按 0.8 倍檐缘，做成矩形截面。其长短由施工现场按翘角曲线依势而定，然后用"压飞望板"连成整体。

　　屋面基层其他有关构件的规格参考庑殿建筑屋面木基层所述。

　　依上所述，单檐亭角梁尺寸如表 2-4-3 所示。

表 2-4-3　单檐亭建筑角梁尺寸规格

构件名称		宋《营造法式》	清《工程做法则例》	《营造法原》
老角梁	梁长	(2/3 上檐出＋2 倍椽径＋檐步距＋斗栱出踩＋后尾长)×1.58		$\sqrt{(1.4142A)^2+(0.5A)^2}$ （A＝界深＋出参长＋1 尺）
	梁高	28～30 份	4.5 斗口或 3 倍椽径	老戗根 0.4 尺＋车背 0.15 尺,戗梢 8 折
	梁宽	18～20 份	3 斗口或 2 倍椽径	老戗根 0.6 尺,戗梢 8 折
仔角梁	梁长	现场定	老角梁长＋(1/3 上檐出＋1 倍椽径)×1.58	嫩戗全长按照 3 倍飞椽长度
	梁高	梁颈 28～30 份, 梁端 21～23 份	3 倍椽径	嫩戗根宽 0.32 尺＋车背 0.12 尺, 戗梢 8 折
	梁宽	梁颈 18～29 份, 梁端 15～17 份	2 倍椽径	嫩戗根宽 0.48 尺,戗梢 8 折
檐椽	截面高	径 6～7 份	径 1.5 斗口或 0.33 倍柱径	围径按 0.2 倍界深
	截面宽			
飞椽	截面高	0.7 倍椽径	径 1.5 斗口或 0.33 倍柱径	按 0.8 倍檐缘
	截面宽	0.8 倍椽径		

2.4.7 重檐亭子木构架的规格如何
——以单檐亭基础增加重檐柱或童柱

　　重檐亭的木构架可以分为：上层檐构架和下层檐构架两大部分，依"檐柱童柱法"和"檐柱重檐金柱法"各有不同。

1．"立童柱法"的木构架

（1）下层檐构架

　　"檐柱童柱法"的下层檐构架是在单檐亭下架（檐柱、檐枋、花梁头、檐檩）之上，加设承重抹角梁或井字梁，它们的截面尺寸均与单檐亭相同。其中：抹角梁多用于六边形重檐上，作为搁置角梁的后支撑点（角梁的前支撑点为檐檩），使角梁后尾悬挑，并插入童柱下端，成为童柱的支撑。

而井字梁多用于八边形重檐亭上，作为支立上层檐童柱的承托构件，角梁后尾也插入童柱，但柱的主要着力点是通过墩斗作用在井字梁上，而不完全是靠角梁悬挑。

对四边形重檐亭，抹角梁和井字梁都可采用，但每边必须在角柱旁增加两根檐柱作为支撑，用来承载该梁所传递来的作用力，如图 2-4-9(d) 所示，其他构造与上述相同。

不管抹角梁还是井字梁，都需另用承椽枋将童柱下端（紧靠角梁支撑榫卯上面）连接起来，形成童柱框架底圈；此圈与单檐下架（檐柱、檐枋、花梁头、檐檩）通过角梁、檐檩连接，即成为重檐亭的下层构架，如图 2-4-13(a) 所示。承椽枋的截面尺寸，高 4～5 斗口或 0.8～1 倍檐柱径，厚 3～4 斗口或 0.64～0.8 倍檐柱径。童柱径为 4～5 斗口或 0.8～1 倍檐柱径。

（2）上层檐构架

在童柱上，距离承椽枋之上约围脊高度（根据所用围脊构件规格计算）之处，再安装一圈围脊枋，形成童柱框架的中圈（围脊枋截面尺寸与承椽枋相同）；然后在童柱顶部安装檐枋，形成童柱的上圈，檐枋以上与单檐上架相同，如图 2-4-13(c) 所示。

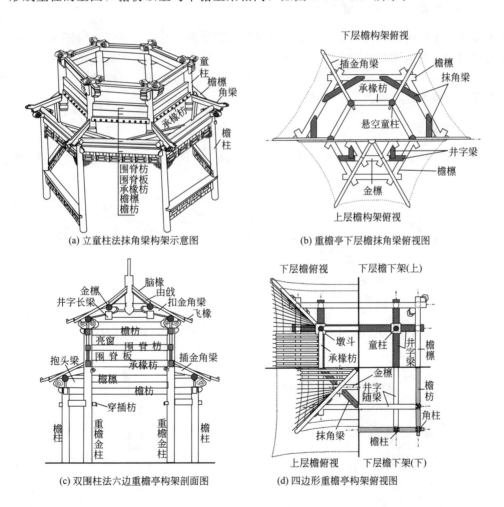

(a) 立童柱法抹角梁构架示意图

(b) 重檐亭下层檐抹角梁俯视图

(c) 双围柱法六边重檐亭构架剖面图

(d) 四边形重檐亭构架俯视图

图 2-4-13　重檐亭的木构架

2."檐柱重檐金柱法"的木构架

"檐柱重檐金柱"是指里外两圈柱子，里圈柱子作为上层檐构架的支柱，外圈柱子作为下层檐构架的支柱。"檐柱重檐金柱"的上层檐构架与"檐柱童柱法"的上层檐构架完全一样，只是童柱向下伸长成为落地的重檐金柱而已，如图 2-4-13(c) 所示，重檐金柱的柱径为 6.2～7.2 斗口或 1.2 倍檐柱径。

"檐柱重檐金柱"的下层檐构架也基本上与"檐柱童柱法"下层檐构架相同，只是在里外两圈柱子之间要用穿插枋和抱头梁串联成整体框架。穿插枋截面高为 3.5～4 斗口或 0.8～1 倍檐柱径，厚为 3～3.2 斗口或 0.65～0.8 倍檐柱径。抱头梁截面高为 1.4 倍檐柱径，厚为 1.1 倍檐柱径。

2.5 游廊、水榭、石舫的木构架

2.5.1 游廊木构架的基本组成是怎样的
——梅花柱、梁、檩等

园林建筑中的游廊，可采用卷棚式屋顶或尖山式屋顶，其中尖顶式木构架最简单，而卷棚式会显得更加融入园林环境之中。根据所处地形，分为平地游廊和坡地叠落廊。

游廊的基本木构架由左右两根檐柱和一榀屋架组成一付排架，再由枋木、檩木和上下楣子，将若干付排架连接成为一个整体。

1. 平地游廊木构架

除上下楣子外，卷棚式游廊木构架如图 2-5-1(a)、(b) 所示，尖山式木构架如图 2-5-1

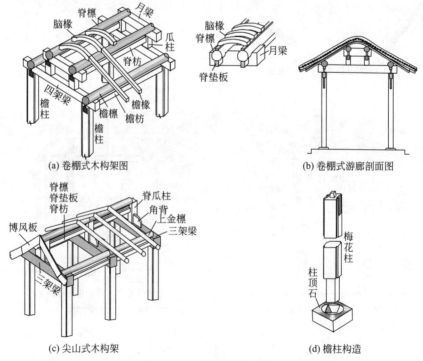

(a) 卷棚式木构架图

(b) 卷棚式游廊剖面图

(c) 尖山式木构架

(d) 檐柱构造

图 2-5-1 平地游廊木构架

(c) 所示，现以卷棚式木构架的构件为例介绍如下。

（1）檐柱

游廊的檐柱多做成梅花形截面的方柱，也可为圆形或六边形截面，"梅花柱"是指将柱截面的棱角做成内凹弧形，柱径一般为 20～40cm，柱高为 11 倍柱径，但不低于 3m。柱脚做套顶榫插入柱顶石内，如图 2-5-1(d) 所示。廊道横截面的左右檐柱为进深，按步距确定，脊步距 2～3 倍檩径，檐步距 4～5 倍檩径。廊道长方向的开间，即檐柱之间的距离按面阔进行排列，面阔大小一般可在 3.3m 左右取定。

（2）屋架

屋架由屋架梁和瓜柱等构件所组成，其中，卷棚屋架由四架梁、月梁和脊瓜柱等组成。尖顶屋架由三架梁和脊瓜柱组成，见图 2-5-1(a)、(c)。

四（三）架梁为矩（圆）形截面，高×厚＝1.4 倍柱径×1.1 倍柱径。梁长按进深方向前后檐柱之间的距离加 2 倍檩径，该间距一般为 0.65～0.8 倍檐柱高，或按进深方向步距之和加 2 倍檩径取定。

月梁即为脊梁、二架梁，高厚均可按四架梁的 0.8 倍取定，长按脊步距加 2 倍檩径。

脊瓜柱是支撑脊檩或脊梁（即月梁）的矮柱，其高按脊步举架和梁高统筹考虑，截面宽按 0.8 倍檐柱径，厚可按月梁厚或稍薄。

（3）枋木

檐柱和屋架组成一个排架，枋木是连接各个排架的联系构件，如图 2-5-1 中檐枋、脊枋所示。游廊的枋木只有两种，一是在檐檩下连接各排檐柱的"檐枋"；二是在脊檩下连接各排脊瓜柱的"脊枋"。枋木长度按排架之间的距离，檐枋截面高按 1 倍檐柱径取定，厚为 0.8 倍檐柱径；脊枋截面的高和厚，均按檐枋截面尺寸的 0.8 倍确定。

（4）檩木

檩木一般均为圆形截面，分为：檐檩和脊檩，檩径均按 0.9 倍檐柱径设定。

在枋木与檩木之间的空隙，一般用垫板填补，板厚控制在 0.25 倍檐柱径左右。

2. 坡地叠落廊木构架

叠落廊木构架的构件与平地游廊的构件基本相同，所不同的是，木构架随地面的叠落高差设立排架，整个排架为高低联跨衔接，如图 2-5-2 所示。

在高低联跨的排架上要增加燕尾枋，以承接高排架的悬挑檩木，并要在与低跨脊檩枋的位置处增加一根插梁，用来承接低跨的脊檩枋。根据装饰要求，可在插梁以上镶贴木板（称为"象眼板"），做上油漆彩画，增添装饰效果，也可不做。

最后一跨悬挑屋顶的外沿安装博风板，其他与一般游廊构架相同。

插梁的截面高按 1.25 倍柱径，厚为 0.8 倍本身高。

燕尾枋的尺寸，后截面高为 0.65 倍檩径，厚 0.25 倍檩径，前截面尺寸按尾截面尺寸的一半，长为四椽径。

博风板高为 4～5 倍椽径，板厚为 3～5cm 即可。

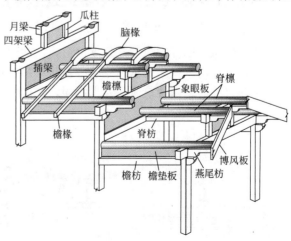

图 2-5-2　坡地叠落廊的木构架

111

根据以上所述，游廊木构架的各构件尺寸如表 2-5-1 所示。

表 2-5-1　游廊木构架规格

构件名称	构件长(高)	截面宽	截面高
檐柱	11 倍柱径，不低于 300cm	φ20～40cm	
四(三)架梁	进深长＋2 倍檩径	1.1 倍檐柱径	1.4 倍檐柱径
月梁	脊步距＋2 倍檩径	0.88 倍檐柱径	1.12 倍檐柱径
脊瓜柱	脊步距×举架	0.8 倍檐柱径	≤月梁截面宽
檐枋	按间阔	0.8 倍檐柱径	1 倍檐柱径
脊枋	按间阔	按 0.8 倍檐枋	按 0.8 倍檐枋
檩木	按实长	0.9 倍檐柱径	
插梁	按进深长	0.8 倍截面高	1.25 倍檐柱径
燕尾枋	四椽四当	0.25 倍檩径	0.65 倍檩径
博风板		3～5cm	4～5 倍椽径

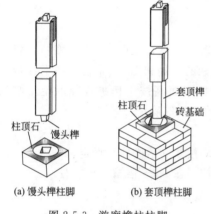

柱顶石

馒头榫

(a) 馒头榫柱脚

套顶榫

柱顶石　　砖基础

(b) 套顶榫柱脚

图 2-5-3　游廊檐柱柱脚

3. 游廊的柱脚处理

游廊是一种荷载较轻的建筑，抵抗风荷载的倾覆作用力比较差，因此，游廊的柱脚必须要埋入地面下，但因木材在地下很容易受潮而腐烂，游廊的柱脚又不能直接埋入地面下，因此，它除同一般房屋建筑一样应落脚到柱顶石上以外，还应有一个地下基础层。

一般游廊的柱脚，做成馒头榫与柱顶石的落榫槽连接，如图 2-5-3(a) 所示，但园林中的游廊多为长廊，仅依此做法是不够的，还必须每隔三至四间，将柱脚做成套顶榫，穿过柱顶石，埋入地下砖基础内，如图 2-5-3(b) 所示，以加强廊架的稳固性。砖基础平面尺寸以包住柱顶石为原则，砖基础高为 2 倍柱顶石高。

2.5.2　水榭木构架的基本组成是怎样的
——简单歇山卷棚构架

水榭建筑一般都做成卷篷顶歇山形式，常做于水边或水中，如图 2-5-4 所示。

水榭建筑的木构架是歇山建筑中最简单的卷棚式木构架，如图 2-5-5 所示。其中各构件的作用和尺寸与歇山建筑所述基本相同，具体参看表 2-2-1、表 2-2-2 所述。

图 2-5-4　水榭

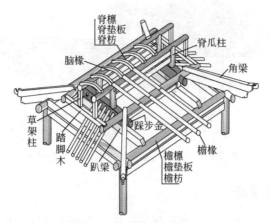

图 2-5-5　水榭建筑的木构架

2.5.3　石舫木构架的基本组成是怎样的

——前亭后楼加连廊之组合体

石舫木构架是由：小型凉亭、卷棚直廊、歇山楼阁等木构架所组合而成，一般有两种组合形式，即"亭廊组合形"［如图 2-5-6(b) 所示］和"亭廊楼组合形"［如图 2-5-6(a)、(c) 所示］。

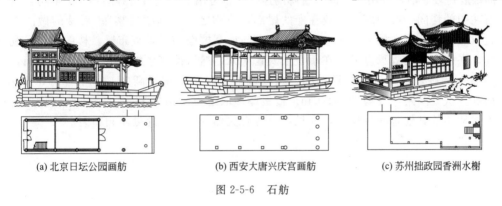

(a) 北京日坛公园画舫　　　　(b) 西安大唐兴庆宫画舫　　　　(c) 苏州拙政园香洲水榭

图 2-5-6　石舫

有关凉亭和游廊的木构架设计已在前面述及，这里着重讨论亭廊如何连接的问题。

石舫木构架是由几种独立木构架组合而成，在连接处的柱一般都采用共用柱，如图 2-5-7、图 2-5-8 所示，但也有各自独立的。在直廊上的枋木、垫板和挂落等，都可安装在相应的柱上；当采用公用柱时，直廊的檩木在连接处的处理方法一般有两种：一是脊檐檩等高连接法；二是安装插梁连接法。

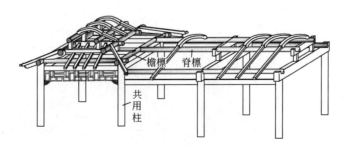

图 2-5-7　廊脊檩与亭檐檩齐平搭接

113

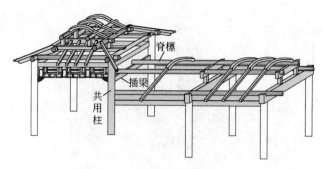

图 2-5-8　共用柱上安装插梁承接廊脊檩

1. 脊檐檩等高连接法

一般石舫的亭与廊，都要有一个高低处理手法，当两者高低处理较小时，就可采用将直廊的脊檩设置到与亭子的檐檩等高，使两者丁字相交，脊檩搭接在檐檩上，如图 2-5-7 所示，这种做法是"亭廊组合形"所常用的一种方法。

2. 安装插梁连接法

这是指在共用柱上安置"插梁"，用于承接直廊的脊檩，如图 2-5-8 所示。这种方法对高低处理的幅度比较灵活，常用于楼阁与直廊的连接，也可用于亭子与直廊高差较大的组合。

石舫中的楼阁一般为两层，放在船的尾部，故称之为"前亭后楼"。后楼的做法常采用歇山建筑，为丰富立面效果，一般将楼的山面与前亭檐面相互垂直布置。楼阁的楼是利用增加柱高，在柱中部设置承重梁，在承重上安置次梁，然后铺钉楼板而成。承重梁截面，高按檐柱径加 6cm 确定，厚与檐柱径相同。次梁截面，高按承重梁高的 0.6 倍计算，厚为 0.8 倍截面高。次梁间距一般为 65～90cm。楼板厚多取定为 5cm 左右。

木构架中的其他各构件尺寸，详见本章各有关部分所述，此处不再重复。

第3章
中国仿古建筑屋面瓦作

3.1 屋面形式

3.1.1 屋面的种类和形式有哪些
——庑殿、歇山、硬山、悬山、攒尖等

屋面的种类和形式，按房屋类别分为：庑殿屋顶、歇山屋顶、硬山屋顶、悬山屋顶、攒尖屋顶等。

按屋面檐口的层数分为：单檐屋顶、重檐屋顶。

按瓦材的材质分为：琉璃瓦屋顶、布瓦屋顶、小青瓦屋顶等。

按屋脊形式分为：尖山顶式屋顶、卷棚顶式屋顶。

3.1.2 庑殿屋顶是怎样的
——单檐前后左右四坡形、重檐上下八坡形

庑殿建筑，《工程做法则例》称为"四阿殿"，《营造法式》称为"五脊殿"、"吴殿"，《营造法原》称为"四合舍"；多用于宫殿、坛庙、重要门楼等建筑上，根据其规模大小，分为单檐和重檐两种。由于庑殿是房屋等级最高的建筑，它的正脊一般称为"大脊"，故屋顶只采用尖山顶式一种。

1. 单檐庑殿建筑屋顶形式

单檐庑殿屋顶具有前坡、后坡、左山面坡、右山面坡四个坡形屋面，又因单檐屋顶是由1条正脊，4条垂脊所组成，故又称为"五脊殿"。屋顶形式及其表现图如图3-1-1所示。

单檐屋顶的屋面瓦，等级较高的建筑多采用琉璃瓦，相应的屋脊构件也采用琉璃构件。等级较次的建筑采用布瓦，相应的屋脊构件采用黑活构件。南方地区民间建筑也有采用小青瓦的。

2. 重檐庑殿建筑屋顶形式

重檐庑殿建筑是指屋面檐口有二道以上的屋顶，一般庑殿只有二重檐，由上层檐屋面和下层檐屋面组成，屋脊除上层檐的正脊和垂脊外，下层檐还有4条戗脊和1圈围脊，如图3-1-2所示。上层檐的屋面与筑脊，与单檐相同。下层檐屋面用瓦规格，清制要求比上层檐降低一个规格。屋面铺瓦和筑正、垂脊，具体详见本章3.2节所述。

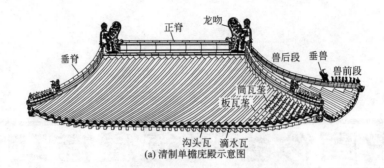

(a) 清制单檐庑殿示意图

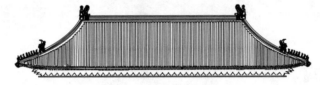

(b) 清制单檐庑殿正立面图

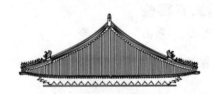

(c) 清制单檐庑殿侧立面图

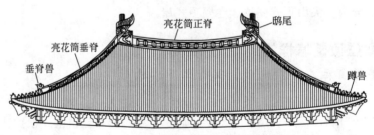

(d) 宋制单檐庑殿正立面图

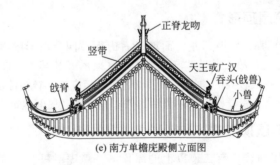

(e) 南方单檐庑殿侧立面图

图 3-1-1 单檐庑殿建筑屋顶形式

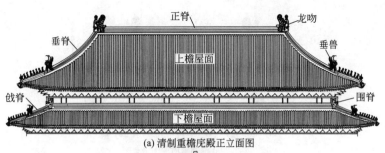

(a) 清制重檐庑殿正立面图

(b) 清制重檐庑殿侧立面图

图 3-1-2　重檐庑殿建筑屋顶形式

3.1.3　歇山屋顶是怎样的
——单檐山面为半坡形、重檐上下八坡形

歇山建筑屋顶具有造型优美、姿态活泼、适应环境等特点，被得到广泛应用，大者可作殿庭厅堂，小者可作亭廊舫榭，是园林建筑中运用最为普遍的屋顶形式。

歇山建筑屋顶也是一种四坡形屋面，但在其山面不像庑殿屋面那样直接由正脊斜坡而下，而是通过一个垂直山面之后再斜坡而下，故取名为歇山建，这种建筑的单檐屋顶由四个坡面，九条屋脊（1 条正脊、4 条垂脊、4 条戗脊）所组成，故又称为"九脊殿"，宋又称为"厦两头造"、"曹殿"、"汉殿"等。

歇山建筑依据屋顶形式不同，分为：单檐和重檐；尖山顶和卷棚顶。

1. 尖山顶单檐歇山屋顶

尖山顶屋顶有前后两坡和两个山面的半斜坡屋面，这种半斜坡屋面清制做法称为"撒头"。单檐歇山屋顶除一条正脊和四条垂脊外，另还有四条戗脊和两条博脊，《营造法原》将博脊称为赶宕脊。正脊两端为垂立的三角形山花板，因常刷成红色油漆，故又称为"小红山"，如图 3-1-3 所示。

歇山屋面的瓦材，可用琉璃瓦、布黑瓦、小青瓦。歇山的垂脊只有兽后段，没有兽前段，垂兽立于垂脊的最前端，一般多采用排山垂脊形式。

2. 卷棚顶单檐歇山屋顶

歇山卷棚顶的正脊为"过垄脊"，又称"元宝脊"（《营造法原》称为黄瓜环脊），除正脊外，其他戗脊、博脊等的构造，都与尖山顶屋面相同，如图 3-1-4 所示。

3. 重檐歇山建筑屋顶

重檐歇山是指屋面檐口有两道以上的歇山屋顶，常用的有二至三重檐，由上层檐屋面、

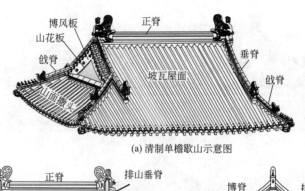

（a）清制单檐歇山示意图

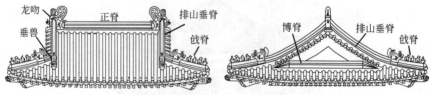

（b）清制单檐歇山正、侧立面图

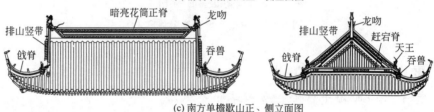

（c）南方单檐歇山正、侧立面图

图 3-1-3 尖山顶单檐歇山屋顶

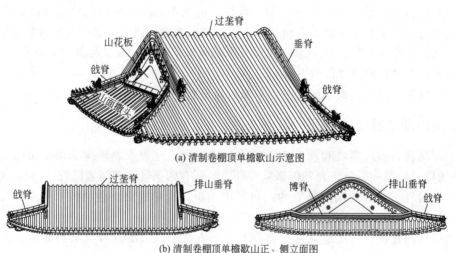

（a）清制卷棚顶单檐歇山示意图

（b）清制卷棚顶单檐歇山正、侧立面图

图 3-1-4 卷棚顶单檐歇山屋顶

中层檐屋面和下层檐屋面组成，也可以由下而上的称为一层檐、二层檐、三层檐等。屋脊除上层檐的正脊和垂脊外，中下层檐各有 4 条戗（角）脊和 1 圈围脊，如图 3-1-5 所示。

上层檐的屋面与筑脊与单檐相同。中下层檐屋面用瓦规格，清制要求比上层檐降低一个规格。屋面铺瓦和筑正、垂脊，具体详见本章 3.2 节所述。

重檐屋顶的戗脊、博脊与本节单檐屋顶相同。

重檐屋顶的围脊、博脊与庑殿建筑重檐屋顶相同。

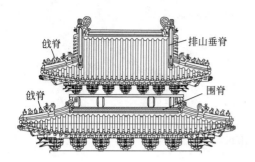
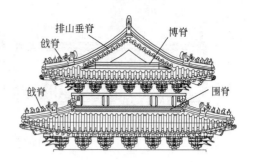

(a) 清制重檐歇山正、侧立面图

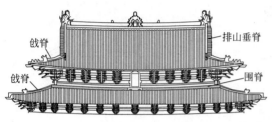
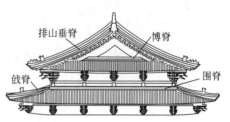

(b) 宋制重檐歇山正、侧立面图

图 3-1-5　尖山顶重檐歇山屋顶

3.1.4 硬山、悬山屋顶是怎样的

——前后人字坡形

硬山与悬山建筑是一种普通人字形坡屋面建筑，它用于普通民舍和大式建筑的偏房，在封建等级社会里，它是属于最次等的普通建筑，但实际上它是最为面广量大的建筑，一切不太显眼和不重要的房屋，都采用硬山、悬山建筑形式。在南方江浙一带的厅堂型房屋，也多采用硬山、悬山建筑形式。

硬山建筑屋顶和悬山建筑屋顶是同类型的屋顶，硬山和悬山的区别在于屋顶两端与山墙衔接方式的不同，硬山建筑屋顶两端直接与山墙连接，而悬山建筑屋顶两端要挑出山墙一段距离，使屋顶两端悬在山墙之外。硬山、悬山屋顶只有前后两个坡屋面，1 条正脊和 4 条垂脊，分为尖山顶和卷棚顶，如图 3-1-6 所示。

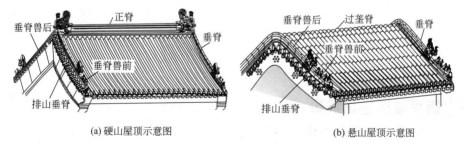

(a) 硬山屋顶示意图　　　　　　(b) 悬山屋顶示意图

图 3-1-6　硬山、悬山表现示意图

硬山和悬山屋顶都有大式建筑和小式建筑之分，凡用琉璃瓦或布瓦带吻兽者为大式建筑屋顶。凡用布瓦不带吻兽或小青瓦者为小式屋顶。硬山和悬山屋顶正、侧立面如图 3-1-7 所示。

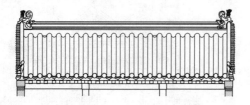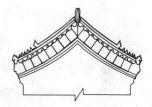

(a) 硬山大式尖山顶正、侧立面图

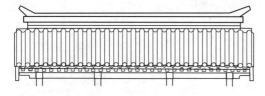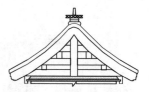

(b) 悬山小式尖山顶正、侧立面图

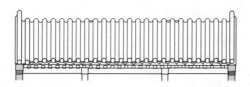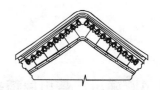

(c) 硬山卷棚顶正、侧立面图

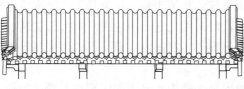

(d) 悬山卷棚顶正、侧立面图

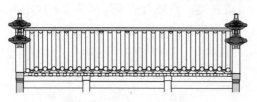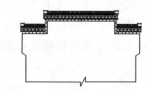

(e) 硬山小式封火墙正、侧立面图

图 3-1-7　硬山、悬山屋顶正、侧立面图

3.1.5 攒尖屋顶是怎样的

——尖顶多坡形或圆坡形

攒尖顶是指将屋顶积聚成尖顶形，攒尖屋顶只有坡瓦面、垂脊和宝顶，如图 3-1-8 所示。多用于作观赏性殿堂楼阁和凉亭建筑，分为：单檐和重檐；多边形和圆形。

凡用琉璃瓦或布瓦带吻兽者为大式建筑屋顶。凡用布瓦不带吻兽或小青瓦者为小式屋顶。

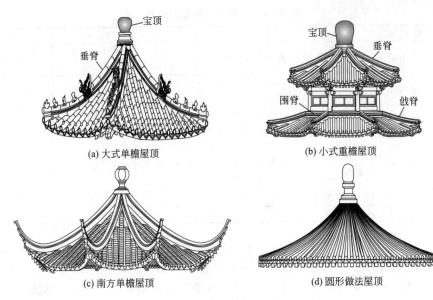

(a) 大式单檐屋顶   (b) 小式重檐屋顶

(c) 南方单檐屋顶   (d) 圆形做法屋顶

图 3-1-8　攒尖屋顶

3.2　屋面瓦作

3.2.1　屋面瓦作的内容有哪些

——苫背、铺瓦、筑脊

屋面瓦作是指在屋顶木基层的望板或望砖上，进行一些泥瓦活的操作工艺，它包括：底层苫背、屋面铺瓦和屋面筑脊等。

底层苫背是清制称呼，《营造法式》称为"补衬"，《营造法原》用铺筑望砖代替。它是指瓦作最底层的铺垫工艺，起防水、保温、隔离等作用。

屋面铺瓦又称"宽瓦"，它是指在苫背（补衬）基础上，对瓦垄进行分中、排瓦当、铺瓦等操作，是屋面隔水、排水的主要工艺层。

屋面筑脊是指在屋面铺瓦完成后，对坡屋面的接头部位进行填实补缝、装饰造型等的操作工艺。

3.2.2　屋面苫背（补衬）操作工艺是怎样的

——分层抹灰、补衬、铺望砖

1. 屋面苫背

清制苫背是指在屋面木基层的望板上用灰泥分别铺抹屋面隔离层、防水层、保温层等的操作过程。屋面瓦作施工层次如表 3-2-1 所示。

（1）隔离层

隔离层主要起隔离汽水保护望板的作用，故一般称它为"护板灰"。它是用白麻刀灰（白灰浆：麻刀=50:1），在望板上均匀铺抹 10~20mm 厚。

（2）防水层

防水层有两种做法：一是称为"锡背"，即在护板灰上用铅锡合金板满铺一层，再在其

表 3-2-1　屋面瓦作施工层次表

施工内容	屋面层次	标准做法	大式做法	小式做法	营造法式做法
木基层	望板层	椽条上铺木板	椽条上铺木板或望砖	椽条上铺席箔或苇箔	苇箔一重
苫背	隔离层	护板灰 10～20mm	(白灰浆：麻刀＝50：1)10～20mm		竹笆一至五重
	防水层	锡背或泥背＜300mm	滑秸泥背(掺灰泥：滑秸＝5：1)2～3层，每层 30mm 左右	滑秸泥背1～2层	胶泥一层
	保温层	抹灰背＜120mm	[白灰浆：麻刀＝100：(3～5)]3层以上，每层 20mm 左右 青灰背一层	青灰背一层	石灰浆一层
	脊线处理	扎肩、晾背	扎肩、晾背	扎肩、晾背	
铺瓦	瓦面层	铺瓦	铺瓦	铺瓦	铺瓦

上苫一层麻刀泥或滑秸泥（厚 10～20mm），待干后再铺一层铅锡合金板。这是较高级的做法，它的耐久性和防水性非常好，比较重要的建筑多采用。二是称为"泥背"，即在护板灰上用麻刀泥（掺灰泥：麻刀＝50：3）或滑秸泥（掺灰泥：滑秸＝5：1）分别铺抹三层，每层厚不超过 50mm，抹平压实，在每层抹灰中，要分上中下若干排，粘上麻辫，每间隔一段距离粘一束，待抹下层灰背时，将麻辫尾上翻抹于泥灰中，使泥灰相互网结。

（3）保温层

保温层是对防水层起保护和保温作用的抹灰层，一般称它为"抹灰背"。它是用大麻刀灰［白灰浆：麻刀＝100：(3～5)］分三至四层铺抹，每层厚不超过 30mm，每层之间铺一层夏麻布，以防止干裂，铺匀抹实后待自然晾干。

（4）扎肩、晾背

当抹灰背完成后，应将屋脊挂线铺灰抹平，为做脊打好基础，此称为"扎肩"，根据选用屋脊瓦件规格，铺灰宽度为 300～500mm。最后，将抹灰面加以适当遮盖养护，让其自然干燥，此称为"晾背"，晾背时间一般在月余以上，以干透为止。

2. 瓦下补衬

《营造法式》卷十三述"**凡瓦下补衬，柴栈为上，版栈次之。如用竹笆苇箔，殿阁七间以上用竹笆一重，苇箔五重；五间以下用竹笆一重，苇箔四重；其柴栈之上，先以胶泥遍泥，次以纯石灰施瓦（若版及笆箔上用纯灰结瓦者，不用泥抹，并用石灰随抹施瓦。其秖用泥结瓦者，亦用泥先抹版及笆箔，然后结瓦）**"。即屋面瓦下的基层，以柴栈为最好，版栈稍次。其中"重"即指层数，柴栈是指用木质板条铺成的屋面基层，版栈是指用薄竹片或芦苇片等的编织物铺成的屋面基层，苇箔即指草席之类。

在柴栈上先用胶泥普遍铺一层，然后用石灰浆铺筑瓦面（若版栈上不抹泥，采用石灰浆铺瓦者，都用石灰浆随抹随铺；若只采用抹泥铺瓦者，亦先在版笆上遍抹好泥，然后铺筑瓦面）。

3. 铺筑望砖

《营造法原》不另设泥背层，而是兼用望砖代替。对望砖的铺筑，分为糙望、洗刷披线、做细平望和做细轩望等。

（1）糙望、洗刷披线

糙望和浇刷披线，都是用于比较简陋的望砖铺筑。

"糙望"即粗糙型望砖，它是指用粗直缝望砖直接铺筑在椽子上的安装工作。一般用于最简陋的屋面望砖。

"浇刷"是指在望砖铺筑前，将望砖露明底面，涂刷一层白灰浆；"披线"是指在望砖铺筑好后，用灰浆或建筑油膏将望砖之间缝隙填补起来。"浇刷披线"是对糙望进行装饰加工的一种操作，是较高一级的糙望。

（2）做细平望、做细轩望

做细平望和做细轩望，是指用于要求较高级的砖望铺筑工作。

"做细平望"是指用平面型望砖进行铺筑，要求铺筑面平整、缝密，并在其上铺一层油毡隔水层。这是一种要求较高的铺望工作。

"做细轩望"是指在轩顶弯椽上铺筑"船篷轩望"、"鹤颈轩望"和"茶壶档轩望"等望砖的施工工艺。

3.2.3 何谓"做细望砖"
——对望砖锯截砍磨加工

"做细"是《营造法原》中对砖料进行精密加工和对砖砌项目进行严格施工的统称，如对所需用的砖料根据不同的要求进行锯、截、砍、磨等加工，和对施工项目进行放线、砌筑、安装、洁面等施工工艺。"做细望砖"是指对望砖的一种加工工艺，根据加工粗细精确度，分为：粗直缝、平面望、船篷轩弯望、茶壶档圆口望、鹤颈轩弯望等。

1. 粗直缝

粗直缝是对望砖进行最简单加工的一种工艺，使用这种加工的望砖称为"粗直缝望砖"。它只要求对望砖的拼缝面（即望砖的侧面）进行砍凸取直等简单加工，使其能拼拢合缝即可。粗直缝望砖用于屋顶装饰要求不高的斜坡房屋。

2. 平面望

平面望是对望砖加工要求较高的一种工艺，它是要求将望砖的侧面和底面都加工平整，不仅要求使拼缝合拢，而且要求底面（即朝室内的一面）高低平整一致。平面望是用于要求较高的厅堂房屋上直椽斜坡屋顶部分，如图 3-2-1 所示。因为这些房屋的屋顶一般不做顶棚天花，所以屋顶的底面要求平整光洁。

3. 船篷轩弯望

船篷轩弯望是指铺在船篷轩椽弯曲部分加工成弯弧面的望砖。篷顶弯弧面以外部分用平面望，如图 3-2-2 所示。

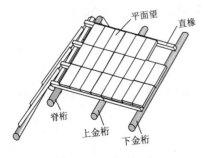

图 3-2-1 平面望砖

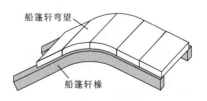

图 3-2-2 船篷轩弯望

4. 茶壶档圆口望

茶壶档圆口望是指用于茶壶轩上，茶壶档椽拐角处的望砖，因为茶壶档椽所用的望砖多为平面望，但拐角处的望砖有一面加工成圆弧口面，如图3-2-3所示。

5. 鹤颈轩弯望

鹤颈轩弯望是指铺在鹤颈轩椽弯颈部分加工成弯曲面形的望砖，分为凸弯和凹弯，如图3-2-4所示，弯曲面以外的部分铺砌平面望。

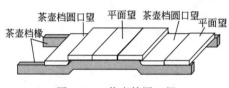

图3-2-3　茶壶档圆口望

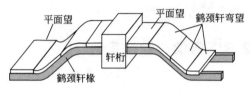

图3-2-4　鹤颈轩弯望

3.2.4　屋面铺瓦操作工艺是怎样的
——分中、排瓦当、号垄、拴线、铺瓦

铺瓦操作工艺分为分中、排瓦当、号垄、拴线、铺瓦等。

1. 分中

分中是指在屋面长度方向和宽度方向找出屋面的中心线，作为铺筑屋面底瓦的中心线，在施工中称为"底瓦坐中"，如图3-2-5所示。

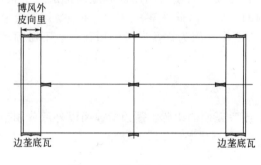

图3-2-5　屋面分中、号垄

2. 排瓦当

它是指以中间和两边底瓦为标准，分别在左右两个区域放置瓦口木，使瓦口木两端波谷正好落在所定瓦口位置上，再加以固定。

3. 号垄

这是指将瓦口木波峰的中点平移到屋脊扎肩的灰背上，并做出标记。

4. 拴线

按上所述，确定好瓦垄位置后，即可在两列边垄位置铺筑两垄底瓦和一垄盖瓦，以此为准，在屋面正脊、中腰、檐口等位置拴三道横线，作为整个屋面瓦垄的铺筑标准。

5. 铺瓦

按照瓦垄位置，由檐口向上，先抹灰铺底瓦，后铺盖瓦，再捉节裹垄等。

3.2.5 屋面瓦的种类有哪些

——琉璃瓦、布瓦、小青瓦

屋面铺瓦根据所用瓦材分为：琉璃瓦屋面、布瓦屋面、小青瓦屋面等，攒尖圆屋面用竹节瓦，如图 3-2-6 所示。

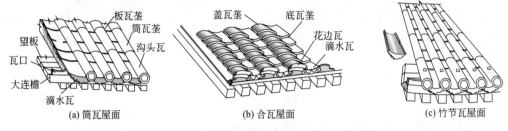

图 3-2-6　屋面瓦的类型

在古代封建社会里，屋面用瓦也是有等级的，黄色琉璃瓦为最尊，只能用于皇家和庙宇，绿色琉璃瓦次之，用于亲王世子和群僚贵族；一般地方贵族使用布筒瓦；普通贫民只能使用布板瓦和小青瓦。

1. 琉璃瓦、布瓦屋面

琉璃瓦屋面和布瓦屋面均可简称为筒瓦屋面。

琉璃瓦是在瓦胚上所施的铝硅酸化合物，经高温烧制而成的釉面瓦材。屋面面瓦由筒瓦、板瓦、沟头瓦、滴水瓦、星星瓦等组成。其中星星瓦是在筒瓦背上和板瓦尾端各加有一钉孔，用在每个瓦列中间，用钉加固，以防每个瓦列滑动，一般每个瓦列用 2～4 块即可。瓦垄瓦沟的构造如图 3-2-6（a）所示。

布瓦形式与琉璃瓦一样，它只是将瓦胚经素烧焖青而成，表面无釉，为青灰色。其瓦材包括素筒瓦、素板瓦、素沟头和素滴水等。

筒瓦屋面是用板瓦作底瓦，筒瓦作盖瓦所组成的屋面，将瓦件由下而上，前后衔接成长条形的"瓦沟"和"瓦垄"，整个屋面由板瓦沟和筒瓦垄，沟垄相间铺筑而成，然后固定好屋檐滴水瓦和沟头瓦，即可完成筒瓦屋面的摆放工作。当瓦垄摆放完成后，要进行筒瓦裹垄，或筒瓦捉节夹垄。

2. 竹节瓦屋面

竹节瓦也是一种筒板瓦，可为琉璃瓦和布瓦，它是用于圆形攒尖屋顶的专用瓦型，头大尾小，瓦垄呈辐射形铺设，如图 3-2-6（c）所示。

3. 小青瓦屋面

小青瓦又称为"合瓦"、"阴阳瓦"、"蝴蝶瓦"等，这是一俯一仰的瓦型，俯着的作盖瓦避水垄，仰着的作底瓦淌水垄，如图 3-2-6（b）所示，多用于小式建筑中或民用建筑的屋面。

小青瓦屋面分为"阴阳瓦"做法和"干搓瓦"做法。"阴阳瓦"做法是将一俯一仰瓦相互扣盖的青瓦屋面，它将瓦件由下而上，前后衔接成长条形"瓦沟"和"瓦垄"，整个屋面由盖瓦垄和底瓦沟相间铺筑而成，屋面檐口安装花边瓦和滴水瓦，如图 3-2-7 所示。

"干搓瓦"又称"干茬瓦"，干搓瓦屋面是只用仰瓦，相互错缝搭接放置，如图 3-2-8 所示，干搓瓦檐头不用特殊瓦件，只是用麻刀灰将檐口勾抹严实即可。

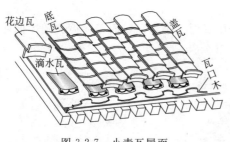

图 3-2-7　小青瓦屋面

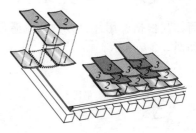

图 3-2-8　干搓瓦屋面

3.2.6 何谓檐头琉璃瓦剪边及檐头附件
——在布瓦屋面上做琉璃瓦屋边

檐头琉璃瓦剪边是指屋面檐头采用琉璃瓦，而其他屋面部分采用布瓦的一种做法。檐头剪边的尺寸范围分为："一沟头"、"一沟一筒"、"一沟二筒"、"一沟三筒"、"一沟四筒"等。其中"一沟头"是指剪边纵深宽度为一块沟头瓦长；"一沟一筒"是指剪边纵深宽度为一块沟头瓦加一块筒瓦长，其他以此类推。

檐头附件是指对瓦列前端的沟头、滴水、瓦钉、钉帽等的安装。其构件如图 3-2-9 所示。

沟头　　滴水　　星星筒瓦　　星星板瓦　　钉帽　　　钉帽　瓦钉

图 3-2-9　星星瓦及檐头附件

3.2.7 何谓"星星瓦"钉瓦钉、按钉帽
——加钉阻滑之瓦

这是指对屋面面积较大、或坡度较陡的屋面，为防止瓦垄过长而产生下滑现象，需要在每条瓦列上每间隔适当距离安插一块星星瓦（即带有钉孔的琉璃瓦），在瓦孔中钉瓦钉以增强阻滑作用，然后在钉孔上用钉帽盖住以防雨水。其构件如图 3-2-9 所示。

3.2.8 何谓"筒瓦裹垄"、"筒瓦捉节夹垄"
——对瓦垄进行嵌灰修饰

这是在瓦垄瓦沟摆放完成后，所要进行的一道工序。

1. 筒瓦裹垄

"筒瓦裹垄"是对布筒瓦屋面要求比较高的做法，它是在筒瓦垄的表面再用青白麻刀灰抹 5~10mm，以铁撸子捋成灰垄，使上下整齐一致，然后刷上青灰浆使整个瓦屋面颜色一致，如图 3-2-10(a) 所示。

2. 筒瓦捉节夹垄

"筒瓦捉节夹垄"可用于琉璃瓦和布筒瓦屋面,它是将筒瓦前后衔接的缝口,用麻刀灰勾抹严实,称为"捉节",然后将筒瓦两边与底瓦连接的缝隙,用麻刀灰抹平,称为"夹垄",如图 3-2-10(b) 所示。

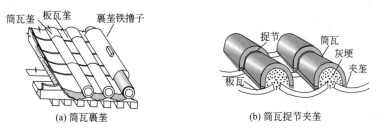

(a) 筒瓦裹垄　　　　　　　(b) 筒瓦捉节夹垄

图 3-2-10　筒瓦裹垄和筒瓦捉节夹垄

3.2.9 何谓"堵抹燕窝"
——用灰堵塞檐口滴水瓦底

"堵抹燕窝"是对不用瓦口木的檐口沟滴或铃铛排水沟滴等,进行扫尾的一道工序。它是在沟头瓦和滴子瓦铺筑完成后,用麻刀灰将檐口处滴子瓦下面的空隙进行堵抹严实,并修理平整的一项操作。如图 3-2-11 中所示。

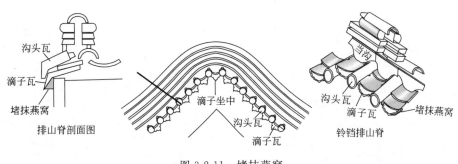

图 3-2-11　堵抹燕窝

3.2.10 干槎瓦屋面与仰瓦灰埂屋面有何区别
——都用底瓦,排瓦方式不同

"干槎瓦"屋面和"仰瓦灰埂"屋面都是只用底瓦的清制小式屋面。它们不用筒盖瓦,全部用底瓦相互套搭而成。

"干槎瓦"屋面是在两底瓦垄之间的蚰蜒当上,再压一层底瓦垄,也就是说,每层底瓦垄分上下两层,如图 3-2-12 (a) 所示,即在两瓦垄 A1、C1 间,压一层 B1 瓦垄,然后在对应的上一层瓦垄 A2 和 C2 之间,压 B2 瓦垄,每块瓦,块块压边、层层赶槎。

"仰瓦灰埂"屋面是将底瓦由下而上搭接好瓦垄后,再在各底瓦垄之间的蚰蜒当上,用瓦灰泥抹成灰梗代替盖瓦垄,如图 3-2-12 (b) 所示,它只适用于最经济的偏房民宅。

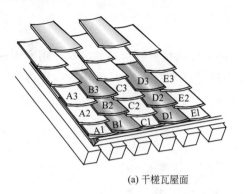

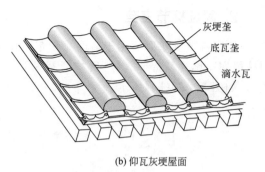

灰埂垄
底瓦垄
滴水瓦

(a) 干槎瓦屋面

(b) 仰瓦灰埂屋面

图 3-2-12 干槎瓦屋面与仰瓦灰埂屋面

3.3 屋脊构造

3.3.1 屋面筑脊的种类有哪些
——正脊、垂脊、戗脊、围脊、博脊

仿古建筑屋面为了排水，都做成坡面形式，有的屋面为四坡面（如庑殿、歇山建筑），有的为二坡面（如硬山、悬山建筑），当屋顶有几个坡面连接时，在坡面连接处就存在有漏水的接缝，我们将遮盖连接缝阻止漏水所砌筑的遮盖埂子称之为屋脊。为使仿古建筑屋面壮观，就需要对屋脊加以装点，屋面筑脊的种类根据不同形式的屋面有所不同，总的包括：正脊、垂脊、戗（角）脊、围脊、博脊等，如图 3-3-1 所示。

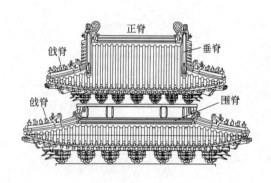

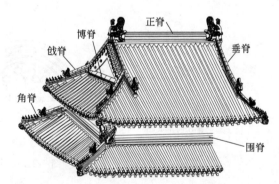

正脊
垂脊
戗脊
戗脊
围脊

博脊
正脊
戗脊
垂脊
角脊
围脊

图 3-3-1 屋脊的类型

1. 正脊

正脊是坡屋面最顶端沿房屋正面方向的屋脊，它是所有屋脊中规模最大的屋脊。正脊由长条形脊身和两端脊头所组成。

2. 垂脊

垂脊是屋顶正面与山面交界处，从正脊两端沿屋顶坡面而下的屋脊。大式建筑的垂脊，以垂兽为界分为兽前段与兽后段。

根据房屋的规模等级分为：带陡板垂脊、无陡板垂脊、铃铛排山脊、披水排山脊、披水梢垄等。其中，带陡板垂脊为大规格垂脊，无陡板垂脊一般为小规格垂脊。

3. 戗（角）脊

戗脊有的称为"岔脊"，是歇山建筑屋顶四角的斜脊，它与垂脊呈 45°相交，对垂脊起着支戗作用。

角脊是指重檐建筑中下层檐屋面四角处的斜脊，其构造与戗脊相同（如图 3-3-1 中所示），所以也有将戗脊称为角脊的。

布瓦屋面的戗（角）脊也分为带陡板和无陡板。带陡板戗（角）脊的构造以戗兽为界，分为兽前段和兽后段。

4. 围脊、博脊

围脊是重檐建筑中上下两层交界处，下层屋面的上端压顶结构，该脊是在围脊板或围脊枋之外的一种半边脊，分为带陡板脊和无陡板脊。

博脊是指歇山建筑中两端山面山花板下屋面上端的压顶结构。它也是在山花板之外的半边脊。

3.3.2 宋制正脊的构造与规格如何
——依规模大小脊高 5～31 层

1. 宋《营造法式》脊身构造

《营造法式》卷十三垒屋脊之制述**"殿阁三间八椽或五间六椽，正脊高三十一层，垂脊低正脊两层。堂屋若三间八椽或五间六椽，正脊高二十一层。厅堂若间椽与堂等者，正脊减堂脊两层。门楼屋一间四椽，正脊高一十一层或一十三层，若三间六椽，正脊高一十七层。廊屋若四椽，正脊高九层。常行散屋，若六椽用大当沟瓦者，正脊高七层，用当沟瓦者高五层。凡垒屋脊，每增两间或两椽，则正脊加两层"**。这就是说，脊身大小按房屋规模而定，其中：殿阁面阔三间进深八椽，或面阔五间进深六椽，正脊高 31 层；堂屋三间八椽或五间六椽，正脊高 21 层；与堂屋相等的扁厅屋，正脊高，在屋正脊基础上减 2 层；小型门楼一间四椽，正脊高 11 层或 13 层；若门楼三间六椽，正脊高 17 层；长廊屋四椽，正脊高 9 层；一般房屋，根据当沟大小，脊高 7 层或 5 层。凡比此规模大的房屋，每增宽 2 间或 2 椽时，增加 2 层。

这里的"层"是指用与屋面面瓦相同的瓦材层层垒叠之意，其脊身没有特定的窑制构件。但实际上，正脊身除两个端部是用砖瓦层层垒叠外，在脊身的中间段部位多用筒瓦砌成各种花形，如图 3-3-2 所示，称为"暗亮花筒脊"。

"暗亮花筒脊"的脊底和脊顶由筒瓦筑成，脊身长度方向的中部用筒板瓦拼砌成各种花纹图案，称为"亮花筒"，而脊身两端和脊底用砖瓦垒砌成实体，称为"暗"，再在此基础上加入瓦条作线，可做成四瓦条、五瓦条、七瓦条、九瓦条等高低层次。

2. 宋《营造法式》脊端构造

宋《营造法式》对于正脊的两个端头要安装鸱尾以作装饰之物，为什么用鸱尾呢，法式二述**"汉记，柏梁殿灾后，越巫言海中有鱼，虬尾似鸱，激浪即降雨，遂做其象于屋，以厌火祥"**。即用传说中的鸱尾鱼，作降雨厌火之物，其形式如图 3-3-3（a）、（b）所示。

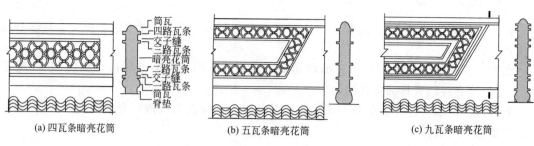

(a) 四瓦条暗亮花筒　　　(b) 五瓦条暗亮花筒　　　(c) 九瓦条暗亮花筒

图 3-3-2　脊身"暗亮花筒脊"

鸱尾大小依房屋规模而定，法式十三述**"用鸱尾之制，殿屋八椽九间以上，其下有副阶者，鸱尾高九尺至一丈，若无副阶八尺。五间至七间，不计椽数，高七尺至七尺五寸。三间高五尺至五尺五寸。廊屋之类，并高三尺至三尺五寸"**。但也可用兽头，**"堂屋等正脊兽，亦以正脊层数为祖，其垂脊并降正脊兽一等用之。正脊二十五层者，兽高三尺五寸；二十三层者，兽高三尺；二十一层者，兽高二尺五寸；一十九层者，兽高二尺。散屋等，正脊七层者，兽高一尺六寸。五层者兽高一尺四寸"**。兽头形式如图 3-3-3（c）、（d）所示。

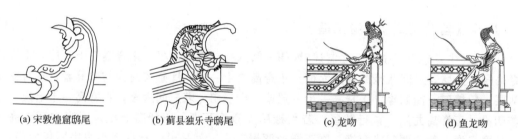

(a) 宋敦煌窟鸱尾　　(b) 蓟县独乐寺鸱尾　　(c) 龙吻　　(d) 鱼龙吻

图 3-3-3　宋制正脊端头饰物

3.3.3　清制正脊的做法有哪些
——带吻正脊、过垄脊、小青瓦脊

清制正脊，根据屋面等级大小和用瓦类型不同，分为：

带吻正脊，用于庑殿、歇山、硬山、悬山屋顶的琉璃瓦和布瓦大式建筑。

筒瓦过垄脊，用于歇山、硬山、悬山屋顶的琉璃瓦和布瓦大小式建筑。

小青瓦过垄脊、鞍子脊、清水脊、扁担脊等，用于硬山、悬山屋顶的小式建筑。

皮条脊，它是既可用于大式建筑的歇山、硬山、悬山等布瓦屋顶，也可用于小式建筑的歇山、硬山、悬山等布瓦屋顶。

3.3.4　清制"带吻正脊"构造与规格如何
——琉璃构件、黑活构件

带吻正脊是最高规格的正脊一般称为"大脊"，分为琉璃构件和黑活构件。在脊身两端安装正吻或望兽及其附件作为屋脊头，由于龙吻一般都比较大，多由九块组装而成，如图 3-3-4 所示。其规格大小见 3.3.26 中表 3-3-4 所述。

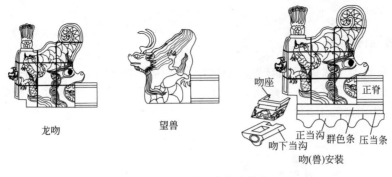

图 3-3-4　清制正脊端头饰物

1. 琉璃构件脊身

琉璃构件都是用定型窑制产品，通过灰浆层层叠砌而成。脊身构件，因规模大小而有所不同。

四样以上的脊身构件，是用于高大脊身的构件，它由下而上的构件名称为：正当沟、压当条、大群色、黄道、赤脚通、扣脊瓦等叠砌而成，这些构件都是定型窑制品，规格见表 3-3-4，其构造与施工图画法，如图 3-3-5（a）所示。

五、六样的脊身构件由：正当沟、压当条、群色条、正通脊、扣脊瓦等叠砌而成，其构造与施工图画法，如图 3-3-5（b）所示。

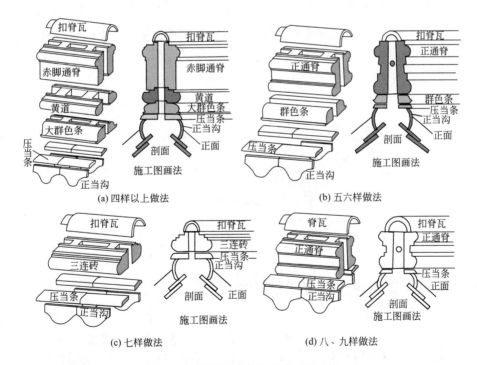

(a) 四样以上做法　　　　　　　　(b) 五六样做法

(c) 七样做法　　　　　　　　(d) 八、九样做法

图 3-3-5　正脊脊身做法及施工图画法

七样脊身构件为：正当沟、压当条、三连砖（或承奉连砖）、扣脊瓦等叠砌而成，其构造与施工图画法，如图 3-3-5（c）所示。

八、九样脊身构件为：正当沟、压当条、正通脊、扣脊瓦等叠砌而成，其构造与施工图画法，如图3-3-5(d)所示。

2. 黑活构件脊身

黑活构件是指施工现场砖瓦材质的构件，脊身构件由下而上为：当沟、两层瓦条、混砖、陡板、混砖、筒瓦眉子等垒叠而成，如图3-3-6所示。其中，"瓦条"用施工现场板瓦砍制，"混砖"用条砖加工。

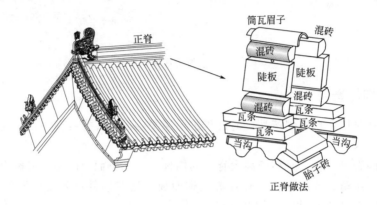

图 3-3-6　带吻正脊

3.3.5 清制"筒瓦过垄脊"构造与规格如何
—— 罗锅瓦元宝脊

"筒瓦过垄脊"是卷棚筒瓦屋顶的正脊，它是一种圆弧形屋脊，有的称它为"元宝脊"。"筒瓦过垄脊"的两端没有吻兽，脊身由与筒瓦相应的罗锅瓦、续罗锅瓦和与板瓦相应的折腰瓦、续折腰瓦等瓦件相互搭接而成，如图3-3-7所示。

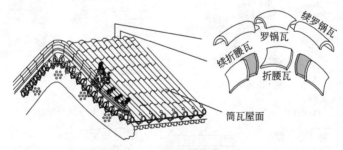

图 3-3-7　卷棚屋顶筒瓦过垄脊

3.3.6 清制"皮条脊"构造与规格如何
—— 条砖瓦条脊

"皮条脊"是大式黑活正脊的改良脊，它是将大式黑活正脊中的陡板和上层混砖减去而成，因此，该种脊既可以用于大式建筑，也可以用于小式建筑，当脊端采用吻兽时，就是大式正脊；当脊两端直接与梢垄连接时，即为小式正脊。

皮条脊的构造，由下而上层层砌筑的构件为：当沟（两侧当沟的夹心空隙用砖料和灰浆填塞）、头层瓦条、二层瓦条、混砖、盖瓦等，最后为抹灰眉子，如图3-3-8所示。

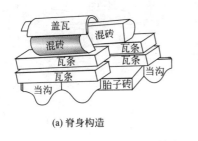
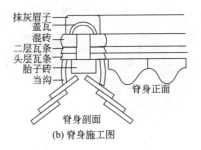

(a) 脊身构造   (b) 脊身施工图

图 3-3-8 皮条脊

3.3.7 清制"小青瓦过垄脊"构造与规格如何
——合瓦过垄脊

"小青瓦过垄脊"又称合瓦过垄脊,它是卷棚小青瓦屋顶的正脊,它与筒瓦过垄脊一样,脊两端没有吻兽,脊身由与底瓦相应的折腰瓦和盖瓦相互搭接而成,如图 3-3-9 所示。

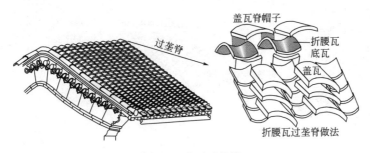

图 3-3-9 合瓦过垄脊

3.3.8 清制"小青瓦鞍子脊"构造与规格如何
——砖瓦间隔高低脊

"小青瓦鞍子脊"是不需用其他材料的简单正脊,它只用现场的小青瓦和条砖砌筑而成,在扎肩灰背的基础上,由下而上铺砌瓦圈(即横向截断的板瓦,也可用仰瓦横放)、条头砖(用条砖按需用长度切断)、仰面瓦,并在其间空隙处铺灰、盖脊瓦等,形成高低间隔的条形脊,如图 3-3-10 所示。铺筑的位置:垒叠的瓦圈、条头砖、仰面瓦等对着底瓦垄。而铺灰、盖脊瓦等对着盖瓦垄,便于脊顶雨水分流。

3.3.9 清制"小青瓦清水脊"构造与规格如何
——清一色砖瓦层层垒叠之脊

"清水脊"是民间小青瓦住宅用得最多的一种正脊,也是小式建筑中等级较高的一种屋脊。该脊是用施工现场的砖瓦进行加工并层层垒叠砌筑而成,其形式如图 3-3-11、图 3-3-12 所示。

清水脊由高坡垄大脊和低坡垄小脊所组成,其中低坡垄小脊很短,只分布在屋顶边端的四列瓦(两盖瓦垄和两底瓦垄)范围,在两端低坡垄小脊之间均为高坡垄大脊。

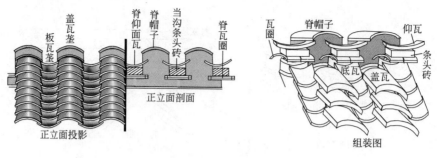

图 3-3-10　鞍子脊

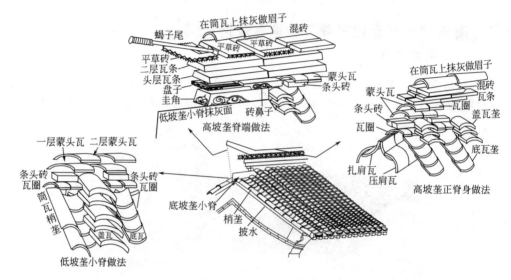

图 3-3-11　清水脊的构造

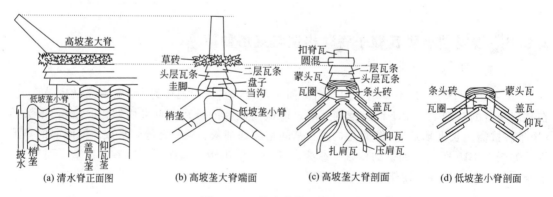

图 3-3-12　清水脊施工图画法

　　"低坡垄小脊"是在四列瓦的屋脊范围进行砌筑，由下而上的构件为瓦圈（即横向截断的板瓦，也可用仰瓦横放）、条头砖（用条砖按需用长度切断）、一层蒙头瓦（即用盖瓦横放）、二层蒙头瓦（与一层错缝而置）等，最后用麻刀灰将脊身抹平，如图 3-3-11 中"低坡垄小脊做法"所示。

　　"高坡垄大脊"分为脊端和脊身。

　　脊端构造由下而上，层层铺砌的构件为：圭脚、盘子、头层瓦条、二层瓦条、雕花草砖、插蝎子尾、扣筒瓦等，如图 3-3-11 中"高坡垄脊端做法"所示。

134

脊身构造由下而上，层层铺砌的构件为：瓦圈、条头砖、一层蒙头瓦、二层蒙头瓦、一层或二层瓦条、混砖、扣筒瓦等，如图 3-3-11 中"高坡垄正脊身做法"所示。

脊端和脊身的扣筒瓦应在一条直线上，脊身高低可用增减瓦条进行调节。清水脊的施工图画法如图 3-3-12 所示。

蝎子尾是高垄大脊两端挑出的装饰件，有的称为"象鼻子"、"斜挑鼻子"。它是用木棍裹缠麻丝绑扎结实，涂抹麻刀灰后插入方砖的孔内，用灰浆填实压紧而成。用来插蝎子尾的方砖在看面部分雕刻有花草图案，此称为"草砖"。草砖的摆砌方法有三种，即：平草蝎子尾、落落草蝎子尾、跨草蝎子尾等。

平草蝎子尾是用三块草砖顺长度方向平摆，中间一块开洞插蝎子尾；落落草蝎子尾是用两个平草相叠，中间一块开洞插蝎子尾；跨草蝎子尾是以三块砖为一组，分为两组，用铁丝将两组拴起来，成八字形跨在脊上，在八字缝间插蝎子尾。

3.3.10 清制"小青瓦扁担脊"构造与规格如何

—— 形似扁担之蒙头瓦脊

"扁担脊"是小青瓦小式建筑中最简单的正脊，它只需在脊线上垒叠几层瓦材即可，由下而上铺砌的构件为：瓦圈、扣盖合目瓦（即上下组合之瓦）、扣一层或二层蒙头瓦（即蒙盖在脊顶之瓦），在蒙头瓦上和两侧抹扎麻刀灰。扣盖合目瓦的位置应与底瓦相互交错，形成锁链形状，如图 3-3-13 所示。

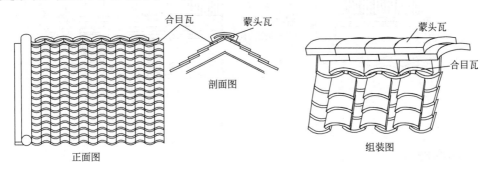

图 3-3-13　扁担脊

3.3.11 《营造法原》正脊的构造与规格如何

—— 蝴蝶瓦脊；环抱脊；花砖脊；筒瓦脊

《营造法原》的正脊分为：蝴蝶瓦脊；筒瓦脊；环抱脊；花砖脊等。

1. 蝴蝶瓦脊

蝴蝶瓦即小青瓦，蝴蝶瓦脊是以小青瓦为主要材料所筑的屋脊，按脊的等级分为：釉脊、黄瓜环、瓦条脊、滚筒脊等。

（1）釉脊

釉脊是蝴蝶瓦脊中最简单的一种屋脊，也有称为"游脊"，它是用小青瓦斜向平铺、上下错缝相叠砌筑而成，一般只用于不太重要的偏房之类屋顶。

（2）黄瓜环

"黄瓜环"是指用黄瓜环盖瓦和黄瓜环底瓦所铺筑的屋脊。黄瓜环瓦与北方的罗锅瓦相似，将黄瓜环盖瓦和黄瓜环底瓦分别铺盖在盖瓦楞和底瓦楞的脊背上，其脊身与瓦楞的凸凹起伏一致，如图 3-3-14 所示。

（3）瓦条脊

"瓦条"是指先在脊上用砂浆和普通砖砌筑脊垫，再砌一层或二层挑出望砖作为起线（称为瓦条），然后将小青瓦一块紧贴一块地立砌，成为长条形脊身，最后用石灰纸筋灰抹顶（称为盖头灰），如图 3-3-15 所示。

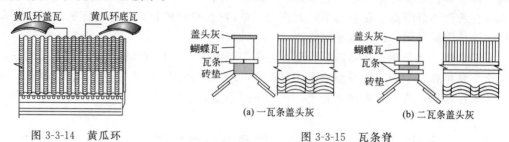

图 3-3-14　黄瓜环

图 3-3-15　瓦条脊

(a) 一瓦条盖头灰 　　(b) 二瓦条盖头灰

（4）滚筒脊

"滚筒脊"是用筒瓦合抱成圆鼓（滚）形作为脊底，而脊顶仍为小青瓦和盖头灰，如图 3-3-16 所示。它是以筒瓦作为基础材料，辅以望砖做出线条的屋脊。根据起线道数分为二瓦条滚筒脊、三瓦条滚筒脊。

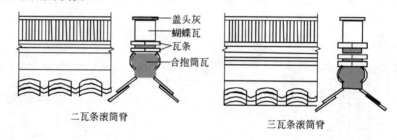

二瓦条滚筒脊

三瓦条滚筒脊

图 3-3-16　滚筒脊

2. 环抱脊

"环抱脊"是较蝴蝶瓦脊稍高的一种正脊，它是用筒瓦作盖顶的二瓦条脊，其构造为：脊垫砖、一路瓦条、交子缝、二路瓦条、筒瓦盖顶，如图 3-3-17 所示。

3. 花砖脊

"花砖脊"是用平砌望砖和立砌花纹砖，相互间隔砌筑而成的砖脊，平砌称为"线脚"，根据线脚花砖的层数分为：一皮花砖一线脚脊、二皮花砖二线脚脊、直至五皮花砖五线脚脊等，如图 3-3-18 所示为二皮花砖二线脚的花砖脊，其他花砖脊，可以此类推。

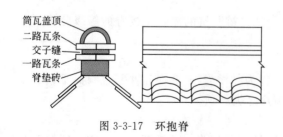

图 3-3-17　环抱脊

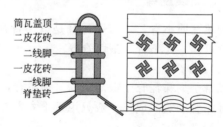

图 3-3-18　二皮花砖二线脚脊

4. 筒瓦脊

"筒瓦脊"是脊身较高，且具有一种暗亮花筒的屋脊，它的脊身分两部分，在脊长两端的屋脊头内侧，用普通砖和望砖砌筑脊身瓦条，使脊端结实不透空，此称为"暗筒"；而在暗筒之间的部分，用瓦片摆成花纹做成框边，芯子用砖实砌，此部分称为"亮花筒"，对此种结构简称为"暗亮花筒"。

暗亮花筒屋脊，根据瓦条道数分为：脊高 80cm 四瓦条暗亮花筒、脊高 120cm 五瓦条暗亮花筒、脊高 150cm 七瓦条暗亮花筒、脊高 195cm 九瓦条暗亮花筒等，如图 3-3-2 所示。

3. 3. 12 《营造法原》屋脊头有哪些
——龙吻、鱼龙吻、哺龙、哺鸡、回纹、雌毛等

《营造法原》的"屋脊头"，殿堂正脊多为：龙吻或鱼龙吻，厅堂正脊常使用哺龙、哺鸡、回纹头、甘蔗头、雌毛头、纹头等脊头，如图 3-3-19 所示。

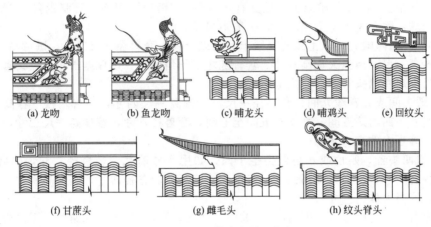

(a) 龙吻　　(b) 鱼龙吻　　(c) 哺龙头　　(d) 哺鸡头　　(e) 回纹头

(f) 甘蔗头　　　　(g) 雌毛头　　　　(h) 纹头脊头

图 3-3-19　《营造法原》脊头

垂脊（竖带）头和戗脊头为"吞头"。

竖带吞头即指竖带尾端的装饰物，但南方一般做成人物轮廓形式，如广汉、天王等。

戗脊吞头是指戗脊与竖带分界处的装饰物，如图 3-3-20 所示。

3. 3. 13 宋制垂脊的构造与规格如何
——按正脊减低两层、加兽头、嫔伽、蹲兽等

垂脊以垂兽为界，分为兽前段和兽后段。

1. 垂脊兽后段

宋《营造法式》对垂脊兽后段，在叙述正脊时已说明**"垂脊低正脊两层"**。垒脊所用的材料，《营造法式》卷十三述**"其垒脊瓦并用本等（其本等用长一尺六寸至一尺四寸板瓦者，垒脊瓦只用长一尺三寸）。合脊筒瓦亦用本等（其本等用八寸六寸筒瓦者，合脊用长九寸筒瓦）"**。即垒脊采用屋面本身所用之瓦材，其中脊瓦的规格：如果屋面用瓦长 1.6～1.4 尺板瓦

戗根吞头　　　　　广汉

图 3-3-20　《营造法原》吞头

者，垒脊瓦应降低一级，只用 1.3 尺；如果采用合脊筒瓦（即滚筒脊），也用屋面本身的瓦材，但如果用长 0.86 尺筒瓦者，合脊的用瓦，应增高一级，即用长 0.9 尺筒瓦。

2. 垂兽

垂兽规格依正脊大小各有所不同，法式十三述**"用兽头等之制，殿阁垂脊兽，并以正脊层数为祖。正脊三十七层者，兽高四尺；三十五层者，兽高三尺五寸；三十三层者，兽高三尺三寸；三十一层者，兽高二尺五寸"**。

"堂屋正脊二十五层者，兽高三尺五寸；二十三层者，兽高三尺；二十一层者，兽高二尺五寸，一十九层者，兽高二尺。廊屋等正脊及垂脊兽祖并同上，正脊九层者兽高二尺，七层者兽高一尺八寸"。

3. 垂脊兽前段

对于兽前段，《营造法式》述**"殿间至厅堂，厅榭，转角上下用套兽、嫔伽、蹲兽、滴当火珠等。套兽施之于子角梁首，嫔伽施于角上，蹲兽在嫔伽之后，其滴当火珠在檐头华头筒瓦之上"**。其中，"嫔伽"相似于宫廷女官之人形；"蹲兽"相当于清制走兽；"滴当火珠"即带火焰之珠，除有关庙宇上用之外，一般不多见。

其规格为**"四阿殿九间以上或九脊殿十一间以上者，套兽径一尺二寸，嫔伽高一尺六寸，蹲兽八枚各高一尺，滴当火珠高八寸。套兽施之于子角梁首，嫔伽施于角上，蹲兽在嫔伽之后，其滴当火珠在檐头华头筒瓦之上"**。

"四阿殿七间或九脊殿九间，套兽径一尺，嫔伽高一尺四寸，蹲兽六枚，各高九寸，滴当火珠高七寸。四阿殿五间、九脊殿五间至七间，套兽径八寸，嫔伽高一尺二寸，蹲兽四枚各高八寸，滴当火珠高六寸"。

"亭榭厦两头者，四角或八角撮尖亭子同，如用八寸筒瓦，套兽径六寸，嫔伽高八寸，蹲兽四枚各高六寸，滴当火珠高四寸。若用六寸筒瓦，套兽径四寸，嫔伽高六寸，蹲兽四枚各高四寸，滴当火珠高三寸"。

依上面所述，对庑殿（即四阿殿）、歇山（即九脊殿）、亭子、水榭等所用之构件都作了明确规定。其中**"檐头华头筒瓦"**即指檐口的螳螂沟头瓦。

至于蹲兽的安排，**"其走兽有九品，一曰行龙，二曰飞凤，三曰行狮，四曰天马，五曰海马，六曰飞鱼，七曰牙鱼，八曰狻猊，九曰獬豸，相间用之。每隔三瓦或五瓦，安兽一枚"**。其形状参看图 3-3-22 所示。

3.3.14 清制垂脊有哪些种类
——琉璃及黑活脊、铃铛排山及披水排山脊

清制垂脊因琉璃瓦和布瓦而有所区别。常用的种类有：

琉璃垂脊，它是垂脊中规格最高的垂脊，它由琉璃垂脊构件和小兽组拼而成。

黑活布瓦垂脊，它是次于琉璃垂脊一个规格的垂脊，它的垂兽与琉璃构件相同，只是素烧制品及其他构件均是砖瓦组件。

铃铛排山脊，它是用于正脊为过垄脊，屋顶两端具有山墙顶面建筑（如歇山、硬山建筑等）所用的垂脊。这种垂脊只有兽后段，垂兽位于脊前端，一般称它为"箍头脊"，多用于大式做法的卷棚屋面。

披水排山脊，它与铃铛排山脊一样，也是用于正脊为过垄脊，两端具有山墙顶面建筑的一种小式"箍头脊"，多用于小式做法的卷棚屋面。

披水梢垄，它是最简单的小式垂脊，常用于较简易的硬山和悬山建筑屋顶。

3.3.15 清制琉璃垂脊的构造如何

——垒叠琉璃构件之脊

清制琉璃垂脊以垂兽为界分为兽前段和兽后段。

兽后段的构造由下而上为：斜当沟、压当条、垂通脊、扣脊瓦等构件叠砌而成，如图 3-3-21 所示。其构件规格按筒瓦所确定的样数，依表 3-3-4 选用。

琉璃垂脊兽前段由下而上为：斜当沟、压当条、三连砖或承奉连、盖筒瓦，然后安装走兽，如图 3-3-21 所示。脊的前端为仙人和套兽。

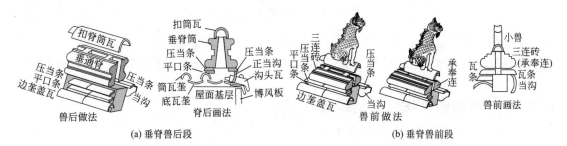

(a) 垂脊兽后段　　　　　　　　　　　　　　　(b) 垂脊兽前段

图 3-3-21　清制垂脊兽后段构造

走兽顺序，首先是仙人指路，其后为：龙、凤、狮、天马、海马、狻猊、押鱼、獬豸、斗牛、行什等十个，图 3-3-22 所示，按檐柱每高二尺放一个，总数为单数，除故宫太和殿可放满十个外，其他建筑最多只能用足九个。其规格大小均按筒瓦所选定的相应样数，依表 3-3-4 选用。

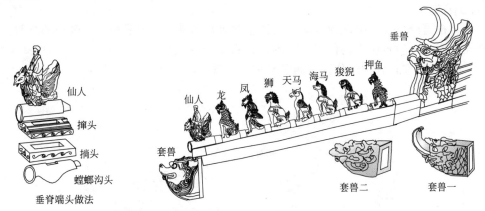

图 3-3-22　清制垂脊兽前段构造

仙人是脊端构件，在屋面苫背之上，先用螳螂沟头封端，然后在沟头上铺灰砌挡头、撺头、筒瓦仙人，如图 3-3-22 中"垂脊端头做法"所示。

套兽大小按仔角梁端头尺寸，选用相近偏大的规格，如仔角梁端头断面尺寸为 20cm×20cm 者，应选用 22cm×22cm 六样规格。

3.3.16 清制黑活布瓦垂脊的构造如何

——垒叠加工砖瓦件之脊

清制黑活布瓦垂脊，也以垂兽为界分为兽前段和兽后段。

黑活布瓦垂脊兽后段的构件，由下而上为：正当沟、瓦条、混砖、陡板砖、混砖、筒瓦

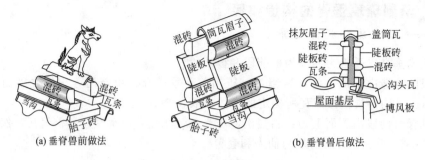

(a) 垂脊兽前做法　　　　　　　(b) 垂脊兽后做法

图 3-3-23　清制黑活垂脊构造

眉子等。脊心空隙用砖（称胎子砖）和浆灰填塞，如图 3-3-23 所示。

黑活布瓦垂兽与琉璃构件相同，只是素烧制品而已。兽前段的构件如图 3-3-23 中所示。

3.3.17　清制铃铛排山脊的构造如何
——山墙沟头滴水之排水瓦

"排山"即指对山墙顶部按排水构造要求用瓦件进行排序的一种操作。在排山基础上所做的脊，称为"排山脊"。因此，排山脊分为排山和脊身两部分。脊身部分仍按上述垂脊兽后段的构件。

而排山部分是由沟头瓦作分水垄，用滴子瓦作淌水槽，相互并联排列而成，一般称它为"排山沟滴"。由于滴子瓦的舌片形似一列悬挂的铃铛，所以由这种排山所组成的垂脊称为"铃铛排山脊"。

铃铛排山脊既可用于尖山顶（即与大脊相配合）的垂脊，也可用于卷棚顶的垂脊，只是这两脊在正脊中线位置所用构件不同，尖山顶在正脊中线位置用沟头坐中［如图 3-3-24(a) 所示］，而卷棚顶在正脊中线位置用滴子坐中［如图 3-3-24(b) 所示］。

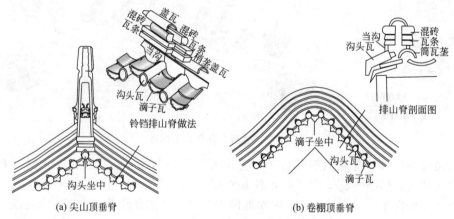

(a) 尖山顶垂脊　　　　　　　　(b) 卷棚顶垂脊

图 3-3-24　铃铛排山脊

尖山顶大式铃铛排山脊的脊身构造，与琉璃垂脊兽后段的构件相同（见图 3-3-21），如建筑规模较小，可将垂脊筒改为承奉连或三连砖。而卷棚顶的脊顶部分因是圆弧形，要在此基础上改用罗锅压当条、罗锅平口条、罗锅垂脊筒、罗锅筒瓦等及其续罗锅构件。

小式铃铛排山脊的构造如图 3-3-24(a) 所示，排山部分仍为沟头瓦和滴子瓦；脊顶部分，在当沟以上为瓦条、混砖和盖瓦。

3.3.18 清制披水排山脊的构造如何

——山墙砖瓦之淌水檐

披水排山脊的排山，是用披水砖代替铃铛瓦，作为凸出山墙的淌水砖檐，但脊身仍用瓦条、混砖、扣盖筒瓦而成，如图 3-3-25 所示。

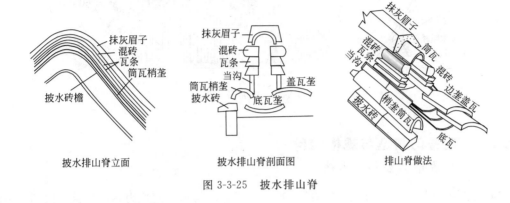

披水排山脊立面　　　　披水排山脊剖面图　　　　排山脊做法

图 3-3-25　披水排山脊

3.3.19 清制披水梢垄的构造如何

——山墙之上的盖瓦垄

披水梢垄是最简单的小式垂脊，常用于较简易的硬山和悬山建筑。正规地讲，披水梢垄不能算是一种垂脊，它仅仅是屋面瓦垄中最边上的一条瓦垄（称为梢垄），在瓦垄下砌一层披水砖与山面进行有机的连接，以便起封闭和避水作用。

披水梢垄的构造很简单，一般只有两层，上层是梢垄筒瓦（也可以用小青盖瓦），下层是披水砖，在披水砖下就是山面博风砖和拔檐，其构造如图 3-3-26 所示。

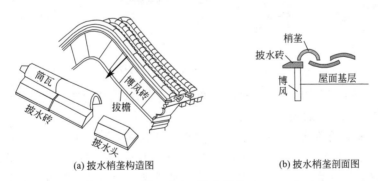

(a) 披水梢垄构造图　　　　(b) 披水梢垄剖面图

图 3-3-26　披水梢垄

3.3.20 吴制垂脊的构造与规格如何

——暗亮花筒之竖带

《营造法原》将垂脊称为"竖带"，如图 3-3-27 中"竖带"所示。其构造由下而上为：脊垫、筒瓦、一路瓦条、交子缝、二路瓦条、三寸宕、三路瓦条、暗亮花筒、四路瓦条、盖筒瓦等。竖带下端置天王或广汉，并与水戗衔接。

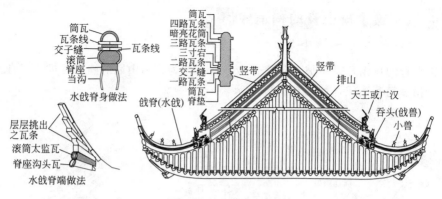

图 3-3-27　竖带及水戗

3.3.21 戗脊的构造与规格如何
——角脊、岔脊、水戗

"戗脊"也有的称"角脊"、"岔脊"，它是以戗兽（与垂兽同）为界，分兽前段和兽后段两部分，其构造与琉璃瓦、布瓦垂脊基本一样，只是脊的尾端与"合角吻"（《营造法原》为吞兽）相连接，而不是与正脊龙吻相连接，如图 3-3-28 中"合角兽"所示。

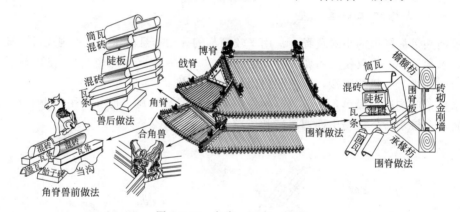

图 3-3-28　角脊、围脊、博脊

在重檐建筑中，下层檐屋面四角处的斜脊称为"角脊"，其构造与戗脊相同，如图 3-3-28 中"角脊兽前做法"、"兽后做法"所示。

《营造法原》称戗脊为水戗，脊身随嫩、老戗之势而曲，脊身由脊座、滚筒、交子缝、瓦条线、筒瓦等组成，如图 3-3-27 中"水戗脊身做法"所示。戗端逐皮挑出上弯，如图 3-3-27 中"水戗脊端做法"所示，水戗内必须贯以木条或铁条，戗端承以铁板。戗背置走狮、坐狮等小兽，其个数以戗之长度而定，一般为三至五个。

3.3.22 围脊的构造与规格如何
——合角吻、合角兽、赶宕脊

"围脊"是重檐建筑中上下层交界处，下层屋面上端的压顶结构，该脊是在围脊板或围脊枋之外的一种半边脊，四角与合角吻或合角兽相连。其中，合角吻是重檐围脊转角处封护角柱外皮，防止雨水浸入的装饰构件，在等级较高的建筑（如宫殿、庙宇等）上使用，而等级较低的建筑（如山门、门楼等）使用合角兽。合角吻是以两个正吻的后尾连成垂直转角，合角兽是以两个望兽的头部连成垂直转角，它们都是窑制品。这些构件的规格都按筒瓦的样数来定。

清制围脊采用合角吻时，其构件由下而上为：单面正当沟、压当条、群色条、博脊通、蹬脚瓦、满面砖等，如图3-3-29中"围脊做法"所示。

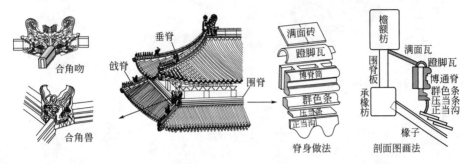

图 3-3-29　重檐围脊

围脊采用合角兽时，对带陡板的构件由下而上为：当沟、瓦条、瓦条、混砖、陡板、混砖、筒瓦盖顶等，在背后用砖砌金刚墙与木构件相贴（见图3-3-28中所示）。对无陡板的脊身，是在上述构件中去掉下层混砖和陡板。

宋制未述及此脊。

《营造法原》称围脊为"赶宕脊"，第十一章对重檐筑脊述道：**"其下层椽头架承椽枋上，离枋尺许，绕屋筑赶宕脊。脊高约二尺，分脊座、滚筒、二路线、亮花筒及盖筒，与下层水戗相连，成45°。"**其转角处与吞兽戗脊连接。

3.3.23 博脊的构造与规格如何
——博脊尖、博脊身、歇山赶宕脊

"博脊"是指歇山建筑中两端山面山花板下屋面上端的压顶结构，是山花板底与山面坡屋面交界处的屋脊，它也是在山花板之外的半边脊。

宋《营造法式》未详细论述，《营造法原》称博脊为赶宕脊。

1. 清制博脊

清制博脊由博脊尖和脊身组成，也分琉璃做法和黑活做法。

（1）博脊尖的构造

琉璃博脊尖由博脊连砖挂尖（或承奉连挂尖）、压当条、当沟等定型窑制品叠砌而成，两端尖头插入排山沟滴内，如图3-3-30(a)、(d) 所示。

黑活（布瓦及合瓦屋面）的挂尖，用墙砖仿照砍制，也可不做挂尖按脊身构造直接与垂脊或戗脊连接，如图3-3-30(e)、(f) 所示。

（2）博脊身的构造

琉璃博脊身由博脊瓦、博脊连砖（或承奉连砖）、压当条、当沟等定型窑制品叠砌而成，与山花板之间的空隙用灰浆填塞紧密，如图3-3-30(b) 剖面所示。

黑活博脊身由盖筒瓦、混砖、二层瓦条、当沟等叠砌而成，空隙填塞紧密后，在盖筒瓦上做抹灰眉子。如图3-3-30(c) 剖面所示。

博脊端头的处理有三种方法，即：挂尖插入法、平接戗脊法、弯接戗脊法，如图3-3-30

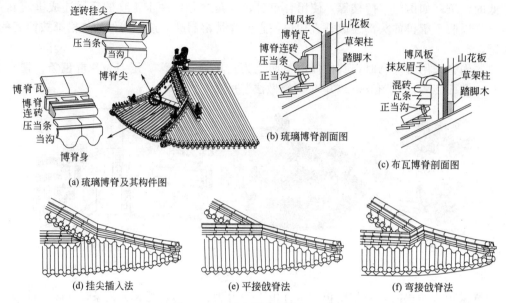

图 3-3-30　歇山博脊构造及画法

（d）、（e）、（f）所示。其中，挂尖插入法只用于琉璃构件，将挂尖插入排山沟滴内。平接和弯接法可用于布瓦、合瓦构件，用现场砖瓦构件砍制，与戗脊连接。

2.《营造法原》赶宕脊构造

《营造法原》将歇山博脊称为赶宕脊，脊的两端与水戗相连，其构造由下而上为：脊座、筒瓦、二路线、暗亮花筒、盖筒瓦等叠砌而成，如图 3-3-31 所示。

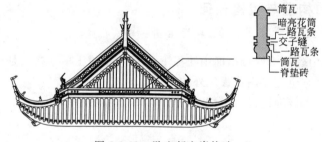

图 3-3-31　歇山赶宕脊构造

3.3.24 攒尖屋顶垂脊的构造与规格如何
——琉璃、黑活、小式辐射脊

攒尖屋顶用得较多的为亭子建筑，它的屋面只有垂脊，它是由中间尖顶向周边各角辐射之脊。

1. 清制攒尖顶垂脊

清制攒尖顶垂脊也分为大式和小式。大式用于琉璃瓦和布瓦屋面，小式用于布瓦和小青瓦屋面。

（1）清制琉璃构件垂脊

清制琉璃构件垂脊所用的构件都是窑制定型产品，以垂兽为界，分为兽前段和兽后段。

垂脊各构件尺寸按选定筒瓦的样数查表 3-3-4 取定。

清制垂脊兽后段的构造，由下而上为：斜当沟、压当条、三连砖、扣脊瓦等构件叠砌而成，如图 3-3-32 中"琉璃兽后做法"所示。兽前段由下而上为：斜当沟、压当条、小连砖、盖筒瓦，然后安装走兽、仙人，如图 3-3-32"琉璃兽前做法"所示。垂脊前端可安装套兽，也可不安。

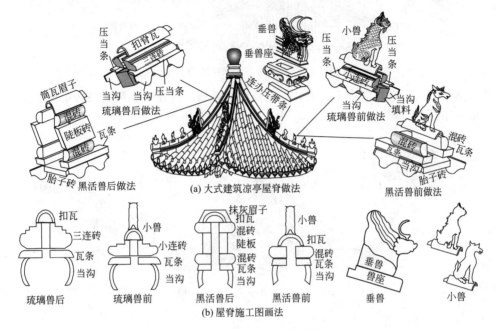

(a) 大式建筑凉亭屋脊做法

(b) 屋脊施工图画法

图 3-3-32　攒尖大式屋脊做法

（2）清制黑活做法垂脊

清制黑活做法的垂脊，除垂兽为素窑制品外，其他构件均可为施工用的砖瓦材料经现场加工而成。

垂兽前段的构造，是在斜当沟之上砌筑瓦条、混砖，再安装走兽；脊心空隙用碎砖灰浆填塞。垂兽形式与琉璃制品相同，只是素色而已如图 3-3-32 中"黑活兽前做法"所示。

垂兽后段的构造，是在斜当沟之上安装瓦条、陡板砖、盖筒瓦，并抹灰做成眉子，其构造如图 3-3-32 中"黑活兽后做法"所示。其中瓦条用较薄的条专或望砖砍制，混砖用厚条砖砍制，陡板砖则用方砖。

脊端构件由下而上为：沟头瓦、圭脚、瓦条、盘子、筒瓦坐狮。其中圭脚用城砖砍制，瓦条用望砖、小开条砖、斧刃砖或板瓦砍制，盘子用方砖砍制。

（3）清制小式垂脊

清制小式垂脊均用现场的砖瓦和灰浆砌筑而成，没有垂兽和小兽，因此也不分兽前兽后，其构造由下而上为：当沟、二层瓦条、混砖、扣脊瓦抹灰眉子。脊端做法，由下而上为：沟头瓦、圭脚、瓦条、盘子、扣脊瓦做抹灰眉子，如图 3-3-33 所示。

2. 宋制攒尖顶垂脊

《营造法式》未专门述及攒尖顶垂脊，可参考 3.3.13 所述或下述《营造法原》做法。

3.《营造法原》攒尖顶垂脊

在南方地区的亭子垂脊，一般用瓦条线砖做成滚筒脊，它是在脊座上用筒瓦合抱成滚筒，再在其上用望砖做瓦条线、砖砌交子缝、瓦条线、扣盖筒瓦，并做抹灰眉子而成。

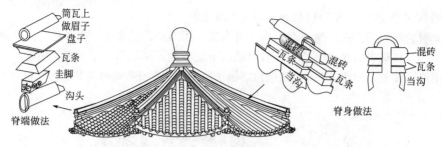

图 3-3-33 清制小式凉亭屋脊做法

垂脊端的翘角是在脊端沟头瓦上，随滚筒做成弧面，再在其上用瓦条砖层层挑出，做成戗尖，最后用抹灰面罩平。如图 3-3-34 中"脊端水戗"所示。

图 3-3-34 南方亭子屋顶垂脊做法

3.3.25 攒尖屋面宝顶的构造与规格如何

——顶珠、顶座之组合

攒尖屋面中的宝顶一般由顶珠和顶座组成，常用的顶珠形式有：圆珠形、多面体形、葫芦形和仙鹤形等，如图 3-3-35(a) 所示。

顶座为砖线脚、须弥座，或两者兼之，如图 3-3-35(b) 所示。

琉璃瓦屋面采用琉璃组合型宝顶，如图 3-3-35(d) 所示。

宝顶的大小一般没有严格规定，为了便于初学者掌握，可将珠顶至座底的高度控制在 0.25～0.45 倍檐柱高；宝顶宽按 0.4～0.5 倍本身高取定，如图 3-3-35(c) 所示。

3.3.26 屋面瓦件的规格如何

——宋瓦材、清瓦样、吴合瓦

仿古建筑的屋面瓦材规格一般没有统一规格，我们将《营造法式》、《工程做法则例》、《营造法原》对瓦材所述的尺寸规格列出供参考。

1. 宋《营造法式》瓦材规格

《营造法式》卷十三述"用瓦之制，殿阁厅堂等五间以上，用筒瓦长一尺四寸，广六寸五分；三间以下用筒瓦长一尺二寸，广五寸。仰瓪瓦长一尺四寸，广八寸"。其中瓪瓦即板瓦。"厅堂用散瓪瓦者，五间以上，用瓪瓦长一尺四寸，广八寸。厅堂三间以下（门楼同）及廊屋六椽以上，用瓪瓦长一尺三寸，广七寸"。这里所指的散瓪瓦，是指仰瓦或合瓦屋面，即将筒瓦垄改用板瓦或板瓦反扣而成。

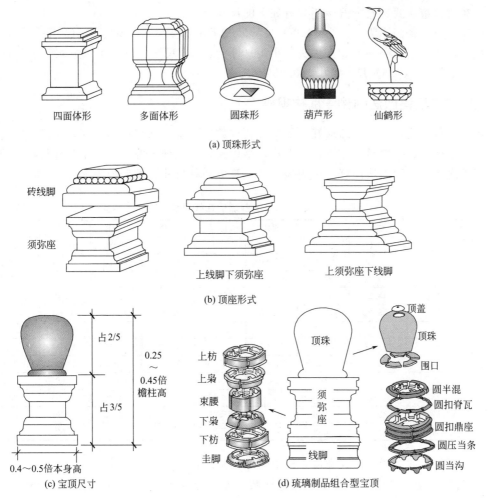

(a) 顶珠形式

四面体形　　多面体形　　圆珠形　　葫芦形　　仙鹤形

砖线脚

须弥座

上线脚下须弥座　　　　　上须弥座下线脚

(b) 顶座形式

占2/5

0.25
~
0.45倍
檐柱高

占3/5

0.4～0.5倍本身高

(c) 宝顶尺寸

顶盖

顶珠

顶珠

围口

上枋

上枭

束腰

下枭

下枋

圭脚

须弥座

线脚

圆半混

圆扣脊瓦

圆扣鼎座

圆压当条

圆当沟

(d) 琉璃制品组合型宝顶

图 3-3-35　亭子常用宝顶形式

　　"小亭榭之类，柱心相去方一丈以上者，用筒瓦长八寸，广三寸五分（仰板瓦长一尺，广六寸），若方一丈者，用筒瓦长六寸，广二寸五分（仰板瓦长八寸五分，广五寸五分），如方九尺以下者，用筒瓦长四寸，广二寸三分（仰板瓦长六寸，广四寸五分）。"即小型亭子水榭等之类用瓦，按柱中心，向面阔和进深方向丈量，所得见方尺寸为1平方丈以上者，用0.8尺×0.35尺筒瓦（板瓦为1尺×0.6尺）。

　　《营造法式》瓦材规格如表 3-3-1 所示。

表 3-3-1　　《营造法式》瓦材规格

瓦名		筒瓦				板瓦			
		长度		宽度		长度		宽度	
		营造尺	cm	营造尺	cm	营造尺	cm	营造尺	cm
殿阁	五间以上	1.40	43.68	0.65	20.28	1.40	43.68	0.80	24.96
	三间以下	1.20	37.44	0.50	15.60				
厅堂	散瓦五间以上					1.40	43.68	0.80	24.96
	散瓦三间以下					1.30	40.56	0.70	21.84
亭榭	一方丈以上	0.80	24.96	0.35	10.92	1.00	31.20	0.60	18.72
	一方丈	0.60	18.72	0.25	7.80	0.85	26.52	0.55	17.16
	一方丈以下	0.40	12.48	0.23	7.18	0.60	18.72	0.45	14.04

另在《营造法式》卷十五中还列有如下的尺寸。

筒瓦长×口径×厚为：1.4尺×0.6尺×0.08尺；1.2尺×0.5尺×0.05尺。

板瓦长×大头（小头）宽×大头（小头）厚为：1.6尺×0.95（0.85）尺×0.1（0.08）尺；1.4尺×0.7（0.6）尺×0.07（0.06）尺。

2. 清《工程做法则例》瓦材规格

清《工程做法则例》中琉璃瓦的规格按"样数"而定，从二样至九样，北京故宫为最高等级，用二样瓦，一般殿堂用五样至七样，亭廊建筑用七样至九样。对于瓦样规格，我们选用王璞子先生《工程做法注释》中附表，并换算成公制尺寸，编制成表3-3-2供参考。

表3-3-2　清制琉璃瓦样尺寸　　　　　　　　　　　　　　单位：cm

瓦名		二样	三样	四样	五样	六样	七样	八样	九样
筒瓦	长	40.00	36.80	35.20	33.60	30.40	28.80	27.20	25.60
	口宽	20.80	19.20	17.60	16.00	14.40	12.80	11.20	9.60
	高	10.40	9.60	8.80	8.00	7.20	6.40	5.60	4.80
板瓦	长	43.20	40.00	38.40	36.80	33.60	32.00	30.40	28.80
	口宽	35.20	32.00	30.40	27.20	25.60	22.40	20.80	19.20
	高	7.04	6.72	6.08	5.44	4.80	4.16	3.20	2.88
沟头	长	43.20	40.00	36.80	35.20	32.00	30.40	28.80	27.20
	口宽	20.80	19.20	17.60	16.00	14.40	12.80	11.20	9.60
	高	10.40	9.60	8.80	8.00	7.20	6.40	5.60	4.80
滴子	长	43.20	41.60	40.00	38.40	35.20	32.00	30.40	28.80
	口宽	35.20	32.00	30.40	27.20	25.60	22.40	20.80	19.20
	高	17.60	16.00	14.40	12.80	11.20	9.60	8.00	6.40

琉璃瓦的样数一般以筒瓦宽度，按下述原则确定：

① 筒瓦宽度，可按椽径大小来选定样数，如椽径为12cm，可按筒瓦宽12.8cm，选定为七样；若椽径为14cm，可选定筒瓦宽14.4cm，确定为六样。

② 重檐建筑，要求下檐比上檐减少一样，如上檐定为六样，则下檐应为七样。

③ 庑殿建筑，可按其檐口高度而定，当檐口高在4.2m以下者，采用八样，在4.2m以上者采用七样。

清《工程做法则例》对布瓦规格分为：头、二、三、十号等四种型号，其尺寸如表3-3-3所示。

表3-3-3　清制布瓦规格

瓦名		长度		宽度		瓦名		长度		宽度	
		营造尺	cm	营造尺	cm			营造尺	cm	营造尺	cm
筒瓦	头号	1.10	35.20	0.45	14.40	板瓦	头号	0.90	28.80	0.80	25.60
	二号	0.95	30.40	0.38	12.16		二号	0.80	25.60	0.70	22.40
	三号	0.75	24.00	0.32	10.24		三号	0.70	22.40	0.60	19.20
	十号	0.45	14.40	0.25	8.00		十号	0.43	13.76	0.38	12.16

布瓦规格的选定，也根据筒瓦宽度，按以下原则确定：

① 一般房屋按筒瓦宽度和椽径大小，选用号数。如椽径为11cm时，可选用二号瓦（筒瓦宽为12.16cm）。如椽径为13cm以上时，可选用头号瓦（筒瓦宽为14.4cm）。

② 采用合瓦屋面者，按椽径大小确定号数：椽径6cm以下的按3号瓦，10cm以下的按

2 号瓦，10cm 以上的按头号瓦。

③ 小型门楼按檐高确定：檐高在 3.8m 以下者，按 3 号瓦；3.8m 以上者，按 2 号瓦。

琉璃瓦屋脊所用构件参考尺寸如表 3-3-4 所示。

表 3-3-4　琉璃构件参考尺寸表

名称			样　数						
			二样	三样	四样	五样	六样	七样	八样	九样
正吻	高	营造尺	10.50	9.20	8.00	6.20	4.60	3.40	2.20	2.00
		cm	336.00	294.00	256.00	198.00	147.00	109.00	70.40	64.00
剑把	高	营造尺	3.25	2.70	2.40	1.50	1.20	0.95	0.65	0.65
		cm	104.00	86.40	76.80	48.00	38.40	30.40	20.80	20.80
背兽	正方	营造尺	0.65	0.60	0.55	0.50	0.45	0.40	0.25	0.25
		cm	20.80	19.20	17.60	16.00	14.40	12.80	8.00	8.00
吻座	长	营造尺	1.55	1.45	1.20	1.05	0.95	0.85	0.60	0.60
		cm	49.60	46.40	38.40	33.60	30.40	27.20	19.20	19.20
赤脚通脊	长	营造尺	2.40	2.40	2.20	2.20	2.20	1.95	1.50	1.50
		cm	76.80	76.80	70.40	70.40	70.40	62.40	48.00	48.00
	高	营造尺	1.95	1.75	1.55	1.55	0.90	0.85	0.55	0.45
		cm	62.40	56.00	49.60	49.60	28.80	27.20	17.60	14.40
黄道	长	营造尺	2.40	2.40						
		cm	76.80	76.80						
	高	营造尺	0.65	0.55						
		cm	20.80	17.60						
大群色	长	营造尺	2.40	2.40						
		cm	76.80	76.80						
	高	营造尺	0.55	0.45						
		cm	17.60	14.40						
群色条	长	营造尺	1.30	1.30	1.30	1.30	1.30	1.30		
		cm	41.60	41.60	41.60	41.60	41.60	41.60		
正通脊	长	营造尺				2.30	2.20	2.10	2.00	1.90
		cm				73.60	70.40	67.20	64.00	60.80
垂兽	高	营造尺	2.20	1.90	1.80	1.50	1.20	1.00	0.60	0.60
		cm	70.40	60.80	57.60	48.00	38.40	32.00	19.20	19.20
垂兽座	长	营造尺	2.00	1.80	1.60	1.40	1.20	1.00	0.80	0.70
		cm	64.00	57.60	51.20	44.80	38.40	32.00	25.60	22.40
联办垂兽座	长	营造尺	3.70	2.80	2.70	2.20	2.10	1.30	0.90	0.90
		cm	118.00	89.60	86.40	70.40	67.20	41.60	28.80	28.80
承奉连	长	营造尺	1.30	1.30	1.30					
		cm	41.60	41.60	41.60					
	宽	营造尺	1.00	0.90	0.90					
		cm	32.00	28.80	28.80					
三连砖	长	营造尺				1.30	1.30	1.30	1.30	1.30
		cm				41.60	41.60	41.60	41.60	41.60
小连砖	长	营造尺							1.30	1.30
		cm								41.60
垂通脊	长	营造尺	2.00	1.80	1.80	1.60	1.50	1.40		
		cm	64.00	57.60	57.60	51.20	48.00	44.80		
	高	营造尺	1.65	1.50	1.50	0.75	0.65	0.55		
		cm	52.80	48.00	48.00	24.00	20.80	17.60		
戗兽	高	营造尺	1.85	1.75	1.40	1.20	1.00	0.80	0.60	0.50
		cm	59.20	56.00	44.80	38.40	32.00	25.60	19.20	16.00

名称			样数							
			二样	三样	四样	五样	六样	七样	八样	九样
饿兽座	长	营造尺	1.80	1.60	1.40	1.20	1.00	0.80	0.60	0.40
		cm	57.60	51.20	44.80	38.40	32.00	25.60	19.20	12.80
饿通脊	长	营造尺	2.80	2.60	2.40	2.20	2.00	1.90	1.70	1.50
		cm	89.60	83.20	76.80	70.40	64.00	60.80	54.40	48.00
撺头	长	营造尺	1.55	1.55	1.55	1.40	1.40	1.40		1.20
		cm	49.60	49.60	49.60	44.80	44.80	44.80		38.40
	宽	营造尺	0.85	0.45	0.45	0.25	0.25	0.25		0.22
		cm	27.20	14.40	14.40	8.00	8.00	8.00		7.04
揥头	长	营造尺	1.55	1.55	1.55	1.40	1.40	1.40		1.20
		cm	49.60	49.60	49.60	44.80	44.80	44.80		38.40
	宽	营造尺	0.85	0.45	0.45	0.25	0.25	0.25		0.22
		cm	27.20	14.40	14.40	8.00	8.00	8.00		7.04
三仙盘子	长	营造尺					1.25	1.15	1.05	0.95
		cm					40.00	36.80	33.60	30.40
仙人	高	营造尺	1.55	1.35	1.25	1.05	0.70	0.60	0.40	0.40
		cm	49.60	43.20	40.00	33.60	22.40	19.20	12.80	12.80
走兽	高	营造尺	1.35	1.05	1.05	0.90	0.60	0.55	0.35	0.35
		cm	43.20	33.60	33.60	28.80	19.20	17.60	11.20	11.20
吻下当沟	长	营造尺	1.50	1.05	1.05					
		cm	48.00	33.60	33.60					
托泥当沟	长	营造尺				1.10	1.10	0.77	0.70	
		cm				35.20	35.20	24.60	22.40	
平口条	长	营造尺	1.10	1.00	1.00	0.90	0.75	0.70	0.65	0.60
		cm	35.20	32.00	32.00	28.80	24.00	22.40	20.80	19.20
压当条	长	营造尺	1.10	1.00	1.00	0.90	0.75	0.70	0.65	0.60
		cm	35.20	32.00	32.00	28.80	24.00	22.40	20.80	19.20
正当沟	长	营造尺	1.10	1.05	0.95	0.85	0.80	0.70	0.65	0.60
		cm	35.20	33.60	30.40	27.20	25.60	22.40	20.80	19.20
	高	营造尺	0.80	0.75	0.70	0.65	0.60	0.55	0.50	0.45
		cm	25.60	24.00	22.40	20.80	19.20	17.60	16.00	14.40
斜当沟	长	营造尺	1.75	1.60	1.50	1.35	1.10	1.00	0.90	0.85
		cm	56.00	51.20	48.00	43.20	35.20	32.00	28.80	27.20
套兽	见方	营造尺	0.95	0.75	0.70	0.65	0.60	0.55		0.40
		cm	30.40	24.00	22.40	20.80	19.20	17.60		12.80
博脊连砖	长	营造尺					1.25	1.15	1.05	0.95
		cm					40.00	36.80	33.60	30.40
承奉博脊连砖	长	营造尺	1.65	1.55	1.45	1.35				
		cm	52.80	49.60	46.40	43.20				
挂尖	长	营造尺					1.20	1.20		
		cm					38.40	38.40		
	高	营造尺					0.60	0.60		
		cm					19.20	19.20		
博脊瓦	长	营造尺					1.20	1.10	1.08	0.80
		cm					38.40	35.20	34.60	25.60

名称			样 数							
			二样	三样	四样	五样	六样	七样	八样	九样
博通脊	长	营造尺	2.20	2.20	2.20	1.60				
		cm	70.40	70.40	70.40	51.20				
	高	营造尺	0.85	0.85	0.75	0.50				
		cm	27.20	27.20	24.00	16.00				
满面砖	见方	营造尺	1.00	1.00	1.00	1.00		1.00		
		cm	32.00	32.00	32.00	32.00		32.00		
蹬脚瓦	长	营造尺	1.65	1.55	1.45	1.35	1.25	1.15	1.05	0.95
		cm	52.80	49.60	46.40	43.20	40.00	36.80	33.60	30.40
沟头瓦	长	营造尺	1.35	1.25	1.25	1.10	1.00	0.95	0.90	0.85
		cm	43.20	40.00	40.00	35.30	32.00	30.40	28.80	27.20
	口宽	营造尺	0.65	0.60	0.55	0.50	0.45	0.40	0.35	0.30
		cm	20.80	19.20	17.60	16.00	14.40	12.80	11.20	9.60
滴子瓦	长	营造尺	1.35	1.30	1.25	1.20	1.10	1.00	0.95	0.90
		cm	43.20	41.60	40.00	38.40	35.20	32.00	30.40	28.80
	口宽	营造尺	1.10	1.05	0.95	0.85	0.80	0.70	0.65	0.60
		cm	35.20	33.60	30.40	27.20	25.60	22.40	20.80	19.20
筒瓦	长	营造尺	1.25	1.15	1.10	1.05	0.95	0.90	0.85	0.80
		cm	40.00	36.80	35.20	33.60	30.40	28.80	27.20	25.60
	口宽	营造尺	0.65	0.60	0.55	0.50	0.45	0.40	0.35	0.30
		cm	20.80	19.20	17.60	16.00	14.40	12.80	11.20	9.60
板瓦	长	营造尺	1.35	1.25	1.20	1.15	1.05	1.00	0.95	0.90
		cm	43.20	40.00	38.40	36.80	33.60	32.00	30.40	28.80
	口宽	营造尺	1.10	1.05	0.95	0.85	0.80	0.70	0.65	0.60
		cm	35.20	33.60	30.40	27.20	25.60	22.40	20.80	19.20
合角吻	高	营造尺	3.40	2.80	2.80	1.90		1.00		
		cm	108.80	89.60	89.60	60.80		32.00		
合角剑把	高	营造尺	0.95	0.95	0.75	0.70		0.70		
		cm	30.40	30.40	24.00	22.40		22.40		

3. 《营造法原》瓦材规格

南方民间建筑多用蝴蝶瓦，有的称为"合瓦"、"阴阳瓦"，常用规格尺寸如表3-3-5所示。

表 3-3-5　南方民间土窑蝴蝶瓦尺寸表

常用盖瓦（鲁班尺/公制尺）						常用底瓦（鲁班尺/公制尺）					
长		宽		厚		长		宽		厚	
尺	cm	尺	cm	尺	cm	尺	cm	尺	cm	尺	cm
1.00	27.50	1.10	30.25	0.065	1.79	0.90	24.75	1.05	28.88	0.060	1.65
0.90	24.75	1.05	28.88	0.060	1.65	0.85	23.38	0.97	26.68	0.055	1.51
0.90	24.75	1.00	27.50	0.060	1.65	0.83	22.83	0.93	25.58	0.055	1.51
0.85	23.38	0.97	26.68	0.055	1.51	0.80	22.00	0.90	24.75	0.055	1.51
0.83	22.83	0.93	25.58	0.055	1.51	0.75	20.63	0.90	24.75	0.050	1.38
0.80	22.00	0.90	24.75	0.055	1.51	0.75	20.63	0.88	24.20	0.045	1.24
0.75	20.63	0.88	24.20	0.045	1.24	0.72	19.80	0.83	22.83	0.040	1.10
花边瓦（鲁班尺/公制尺）						滴水瓦（鲁班尺/公制尺）					
长		宽		厚		长		宽		厚	
尺	cm	尺	cm	尺	cm	尺	cm	尺	cm	尺	cm
	0.00		0.00			1.02	28.05	0.96	26.40		
0.65	17.88	0.83	22.83			0.87	23.93	0.93	25.58		
0.60	16.50	0.66	18.15			0.78	21.45	0.78	21.45		

第 4 章
中国仿古建筑围护结构

4.1 木门窗围护结构

4.1.1 仿古建筑的围护结构是怎样的
——前檐围护、后檐围护、两山围护

围护结构是指房屋的外立面，即前后左右四面的遮挡阻隔结构，在现代建筑结构中，房屋的四周外围都是采用墙体围护，而仿古建筑四周的围护分为：前檐围护、后檐围护、两山围护，这三个方向的围护各有其特点。

1. 前檐围护结构

仿古建筑的前檐，除带廊建筑的廊道是由透空栏杆作围栏外，房屋前檐的遮挡阻隔结构，有极少数（如庙宇）建筑采用砖砌墙体外，大多采用木门、木窗、隔扇、槛墙等结构。

仿古建筑前檐围护是整个房屋的重要观赏面。前檐围护结构一般有三种，即：隔扇木门围护、槛窗木门围护、槛窗隔扇木门混合围护。

（1）隔扇木门围护结构

它是在前檐构架的柱与枋所隔的空隙之间，于明（正）间安装大门，对其他各间安装隔扇，如图 4-1-1 所示。

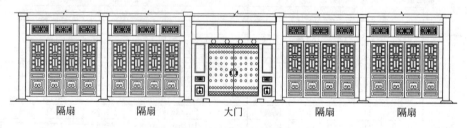

| 隔扇 | 隔扇 | 大门 | 隔扇 | 隔扇 |

图 4-1-1 隔扇木门围护

（2）槛窗木门围护结构

它是在除正间大门外，其他各间均砌筑槛墙，在槛墙上安装槛窗，如图 4-1-2 所示。

（3）槛窗隔扇木门围护结构

它是除正间大门外，将次间安装隔扇，而将梢间和尽间安装槛窗，如图 4-1-3 所示。

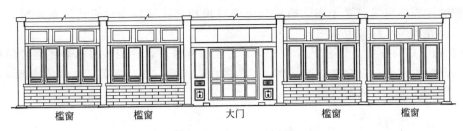

| 槛窗 | 槛窗 | 大门 | 槛窗 | 槛窗 |

图 4-1-2　槛窗木门围护

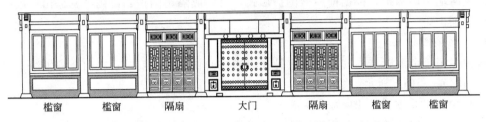

| 槛窗 | 槛窗 | 隔扇 | 大门 | 隔扇 | 槛窗 | 槛窗 |

图 4-1-3　槛窗隔扇木门混合围护

2. 后檐围护结构

仿古建筑的后檐围护，除大式建筑和三间以上房屋采用与上述前檐围护相同的结构外，一般小式建筑或三间以下房屋多采用砖砌墙体结构。常用的后檐墙体有两种做法：一是将墙体只砌到檐枋下皮，让后檐枋、梁头等暴露于外，这种墙体称为"露檐出"，又叫"老檐出"；二是将墙体一直砌到屋顶，将后檐枋、梁头等封护在内，这种墙体称为"封护檐"，又叫"封后檐"。

（1）"露檐出"后檐墙

"露檐出"是指将墙体砖砌到后檐枋下皮后，即收头砌成避水的签尖和拔檐，让枋木显露于外，如图 4-1-4(a) 所示。

后檐墙的整个墙体分为下肩和上身两部分，其分界线应与山墙取得一致。

墙体外皮既可包柱而砌（可避免雨水侵蚀木柱），也可让柱暴露于外（可方便柱面涂饰油漆防止蛀虫）。无论是露柱或包柱，在墙体上可以设亮窗，也可以同前檐做法（设槛墙、门窗等）。

（2）"封护檐"后檐墙

"封护檐"是指将后檐墙直砌到屋板底，用砖料将檐口封砌起来，形成砖砌体的整体感觉，如图 4-1-4(b) 所示。

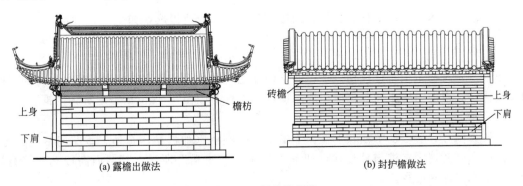

上身	檐枋
下肩	
(a) 露檐出做法	砖檐　上身　下肩
	(b) 封护檐做法

图 4-1-4　后檐墙围护

这种墙体将木构架包裹于内，两端与山墙转角相交，墙顶檐口直达屋顶望板，将后檐檩、后檐枋等木构件封砌于墙内。

"封护檐"的后檐墙不仅有下肩和上身，而且还有檐口，它的檐口部分要做成层层挑出的砖檐，砖檐形式有：直线檐、抽屉檐、菱角檐、鸡嗉檐、冰盘檐等，这些砖檐都是用施工现场砖料砍制成相关形式砌筑而成。

3. 两山围护结构

房屋两端山墙围护，根据前后檐围护形式，可做成隔扇围护、砖砌"露檐出"围护、砖砌封山型围护等。

（1）隔扇围护

这种多用于带围廊结构的房屋，它是在山檐柱的轴线上无围护，在山金柱轴线上安装隔扇门，如图 4-1-5(a) 所示。

（2）砖砌"露檐出"围护

它是配合砖砌"露檐出"后檐墙的一种做法，将砖墙体砌到山檐枋下皮，让枋木显露于外，如图 4-1-5(b) 所示。

（3）砖砌"封山型"围护

它是指将砖墙从下而上，一直砌到山尖，整个山面全部为砖砌墙体，如图 4-1-5(c)所示。

(a) 隔扇门围护　　　　(b) 砖砌"露檐出"围护　　　　(c) 砖砌"封山型"围护

图 4-1-5　两端山面围护

4.1.2 仿古建筑木大门结构是怎样的
——槛框、横披、门枕、门扇

仿古建筑的木大门由槛框、横披、门扇和门枕等部分所组成，如图 4-1-6 所示。

1. 槛框

槛框是建筑物木构架横额枋以下，嵌于两柱之间的木框，是安装门扇与房屋木构架之间的连接构件。槛框由横槛和竖框所组成，横的方木称为"槛"，竖立的方木称为"框"。

（1）槛

一般大门分有上槛、中槛和下槛。上槛是紧贴额枋（如檐枋、金枋、垂花门帘笼枋等）下皮的横木，两端用夹榫与柱连接，如图 4-1-7(a) "上槛"所示。其截面高按 0.5 倍檐柱径，厚按 0.3 倍檐柱径。

中槛是门扇之上的横木，用夹榫与柱连接，如图 4-1-7(a) "中槛"所示。截面高按 0.6

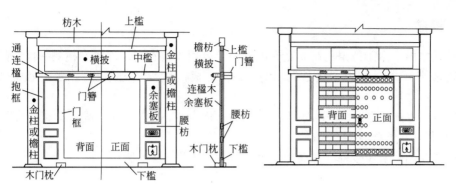

图 4-1-6　木大门结构

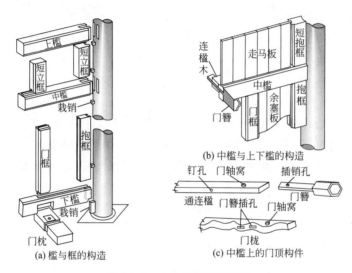

(a) 槛与框的构造

(b) 中槛与上下槛的构造

(c) 中槛上的门顶构件

图 4-1-7　木大门的槛框构造

倍檐柱径，厚与上槛同。

下槛是贴地面的横木，一般称为"门槛"，两端做套销槽与柱上栽销连接，并在门扇轴处的下皮做卡槽，卡在门枕上，截面高按 0.5~0.8 倍檐柱径，厚与中槛同，如图 4-1-7(a)"下槛"所示。

（2）框

大门分为抱框和门框。抱框是指抱柱而立的边框，它用套销槽与柱上的栽销连接，如图 4-1-7(a)"抱框"所示。门框即指紧贴门扇而立的竖框，上下端做榫与横槛榫卯连接。抱框和门框的截面宽均按 0.6 倍檐柱径，厚按 0.3 倍檐柱径取定。

抱框与门框之间的空隙，用 2~3 根腰枋连接成分格，腰枋截面宽按 0.25 倍檐柱径，厚与框相同。腰枋之间安装木板，称为"余塞板"，板厚 2~3cm。

上槛与中槛之间可安装横披，也可安装木板，此板称为"走马板"。

中槛与下槛之间是安装门扇的空间，为了安装门扇，在中槛上的室内一侧应装钉一根套住门扇轴的木构件，称为"连楹木"或"通连楹"，或"门枕"等，连楹木或门枕的上下高按 0.2 倍檐柱径，进深厚按 0.4 倍檐柱径。通连楹或木枕与中槛的连接采用一种特制的木销，称为"门簪"，外端做成六角形簪头以作装饰，里端为扁形插销榫，穿过中槛与连楹木，在尾端用销钉穿孔固定，如图 4-1-7(b)、(c) 所示，其直径按 0.8 倍中槛高，六角头长为 1.2 倍直径。

2. 横披

在槛框之内，由于门扇的高度是有限制的，故用中槛在门扇之顶，横隔一段空间，此空间可安装透亮隔扇，称为"横披"。也可安装木板，称为"走马板"，走马板厚2～3cm左右。

横披需做边框（称为"仔边"）和棂条图案（称为"心屉"），仔边截面按0.13倍檐柱径×0.2倍檐柱径，棂条截面按1.8cm×2.4cm。

心屉花纹图案有步步锦、豆腐块、冰裂纹等，如图4-1-8所示。

步步锦心屉　　　　　　豆腐块心屉　　　　　　冰裂纹心屉

图4-1-8　横披

3. 门枕

门枕是承接门扇轴的下端轴窝构件，有用石块加工而成，称为"门枕石"，有用木方制作而成，称为"木门枕"，它卡在下槛之下，在室内的一端凿有轴窝（称为"海窝"）。门枕既起下槛垫木作用，又被固定作为门轴窝。木门枕其截面宽按0.8～1倍檐柱径，厚按0.4倍檐柱径，长按2倍檐柱径。

4. 门扇

门扇根据房屋建筑的形式和功能，分别采用：实榻门、棋盘门、撒带门、屏门等。

根据以上所述，木大门槛、框尺寸小结如表4-1-1所示。

表4-1-1　大门木构件尺寸综合表

构件名称	槛			框			
	上槛	中槛	下槛	抱框	门框	腰枋	余塞板
截面高（宽）	0.5倍檐柱径	0.6倍檐柱径	0.5～0.8倍檐柱径	0.6倍檐柱径	0.6倍檐柱径	0.25倍檐柱径	
截面厚	0.5倍檐柱径	0.6倍檐柱径	0.6倍檐柱径	0.6倍檐柱径	0.6倍檐柱径	0.6倍檐柱径	2～3cm
构件名称	横披			大门附件			
	仔边	棂条	走马板	木门枕	连槛木	门簪	
截面高（宽）	0.13倍檐柱径	1.8cm		1～0.8倍檐柱径	0.2倍檐柱径	φ0.48倍檐柱径	
截面厚	0.2倍檐柱径	2.4cm	2～3cm	0.4倍檐柱径	0.4倍檐柱径		
构件长				2倍檐柱径		六角头长 1.2倍直径	

4.1.3 何谓"实榻门"和"棋盘门"
——厚板实榻、框内镶板

1. 实榻门

实榻门是所有门扇中规格最高的一种门扇，它是用若干块厚板拼装而成，体大质重，非常坚固，故取名为"实榻"，多用于宫殿、庙宇、府邸等建筑的大门。

实榻门的门板厚一般为9～12cm，采用凸凹企口缝的木板相拼而成，背面用"穿带"将其连接加固，穿带根数根据门扇大小分为9、7、5根等三种，门扇正面用门钉和包叶加固，门钉纵横个数按穿带分为九路、七路、五路，如图4-1-9所示。

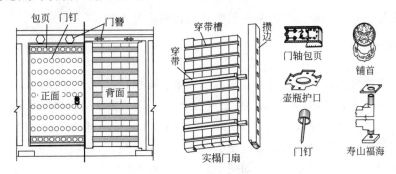

图 4-1-9　实榻大门及其配件

2. 棋盘门

它是指带边框的门扇，在框内镶拼木板，板背面用3～4根穿带连接成格状，故取名为"棋盘"，也有称它为"攒边门"。一般用作府邸、民舍的大门。

边框截面为0.3倍檐柱径×0.2倍檐柱径，板厚为框厚的1/3，如图4-1-10所示。

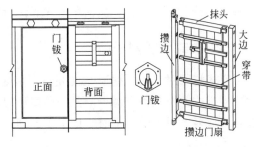

图 4-1-10　棋盘（攒边）大门构造

4.1.4 何谓"撒带门"和"屏门"
——穿带拼板、薄板相拼

1. 撒带门

撒带门是一种没有边框的板门，一般用3～5cm厚木板镶拼，5～7根穿带加固，穿带一边插入门轴攒边内，另一边用压带压住，让端头撒着，故取名为"撒带"。多用于街铺、作坊、居室等木门，如图4-1-11所示。

2. 屏门

屏门是一种较轻薄的木板门，安装在槛框内，上下左右无掩缝槽，板厚一般为2～3cm，背面穿带与板面平，门板上下两端做榫，用抹头加固。一般用作园林中的院墙、月洞等门，如图4-1-12所示。

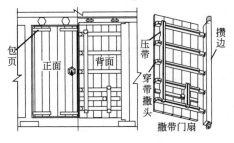

图 4-1-11　撒带大门构造

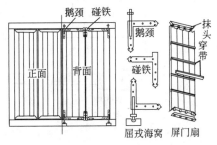

图 4-1-12　屏门构造

4.1.5 何谓"直拼门"、"贡式橕子对子门"、"将军门"

—— 直缝拼板门、成对窗形门、门第大门

这些门都是《营造法原》吸取宋、明时代风格的一些木门。

1. 直拼门

根据门的规模分为：直拼库门、直拼屏门、单面敲框档屏门等。其中：

直拼库门又称为"墙门"，它是指装于门楼上的大门。一般用较厚的木板实拼而成，因拼缝不裁企口而是直缝，故取名为"直拼库门"，相似于以上所述的实踏大门。

直拼屏门是指将门扇做成格子框，格子框的上下做成裁口，然后用木板直拼钉在框的裁口上，相当于现代建筑中的镶板门，如图 4-1-13（a）所示。

单面敲框档屏门是一种简单直拼门，即先将门扇做成扇框厚，直接在框的一面（即单面敲框档）钉直拼薄木板，相似于图 4-1-12 所示屏门。

2. 贡式橕子对子门

贡式橕子对子门，据说是元朝遗习规定"禁人掩户"，为便于随时检查而做的方便门。贡式即拱式，贡式橕子对子门是一种窗形门，即在窗框中安装木门扇，置于大门两侧成对安装，故取名为对子门，平时一般不予加锁。

3. 将军门

将军门是指显贵门户所做的门第大门（《营造法原》述：**门第进深一般为四界，前后作双步，宽一间或三间，将军门装于正间脊桁之下**），有似于北方垂花门。因它体积大、门板厚，门扇上方的额枋上安装"门刺（即门簪，又称阀阅）"，因显其气势威武而取名，如图 4-1-13（b）、（c）所示。

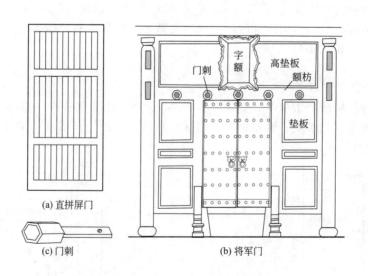

(a) 直拼屏门

(c) 门刺

(b) 将军门

字额　门刺　高垫板　额枋　垫板

图 4-1-13　直拼屏门与将军门

4.1.6 何谓"风门帘架余塞腿子"、"随支摘窗夹门"
——帘架门两边之余板、两支摘窗间之木门

1. 风门及帘架余塞腿子

风门是专门用来与隔扇相配合的格子门，在北方地区用得较多。由于隔扇比较高大，开关不太方便，为此，在隔扇外层加一道防风帘架，配以轻便灵活的风门以便出入，还可起到挡风保温的作用。在炎热的夏天，可将风门摘下，挂上帘子以遮挡蚊蝇，如图 4-1-14 中所示。

帘架余塞腿子是指风门两边的余塞板及其木框。为便于灵活开关，风门一般不能做得太大，在帘架内多余的部分，都可用挡板补做起来，风门之上的填补称为"帘架楣子"，风门两边的填补称为"余塞腿子"，如图 4-1-14 中所示。

2. 随支摘窗夹门

这是一般普通房屋所用大门或偏房所用房门。其中，支摘窗是指将槛框内的窗扇，上半扇做成可以支起、下半扇可以摘下的木窗。支窗部分多做成心屉，摘窗部分多做成木板。

夹门是指夹在两支摘窗之间的木门，因为这种门多与支摘窗连做，所以称为"随支摘窗夹门"，如图 4-1-15 中所示。

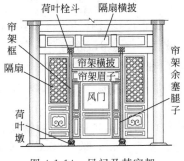

图 4-1-14　风门及其帘架

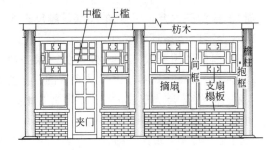

图 4-1-15　支摘窗与夹门

4.1.7 何谓"门光尺"，有何作用
——核查门洞尺寸的吉凶尺

围护结构上的门洞又称为"门口"，是上、下槛和门框之间安装门扇的洞口，门口尺寸的大小是决定门扇大小的依据。在我国古建筑中，由于长期受封建社会文化的影响，对门口尺寸的选择规定要按门光尺选取"吉门口"尺寸，梁思成先生在《营造算例》中也讲到："**门口高宽按门光尺定高宽，财病离义、官劫害福，每个字一寸八分**"。这就是说，以往的门光尺与我们现代尺不同，它没有十进位刻度标志，而是刻有"**财、病、离、义、官、劫、害、福**"等字代表吉凶的尺寸范围，"**财义官福**"为吉，"**病离劫害**"为凶，每个字的范围按一寸八分计算。这种规定带有一定封建意识，但实际上这一规定有似于现代建筑中所规定的一种门窗模数制，作为古人取尺的一个要求。为让读者了解其内涵，供作考查，在这里作一简介。

1. 门光尺

门光尺是我国封建社会文化中，用来确定门窗洞口尺寸的衡量工具，由于我国历史朝代

变迁和地域的复杂性，对门光尺的叫法很多，如：门公尺、门字尺、鲁班尺、鲁般尺等。在元明时期流传的《鲁般营造正式》和《鲁班经》书籍中，对鲁般尺作了如下介绍："**鲁般尺乃有曲尺一尺四寸四分，其尺间有八寸，一寸准曲尺一寸八分，内有财病离义官劫害吉也，凡人造门，用依尺法也。假如单扇门，小者开二尺一寸，压一白，般尺在义字上；单扇门开二尺八寸，在八白，般尺合吉；双扇门者用四尺三寸一分，合三绿一白，则为本门在吉字上；如财门者，用四尺三寸八分，合财门吉；大双扇门，用广五尺六寸六分，合两白，又在吉字上。今时匠人则开门四尺二寸，乃为二黑，般尺又在吉字上；五尺六寸者，则吉上二分加六分，正在吉中为佳也。皆用依法，百无一失，则为良匠也。**"

上述这段话的意思为："鲁般尺"一尺为 1.44 营造尺，每尺按 8 寸计，一寸"鲁般尺"为 1.8 营造寸，每寸分别用"财病离义官劫害吉"八个字命名。

其中**"假如单扇门，小者开二尺一寸，压一白，般尺在义字上"**，是说假设单扇门开口尺寸为 2.1 尺，因为一个字为 0.18 尺，2.1 尺 ÷ 0.18 尺 = 11.7 个字，依照八字法，由"财"至"吉"为 8 个字一循环，而 2.1 尺从"财"字向后数，数完 8 个继续由前向后，其 11 个字为"离"，故 11.7 落在"义"字上，即**般尺在义字上**。至于**"压一白"**，因我国古代有一派堪舆家，将《河图洛书》中的九宫，选配九种颜色进行编序，即一白、二黑、三碧、四绿、五黄、六白、七赤、八白、九紫，门光尺用此来断定开口尺寸尾数的吉凶，其中一白、六白、八白、九紫为吉数，其余为凶数。上述**"二尺一寸"**（即 2.1 尺），因尾数是 1，即 2.1 尺的 0.1 是压在"一白"上。

而**"单扇门开二尺八寸，在八白，般尺合吉"**，是因为 2.8 尺 ÷ 0.18 尺 = 15.6 字，正好为"财→吉"两个循环，15.6 落在"吉"上；又因 2.8 最后一位是 8，故为"八白"。

对**"双扇门者用四尺三寸一分，合三绿一白，则为本门在吉字上"**，因为 4.31 尺 ÷ 0.18 尺 = 23.9 字，即 24 个字，正好是八字的三个循环，第 24 个落在"吉"上，又因 4.31 的尾数为 3 和 1，故符合"三碧一白"。其他以此类推。

门光尺的形式如图 4-1-16 所示，尺的四面刻有不同的词语，如北京故宫博物院内珍藏的一把门光尺有 46cm 长，约合清制营造尺一尺四寸四分，宽 5.5cm，厚 1.35cm，尺的两大面各分 8 格，一面写有"财木星、病土星、离土星、义水星、官金星、劫火星、害火星、吉金星"，另一面写有"贵人星、天灾星、天祸星、天财星、官禄星、孤独星、天贼星、宰相星"。尺的一侧写有"春不作东门，夏不作南门，秋不作西门，冬不作北门"，另一侧为"大月从下数上，小月从上数下，白圈者吉，人字损人，刀字损畜"。

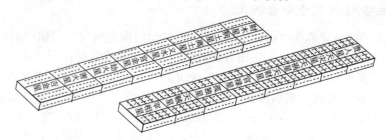

图 4-1-16　北京故宫博物院的门光尺

2. 门光尺的应用

关于门光尺的应用，最早在南宋《事林广记》别集卷六中，有一段述及"鲁般尺法"，即**"用尺之法，从财字量起，虽一丈十丈皆不论，但于丈尺之内量取吉寸用之，遇吉星则吉，遇凶星则凶"**。其意是说，用门光尺丈量时，从财字量起，无论是量得一丈还是十丈，均不作为取定依据，而应以丈尺之内的"寸"数来确定吉凶，若寸落在吉星上，则该丈量数为吉，可用；若寸数落在凶星上，则丈量数为凶，不可用。

由上述可知，门光尺的应用基本方法是按丈量出"尺"数以后的尾数"寸"来确定吉凶。也就是说，在以往的古建筑工程中，丈量工程的尺寸都为"营造尺"，丈量出尺寸数后，再以门光尺定吉凶。营造尺是 10 进位，即一营造尺＝10 营造寸；门光尺是 8 进位，一门光尺＝8 门光寸。而一营造尺＝1.44 门光尺，则 1 营造寸＝1.44÷0.8＝1.8（门光寸），由于只用尺后的尾数"寸"，因此，将营造寸换算成门光寸的公式为：

门光尺尾数"寸"＝营造尺的总寸数÷1.8－其中符合整门光尺的寸数

将换算后的寸数，从财字起对照图 4-1-17，即可定出吉凶。但清《工程做法则例》中所载门诀的吉数，均是从吉字起。从图 4-1-17 可以看出，以"4"为中心，八个字的吉凶均是对称的，因此，无论从财或从吉开头，都可以取得一致的结果。现举例叙述如下。

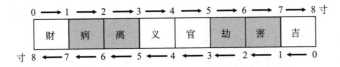

图 4-1-17　门光寸吉凶对照图

【例 1】 设有一门口高为 7.8 营造尺，宽为 5.8 营造尺，请确定可否使用？

解：依题，高为 78 营造寸，宽为 58 营造寸。换算门光寸为：

高：门光寸＝78÷1.8＝43.3（门光寸），在 43.3 门光寸中含有整数门光尺 5 个，即5×8＝40（门光寸），因此，去掉整尺数的尾数为：43.3－40＝3.3（门光寸）。对照图 4.1.17中，从"财"起，3 寸→4 寸为"义"或从"吉"起，3 寸→4 寸为"官"。

宽：门光寸＝58÷1.8＝32.2（门光寸），在 32.2 门光寸中含有整数门光尺 4 个，即4×8＝32（门光寸），因此，去掉整尺数的尾数为：32.2－32＝0.2（门光寸）。对照图 4.1.17中 0 寸→1 寸为"财"或"吉"。

所以高宽尺寸都为吉数，可用。

【例 2】 设有一门口高为 5.5 营造尺，宽为 2.44 营造尺，请确定可否使用？

解：依题，高为 55 营造寸，宽为 24.4 营造寸。换算门光寸为：

高：门光寸＝55÷1.8＝30.6（门光寸），在 30.6 门光寸中含有整数门光尺 3 个，即3×8＝24（门光寸），因此，去掉整尺数的尾数为：30.6－24＝6.6（门光寸）。对照图 4-1-17中，6 寸→7 寸为"害"或"病"。

宽：门光寸＝24.4÷1.8＝13.6（门光寸），在 13.6 门光寸中含有整数门光尺 1 个，即1×8＝8（门光寸），因此，去掉整尺数的尾数为：13.6－8＝5.6（门光寸）。对照图 4-1-17中，5 寸→6 寸为"劫"或"离"。

所以高宽尺寸都为凶数，不可用，需改用门口数。

3. 门口尺寸的取定

门口是指安装门扇的洞口，它是确定门扇大小的依据，门口尺寸的取定，古往今来没有硬性的规定，一般都是根据建筑物的用途和进出交通需要而进行拟定，但一般情况下，口宽与口高之比为（1：1.2）～（1：2）。

在确定门口尺寸时，首先拟定口宽尺寸，它必须根据进出人流、搬运物件等需要进行拟定，然后根据房屋规模的大小，选取比例拟定口高，当宽高尺寸拟定后，再按门光尺的要求，确定吉凶尺寸。

为了便于取定门口尺寸，清《工程做法则例》卷四十一，载有一些符合吉数的门口尺寸，称为"门诀"，分别选编为：财门 31 个，义顺门 31 个，官禄门 33 个、福德门 29 个，共计 124 个吉数，供确定门口吉凶使用，它们都是从"吉"字起量到"财"字。现将此"门诀"摘录于表 4-1-2，供有兴趣者研究参考。

为了印证表 4-1-2 门诀是否为吉数，我们按上法，在四个吉门中各选择一个数，进行一下验算（验算数在门诀表中用异体字表示）。

（1）财门中"二尺七寸二分"验算

27.2÷1.8＝15.1（门光寸），而 15.1－1×8＝7.1（门光寸），对照图 4-1-17 为"吉"。

（2）义顺门中"六尺五寸一分"验算

65.1÷1.8＝36.2（门光寸），而 36.2－4×8＝4.2（门光寸），对照图 4-1-17 为"义"。

（3）官禄门中"一丈七寸六分"验算

107.6÷1.8＝59.8（门光寸），而 59.8－7×8＝3.8（门光寸），对照图 4-1-17 为"官"。

（4）福德门中"八尺七寸五分"验算

87.5÷1.8＝48.6（门光寸），而 48.6－6×8＝0.6（门光寸），对照图 4-1-17 为"吉"。

表 4-1-2　清《工程做法则例》卷四十一"门诀开口"

财门			义顺门		
二尺七寸二分	二尺七寸五分	二尺七寸九分	二尺一寸八分	二尺二寸二分	二尺二寸五分
二尺八寸二分	二尺八寸五分	四尺一寸六分	二尺三寸	二尺三寸三分	三尺六寸二分
四尺一寸九分	四尺二寸二分	四尺二寸六分	三尺七寸三分	三尺七寸六分	五尺五寸
四尺二寸九分	五尺一寸六分	五尺一寸九分	五尺九寸	五尺一寸二分	六尺五寸
五尺五寸	五尺六寸一分	五尺六寸三分	六尺五寸一分	六尺五寸三分	六尺五寸七分
五尺六寸七分	五尺七寸	五尺七寸一分	六尺六寸一分	六尺六寸四分	七尺九寸三分
七尺四分	七尺七分	七尺一寸一分	七尺九寸六分	八尺一寸	八尺四寸
七尺一寸六分	八尺四寸七分	八尺五寸一分	八尺七寸	九尺三寸七分	九尺四寸
八尺五寸三分	八尺六寸	九尺九寸一分	九尺四寸四分	九尺四寸七分	九尺五寸
九尺九寸五分	九尺九寸八分	一丈二分	一丈八寸二分	一丈八寸四分	一丈八寸七分
一丈五分			一丈九寸五分		
官禄门			福德门		
二尺一分	二尺四分	二尺八分	二尺一分	二尺九寸	二尺九寸四分
二尺一寸一分	二尺一寸四分	二尺四寸四分	二尺九寸七分	三尺四分	三尺四寸四分
三尺四寸五分	三尺四八六分	三尺五寸二分	四尺三寸一分	四尺四寸一分	四尺四寸五分
三尺五寸六分	三尺五寸九分	四尺八寸九分	五尺七寸七分	五尺八寸四分	五尺八寸八分
四尺九寸二分	四尺九寸五分	四尺九寸八分	五尺九寸一分	七尺二寸一分	七尺二寸四分
五尺一分	六尺三寸三分	六尺三寸六分	七尺二寸八分	七尺三寸一分	七尺三寸四分
六尺四分	七尺七寸六分	七尺七寸九分	八尺六寸五分	八尺六寸八分	八尺七寸一分
七尺八寸三分	九尺一寸九分	九尺二寸二分	八尺七寸五分	八尺七寸八分	一丈七分
九尺二寸六分	九尺二寸九分	九尺三寸三分	一丈八分	一丈一寸二分	一丈一寸九分
九尺八寸六分	一丈六寸四分	一丈六寸七分	一丈一尺一寸	一丈二寸三分	
一丈七寸	一丈七寸三分	一丈七寸六分	注：凡带下划线者，是经验算后发现有错的数据。		

4.1.8　木隔扇的结构是怎样的

——长窗、格子门

木隔扇既可作为围护结构的屏障，也可兼作廊内厅堂大门。作为围护结构者，清制称为"外隔扇"，《营造法原》称为"长窗"。作为厅堂大门者，宋制称为"格子门"。它是在大门的两边或在大门之内作为厅堂的屏障。隔扇的外框同大门一样做有上中下槛、长短抱框和横披等，其结构规格同木大门所述，但不做腰枋、余塞板和门枕，它们分别用隔扇和木榀（即转轴窝）取代，如图 4-1-18 所示。

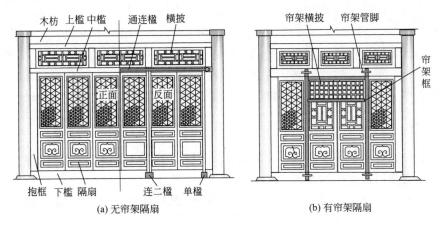

图 4-1-18　木隔扇

木隔扇一般以房屋开间为单位，按双数设置，分为四扇、六扇、八扇、十扇等。隔扇的槛框构件同大门的槛框相同，详见大门槛框所述。而每扇隔扇本身的组成构件由：上、中、下抹头，左、右边框，心屉，绦环板，裙板等组成。

每扇隔扇大致上可分为上下两段，上段为心屉，下段为绦环板和裙板，下段与上段之长为四六开，即所谓"四六分隔扇"，如图 4-1-19(a) 所示，隔扇宽高之比，外檐一般为(1:3)～(1:4)，而内檐可达（1:5)～(1:6)。

隔扇的形式常以抹头多少而划分，有二、三、四、五、六抹头等形式，如图 4-1-19(b) 所示。抹头和边框的截面尺寸，看面宽按 0.1 倍扇宽，厚为 1.5 倍看面宽。

心屉由仔边和棂条组成，仔边截面尺寸按抹头尺寸的 0.6 取定；棂条截面仍为"六八分宽厚"，即 6 分（约 2cm）宽，8 分（约 3cm）厚。

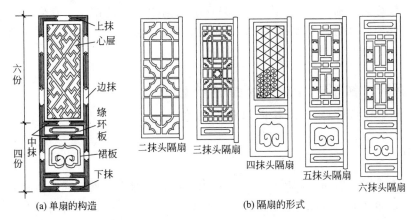

图 4-1-19　单扇隔扇的构造

绦环板高，一般按 2～3 倍抹头看面宽，除掉抹头和绦环板所占之高度后，就是裙板的高度。绦环板和裙板的厚度，均按 1/3 边框宽。

有的隔扇还装有帘架，它是悬挂帘子的木架，用于防避蚊蝇，安装在经常开启的隔扇上。木架由上中抹头、边框和横披等组成。边框用掐子（管脚）固定在中下槛上，如图 4-1-19(b) 所示。帘架各构件的截面尺寸与隔扇相同或稍小。

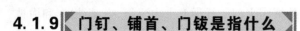

4.1.9 门钉、铺首、门钹是指什么
——大门装饰铁件

1. 门钉

门钉是钉于实踏大门或将军门正面的装饰钉，它可加强门板与穿带的紧固，按房屋建筑等级的穿带个数，采用九路、七路、五路等进行装钉，如图4-1-20中门钉所示，门钉直径按门扇里攒边（或大边）的宽度来确定。

2. 铺首、门钹

铺首即装饰性拉手。为铜质贴金，形如雄狮兽面，用于宫廷大门，起象征威严和尊严的作用。兽面直径按门钉直径的2倍。

门钹是用于次要大门上的装饰性拉手，六角形铜质铁件，其直径按门扇大边宽度来确定。

4.1.10 大门包叶、寿山福海是指什么
——门扇转轴护围铁件

1. 大门包叶

大门包页又称"龙叶"，是用于包裹大门门扇上下端转轴的铁件，一般采用铜制或铁制溜金，表面鋆钑蟠龙流云，用小泡头钉钉固，如图4-1-20中大门包叶所示。

2. 寿山福海

它是指对门扇转轴所用的套筒、护口、踩钉、海窝等铁件的统称。门扇的上转轴称为"寿山"、下转轴称为"福海"。其中，套筒是保护门扇木转轴的铁件，套住木轴后，用踩钉固定。护口是保护门轴防止磨损的铁件，可做成方形或壶瓶护口。海窝是门轴槽窝铁件，管住门轴产生位移，如图4-1-20中寿山福海所示。

4.1.11 面叶、鹅项、屈戌海窝是指什么
——隔扇装饰铁件、轻便门转轴铁件

1. 面叶

面叶是用于隔扇和槛窗扇的扇框上装饰加固铁件，一般采用铜制或铁制溜金，钉在边框上。根据镶贴位置不同分为：单拐角叶、双拐角叶、看叶、双人字叶等，如图4-1-20（b）所示。

2. 鹅项、屈戌海窝、碰铁

这都是用于屏门或风门上的铁件。其中：鹅项是安装在门扇转轴一侧的门轴铁件，上下各一个，作为门扇的转轴。屈戌海窝是承接下鹅项的固定铁件。碰铁是安装在门扇上，作为关门时与上下槛框碰头的铁件，阻挡门扇不过槛框。

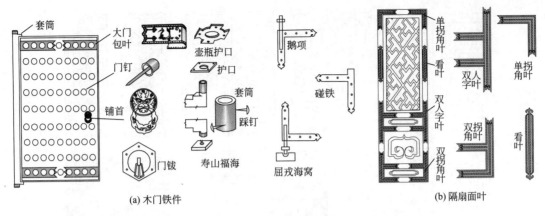

(a) 木门铁件　　　　　　　　　　　　　(b) 隔扇面叶

图 4-1-20　木门隔扇铁件

4.1.12 木隔扇心屉与裙板的图案有哪些
——步步锦、灯笼锦、龟背纹等

1. 隔扇图案

较常用的心屉图案有：步步锦、灯笼锦、龟背纹、盘肠纹、拐子锦、冰裂纹、万字纹、菱花锦等。

步步锦即步步紧，它是指用横直棂条所形成的空格，由外至内逐渐减少，步步缩紧之意，如图 4-1-21(a) 所示。

灯笼锦即用棂条做成近似灯笼形状的图案，如图 4-1-21(b) 所示。

龟背纹的图案有似乌龟背壳花纹，如图 4-1-21(c) 所示。

盘肠纹为斜线交叉成井字的图案，如图 4-1-21(d) 所示。

拐子锦即将图案做成直角拐弯的花形，如图 4-1-21(e) 所示。

冰裂纹是一种随意形的花纹，将棂条以不同角度拼接而成，有似冰冻裂纹，如图 4-1-21(f) 所示。

万字纹即做成以卐形为主的花纹，如图 4-1-21(g) 所示。

菱花锦分为双交四椀菱花和三交六椀菱花，即指由四个花瓣和六个花瓣所组成的花纹，如图 4-1-21(h)、(i) 所示。

2. 裙板图案

裙板的图案是用细棂条拼钉在裙板上而成，所以对棂条的大小没有强度上的要求，只要便于拼成花纹即可，较常用的图案如图 4-1-22 所示。

4.1.13 何谓"宫式、葵式、整纹、乱纹"
——图案线条的直、曲、连、断之规律

《营造法原》将心屉称为"芯仔"，除 4.1.12 所述心屉图案外，还可派生出其他很多花样，为此，《营造法原》将其芯仔图案归纳为：宫式、葵式、整纹、乱纹四种类型，如图 4-1-23 所示。

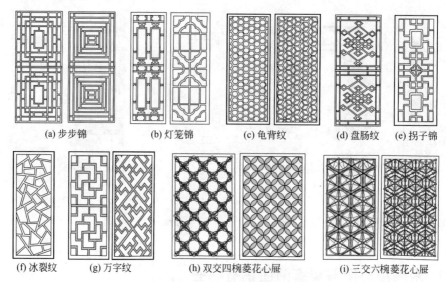

| (a) 步步锦 | (b) 灯笼锦 | (c) 龟背纹 | (d) 盘肠纹 | (e) 拐子锦 |

| (f) 冰裂纹 | (g) 万字纹 | (h) 双交四椀菱花心屉 | (i) 三交六椀菱花心屉 |

图 4-1-21　心屉常用图案

图 4-1-22　裙板常用图案

宫式是指心屉花纹图案，以直线条为主，采用直角形拐弯的花式。

葵式是在宫式花纹基础上，于花纹线条端头做有带钩形装饰头的花式。

整纹是指将零碎花纹用环线和圆结子连接成整体花纹。

乱纹是指花纹线条有间断、粗细不一的花纹。

 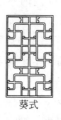 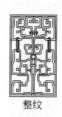 

| 宫式 | 葵式 | 整纹 | 乱纹 |

图 4-1-23　《营造法原》芯仔图案

4.1.14　仿古建筑的木窗结构是怎样的

——槛窗、支摘窗、牖窗

仿古建筑中常用的木窗有三种，一是大式建筑所用的"槛窗"，二是小式建筑所用的"支摘窗"，三是院墙上作观赏用的"牖窗"，其构造各有区别。

1. 槛窗

这种窗同大门一样，它是在槛框的基础上安装窗扇而成，故取名为"槛窗"。它由：上槛、中槛、枫槛、榻板、抱框、心屉、通连槛等组成。槛窗扇实际上是将隔扇裙板以下去掉而成，所以其结构构造与隔扇相同。

而其中的枫槛就是木窗的下槛，但因不贴地面，固定在榻板上，故更名为枫槛，枫槛看面高按 0.5 倍柱径,厚按 0.3 倍柱径。

榻板是窗底下皮封盖砖墙的木板,即现代建筑中的木窗台板,榻板看面高按 0.35 倍柱径,厚按 1~1.5 倍柱径。

通连槛即简易的门槛木,两端挖有轴窝,是固定两扇窗扇,上转轴的横木。

槛木是固定窗扇下转轴的海窝木,若只有一个海窝者,称为"单槛木";挖有两个海窝者,称为"连二槛",即它可承接相邻两个窗扇的转轴。

其他构件与尺寸,均与木门槛框或隔扇相同,如图 4-1-24(a) 所示。

2. 支摘窗

这是以窗扇的开启方式而命名的木窗,它的窗扇分为上下两扇,上扇向外支起,下扇可以摘下。它的槛框由替桩、榻板、抱框、间框等组成。因这种木窗没有通连槛,故将上槛更名为替桩,其构件尺寸与上述相同,如图 4-1-24(b) 所示。

支摘窗在槛框内做有上、中、下抹头和边框组成的固定扇框,中抹头以上安装支扇,其下为摘扇。抹头和边框的看面宽按 0.22 倍柱径,厚按 0.15 倍柱径取定。

支扇分里外两层,外层为有仔边的棂条心屉(常为豆腐块或步步锦),在其上糊纸或装玻璃;内层为装纱心屉。

摘扇也有里外两层,内层为仔边玻璃扇,外层为薄板拼成的护窗板,白天摘下,晚上装上。支摘扇的用料均按隔扇心屉的 0.7 倍取定。

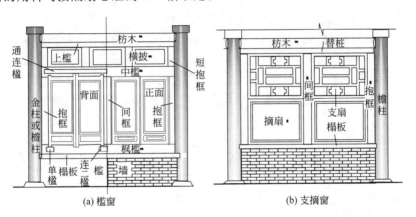

(a) 槛窗   (b) 支摘窗

图 4-1-24 槛窗与支摘窗

3. 牖窗

(1) 牖窗形式与类别

牖即院墙上的窗洞,在仿古建筑中有各种形式的窗洞,如月洞、扇面、六角、十字、方胜、花瓶、仙桃等,如图 4-1-25 所示,都统称为"牖窗",也有称它为"什锦窗"的。

牖窗的构造有三种,即:镶嵌牖窗、单层牖窗和夹樘牖窗。其中:

镶嵌牖窗是镶嵌在墙壁上不透空的牖窗,即半墙厚窗洞,只起装饰作用。

单层牖窗又称为"漏窗",是墙壁上的透空窗洞,既通风透景,又起装饰作用,是园林建筑中用得最多的一种牖窗。

夹樘牖窗又称"夹樘灯窗",它是在窗洞墙的两面各安装一窗框,镶嵌玻璃或糊贴花纸,内空心装灯照明。

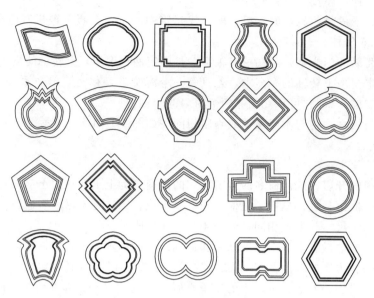

图 4-1-25　牖窗常用样式

（2）牖窗的构造

牖窗的主要作用是点缀景点，故一般不做窗扇，洞口径尺多在 70～120cm。其构造由桶座、边框、仔屉、贴脸等组成，如图 4-1-26 所示。其中：

桶座，它是紧贴窗洞壁的桶状垫板，其长与墙厚同，可用厚 1～1.5cm 木板拼制。

边框，即窗框，牖窗骨架，其截面为（3cm×4cm）～（4cm×5cm）。

仔屉，用作装饰心屉，其截面为 2cm×3cm，它根据需要可用可不用。

贴脸，是墙的外观面，遮盖桶座与砖墙衔接缝口的木板，板厚一般为 1～1.5cm，板宽8～12cm。

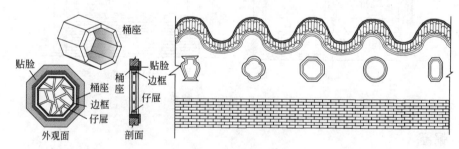

图 4-1-26　牖窗构造

4.1.15　槛窗心屉的宫式、葵式、槟式是指什么
——吴制短窗扇心屉图案

它们是指《营造法原》短窗（即槛窗）的心屉图案。槛窗心屉与隔扇心屉基本相同，但《营造法原》将各种心屉图案归纳成古式木窗心屉和仿古式木窗心屉。

古式木窗心屉有：宫式、葵式、万字式、乱纹式等花纹图案，如图 4-1-27（b）所示。

仿古式木窗心屉为：方槟式、角槟式、满天星式、冰裂纹式等花纹图案，如图 4-1-27（c）所示。

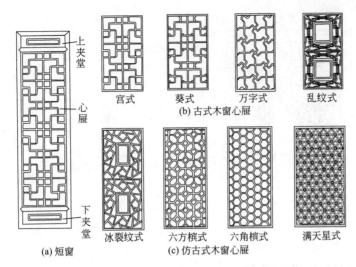

图 4-1-27　《营造法原》短窗心屉图案

1. 宫式与葵式

宫式是指花纹图案为直线加直角形拐弯的一种花饰。

葵式是指在宫式基础上，花纹的头尾都带有勾形装饰头的花饰。

2. 万字式与乱纹式

万字式是指花纹图案是以卐形连接而成的图案。

乱纹式即自由式，或者是带有弯曲线条的葵式图案，或者是间断线条的花纹，或者是多种花形组合的图案。

3. 各方槟式、六八角槟式、满天星

槟即指拼，六八角槟式是指以六角形或八角形为主所拼成的花纹图案。

各方槟式是指除六八角以外的带角形图案拼接而成的花纹，如冰裂纹、步步锦等。

满天星是指花形较密的图案，如三交四椀式、双交六椀式等，如图 4-1-21(h)、(i) 所示。

4.1.16 | 门栊、门槛、连楹木、楹木、摇梗有何区别

——承托固定门轴的木构件

"连楹木"是指安装在门扇顶部中槛上的室内一侧，用于装钉门扇轴的长条形木构件，《营造法原》称为"门楹"。供两扇门共同使用的通长连楹木称为"通连楹"，《营造法原》称为"连楹"，用钉固定在中槛上，如图 4-1-28(a)、(b) 所示。

在比较高级的大门中，为了增强其装饰效果，常将连楹木外边缘剔凿成凸凹形的弧边，称为"门栊"，用门簪与中槛连接，如图 4-1-28(c) 所示。

"楹木"是用于一般性门窗中，固定扇框转轴下端的海窝木构件，若只有一个海窝者，称为"单楹木"，若挖有两个海窝者，称为"连二楹"，用于承接相邻两个门窗扇的转轴，如图 4-1-28(d)、(e) 所示。

"摇梗"是《营造法原》的称呼，即指门窗扇的转轴，上端套入门栊、连楹木轴窝内，下端套入楹木的轴窝内。

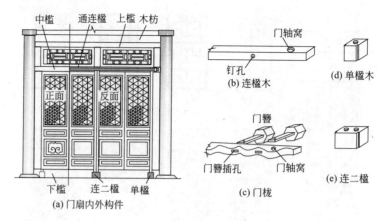

图 4-1-28　门轴构件

4.2　砖墙砌体围护结构

4.2.1 前檐槛墙围护结构是怎样的

——十字缝、海棠池、落堂心、琉璃贴面砖等

前檐部分的墙体是指房屋正面的砖砌墙体，庑殿、歇山、悬山建筑前檐的砖砌墙体一般都只做成槛墙，而硬山建筑前檐，则根据其是否带有走廊，其构造也有所不同。

无廊硬山建筑的前檐，其砖砌墙体有两处，一是木窗槛框以下的承托墙体，称为"槛墙"；二是山墙在前檐的延伸部分，称为"墀头"。除这两部分外，其他都是木门窗结构。

有廊硬山建筑的前檐，除有槛墙和墀头外，还有廊道两端的碰头墙，与槛墙转角相交。它既是山墙的里向面，又是廊道的正面，因此，一般都要求进行特殊装饰。

这里我们只介绍槛墙的构造。

槛墙是指槛窗枫槛下面木榻板之下的矮墙，如图 4-2-1（a）所示，其高一般为檐柱高的 0.3 倍或 1/3，墙厚里外包金相等，以柱中心点连线为轴，各按 0.5 倍檐柱径加 5cm；墙长按开间距离，两端砌成八字与柱连接。

槛墙外观面一般要求较高，多采用干摆墙或丝缝墙，可用十字缝做法、落堂心做法、海棠池做法，或琉璃贴面砖做法等。

1. 十字缝做法

十字缝做法，是指将砖平摆横砌，上下相互对中错缝的一种砌法。因为它看起来比较均匀一致，故一般性建筑多采用，如图 4-2-1（b）所示。

2. 落堂心做法

落堂心做法，是指将槛墙墙心部分向里凹进一方块，使四周突出以将墙心围成凹塘，此称为"落堂"。堂心部分可用方砖或条砖砌成斜纹、人字纹或拐子纹等，如图 4-2-1（e）所示。

3. 海棠池做法

海棠池做法，是先用条砖加工成凹角形（称窝角棱）或凸角形（称核桃棱）的线砖，然

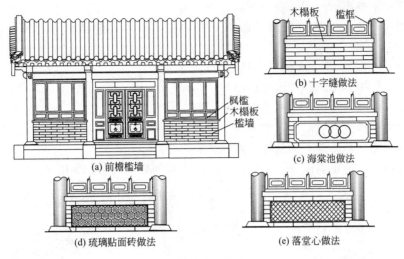

图 4-2-1 槛墙

后将槛墙中部围成一圈长方块，称为"砖池子"，池子内可用方砖砌成光面，也可用雕刻砖砌成所需要的花纹，如图 4-2-1(c) 所示。

4. 琉璃贴面砖做法

琉璃贴面砖做法，是指用窑制成品琉璃砖砌筑，也可在砖墙体表面采用釉面砖进行镶贴，如图 4-2-1(d) 所示。

4.2.2 里外包金、墀头是指什么

—— 砖墙内外皮与轴线之距离、山墙之墙垛

1. 里外包金

古建筑的砖墙体虽然不是承重结构，但一般都比较厚，为了标明砖砌墙体厚度，在清制建筑中，将柱轴线与墙体边线的距离称为"包金"，轴线至外墙面的距离称为"外包金"，轴线至里墙面的距离称为"里包金"，如图 4-2-2 所示。里外包金尺寸，依墙体类型不同有所区别。其中：

窗下槛墙：里外包金均为 0.5 倍檐柱径加 5cm。

通高檐墙：外包金为 $1.5 \sim 1.7$ 倍檐柱径，里包金为 0.5 倍檐柱径加 6cm。

两端山墙：外包金为 $1.5 \sim 1.7$ 倍山柱径，里包金为 0.5 倍山柱径加 6cm。

2. 硬山墀头的构造

墀头又称"腿子"，是硬山建筑山墙在前檐的延伸部分，相当于现代山墙转角处的墙垛。整个墀头的尺寸按下述确定：

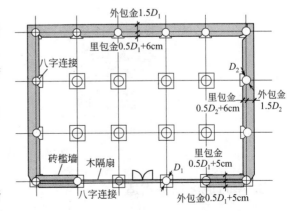

图 4-2-2 砖墙体围护结构平面图
D_1—檐柱径；D_2—山柱径

墀头长度＝下檐出－台明小台－下肩花碱

式中　下檐出——按 0.8 倍上檐出［即 1.2.13 表 1-2-9 中（檐椽出＋出跳＋飞椽出）合计值］；

　　　台明小台——按 0.4～0.8 倍檐柱径；

　　　下肩花碱——按 0.1～0.17 倍砖料厚。

墀头厚度以山墙外包金尺寸向里加 1 寸即可。

墀头同山墙一样分为三部分，即下肩、上身、盘头。其中下肩和上身做法与山墙相同，以便连接为一个整体，而盘头部分需重点装修。

盘头是连接山尖的正面部分，它的做法具有很强的装饰效果，如图 4-2-3 所示。

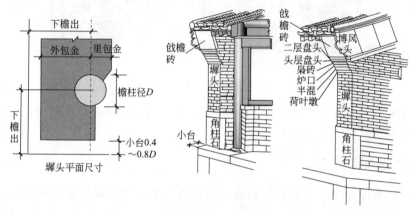

图 4-2-3　墀头构造

盘头是墀头的梢尖部分，故又称为"梢子"，一般采用六层盘头或五层盘头做法。六层盘头的砖构件名称，由下而上为：荷叶墩、半混、炉口、枭砖、头层盘头、二层盘头，再上就是戗檐砖，如图 4-2-4(a) 所示，五层盘头较六层盘头少一炉口砖。

盘头挑出尺寸依砖料规格有所不同，各层挑出大致参考尺寸可按：荷叶墩为 1 砖厚、半混为 1.2 砖厚、炉口为 0.5 砖厚、枭砖为 1.5 砖厚、头层二层盘头与枭砖平。

但也有些房屋采用挑檐石，将挑檐石的端面加工成近似盘头形状，以此来代替五层盘头的砖梢子，如图 4-1-5(c) 中"挑檐石"所示。

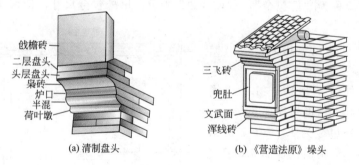

(a) 清制盘头　　　　　　　(b)《营造法原》垛头

图 4-2-4　盘头

3. 南方地区垛头构造

《营造法原》称墀头为"垛头"，在第十三章述"垛头墙就形式可分三部，其上为挑出承檐部分，以檐口深浅之不同，其式样各异，或作曲线，或作飞砖，或施云头、绞头诸饰。中部为方形之兜肚。下部为承兜肚之起线，作浑线、束线、文武面等，高自一寸半至二寸。自墙而上，渐次挑出"。如图 4-2-4(b) 所示，上部为三飞砖（即三层砖，层层挑出），中部为兜肚砖（即由一块大方砖雕刻线槽而成），下部为承托砖文武面（半凸半凹弧面）和浑线砖（半圆弧凸面）。

4.2.3 "廊门桶子"、"廊心墙"是指什么

——廊道端头留门洞或堵墙

有廊硬山建筑的房屋前檐，除有槛墙和墀头墙外，还有廊道两端的碰头墙，该墙体根据廊道使用功能不同分为做有门洞和不做门洞两种，做有门洞的称为"廊门桶子"，不做门洞的称为"廊心墙"。

1. 廊门桶子

"廊门桶子"根据门洞尺寸做成门框，称为"吉门"，在吉门的洞顶上，用加工的砖件砌成"落堂心"框，在木构架抱头梁和穿插枋之间的空隙用有雕刻的花砖进行镶砌，如图 4-2-5(a)所示。

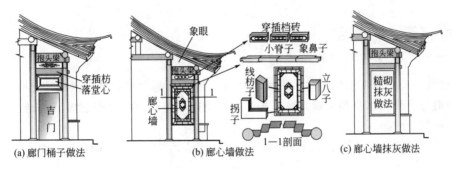

(a) 廊门桶子做法　　(b) 廊心墙做法　　(c) 廊心墙抹灰做法

图 4-2-5　碰头墙做法

2. 廊心墙

"廊心墙"即廊道端头之堵头墙，同山墙一样分为下肩、上身和三角部分。下肩做法与山墙做法相同，具体详见后面所述。上身可以采用落堂心做法，也可采用糙砌抹灰做法，如图 4-2-5(b)、(c) 所示。三角形部分称为"象眼"，可做清水墙勾缝，也可进行抹灰。

4.2.4 何谓"直线檐、抽屉檐、菱角檐、鸡嗉檐"

——三挑砖之砖檐

这些都是"封后檐"做法中檐口砖比较简单的几种檐口砌法形式，是三层以内的挑檐砖。

1. 直线檐

"直线檐"是指檐口挑出的砖砌成一水平横线，檐口砖不做任何加工，是最简单的一种檐口做法，一般只有两层，如图 4-2-6(a) 所示。

2. 抽屉檐

"抽屉檐"有三层挑砖，中间一层用条砖或半宽砖按间隔空隙砌筑，如同抽屉形，如图 4-2-6(b) 所示。

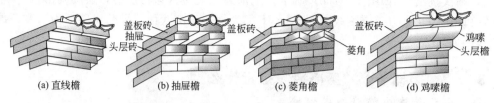

图 4-2-6　直线檐、抽屉檐、菱角檐、鸡嗉檐

3. 菱角檐

"菱角檐"也为三层挑砖，中间一层用斜角砖，斜角向外砌筑，如同菱角，如图 4-2-6（c）所示。

4. 鸡嗉檐

"鸡嗉檐"也只有三层，将中间一层砖加工成弧形（称此为半混砖），如同鸡嗉，如图 4-2-6(d) 所示。

4.2.5 何谓"冰盘檐"
——四挑砖以上的复杂砖檐

"冰盘檐"是指砖砌檐口的花纹形式有似冰裂纹形，是"封后檐"做法中最优美的一种砖檐，一般分为细砌冰盘檐和糙砌冰盘檐。其中细砌是指使用经过细磨加工的砖；糙砌是使用未经细磨加工的砖。

冰盘檐根据挑出的层数分为四层至八层，每层砖依其形状冠以不同名称，如图 4-2-7 所示。

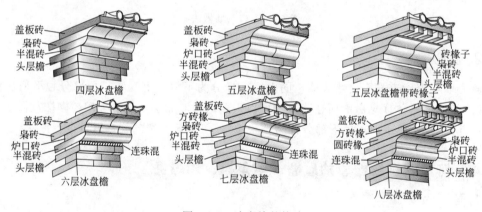

图 4-2-7　冰盘檐的构造

4.2.6 什么是"头层檐"及"盖板砖"
——挑檐砖的第一层和最后一层

这是指对檐口砖中开头砖和收尾砖的一种称呼，头层檐是指檐口砖第一层挑出的砖，起承接作用，如图 4-2-7 所示。

盖板砖是檐口砖砌筑完成的最后一层砖。它们都是采用砌墙所用的砖料，不需另行加工，如图 4-2-7 所示。

4.2.7 什么是"枭砖"、"半混砖"、"炉口砖"
—— 砖边缘弧面加工形式

1. 枭砖

枭有似枭雄之意，即将砖面加工成先尖挺凸出，而后弧形内凹之形式，如图 4-2-8 所示。

2. 半混砖

在仿古建筑中，对圆弧形截面称之为"混面"或"浑面"，当为半圆弧者称为"圆混"，当为 1/4 圆弧者称为"半混"。在《营造法原》中对其凸弧在上者▬称为上托混，凸弧朝下者▬称为下托混。

3. 炉口砖

炉口砖是将砖加工成与半混砖相反的凹弧形式，是枭砖与半混砖之间的过渡形式，如图 4-2-8 中所示。

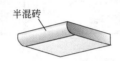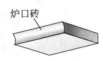

图 4-2-8 枭砖、半混砖及炉口砖

4.2.8 什么是"连珠混"及"砖椽子"
—— 砖边缘加工成方圆椽子形式

连珠混是指将砖的看面加工成若干个半圆珠形，使之成为串珠形式，如图 4-2-7 所示。

砖椽子是模仿木椽子截面，将砖剔凿成若干椽子形式。剔凿成矩形截面者，简称为"砖椽子"，剔凿成圆形截面者，称为"圆椽子"，如图 4-2-9 所示。

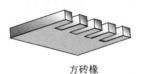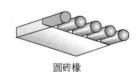

方砖椽　　　　圆砖椽

图 4-2-9 砖椽子

4.2.9 硬悬山建筑山面墙体围护结构是怎样的
—— 硬山尖、封火墙、五山花

硬山建筑山面砖墙体常采用硬山尖形式和封火墙形式。悬山建筑多采用"五花山"或"挡风板"做法。

1. 硬山尖形式

硬山尖山墙分为：上身、下肩、山尖三部分。

（1）山墙上身

上身是指下肩与山尖之间的部分，墙厚较下肩墙面的外皮退进一个距离，称为"退花碱"，花碱尺寸一般为 0.1～0.17 倍砖料厚。

墙身砌筑可较下肩降低一级，可为丝缝墙、淌白墙或糙砖墙；还可采用"五进五出"的丝缝墙做边，中间为糙砖墙抹灰做法，如图 4-2-10（b）所示。

（2）山墙下肩

下肩是指台明以上 1/3 檐柱高的部分，墙厚以柱中线分为里包金和外包金，其中大式建筑里包金按 0.5 倍山柱径加 2 寸或 6cm，外包金按 1.5～1.7 倍山柱径；小式建筑里包金按 0.5 倍山柱径加 1.5 寸或 5cm，外包金按 1.5 倍山柱径。

下肩墙体一般采用标准较高的干摆墙、丝缝墙或淌白墙，转角部分一般采用角柱石加固，如图 4-2-10（b）所示。

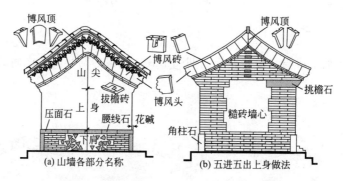

图 4-2-10　山面墙体围护

（3）山墙山尖

硬山建筑的山尖一般与上身部分做法相同（但不能做糙砖墙心），在尖顶博风砖下要做有突出墙面的拔檐砖线，以拦截雨水直流墙面。拔檐砖有的称"托山混"、"随山半混"，一般采用二皮砖，突出墙面的尺寸略小于砖厚。

拔檐之上为博风（包括博风顶、博风砖、博风头），分为砖博风和琉璃博风。琉璃博风为窑制品，与琉璃瓦屋面配合使用，如图 4-2-10（a）所示。砖博风是用方砖进行加工贴砌或用条砖卧砌，如图 4-2-10（b）所示。

2. 封火墙形式

封火墙形式常用于南方民间和园林的硬山建筑山墙，如图 4-2-11 所示。它的山尖部分以檐口线（可按抱头梁顶）向上是屋脊瓦顶山墙。墙高分成两阶或三阶，阶高以桁檩顶线（如图中②、③线所示）作为阶墙顶线；阶墙边线按檐口线（如图中 A）和底层梁端（如图中 B）取定。墙顶做成屋脊瓦顶和直线砖檐形式（如图剖面所示）。这种形式很具有民间特色，并可有效阻隔火灾的蔓延。

3. "五花山"、"挡风板"山墙围护

悬山建筑山墙的山尖，因为有悬挑顶遮挡，为节省用料，一般常采用"五花山"做法还可采用"挡风板"做法，但也可以直接将砖墙体直砌到屋顶。墙体尺寸与硬山建筑相同。

"五花山"做法，是将砖墙体砌至木构架的横梁及瓜柱范围，使梁的两端和瓜柱暴露在

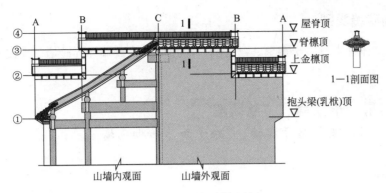

图 4-2-11　山面封火墙

外，以木材表面的涂漆与墙体颜色的对比，使山面别具一番风格，并具有很好的通风效果，如图 4-2-12(a) 所示。

"挡风板"做法，是将砖墙体砌至木构架大梁下，对木构架的梁柱间空隙，钉以木板以遮挡风雨，如图 4-2-12(b) 所示。

这两种做法比较适合南方热带潮湿地区。无论哪种做法，在砖墙体的顶部，应做有突出的拔檐，以阻截雨水直流，并在拔檐砖上做出向外倾斜的"签尖"，如图 4-2-12 中剖面所示，以利淌水。

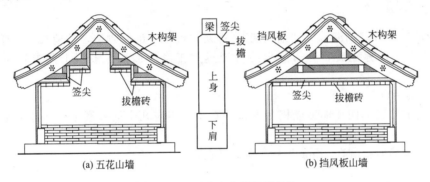

(a) 五花山墙　　　　　　　　　　　　　　(b) 挡风板山墙

图 4-2-12　五花山和挡风板做法

4.2.10 砖砌墙体的类别有哪些

——干摆墙、丝缝墙、淌白墙、糙砖墙、碎砖墙

1.《营造法式》、《营造法原》墙体类别

《营造法式》对墙体没有具体细分，只作了高厚比的规定，法式三述："**筑墙之制，每墙厚三尺则高九尺，其上斜收比厚减半**"。即墙的厚高比为 1：3，由下而上斜收。

《营造法原》第十章述道"**砌墙之式不一，就其大要，可分三类：即实滚、花滚、斗子或称空斗。视其造价、性质，酌情而用。实滚者以砖扁砌，或以砖之丁头侧砌，都用于房屋坚固部分，如勒脚及楼房之下层。花滚者为实滚与空斗相间而砌。空斗者乃以砖纵横相置，砌成斗形中空者，一斗须用砖上下左右前后共六块，其砖省而其价廉，亦可借此防声防热，有如今之空心砖**"。也就是说，墙体有 3 种类型，即实滚墙（即实心墙）、花滚墙（即侧立与平砌相间）、斗子墙（即空斗墙）。

2. 清制砖墙类别

清制砖墙砌体种类有：干摆墙、丝缝墙、淌白墙、糙砖墙和碎砖墙、虎皮石墙、干山背石墙等。

4.2.11 何谓"干摆墙"、"丝缝墙"
——"五扒皮"砖干摆墙、"膀子面"砖砌筑墙

1. 干摆墙

"干摆墙"是砌筑精度要求最高的一种墙体，它是用经过精细加工的干摆砖（又称为五扒皮砖），通过"磨砖对缝"，不用灰浆，一层一层干摆砌筑而成，一般简称为"干摆墙"。干摆砖是用质量较好的城砖或停泥砖进行加工砌筑，故有的将用城砖砌筑称为"大干摆"，用停泥砖砌筑称为"小干摆"。一般用于要求较高的部位。

干摆墙的特点为：

① 砖要经过砍磨加工，将砖的上、下、左、右、前等五个面，按墙体尺寸要求进行裁减磨平加工，此称为"五扒皮"；

② 墙缝不用灰浆，完全干摆，要求缝口紧密，横平竖直。

2. 丝缝墙

"丝缝墙"有称"撕缝墙"、"细缝墙"，即灰口缝很小的砖砌墙，是稍次于干摆墙的一个等级墙。它多采用停泥砖、斧刃陡板砖等经过加工砌筑而成。多用于要求较高的大面积部位。

丝缝墙的特点为：

① 将砖的外露面四棱加工成相互垂直的直角，相应几个面要磨平，称此加工面为"膀子面"；

② 灰浆砌缝要控制在 2mm 左右，横平竖直。

4.2.12 何谓"淌白墙"、"糙砖墙"、"碎砖墙"
——6mm 内砖缝墙、6mm 以上砖缝墙

1. 淌白墙

"淌白墙"是次于丝缝墙一个等级的砖墙，又称为"淌白砖墙"。它可以采用城砖、停泥砖，多用于砌筑规格要求不太高的墙体。

淌白墙的特点为：

① 砖加工成淌白砖（即只作素面磨平），淌白即蹭白，"蹭"指磨，"白"指无特殊修饰，即只将砖面铲磨平整的素面即可。

② 灰浆砌缝可较丝缝稍大，一般控制在 4～6mm。

2. 糙砖墙、碎砖墙

"糙砖墙"是等级最低的砖墙，它所用的砖不需作任何加工，灰缝口也可加大，一般在 5～10mm。糙砖墙是一种最普通、最粗糙的砖墙，一般用于没有任何饰面要求的砌体。

"碎砖墙"是指砖不加工，用掺灰泥砌筑的墙。

4.2.13 何谓 "虎皮石墙"、"干山背石墙"
——浆砌毛石墙、干砌毛石墙

1. 虎皮石墙

"虎皮石墙"即常称的"浆砌毛石墙",它是选用大面毛石作衬面,毛石底用小石片垫稳,用混合砂浆作胶结材料,砌筑成墙体后,再用水泥砂浆勾缝而成,如图 4-2-10(a) 的下肩所示。

2. 干山背石墙

"干山背石墙"即常称的"干砌毛石墙",它是不用砂浆砌筑,只将毛石用小石片垫稳,毛石之间相互靠贴紧密,每砌完 1～2 层后,用水泥砂浆勾缝封面,然后用较稀的水泥砂浆或灰浆灌筑内缝,以不从外缝淌浆为度。

4.2.14 何谓 "三七缝"、"梅花丁"、"十字缝"、"五进五出"
——砌筑墙体摆砖方法

"三七缝"、"梅花丁"、"十字缝"、"五进五出"是几种砌筑墙体的摆砖做法,砖在墙体上的摆放,以长宽厚三面为准,长向顺面阔平摆者为"顺",宽向顺面阔平摆者为"丁"。

三七缝又称"三顺一丁"砌砖法,是指墙的每层摆砖,按"一块丁砖、三块顺砖"为一组进行摆砌,如图 4-2-13(a) 所示。

梅花丁又称"丁横拐"砌砖法,是指每层按"一丁一顺"为一组进行摆砖,如图 4-2-13(b) 所示。

十字缝又称"单砖法",即每层都按一顺砖进行摆砌,如图 4-2-13(c) 所示。

五进五出,即以五层砖为一组,做成凸凹交错的形式,如图 4-2-13(d) 所示。它用作墙体转角,以节约不太重要墙体的用砖量。

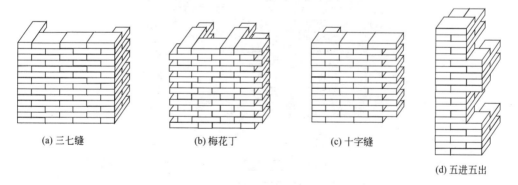

(a) 三七缝   (b) 梅花丁   (c) 十字缝

(d) 五进五出

图 4-2-13　砖墙的砌缝形式

4.2.15 什么是 "粗砌带刃缝"、"细砌带刃缝"
——砌墙灰浆随砌随刮之缝

这是工匠师傅对粗砌墙工艺的一种称呼,"带刃缝"是指在砌墙时,随砌随用瓦刀,将挤出灰缝的多余砂浆随即刮掉,以使灰缝槽露出。"砌墙带刃缝"以灰缝宽窄分为粗细,灰缝在 3mm 以上者称为"粗砌带刃缝";灰缝在 3mm 以下者称为"细砌带刃缝"。

4.2.16 何谓墙门和门楼
——门洞上有屋顶檐装饰之大门

墙门和门楼是南方一些寺观庙宇和乡镇住宅所常用一种砖砌结构,这也是另一类前檐围护结构,如图 4-2-14 所示。《营造法原》第十三章述"**凡门头上施数重砖砌之枋,或加牌科**

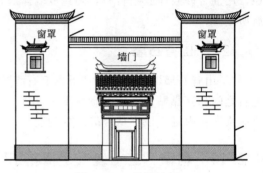

图 4-2-14 前檐墙门

等装饰,上覆屋面者,称门楼或墙门"。即在门洞上做有屋檐顶装饰的称为门楼或墙门。而这两者有何区别,《营造法原》述"**门楼及墙门名称之分别,在两旁墙垣衔接之不同,其屋顶高出墙垣,耸然兀立者称门楼。两旁墙垣高出屋顶者,则称墙门。其做法完全相同**"。即屋檐顶高出两边围墙者称为"门楼",两边围墙高于屋檐顶者称为"墙门"。

砖砌墙门的构件包括:八字垛头拖泥锁口砖;八字垛头勒脚墙身砖;下枋砖;上下托混线脚砖;宿塞砖;木角小圆线台盘浑砖;大镶边砖;兜肚砖;字碑砖;上枋砖;斗盘枋砖;五寸堂砖;一飞砖木角线、二飞砖托浑、三飞砖晓色砖;挂落砖;荷花柱头砖;将板砖、挂芽砖;靴头砖等。其结构如图 4-2-15 所示。其中:

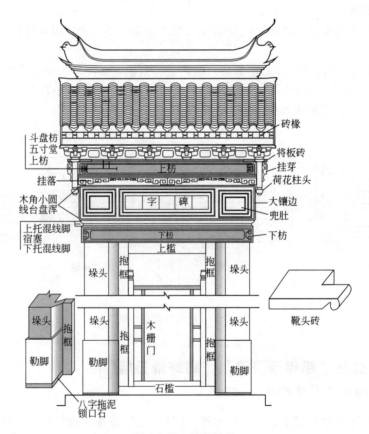

图 4-2-15 墙门构造

1. 八字垛头拖泥锁口砖

"拖泥"即勒脚底垫,"锁口"即指最边缘的护边构件,若用石护边者称为锁口石;若用砖护边者称为锁口砖。"八字垛头拖泥锁口砖"是指从墙门抱框到垛头转角为斜八字形的底垫锁口构件。

2. 八字垛头勒脚墙身砖

"八字垛头勒脚墙身砖"是指垛头的下半身(勒脚)和上半身(墙身)的斜撇部分所用的斜八字构件砖。

3. 下枋砖、上枋砖

此处下枋是指门顶上的过梁,位于门上槛和抱框之上。下枋砖是仿照矩形枋木的形式,所加工的砖料。

上枋砖是与下枋砖相对称的砖,其作用与形状与下枋砖相同。

4. 上下托混线脚砖

参见 4.2.7 所述。

5. 宿塞砖

"宿塞"即指收缩之意,宿塞砖是在上下托混之间的一种缩腰过渡砖,为矩形截面。

6. 木角小圆线台盘浑砖

木角小圆线即指木角线(即转角的角线为圆弧转角),台盘浑是指窄条形长方形的四角为弧形角。木角小圆线台盘浑砖是指大镶边最外框的四角砖,要加工成为木角线。

7. 大镶边砖、兜肚砖

"镶边"是指用一种加工物将另一种物品围着镶嵌一圈。大镶边是指较大范围的镶嵌围边。而这里的大镶边砖是指将兜肚、字碑等围着镶嵌一圈的砖。

"兜肚"是指小孩遮挡肚皮的方巾,此处将刻有线条的方砖称为兜肚砖。

8. 字碑砖、斗盘枋砖

字碑砖是指雕刻有字迹,并供鉴赏观望的砖。

斗盘枋砖又称平板枋砖,是承托斗栱的平板砖。

9. 五寸堂砖

"五寸堂"又称为五寸宕,它是指相当于五寸高的薄板料。在墙门上是指上枋与斗盘枋之间的过渡材料。

10. 一飞砖木角线、二飞砖托浑、三飞砖晓色砖

一飞砖木角线、二飞砖托浑、三飞砖晓色砖,统称为"三飞砖",由下而上,层层向外伸(即飞)出一段距离,如图 4-2-4(b)所示。每层做有不同线脚,一层为木角线、二层为托浑、三层为与二层圆弧相适应的弧形面。

11. 挂落砖

"挂落"即指吊挂在枋木下的花形网格架。"挂落砖"是指将砖面雕刻成木挂落花形图案的装饰砖，安装在上枋砖之下。

12. 荷花柱头砖

悬挂在枋木之下的柱称为"垂柱"，垂柱下端称为垂柱头或垂头，垂头雕刻莲花瓣形式的称为莲瓣头或荷花头。

13. 将板砖、挂芽砖

"将板砖"是指用于悬挂荷花柱的柱座，它与斗盘枋紧密连接，由它将吊挂荷重传递到斗盘枋上。

"挂芽砖"又称为"耳子"，其形似耳朵轮廓，是挂在柱顶侧边的装饰构件。

14. 靴头砖

由于三飞砖是装饰正面墙的横向弧形线脚，为了美化三飞砖的两个端头，就用靴头砖砌在侧墙面上。其形式如图4-2-15中靴头砖所示。

4.2.17 古建墙体灰浆材料的品种和规格如何
——宋、清、吴之灰浆

中国古代建筑中所用的灰浆，都是用天然材料经过简单加工，按经验比例配合而成，它虽不及现代水泥砂浆的高强、快干，但它对墙体不会产生膨胀、干裂等副作用。工程上常用的灰浆材料宋清各有不同。

1. 宋《营造法式》灰浆

宋《营造法式》规定有四灰三泥：红灰、青灰、黄灰、破灰；细泥、麤泥、石灰泥等。

《营造法式》十三卷述"合红灰，每石灰一十五斤，用土朱五斤（非殿阁者用石灰一十七斤，土朱三斤），赤土一十一斤八两。合青灰，用石灰及软石炭各一半，如无软石炭每石灰一十斤，用麤墨一斤或墨煤一十一两，膠七钱。合黄灰，每石灰三斤，用黄土一斤。合破灰，每石灰一斤，用白蔑土四斤八两，每用石灰十斤，用麦弋九斤，收压两遍令泥面光泽"。其中土朱即指赭石粉末，天然红色矿石磨细而成。赤土即带褐色的泥土。麤即粗，膠即胶。

红灰配合比为：石灰∶土朱∶赤土＝3∶1∶2.3

青灰配合比为：石灰∶软石炭＝1∶1 或石灰∶粗墨∶胶＝10∶1∶0.07

黄灰配合比为：石灰∶黄土＝3∶1

破灰配合比为：石灰∶白蔑土∶捣乱的麦秆＝1∶4.8∶0.9

"细泥一重（作灰衬用），方一丈用麦娟一十五斤。麤泥一重，方一丈用麦娟八斤。凡合石灰泥，每石灰三十斤，用麻擣二斤"。

2. 清制以后的灰浆

清制以后，经过若干历史时期的摸索和积累，形成了品种齐全的灰浆体系，包括砌筑、瓦作、抹灰和基础等的用灰，故有"九浆十八灰"之说，现将我国仿古建筑工作者所积累的资料，选择几种主要的常用灰浆，列于表4-2-1所示，这些灰浆都具有价格低廉，以及不对墙体产生膨胀、干裂等副作用等特点，供读者需用时参考。

表 4-2-1　常用几种灰浆

浆灰名称		配制方法	用途说明
浆类	白灰浆	将块石灰加水浸泡成浆,搅拌均匀过滤去渣即成生灰浆;若用泼灰加水,搅拌过滤即成熟灰浆	一般砌体灌浆,掺入胶类后用于内墙刷浆
	色灰浆	将白灰浆和青灰浆混合即成月白浆,10:1 混合为浅色,10:2.5 混合为深色。将白灰浆和黄土混合成桃花浆,常按 3:7 或 4:6 体积比	砌体灌浆和小式墙面刷浆
	青灰浆	用青灰块加水浸泡、搅拌均匀,过滤去渣而成	砖墙面刷浆和屋面瓦作
	色土浆	将红(黄)色土加水成浆,兑入江米汁和白矾,搅拌均匀即成。色土:江米汁:白矾=20:8:1	色灰墙面刷浆
	烟子浆	将黑烟子加胶水调和成糊状后,兑入清水搅拌而成	青瓦屋顶刷浆、墙面镂花
	江米浆	用江米汁 12 份和白矾 1 份可兑成纯江米浆,用江米汁 330 份和白矾 1.1 份加石灰浆 1 份可兑成石灰江米浆。用江米汁 10 份和白矾 0.3 份加青灰浆 1 份可兑成青灰江米浆	砌体灌浆和灰背
	油浆	用青灰(月白)浆兑入 1% 生桐油搅拌而成	屋顶瓦作刷浆
	盐卤浆	用盐卤:水:铁面粉=1:5:2 搅拌而成	固定石活铁件
	杂杂浆	将灰浆:黏土:生桐油=1:3:0.05 拌和均匀后,加于 50% 碎砖拌和成	基础及地面下防潮垫层
灰类	老浆灰	用青灰:白灰浆=7:3 拌和均匀,经过滤沉淀而成	墙体砌筑、黑活瓦作
	纯白灰	即白灰膏,用白灰浆沉淀而成	砖墙砌筑、内墙抹灰
	月白灰	将月白浆沉淀而成	砖墙砌筑、内墙抹灰
	葡萄灰	用白灰:霞土:麻刀=2:1:0.1 加水拌而成	墙面抹灰
	黄灰	用白灰:包金土:麻刀=2:1:0.1 加水拌而成	墙面抹灰
	麻刀灰	用泼灰加水调和成灰膏,加于麻刀,灰膏:麻刀=20:1	墙体抹灰,瓦作苫背调脊
	油灰	用泼灰:面粉:桐油=1:1:1 调制而成。加青灰或烟子可调深浅颜色	砖石砌体勾缝
	麻刀油灰	将麻刀掺入油灰中捣匀,油灰:麻刀=30:1	石活勾缝
	纸筋灰	将草纸泡烂掺入白灰内捣匀而成,白灰:草纸=20:1.5	内墙抹灰
	护板灰	将麻刀掺入月白灰捣制而成,月白灰:麻刀=50:1	屋顶苫背
	夹垄灰	将麻刀掺入老浆灰内捣制均匀而成,老浆灰:麻刀=30:1	屋顶瓦作
	裹垄灰	将麻刀掺入老浆灰内捣制均匀而成,老浆灰:麻刀=30:1	屋顶瓦作
	江米灰	月白灰掺入麻刀和江米浆捣制均匀而成,月白灰:麻刀:江米浆=25:1:0.3	琉璃构件砌筑和夹垄
	砖面灰	在月白灰或老浆灰内,掺入碎砖粉末搅拌均匀而成,灰膏:砖面=2.5:1	砖砌体补缺

3. 吴《营造法原》灰浆

《营造法原》第十二章在砂之应用述:"筑墙用各种砂子合灰成分之比例:

菜子黑砂合灰成分数:墙垣:每一方,用大灰 150 斤,菜子黑砂一石,细灰三斗。

太湖砂合灰成分数:墙垣:每一方,用大灰一担,真太湖砂一石五斗,细灰三斗。

细旱太湖砂合灰成分数:墙垣:每一方,用大灰 70 斤,细旱太湖砂一石八斗。

金市砂合灰成分数:墙垣:每一方,用大灰 30 斤,金市砂二石一斗"。

4.2.18 古建墙体砖料的品种和规格如何
——宋、清、吴之砖料

1. 宋制时期的砖料

《营造法式》卷十三述"用砖之制,殿阁等十一间以上,用砖方二尺,厚三寸。殿阁等七间以上，用砖方一尺七寸，厚二寸八分。殿阁等五间以上，用砖一尺五寸，厚二寸七分。殿阁厅堂亭榭等，用砖方一尺三寸，厚二寸五分。以上用条砖，并长一尺三寸，广六寸五分，厚二寸五分。如阶唇用压阑砖，长二尺一寸，广一尺一寸，厚二寸五分。行廊小亭榭散屋等，用砖方一尺二寸，厚二寸。用条砖长一尺二寸，广六寸，厚二寸"。也就是说，用于房屋上的有方砖和条砖两种，其长×宽×厚的规格如下。

殿阁11间以上用方砖2尺×2尺×0.3尺；殿阁7～10间用方砖1.7尺×1.7尺×0.28尺；殿阁5～6间用方砖1.5尺×1.5尺×0.27尺；厅堂亭榭等用方砖1.3尺×1.3尺×0.25尺。

以上如果用条砖者，规格为：1.3尺×0.65尺×0.25尺。

阶边压栏砖，规格为：2.1尺×1.1尺×0.25尺。

行廊散屋等用方砖：1.2尺×1.2尺×0.2尺；条砖1.2尺×0.6尺×0.2尺。

2. 清制以后的砖料

清以后的砖料，根据生产品质和规格，列有若干种类，现归纳如表4-2-2所示。

表 4-2-2　常用砖料规格

砖料名称		清营造尺	参考尺寸(mm)	砖料名称		清营造尺	参考尺寸(cm)
城砖	澄浆城砖	1.47×0.75×0.4	470×240×128		四丁砖	0.75×0.36×0.165	240×115×53
	停泥城砖	1.47×0.75×0.4	470×240×128		金砖	同尺七以上方砖	
	大城砖	1.5×0.75×0.4	480×240×128		斧刃砖	0.75×0.375×0.165	240×120×40
	二城砖	1.375×0.69×0.34	440×220×110		地趴砖	1.31×0.655×0.265	420×210×85
停泥砖	大停泥	1.28×0.655×0.25	410×210×80	方砖	尺二砖	1.2×1.2×0.18	384×384×58
	小停泥	0.875×0.44×0.22	280×140×70		尺四砖	1.4×1.4×0.20	448×448×64
沙滚砖	大沙滚	1.28×0.655×0.25	410×210×80		尺七砖	1.7×1.7×0.125	544×544×80
	小沙滚	0.875×0.44×0.22	280×140×70		二尺砖	2.0×2.0×0.30	640×640×96
条砖	大开条	0.90×0.45×0.20	288×144×64		二尺二砖	2.2×2.2×0.40	704×704×128
	小开条	0.765×0.39×0.125	245×125×40		二尺四砖	2.4×2.4×0.45	768×768×144

表中所述砖料名称解释如下。

"城砖"是仿古建筑砖料中规格最大的一种砖，因多用于城墙、台基和墙脚等体积较大的部位，所以取名为"城砖"。城砖有大小两种规格，大的称为"大城样砖"，一般尺寸约为480mm×240mm×128mm；小的称为"二城样砖"，一般尺寸为440mm×220mm×110mm。

"停泥砖"是以优质细泥（通称停泥）制作，经窑烧而成，其规格较城砖略小，也分为大停泥砖和小停泥砖两种规格，大停泥砖的尺寸一般为410mm×210mm×80mm；小停泥砖的尺寸一般为280mm×140mm×70mm。

"沙滚砖"即用沙性土壤制成的砖。

"条砖"即较窄小的砖。

"四丁砖"又称蓝手工砖，是民间小土窑烧制的普通手工砖，一般用于要求不太高的砌体和普通民房上，其规格与现代标准砖相近，即为240mm×115mm×53mm。

"金砖"即指质量最好的特制砖，敲之具有清脆声音，当时专供京都使用。

"斧刃砖"又称"斧刃陡板砖"，它是一种较薄的砖，因其薄窄而冠名为"斧刃"，又因其多用于侧立贴砌，冠名为"陡板"，一般规格尺寸为240mm×120mm×40mm。

"地趴砖"专供铺砌地面之砖。

"方砖"即大面尺寸成方形的砖。

3.《营造法原》砖料

《营造法原》第十二章列有常用砖料表，将主要部分摘录如表 4-2-3 所示。

表 4-2-3 常用砖料尺寸（营造尺）摘录

名称	长（尺）	阔（尺）	厚（尺）	用途
大砖	1.8～1.02	0.8～0.51	0.18～0.1	砌墙
城砖	1～0.68	0.5～0.34	0.1～0.065	砌墙
单城砖	0.76	0.38		砌墙
行单城砖	0.72	0.36	0.07	砌墙
五斤砖	1	0.5	0.1	砌墙
二斤砖	0.85			砌墙
十两砖	0.7	0.35	0.07	砌墙
正京砖	2	2	0.3	铺地
	1.8	1.8	0.3	铺地
	2.42	1.25	0.31	铺地
二尺方砖	1.8	1.8	0.22	铺地
一尺八方砖	1.6	1.6		铺地

4.2.19 庑殿歇山建筑山面墙体围护结构是怎样的
——露檐出做法

庑殿和歇山建筑的山墙，除少数安装隔扇外（见图 4-1-5（a）所示），一般是采用砖墙露檐出做法，如图 4-2-16 所示，墙体分为下肩和上身两部分。

下肩高按 1/3 檐柱高，墙厚外包金按 1.5 檐柱径，里包金按 0.5 檐柱径加 2 寸。下肩墙体一般要安置腰线石和角柱石，多采用干摆墙或丝缝墙。

上身墙厚要较下肩收进一个"退花碱"，花碱尺寸一般为 0.1 至 0.17 砖厚。上身砖多采用丝缝墙或淌白墙，砌至檐枋木后设置签尖拔檐，如图 4-2-16 剖面所示。对较次的建筑可采用糙砖抹灰刷红浆做法，这要根据前后檐墙所用规格高低而定。

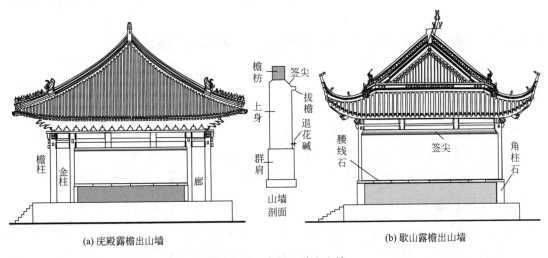

(a) 庑殿露檐出山墙　　　　　　　　　(b) 歇山露檐出山墙

图 4-2-16 庑殿、歇山山墙

4.3 砖料装饰构件

4.3.1 何谓"砖博缝"、"砖挂落"
——硬山尖装饰砖、门洞顶装饰砖

1. 砖博缝

"博缝"是仿古建筑人字屋顶两端，沿山墙山尖斜边所做的装饰，用木板做的称为"博缝板"，用砖料做的称为"砖博缝"。

砖博缝根据砌筑工艺分为：方砖干摆博缝、灰砌散装博缝，如图 4-3-1 所示。

方砖干摆博缝是用尺二砖、尺四砖、尺七砖、三才砖（即按尺二或尺四的一半）等方砖进行加工，精心摆砌而成。而灰砌散装博缝是除博缝头用方砖加工外，其他均用普通机砖或蓝四丁砖层层铺筑灰浆砌筑而成，一般为三层至七层。

2. 砖挂落

"砖挂落"是安装在门楼或墙门的大门顶上用以作为装饰性用的面砖，如图 4-3-2 所示。挂落砖可以用尺二砖、尺四砖、尺七砖、三才砖等方砖现场加工，也可为窑制加工品。

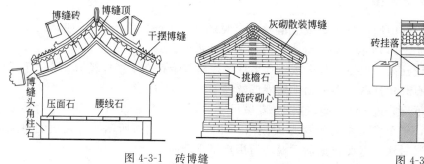

图 4-3-1 砖博缝

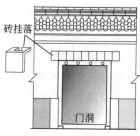

图 4-3-2 砖挂落

4.3.2 何谓"琉璃博缝"、"琉璃挂落"、"琉璃滴珠板"
——山尖、门顶、楼挂檐之琉璃砖

1. 琉璃博缝

琉璃博缝分为悬山博缝和硬山博缝。其中：
悬山博缝是将琉璃砖挂钉在木博缝板上，多采用卷棚屋顶形式，如图 4-3-3(a) 所示。
硬山博缝是将琉璃砖嵌砌在博缝墙上，多采用尖山屋顶形式，如图 4-3-3(b) 所示。

2. 琉璃挂落和滴珠板

琉璃挂落砖一般带有挂脚，挂钉在木过梁上，如图 4-3-4(a) 所示。
琉璃滴珠板也是一种挂落，它用于阁楼平座（即阁楼外走廊）的滴水板上，挂在其外，以作保护和装饰的面砖，如图 4-3-4(b) 所示。

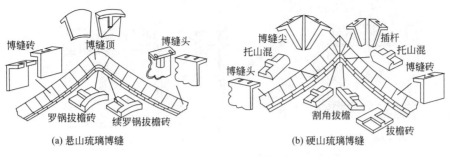

图 4-3-3 琉璃博缝

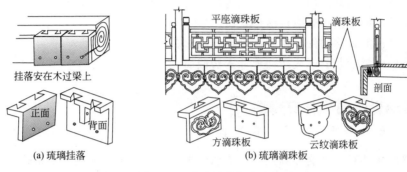

图 4-3-4 琉璃挂落与滴珠板

4.3.3 何谓"影壁"，其构造如何

——遮挡墙、照壁

"影壁"即隐避之意，它是指位于房屋大门之外或院门之内的一面独立的遮挡墙体，其主要作用是让院大门之内的天井、厅堂等不直接暴露于外，称为"隐"，让门外视线受一墙堵截，称为"避"，借此营造一种庄重、森严、神秘的氛围。《营造法原》称为"照墙"。

影壁根据其布置形式，分为：一字形影壁、八字形影壁、撇山影壁等，如图 4-3-5 所示。

图 4-3-5 影壁

影壁由屋顶盖、砖檐、砖墙身、墙基座四部分组成。屋顶盖、砖檐同前面有关部分所述，墙基座同台明。这里主要介绍砖墙身部分，它的构造分为：影壁芯、柱子、箍头枋、三叉头、马蹄磉、瓶耳子、线枋子等构件，如图 4-3-6 所示。

影壁芯是指影壁墙的中间部分，一般用方砖镶贴成饰面，所以又称为"方砖心"。

柱子是方砖心两边的装饰柱，一般用城砖砍磨制作。

箍头枋即图 4-3-6 中的大枋子，是影壁芯顶部的装饰横梁，可用城砖或大停泥砖制作。

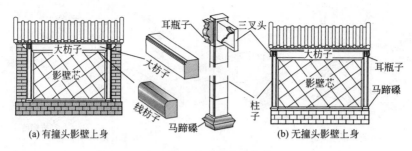

(a) 有撞头影壁上身　　　　　　　　　　　　　(b) 无撞头影壁上身

图 4-3-6　影壁的组合构件

三叉头是箍头枋两端的枋头形式，用砖砍制三折线形。

马蹄磉是柱子的底座，做成柱墩形式。

耳瓶子是柱顶的装饰构件，用砖砍制成花瓶形。

线枋子是围砌影壁芯的框线砖，形似木枋截面。

4.3.4 琉璃影壁的构件有哪些
—— 柱子、柱顶、耳子、霸王拳

琉璃影壁的构件有：琉璃方圆柱子、琉璃柱头、琉璃耳子、琉璃霸王拳等。

琉璃方圆柱子、琉璃柱顶、琉璃耳子等都是影壁柱上的构件，它们都是空心壳体形式，只有外露部分为琉璃，埋入墙内部分为素面。

琉璃霸王拳是大枋子端头的装饰构件，代替影壁中的三叉头，如图 4-3-7 所示。

方柱　　　圆柱　　　圆柱顶　　　方柱顶　　　耳子　　　霸王拳

图 4-3-7　影壁琉璃构件

4.3.5 砖须弥座的构造是怎样的
—借佛语"须弥座"之砖砌体

"须弥座"是高级建筑物所采用的一种豪华型台基，"须弥座"一词来源于佛教，须弥是古印度传说中的一个山名，即"须弥山"，据说它雄伟高大，是世人活动住所的中心制高点，日月环绕它回旋出没，三界诸天也依之层层建立。因此用"须弥山"作为佛的基座，以能显示出它的神圣、威严和崇高，故以后将佛像下的基座都敬称为须弥座。实际上，它不过是将台座的外观构件雕刻成各种规定形状的块料，再层层垒砌而成的台座而已。须弥座的用材可为砖雕、石雕和木刻等结构，大至房屋建筑平台，小至神像台座，都可使用。

1. 宋制砖须弥座

在砖作制度中叙述得比较具体，《营造法式》卷十五述**"叠砌须弥座之制，共高一十三砖，以二砖相并以此为率。自下一层与地坪上施单混肚砖一层、次上牙脚砖一层（比混肚砖**

下龈收入一寸)、次上罨牙砖一层(比身脚出三分)、次上合莲砖一层(比罨牙收入一寸五分)、次上束腰砖一层(比合莲下龈收入一寸)、次上仰莲砖一层(比束腰出七分)、次上壶门柱子砖三层(柱子比仰莲收入一寸五分,壶门比柱子收入五分)、次上罨涩砖一层(比柱子出五分)、次上方涩平砖两层(比罨涩出五分)。如高下不同,约此率随宜加减之(如殿阶作须弥座砌垒者,其出入并依角石柱制度或约此法加减)"。

依上所述,宋制须弥座共计 13 层,即:下层、单混肚、牙脚、罨牙、合莲、束腰、仰莲等各 1 层、壶门柱子 3 层、罨涩 1 层、方涩平砖 2 层,如图 4-3-8(a) 所示。

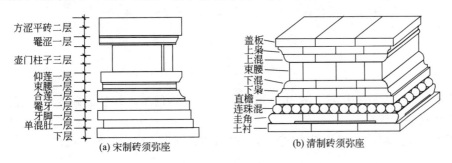

图 4-3-8　砖须弥座

2. 清制砖须弥座

清制砖须弥座分为:砖砌须弥座和琉璃须弥座。

砖砌须弥座是指用砖料加工成的砖须弥座构件,它包括砖线脚底座,计有:土衬、圭角、连珠混、直檐、枭砖、混砖、炉口、束腰、盖板等构件,如图 4-3-8(b) 所示。其中:

土衬是指台基底座接触土壤部分的垫层,在厚度方向有一半埋入土中。

圭角又称圭脚,是须弥座的基底构件,相当台座的基脚。

直檐和盖板是指一般须弥座上下枋,是矩形截面构件。

枭砖是由矩形面转变到弧形面的过渡构件,它是一种凹凸形弧面,分别置于直檐和盖板上下。

炉口是一种凹弧面,它是枭砖与混砖之间的过渡构件,多用于砖檐结构中,须弥座一般用得较少。

混砖是一种圆弧形的弧面,分别置于枭或炉口的上下。

连珠混是指将砖的外观面加工成一棵棵半圆珠形,形似串联佛珠。

束腰是指中间部位的构件,它比以上各构件高大厚实。

琉璃须弥座是采用琉璃构件做外观面,其内衬砖砌体而成。琉璃构件一般都带有装饰花纹,如图 4-3-9 所示。

4.3.6 何谓"砖细贴墙面",其构造如何
——勒脚细、八角景

砖细贴墙面是《营造法原》对将砖墙的垂直面装饰成一定形式的贴面砖所进行的加工。依加工形式分为:勒脚细、八角景、六角景、斜角景等。

1. 勒脚细

勒脚与现代建筑房屋墙体勒脚意义相同,在仿古建筑墙体中,是指墙身下部约占墙高

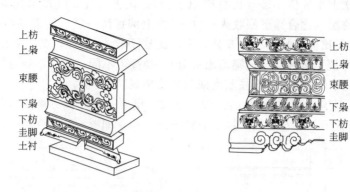

图 4-3-9　琉璃须弥座

1/3 的部分，如图 4-3-10 所示，这部分墙体比上部墙体稍厚，并且面砖要求砌缝细小而平直，施工质量要求较高。

　　勒脚细就是指墙体勒脚所用的面砖为经过锯切、刨平、磨光等加工的砖。

2. 八角景、六角景、斜角景

　　"景"是指衬托环境所表现的一种景物形态，这里是指将墙面砖加工成具有一定的艺术花样形式。

　　八角景、六角景是指将贴面砖加工成八角形、六角形，然后镶贴而成的墙面。斜角景是指将贴面砖加工成方形或菱形，再镶贴成斜角形的墙面，如图 4-3-10 所示。

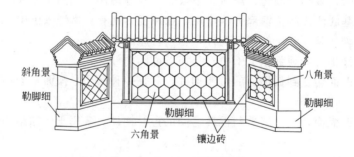

图 4-3-10　砖细贴墙面砖

4.3.7 什么是"砖细抛方"和"台口抛方"
——墙面、露台边缘用砖之加工

1. 砖细抛方

　　砖细抛方是《营造法原》对将墙体露明部分的装饰方口砖加工成木枋截面形式，或其他截面形式面砖的称呼。依加工方口形式，分为：平面抛方和带枭混线脚抛方。

　　平面抛方，是指将装饰方口砖的砖面经截锯、刨光、裂迹补灰、打磨洁面等加工，使之做成平整光洁的平面，如图 4-3-11(a) 所示。

　　带枭混线脚抛方是指将方口面加工成带有弧形状的口面，如：枭形、半混、圆混（即半圆形）、炉口等，如本章 4.2 节中图 4-2-8 所示。

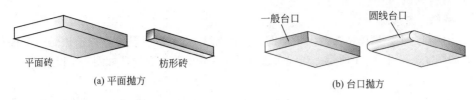

图 4-3-11　平面、台口抛方

2. 台口抛方

台口抛方是《营造法原》专指对砖露台、砖驳岸等砖砌平台的边缘砖所进行的加工的称呼。依加工形式分为：一般台口抛方、圆线台口抛方，如图 4-3-11（b）所示。

一般台口抛方是指台口的平面抛方。

圆线台口抛方即指将砖边缘做成圆弧线形式。

4.3.8　何谓"砖细月洞"、"地穴"、"门窗樘套"
——门洞、窗洞之加工砖

1. 月洞、地穴、门窗樘套

月洞和地穴是《营造法原》对不安装门窗框扇的门窗洞口称呼，《营造法原》述**"凡走廊园庭之墙垣辟有门宕，而不装门户者，谓之地穴。墙垣上开有空宕，而不装窗户者，谓之月洞"**。这就是说，凡是院墙、围墙上有门洞而不装门扇的，称为地穴；在院墙上开有空洞而不装窗户者称为月洞。

门窗樘套的"樘"，是指门窗洞口里侧的洞圈，"套"是指门窗洞口周边的边圈。

2. 砖细月洞、地穴、门窗樘套

砖细是《营造法原》对镶砌砖料进行锯切、刨面、刨缝、起线等加工的称呼。

门窗洞口内侧壁进行贴砌称为"樘"，门窗洞口外侧周边进行镶贴称为"套"，门窗樘套就是指将月洞和地穴洞口用加工的砖料贴砌成一定形式的装饰面。

根据加工的形式，分为直折线形和曲弧线形，如图 4-3-12 所示。而每种形式依起线和安装要求不同，又分为：双线双出口、双线单出口、单线双出口、单线单出口、无线双出口、无线单出口等。

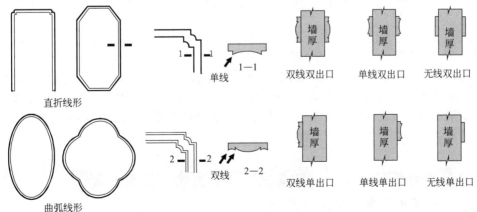

图 4-3-12　门窗樘套线的形式

（1）单线、双线

在门窗洞口边上，用锤钻錾凿出带凸凹线条的加工称为"起线"。当线条边是一个棱角的称为单线，如图4-3-12中1—1所示；当线条边有两个棱角的称为双线，如图4-3-12中2—2所示。

（2）单出口、双出口

出口是指整个线条凸出墙面的方位数，在门窗洞口边上，在墙的一面做有凸出线边的称为单出口，在墙的两面都做有凸出线边的称为双出口，如图4-3-12中所示。

4.3.9 何谓"砖细漏窗"

——有边框和芯子的窗洞

《营造法原》中的漏窗与月洞，都是指没有窗扇的窗洞，其中月洞是空洞，而漏窗则是带有窗框和遮挡空洞的花纹芯子。根据装饰加工要求程度分为砖细漏窗和一般漏窗两种类型。而砖细漏窗按结构又分为：砖细矩形漏窗边框；矩形漏窗芯子。

1. 砖细矩形漏窗边框

砖细漏窗边框，它是指用加工砖砌成的窗框，如图4-3-13（a）中所示。根据加工安装要求不同分为：单边双出口、单边单出口、双边双出口、双边单出口四种情况。

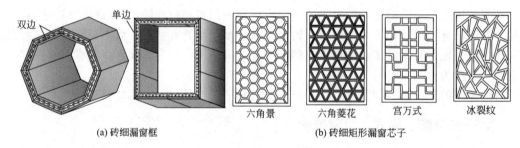

（a）砖细漏窗框　　　　　　（b）砖细矩形漏窗芯子

六角景　　六角菱花　　宫万式　　冰裂纹

图4-3-13　砖细漏窗

（1）单边、双边

边框凸出墙面的起线宽度为一条者称为单边；起线宽度为两条者称为双边，如同图4-3-12中月洞的单、双线一样。

（2）单出口、双出口

窗边框在一面墙凸出者称为单出口；在两面墙凸出者称为双出口，如同图4-3-12中月洞的单、双出口一样。

2. 砖细矩形漏窗芯子

漏窗芯子是指窗洞口中用砖瓦所砌的花纹格子，依其所砌花形不同分为：普通形和复杂形。

普通形是指平直线条拐弯简单，花形单一，如图4-3-13（b）中宫万式、六角景等。

复杂形是指平直线条拐弯较多或不规律，由2个以上单一花形拼接而成，如图4-3-13（b）中冰裂纹、六角菱花等。

4.3.10 "全张瓦片式"、"软景式"、"平直式"是指什么

——摆砌漏窗芯子之图案

这是指一般漏窗的结构形式，《营造法原》对采用普通砖所砌筑的窗洞，并对窗洞用石

灰砂浆和纸筋灰抹面，洞内砌有窗芯子所形成的漏窗，称为"一般漏窗"。"一般漏窗"的窗芯子是用普通砖和瓦片拼成各种花形，其结构形式分为：全张瓦片式、软景式、平直式。

1. 全张瓦片式

"全张瓦片式"是指在窗洞内用整张瓦片（一般为蝴蝶瓦），组拼成不同花纹图案，如图4-3-14(a) 所示。

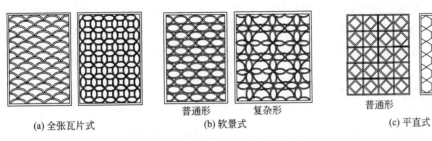

(a) 全张瓦片式　　　　(b) 软景式　　　　(c) 平直式

普通形　复杂形　　普通形　复杂形

图 4-3-14　窗芯子形式

2. 软景式

"软景式"是指以瓦片为主要材料，经过适当调整后所组拼成的带弧线花纹图案，分为普通形和复杂形，如图 4-3-14(b) 所示。

普通形花纹是指由单一一种花纹图案或带少量辅助线所拼成的窗芯。

复杂形是指由两种以上的花纹图案所组拼成的窗芯。

3. 平直式

"平直式"它是指以望砖为主要材料，适当添加瓦片后所组拼成的带直线花纹图案，分为普通形和复杂形，如图 4-3-14(c) 所示。

普通形花纹是指由比较有规律的或者单一的花纹图案所拼成的窗芯。

复杂形是指由两种以上的或带弧线形的花纹图案所组拼成的窗芯。

4.3.11 何谓"砖浮雕"
——砖上雕刻花纹

砖浮雕是指在方砖面上进行雕刻花纹，或在字碑上镌字等所进行的加工，分为方砖雕刻和字碑镌字。

1. 方砖雕刻

方砖雕刻依雕刻深浅要求不同，分为：素平（阴线刻）、减地平钑（平浮雕）、压地隐起（浅浮雕）、剔地起突（高浮雕）等，均分为简单雕刻和复杂雕刻，其中简单雕刻是指雕刻单一直线形或单一花形，复杂雕刻是指雕刻带弧线形或多种花形。

（1）素平（阴线刻）

素平是指在表面做简单刻线，简称阴刻线；阴线刻即指刻凹线，刻线深度不超过 0.3mm。

（2）减地平钑（平浮雕）

减地平钑是指在表面上雕刻凸起花纹。"减地"即指将凸花以外的部分降低一层，让花纹凸起。"平钑"即指雕刻不带造型的平面花纹，即平面型浮雕。减地平钑简称平浮雕。

（3）压地隐起（浅浮雕）

压地隐起是指带有部分立体感的雕刻。"压地"顾名思义为用力下压，即比减地更深一些；"隐起"即指让雕刻的花纹有深浅不同的阴影感。压地隐起是指稍有凸凹的浮雕，称为浅浮雕。

（4）剔地起突（高浮雕）

剔地起突是指雕刻的花纹具有很强的立体感，即近似于实物的真实感。"剔地"是指剔剥、切削一层，即比压地更深一些。"起突"即指花纹图案该凸的地方应凸起来，该凹的地方应凹下去，使其能显示出图案的真实面貌。剔地起突是体现立体感的高精度浮雕，称为高浮雕。

2．字碑镌字

字碑镌字分为：阴（凹）纹字、阳（凸）纹字、圆面阳纹字。

阴（凹）纹字即相当上述素平型的刻字。阳（凸）纹字即相当上述减地平钑型的刻字。圆面阳纹字即相当上述压地隐起型的刻字。字体规格分为：50cm×50cm以内、30cm×30cm以内、10cm×10cm以内等三种规格。

4.3.12 何谓"墙帽"，有哪些形式
——院墙墙顶形式

"墙帽"是指园林砖砌围墙、砖砌院墙顶上的砖砌盖顶。根据砌筑形式分为：蓑衣顶、真硬顶、假硬顶、馒头顶、宝盒顶、鹰不落顶、花瓦墙帽等。

1．蓑衣顶

蓑衣顶是指其断面轮廓形状有似于古时农夫渔翁所披的挡雨披风，由上而下层层扩放，如图4-3-15（a）所示。蓑衣顶的层数一般为3～7层，依砖墙厚度和盖帽高度而定。

2．真硬顶

真硬顶是指盖帽顶部斜面全部用砖实砌而成；这种砖顶常在顶尖做有一压顶，此称为"眉子"，故又称为"眉子真硬顶"。

真硬顶斜面根据所铺砖砌的图案，有：一顺出、褥子面、八方锦和方砖等，如图

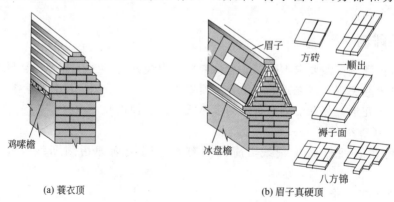

(a) 蓑衣顶　　　　　　　　　　(b) 眉子真硬顶

图 4-3-15　蓑衣顶、真硬顶

4-3-15（b）所示。其中：一顺出是指铺砖按砖的长向由上而下，一顺铺出。褥子面是指将砖一横两直组合为一组，进行斜面铺筑的图案。八方锦是指将砖进行横直交叉铺筑的图案。

3. 馒头顶

馒头顶有的称为"泥鳅背"，它将盖顶面做成圆弧形面，如图 4-3-16（a）所示。因其背比较圆滑，故又取名为泥鳅背。

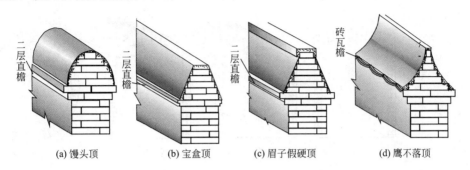

| (a) 馒头顶 | (b) 宝盒顶 | (c) 眉子假硬顶 | (d) 鹰不落顶 |

图 4-3-16　馒头顶、宝盒顶、眉子假、硬顶、鹰不落顶

4. 宝盒顶

宝盒顶是将盖帽做成盒体形断面，有如古代器皿的宝盒形式，如图 4-3-16（b）所示。

5. 假硬顶

假硬顶是将真硬顶的砖铺斜面改为抹灰斜面，如图 4-3-16（c）所示。

6. 鹰不落顶

鹰不落顶是将假硬顶斜面改成凹弧形斜面，如图 4-3-16（d）所示。

7. 花瓦墙帽

花瓦墙帽是比较高级的墙帽，它是用筒、板瓦，组拼成不同的花纹图案作为花芯，上面覆以盖板而成的盖顶，如图 4-3-17 所示。

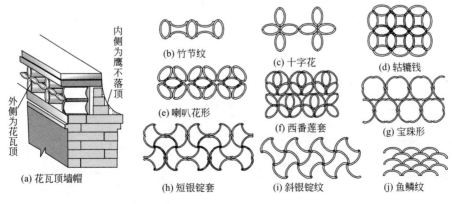

(a) 花瓦顶墙帽	(b) 竹节纹	(c) 十字花	(d) 钻辘钱
	(e) 喇叭花形	(f) 西番莲套	(g) 宝珠形
	(h) 短银锭套	(i) 斜银锭纹	(j) 鱼鳞纹

图 4-3-17　花瓦墙帽

4.3.13 何谓"砖碹",有哪些形式
—— 洞顶之砖过梁

砖碹又称为"砖券",即门窗洞口顶上的圆弧形砖过梁。依弧顶形式分为:木梳背、平碹(券)、圆光碹(券)、半圆碹(券)、车棚碹(券)等,如图4-3-18所示。各个砖券都有不同的起拱度,平券起拱度为1‰跨度,木梳背的起拱度为4‰跨度,车棚券、半圆券都是5‰跨度,圆光券是在整个圆弧圈的基础上,将上半圆再按2‰跨度起拱。

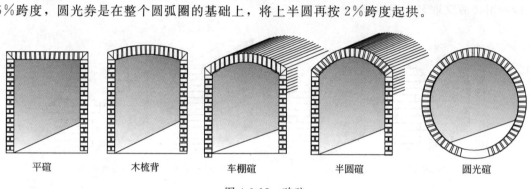

| 平碹 | 木梳背 | 车棚碹 | 半圆碹 | 圆光碹 |

图 4-3-18　砖碹

第 5 章
中国仿古建筑台基地面结构

5.1 台基结构

5.1.1 仿古建筑房屋的台基尺寸如何取定
——下檐出、台高

台基是指各种建筑物的承台基座，在地面以上的部分称为"台明"，在地面以下的部分称为"埋头"，但有的将台明角柱石也称为埋头，所以为了简单起见，一般将台基的外观部分通称为"台明"。房屋建筑的台明分为普通台明和须弥座台座。

1. 台明的长宽

台明的长宽尺寸，一般依建筑物平面的最小需要而定。在不做室外平台及其栏杆的情况下，台明的宽窄可以根据建筑物的"下檐出"而定，下檐出即指台明边缘至建筑物檐柱中心的水平距离，其计算式为：

$$下檐出＝(70\%～80\%)×上檐出$$

式中　上檐出——屋檐挑出的距离，按 1.2.13 表 1-2-9 所述。

如果要做室外栏杆，所需距离应以实际所需要平台之宽度而定。

2. 台明的高度

台明的高度，即指现代建筑的室内外高差。

（1）宋制规定

《营造法式》卷三述"立基之制，其高与材五倍。如东西广者，又加五份至十份。若殿堂**中庭修广者，量其位置随宜加高，所加虽高不过与材六倍**"。这就是说，台基高一般按所取用的材等尺寸的 5 倍确定（用材等级见 1.2.2 所述。例如若取用二等材，其材广为 0.825尺，则基高可取定为 0.825 尺×5＝2.25 尺，相当于 1.287m；若取用八等材，其材广为0.45 尺，则基高可取定为 0.45 尺×5＝4.125 尺，相当于 0.702m），如果东西比较宽的话，可再加 5～10 份［如上例二等材，每份为 0.825 尺÷15＝0.055 尺，则可加（5～10）×0.055 尺＝0.275～0.55 尺］。若殿堂前的庭院要修宽的话，可以根据其位置适当加高，但最高不得超过取材等级的 6 倍。

（2）清制规定

台明高，《营造算例》建议：瓦作按 15％檐柱高，石作按 20％檐柱高。

（3）《营造法原》规定

《营造法原》在石作中述到"**厅堂阶台，至少高一尺……殿堂阶台高度，至少三、四尺，因殿庭雄伟，非承以较高之阶台，不能使视觉稳重**"。即要求厅堂至少高一尺，殿庭至少高三至四尺。

5.1.2 普通台明的构造是怎样的
——磉墩、拦土、背里砖

"普通台明"是一般建筑物所常使用的台座，其构造依使用部位，分为：柱下结构、柱间结构、台帮结构三大部分，在此之外的空隙部分填土夯实，然后再在其上铺砌室内地面。如图 5-1-1 所示。

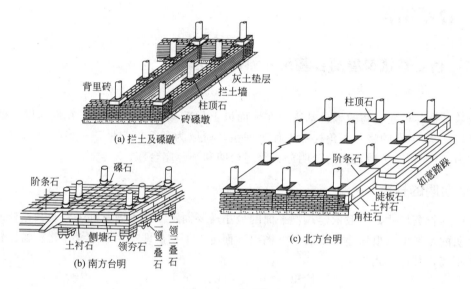

图 5-1-1　台明构造

1. 柱下结构的构造

我国仿古建筑构架中的落地柱，一般均为木柱，它具有体轻、易搬运、易加工和易安装等特点，但是容易受潮、腐蚀；因此，一般不宜将柱脚直接插入地下，而是放在一块垫脚石上进行过渡，此石称为"柱顶石"。

柱顶石以下，常用砖砌体作为承力基座，此砌体称为"磉墩"。在我国南方地区的磉墩，是在底部铺设碎石，并夯实作为垫层，称为"领夯石"，在领夯石上再砌筑片石或砖墩，称为"叠石"，按所铺设层次多少（即磉墩之高低），分为"一领一叠石"，"一领二叠石"、"一领三叠石"。

2. 柱间结构的构造

房屋构架以各柱为承重构件，在柱之间一般没有大的承重，只需用砖砌体将柱顶石下的磉墩连接起来即可，它既使磉墩连成整体增强稳定性，也为室内填土起着围栏作用，故将此砌体称为“拦土”。

拦土规格，宋制没有规定，清《工程做法则例》卷四十三述**“凡拦土，按进深、面阔得长，如五檩除山檐柱单磉墩分位定长短，如有金柱，随面阔之宽，除磉墩分位定掐挡。高随台基，除墁地砖分位，外加埋头尺寸。如檐磉墩小，金磉墩大，宽随金磉墩”**。即拦土长分别按进深面阔尺寸，除去磉墩后确定。如五檩建筑，按除去山檐柱磉墩后即得拦土长，如其中还遇有金柱，再除去其磉墩后即为其净长。拦土高按台基高减去地面砖厚，另加埋头尺寸。磉墩厚一般同拦土，如遇檐柱磉墩小，金柱磉墩大时，拦土厚按金柱磉墩。

3. 台帮结构的构造

台帮是指台明周边的围墙，一般有两层，里层为砖砌体，称为“背里”。外层镶贴石板，最上面为“阶条石”，其下为立砌的“陡板石”，又称“侧塘石”；在转角部位为“埋头角柱石”；再下靠地面的为“土衬石”。

5.1.3 何谓“柱顶石”，其构造规格如何

——鼓镜、鼓磴

柱顶石又称“鼓镜”、“鼓磴”，一般用青石、花岗石等加工而成，根据其形式不同，分为：圆鼓镜、方鼓镜、平柱顶、异形顶、联办顶等，较常使用的形式，如图 5-1-2 所示。这些石构件的加工精度，要求达到二遍剁斧等级。

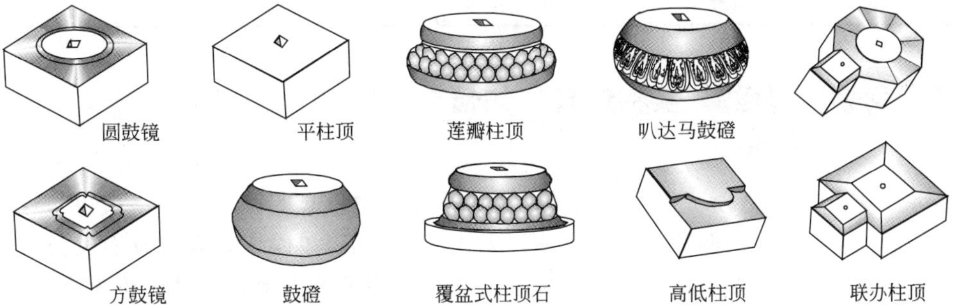

图 5-1-2　柱顶石

1. 宋制柱顶石的规格

宋《营造法式》卷三述**“造柱础之制，其方倍柱之径（谓柱径二尺，即础方四尺之类），方一尺四寸以下者，每方一尺厚八寸。方三尺以上者，厚减方之半。方四尺以上者，以厚三尺为率。若造覆盆，每方一尺，覆盆高一寸，每覆盆高一寸，盆唇厚一分。如仰覆莲华，其高加覆盆一倍”**。此述说明了以下三种柱础尺寸。

① 一般方鼓磴的尺寸：其直径按 2 倍柱径，当方径在 1.4 尺以下者，其高按本身方径的 0.8 倍。方径在 3 尺以上者，其高按本身方径的 0.5 倍。方径 4 尺以上者，其高以不超过本身方径的 0.5 倍为原则。

② 覆盆柱顶石的高：按方径尺寸的 0.1 倍计算。盆唇边厚按 0.01 倍计算。

③ 圆弧形盆状鼓磴的高：按方径尺寸的 0.2 倍计算。

2. 清制柱顶石的规格

清《工程做法则例》卷四十二述，大式建筑"**凡柱顶石，以柱径加倍定尺寸，如柱径七寸，得柱顶石见方一尺四寸。以见方尺寸折半定厚，得厚七寸。上面落鼓镜，按本身见方尺寸内每尺做高一寸五分**"。卷四十五述，小式建筑"**凡柱径七寸以下，柱顶石照柱径加倍之法，各收二寸定见方，如柱径七寸，得见方一尺二寸。以见方尺寸三分之一定厚，如见方一尺二寸，得厚四寸**"。因此，清制柱顶石的直径，大式建筑按 2 倍柱径。石厚按 0.5 倍石径，如果上面要做成鼓镜形，其高按 0.5 倍石径。小式建筑按 2 倍柱径减 2 寸，厚按 1/3 石径。

3. 《营造法原》柱顶石的规格

《营造法原》在第一章述"**柱下常设鼓磴，其形或方或圆，鼓磴之下填石板，与尽间阶沿相平称磉石**"，在石作章述"**鼓磴高按柱径七折，面宽或径按柱每边各出走水一寸，并加胖势各二寸。磉石宽按鼓磴面或径三倍**"。这就是说，在鼓磴之下，铺垫有一层与地面相平的石块，称为"磉石"，如图 5-1-1(b) 所示。鼓磴高为 0.7 倍柱径，面宽出柱径 1 寸，腰鼓出 2 寸。详见表 5-1-1。

表 5-1-1　柱顶石（鼓磴）规格

名　称	方　　　径	高　厚
《营造法式》	2 柱径	方径 1.4 尺下者 0.8 倍、方径 3 尺上者 0.5 倍、方径 4 尺上者不大于 3 尺
《工程做法则例》	大式：2 柱径；小式：2 柱径－2 寸	大式：0.5 方径；小式：1/3 方径
《营造法原》	周边各出柱径 1 寸，腰各出 2 寸	0.7 倍柱径

5.1.4 何谓"磉墩"，其构造规格如何
——柱基砖墩

"磉墩"是指承托柱顶石下的砖基础，其大小，宋制没有明确规定，一般以包住柱顶石为原则。清《工程做法则例》卷四十三述，大式建筑"**凡码单磉墩，以柱顶石见方尺寸定见方，如柱径八寸四分，得柱顶石见方一尺六寸八分，四围各出金边二寸，得见方二尺八寸。金柱顶下照檐柱顶加二寸。高随台基除柱顶石之厚，外加地皮以下埋头尺寸**"。其意是说，凡砌单磉墩，均按柱顶石直径做成方形，如柱径 0.84 尺，则柱顶石直径 1.68 尺，四周各加 0.2 尺，得磉墩见方尺寸 2.08 尺。金柱下的磉墩按檐柱下磉墩加 2 寸。磉墩高随台基高除柱顶石厚外，另加地下埋头尺寸。

卷四十六述，小式建筑"**凡码单磉墩，以柱顶石尺寸定见方，如柱径五寸，得柱顶石见方八寸，再四围各出金边一寸五分，得单磉墩见方一尺一寸。金柱下单磉墩照檐柱磉墩亦加金边一寸五分。高随台基除柱顶石之厚，外加地皮以下之埋头尺寸**"。即若檐柱径 0.5 尺，则柱顶石按 0.8 尺，加金边 0.15 尺，得磉墩见方尺寸 1.10 尺。金柱磉墩按檐柱磉墩再加 0.15 尺，得 1.40 尺。

5.1.5 何谓"背里"和"金刚墙"
——隐藏背后之墙

"背里"和"金刚墙"都是指某砌体外观面之后的砖砌体，但"背里"一般是专对房屋

外墙背后的砌砖而言,称为"背里砖"。而"金刚墙"是通指各种砌体背后作为加固强度的隐藏墙体。在台明墙中的四周拦土,一般称为"背里砖"。背里砖的厚度没有严格规定,从1～3倍砖厚,自行设置。

5.1.6 何谓"阶条石",其构造规格如何
——台明边缘之条石

"阶条石"又称"阶沿石"、"压栏石"、"压面石"等,它是台明地面的边缘石,主要起保护台面免被腐蚀破坏作用。制作加工要求达到二遍剁斧的等级。

阶条石的规格,宋《营造法式》卷三述"**造压阑石之制,长三尺,广二尺,厚六寸**"。清制要求其长度除坐中落心石按明间面阔配制外,前檐阶条石按"**三间五安、五间七安、七间九安**"进行配制。所谓"三间五安",即指为三间房布置者,其长以安放五块阶条石进行设置。

阶条石的宽度,大式按下檐出尺寸减半柱顶石,小式按柱顶石方径减 2 寸。阶条石的厚度,大式建筑按 0.4 本身宽取定,小式建筑按 0.3 本身宽取定。

吴《营造法原》在第九章述"**台口铺尽间阶沿。厅堂阶台,至少高一尺,……阶台之宽,自台石至廊柱中心,以一尺至一尺六寸为准,视出檐之长短及天井之深浅而定。……台宽依廊界之深浅,譬如界深五尺,则台宽自台边至廊柱中心为五尺,或缩进四、五寸,唯不得超过飞椽头滴水**"。即阶沿石,沿台口铺至两端,厅堂阶沿石宽为 1 尺至 1.6 尺。殿庭阶沿石宽,按廊道界深减 4、5 寸。阶沿石厚可按阶踏厚。

以上所述如表 5-1-2 所示。

表 5-1-2 阶条石规格

名称	构件长	截面宽	截面高
《营造法式》	3 尺	2 尺	0.6 尺
《工程做法则例》	3 间 5 安,5 间 7 安,7 间 9 安;也可现场配制	大式按下檐出一半柱顶石;小式按柱顶石一 2 寸	大式按 0.4 本身宽;小式按 0.3 本身宽
《营造法原》	按台边长配制	厅堂＝1 尺至 1.6 尺;殿庭＝廊界深－0.4(0.5)尺	0.5 尺或 0.45 尺

5.1.7 何谓"陡板石",其构造规格如何
——垂直立砌之板石

"陡板石"又称"侧塘石",是台明侧边的护边石,一般立砌镶贴在背里砖的外皮,顶面和侧面剔凿插销孔,以便相互用插销连接,底面卡入土衬落槽内,如图 5-1-3 所示。其长和高没有严格的尺寸规定,可根据现场材料进行均匀设置。其厚度一般为 13～16cm。制作加工要求达到二步做糙等级即可。

5.1.8 何谓"角柱石",其构造规格如何
——台明的转角

"角柱石"有的称为"埋头",是台明转角部位的护角石,如图 5-1-3 所示。制作加工要求达到二步做糙等级即可。其规格,宋《营造法式》规定"**造角柱之制,其长视阶高,每长一尺则方四寸。柱虽加长,至方一尺六寸止。其柱首接角石处合缝,令与角石通平。若殿宇**

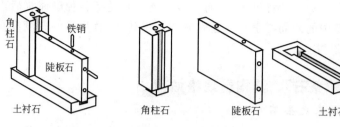

图 5-1-3　柱顶石

阶基用砖作垒涩坐者，其角柱以长五尺为率，每长一尺则方三寸五分"。即角柱石长按台明高而定，断面宽窄按每高一尺为 4 寸×4 寸计算，但最大不超过 1.6 尺×1.6 尺。角柱石两面要与其上的角面石平。如果殿宇用砖砌须弥座，其高不超过 5 尺，断面按每高一尺为 3.5 寸见方计算。

　　清《工程做法则例》规定**"凡无陡板埋头角柱石，按台基之高除阶条石之厚得长，以阶条石宽定见方，如阶条石宽一尺二寸二分，得埋头角柱石见方一尺二寸二分"**。

　　《营造法原》没有专门设置角柱石，也未作具体规定，依现场情况配制。以上规定如表5-1-3 所示。

表 5-1-3　角柱石规格

名称	构件长	截面宽	截面高
《营造法式》	阶高-压阑厚	0.4 高至 1.6 尺	0.4 高至 1.6 尺
《工程做法则例》	台明高-阶条厚	1.22 尺	1.22 尺
《营造法原》	按现场情况配制		

5.1.9　何谓"土衬石"，其构造规格如何
——台明底层衬垫石

　　"土衬石"是指石砌台明的底层构件，它是承托其上所有石构件（如陡板、埋头等）的衬垫石，其上凿有安装连接上面石构件的落槽口，以便增强连接的稳固性，如图 5-1-3 中所示。宋制没有具体规定，清制要求其上表面高出地面 2 寸，宽出陡板面 2～3 寸，厚按本身宽折半。制作加工要求达到二步做糙等级即可。

5.1.10　石须弥座的构造是怎样的
——石砌"枋、枭、束腰、圭脚"

　　石须弥座是高级石台明的基座，《营造法原》称为"金刚座"。

　　须弥座的用材可为砖雕、石雕和木刻等结构。随着历史的发展，须弥座由简单层叠台基发展为豪华台座，其中尤以清制须弥座最为壮观。清制须弥座的外观组成构件名称，由上而下为：上枋、上枭、束腰、下枋、下枭、圭脚等，如图 5-1-4 所示。高级基座可由 2～3 个台座层垒叠起来，如北京故宫三大殿就是坐落在三个台层台基上，故简称为"故宫三台"。

　　宋制须弥座比较简易，在 4.3.4 中已介绍了砖须弥座，这里着重介绍石须弥座。

1. 宋制石须弥座

　　宋制须弥座在石作制度中说得比较简单，只述到大致做法**"以石段长三尺，广二尺，厚**

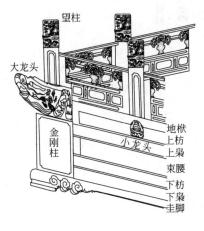

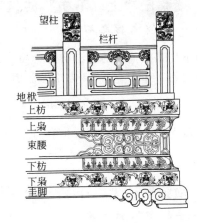

(a) 龙头须弥座   (b) 带雕饰须弥座

图 5-1-4　清制须弥座

六寸，四周并叠涩坐数，令高五尺，下施土衬石，其叠涩每层露棱五寸，束腰露身一尺，用隔身板柱，柱内平面作起突壶门造"。即石须弥座用 3 尺×2 尺×0.6 尺块石，围着四周叠砌数层，要求高为 5 尺，最下铺土衬石，束腰高 1 尺，立角柱，柱内平面要起凸成壶口形。

2. 清制石须弥座

清制须弥座的规格**"按台基明高五十一份，得每份若干。内圭脚十份。下枋八份。下枭六份，带皮条线一份，共高七份。束腰八份，带皮条线上下二份，共高十份。上枭六份，带皮条线一份，共高七份。上枋九份"**，如图 5-1-5 所示。各个构件具体如下。

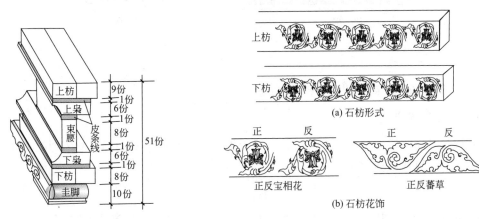

图 5-1-5　清制石须弥座规格   图 5-1-6　上、下枋雕刻

3. 《营造法原》金刚座

《营造法原》第九章述**"露台之较华丽者，常作金刚座，其结构自上而下为台口石，石面平方形。下为圆形之线脚，有时雕莲瓣称荷花瓣，荷花瓣可置二重。中为宿腰，宿腰平面缩进，于转角处雕荷花柱等饰物，中部雕流云，如意等饰物。下荷花瓣之下为拖泥，拖泥为面平石条，设于土衬石之上"**。即其结构为：台口石、线脚、荷花瓣、宿腰、荷花瓣、拖泥、土衬石。

以上所述每种构件的加工精度，要求达到二遍剁斧等级。

5.1.11 须弥座"上、下枋"的构造如何

——形似木枋之石

上枋与下枋是须弥座的起讫构件，简称为"石枋"（《营造法式》用"方涩平"，《营造法原》用"台口石"作为上枋），为矩形截面，因有似梁枋作用而得名。其截面高为：

$$上（下）枋高 = \frac{台明高}{51} \times 上（下）枋份数$$

上下枋的外观面可为素面也可为雕刻花面，常用图案有宝相花和蕃草，如图 5-1-6 所示。

5.1.12 须弥座"上、下枭"的构造如何

——凸凹弧面之石

上枭与下枭是须弥座外观面进行凸凹变化的构件，《营造法式》为"仰莲、合莲"，《营造法原》为"上、下荷花瓣"，上、下枭因凹凸比较急速凶猛而得名，其构件高为：

$$上（下）枭高 = \frac{台明高}{51} \times 上（下）枭份数$$

上、下枭的外观面也可为素面或雕刻面，常用的雕刻花纹为"叭达马"，如图 5-1-7 所示。

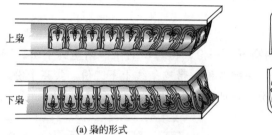

(a) 枭的形式　　　　　　　　　　　　　　(b) 枭的花饰

图 5-1-7　上、下枭

5.1.13 须弥座"束腰"的构造如何

——台基中腰之石

束腰是使须弥座的中腰紧束直立的构件，一般都做得比较高，当高度较大时，为了显示其气势，常在转角处设置角柱，称为"金刚柱"。清制束腰的高为：

$$束腰高 = \frac{台明高}{51} \times 束腰份数$$

束腰为矩形截面，其外观面一般都雕刻有带形花纹，称为"花碗结带"，金刚柱也多雕刻有如意、玛瑙等花纹，如图 5-1-8 所示。束腰与金刚柱侧面凿有销孔，用铁销相互连接。

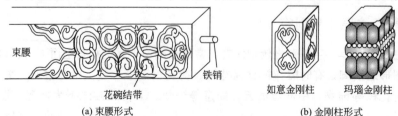

(a) 束腰形式　　　　　　　　　　　　(b) 金刚柱形式

图 5-1-8　束腰及金刚柱

5. 1. 14 须弥座"圭脚"的构造如何

——经雕刻台基之石

圭脚是须弥座的底座，外侧面雕刻有云状花纹，正面为圆弧形，如图5-1-9所示。其厚为：

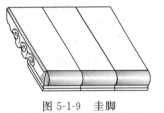

$$圭腰高 = \frac{台明高}{51} \times 圭腰份数$$

《营造法式》用"单肚混"、《营造法原》用"拖泥"作为垫底构件。

图 5-1-9 圭脚

5. 1. 15 须弥座"螭首"的构造如何

——龙头、喷水兽

"螭首"又称为"龙头"、"喷水兽"，用于清制豪华做法的须弥座，在上枋位置的四角角柱下安装大龙头，柱间每间隔一定距离安装小龙头，如图5-1-10中所示。它不仅是一种装饰物，更重要的是还可作为台明雨水的排水设施，通过管口将雨水从龙嘴吐出。

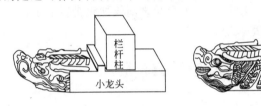

图 5-1-10 螭首（龙头）

大龙头长按3倍角望柱径，宽1倍柱径，厚0.8倍柱径。小龙头挑出长度为0.8倍柱径，宽1倍柱径，厚按1.2倍枋厚。

5. 1. 16 何谓"踏跺"，其形式与构造如何

——台阶

台明与室外地面都做有一个高度差，"踏跺"就是为连接这高差而设置的台阶。它是台明地面与自然地坪的交通连接体。《营造法式》称为"踏道"。

1. 踏跺的形式

踏跺的构造形式有三种，即：垂带踏跺、如意踏跺、御路踏跺等。
垂带踏跺是指踏跺两边有栏墙，栏墙的顶面用带状条石做成斜坡形，如图5-1-11(a)所示。
如意踏跺是指没有栏墙的踏跺，三面均可自由上下，如图5-1-11(b)所示。
御路踏跺是指将垂带踏跺拓宽，并在中间加一条斜坡路面，此路面常用龙凤雕刻装饰，故称为"御路"，如图5-1-11(c)所示。

2. 踏跺的构造尺寸

宋《营造法式》卷三述"造踏道之制，长随间之广，每阶高一尺作二踏，每踏厚五寸，广一尺。两边副子各广一尺八寸（厚与第一层象眼同）。两头象眼如阶高四尺五寸至五尺者三层（第一层与副子平，厚五寸。第二层厚四寸半，第三层厚四寸），高六尺至八尺者五层

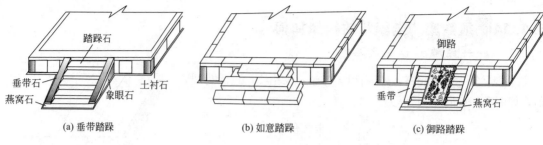

图 5-1-11　常用的踏跺形式

（第一层厚六寸，每一层各递减一寸）或六层（第一层第二层厚同上，第三层以丁每一层各递减半寸）。皆以外周为第一层，其内深二寸又为一层（逐层准此），至平地施土衬石，其广同踏"。依其所述，踏道宽按面阔的间宽。阶石规格：宽 1 尺，厚 5 寸。副子（即垂带）宽1.8 尺。三角形栏墙（象眼）做成层层内凹形式，当台阶高 4.5～5 尺者，按三层内凹，6～8 尺者按五层或六层内凹。

清《营造算例》规定**"面阔如合间安，按柱中面阔，加垂带宽一份即是。如合门安，按门口宽一份，框宽二份，垂带宽二份即是"**。

即如果踏道按开间布置的话，其阶宽按柱子中线之面阔加垂带宽而定，如果按门宽布置的话，应按槛框外边尺寸加两垂带宽取定。

5.1.17 ▏踏跺中"踏跺石"形式与规格如何 ▏
——台阶踏步石

"踏跺石"又称踏步石，宋称"阶石"，是指砌筑台阶踏步的阶梯石，按宽 1 尺、厚 5 寸取定。《营造法原》称之为"踏步"、"副阶沿"，**"副阶沿每级高五寸，或四寸半，宽倍之"**。

清称"基石"（分上中下），上基石称"摧阶"，下基石称"燕窝石"，其余称"踏跺心子"。按**"宽以一尺至一尺五寸。厚以三寸至四寸"**取定。制作加工要求达到二遍剁斧的等级。

5.1.18 ▏踏跺中"垂带"形式与规格如何 ▏
——台阶之牵边石

垂带即现代建筑台阶两边的牵边，宋称"副子"，其宽为 1.8 尺。《营造法原》称"菱角石"，清称"垂带"，按**"宽厚与阶条石同"**。制作加工要求达到二遍剁斧的等级，如图 5-1-12 所示。

5.1.19 ▏踏跺中"象眼"形式与构造如何 ▏
——三角形之石

"象眼"一般是指三角形的垂直面，此处是指踏跺两端的三角形栏墙，《营造法原》统称为"菱角石"。宋制垂带做成层层内凹形状，按每层内退 2 寸剔凿，如图 5-1-12 所示。清制垂带为垂直平面的三角形石板，石厚按垂带宽的 0.3 取定。制作加工要求达到二遍剁斧等级。

5.1.20 ▏踏跺中"平头土衬"形式构造如何 ▏
——无落口槽之衬垫石

"平头土衬"是指象眼石下的垫基石，它与台基土衬不同之处是没有落口剔槽，即平头面，如图 5-1-12 所示，宽厚与踏跺石同。

5.1.21 踏跺中"御路石"形式与规格如何
——有龙凤雕刻的斜坡石

它是指隔离左右踏道的分界石，多采用龙凤雕刻或宝相花图案，石宽按其长的 0.3～0.5 倍取定，厚按本身宽的 1/3 取定。

5.1.22 何谓"姜磋石"、"燕窝石"
——锯齿形石坡道、有阻滑窝槽之石

1. 姜磋石

"姜磋"又称"礓磋"，是带锯齿形（棱角凸起）的坡道，是供车辆行驶的防滑坡道，如图 5-1-13 中所示。

2. 燕窝石

"燕窝石"是垂带踏跺和姜磋踏道最下面一级踏跺的铺垫石，它在垂带下端处剔凿有槽口，用以顶住垂带避免下滑，如图 5-1-13 所示。

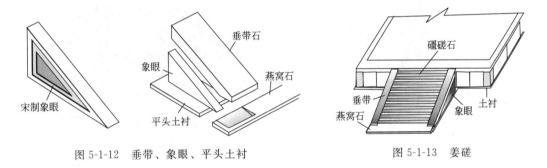

图 5-1-12　垂带、象眼、平头土衬　　　图 5-1-13　姜磋

5.1.23 水榭平台的基座构造如何
——土石结构或梁柱结构

水榭平台的基座构造有三种：一是梁柱结构基座，如图 5-1-14（a）、（b）所示；二是土石结构基座，如图 5-1-14（c）、（d）所示；三是两者组合式基座，如图 5-1-14（e）所示。

1. 土石平台基座

水榭土石平台基座，常用于水深 2m 以内，它是用砖石砌筑基座挡土墙，在挡土墙圈内填土夯实而成。挡土墙的上口厚按 2.2～2.5 倍檐柱径，基底厚按斜坡的 0.25 倍高增加，如图 5-1-15 所示。挡土墙的高度尺寸，以基底落实到坚硬土壤上，并使墙顶露出最高水位 0.3m 为准。

砖石材料可用方整石干砌、毛石浆砌，或水泥砂浆砖砌，墙顶用混凝土或砂浆盖帽。回填土分层夯实，每层厚 30～40cm。

2. 梁柱结构平台基座

当水深超过 2m 以上时，应采用梁柱结构平台基座，它是在坚硬土层上砌筑砖柱或钢筋

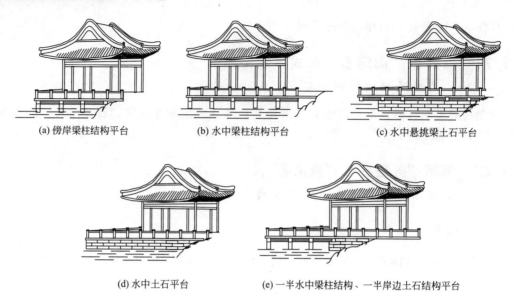

(a) 傍岸梁柱结构平台　　　(b) 水中梁柱结构平台　　　(c) 水中悬挑梁土石平台

(d) 水中土石平台　　　(e) 一半水中梁柱结构、一半岸边土石结构平台

图 5-1-14　水榭的平台构造

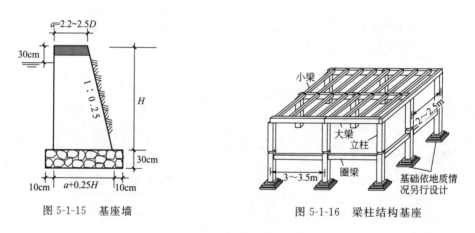

图 5-1-15　基座墙　　　　　　　　图 5-1-16　梁柱结构基座

混凝土柱，在柱顶上安装大小横梁，并在柱高 1/2 或 3/5 之处安装加固圈梁，如图 5-1-16 所示。

砖柱截面一般为 37～50cm 见方，根据柱高的长短选用。柱高以柱基落实到坚硬土壤上，并使梁面高出最高水位 0.3m 为准。

横梁可用木梁或钢筋混凝土梁，木梁截面：大梁高按（檐柱径＋2 寸）确定，厚按 0.8 倍梁高计算，其间距按 300～350cm 设置。小梁高按大梁高的 0.7 倍计算，厚按 0.8 倍本身高确定，其间距按 50～90cm 设置。若采用木梁，梁上铺垫 3～5cm 厚木毛板，并做防水处理。其上铺设地面材料。

若采用钢筋混凝土梁，梁截面可按木梁尺寸增大 1.2～1.3 倍，钢筋混凝土梁上浇筑 8～10cm 钢筋混凝土板作为垫板，其上铺设地面材料。

上面所述两种基座的基础，均应根据当地地质情况的好坏另行设计。

5.1.24 石舫的船台构造如何

——砖石或钢混框架

石舫的船台是砖石构件，因为是仿船形，所以船台宽一般只按一个开间确定，常用宽度在 3～5m，长度为 3～5 倍宽。

船台做法有两种：一是台明做法，二是仿真做法。

1. 台明做法

这种做法是指按前面所述，同普通房屋的台明一样，外围用经加工的方整石砌筑成船帮，里面做背里后填土夯实，上面做石铺或盖板地面，周边点装船舷石构件即可，如图 5-1-17(b) 所示。

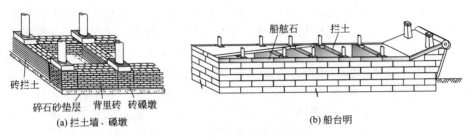

(a) 拦土墙、礤墩   (b) 船台明

图 5-1-17　船台的台明

但一般为稳固船帮和承托柱顶石，可在柱下做砖礤墩和拦土墙，拦土墙之间回填土，如图 5-1-17(a) 所示。

台基深度以达到硬土为原则，台面应高出最高水位 0.3～0.5m。

2. 仿真做法

这种做法是仿照木船的结构，做成前、中、后舱，用梁柱承托木舱板，借以增强真实感，如图 5-1-18(a) 所示。

其中船帮可用砖砌抹灰，也可用石砌，中舱地垄墙可用砖砌，也可用钢筋混凝土，但都应落实在硬土层上，地垄墙上安装船木地板，作为船舱底板。前后舱做钢筋混凝土梁柱，上盖舱板。

船帮和中舱底板都要做隔水层，以防渗水。

为了使船帮两头上翘，可在船的两边做钢筋混凝土船帮骨架，如图 5-1-18(b) 所示，再在骨架框内，填砌轻型砖材做成船帮。钢筋混凝土骨架截面（10cm×10cm）～（12cm×12cm），用 $4\phi10$ 钢筋即可。两边船帮骨架用钢筋混凝土横梁连接成整体，形成前后舱，然后盖上舱板。

船帮水下部分，根据土质情况，做成块状砖石基础。船帮顶面以露出最高水位为原则，两边船帮以内的其他部分可与深基础连接。

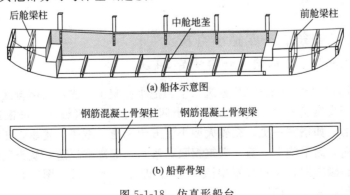

(a) 船体示意图

(b) 船帮骨架

图 5-1-18　仿真形船台

5.1.25 古建筑的基础是如何处理的

——挖槽基、铺筑垫层

1. 宋制基础处理

《营造法式》卷三述"凡开基址须相视地脉虚实，其深不过一丈，浅止于四尺或五尺，并用碎砖瓦石扎等，每土三分内添碎砖瓦等一分"。即选择房屋地基，应了解地质的虚实情况，开挖基础，最深不超过一丈，最浅四五尺。并用3份土，1份砖瓦石的混合物做垫层。

对具体做法《营造法式》述"筑基之制，每方一尺用土两担，隔层用碎砖瓦及石扎等亦两担。每次布土厚五寸，先打六杵，次打四杵，次打二杵，以上各打平土头。然后随用杵碾蹴，令平，再攒杵扇补，重细碾蹴。每布土厚五寸，筑实厚三寸，每布碎砖瓦石扎等厚三寸，筑实厚一寸五分"。即筑基础所用土和隔层碎砖瓦石，每平方尺各为2担（即十斗）。铺土厚5寸，分三次用木杵（即圆木夯）筑打6遍、4遍、2遍，然后用木碾子压平。对漏空处补打，再碾平。要求每层布土厚5寸，夯实为3寸。每层布碎砖瓦石厚3寸，夯实为1.5寸。

2. 清制基土处理

清制开挖基础，基槽挖深称为"刨槽"，槽宽称为"压槽"。《工程做法则例》卷四十七，对夯筑灰土述"凡夯筑灰土，每步虚土七寸，夯实五寸。素土每步虚土一尺，夯实七寸"。对刨槽述"凡刨槽以步数定深，如夯筑灰土一步，得深五寸，外加埋头尺寸，如埋头六寸，应刨深一尺一寸，素土应刨深一尺三寸"。即：基槽挖深＝每层灰土厚＋埋头高；素土刨深＝灰土7寸＋埋头6寸＝1.3尺。

对压槽述"凡压槽，如墙厚一尺以内者，里外各出五寸。一尺五寸以内者，里外各出八寸。二尺以内者，里外各出一尺。其余里外各出一尺二寸。如通面阔三丈，即长三丈，外加两山墙外出尺寸，如山墙外出一尺，再加压槽各宽一尺，得通长三丈四尺"。即：基槽宽＝通面阔（通进深）＋墙厚＋压槽宽（墙厚1尺，槽里外宽0.5尺；墙厚1.5尺，槽里外宽0.8尺；墙厚2尺，槽里外宽1尺；其余里外宽出1.2尺）。

5.1.26 清制夯筑灰土有何要求

——区别不同打夯遍数

清对灰土夯筑比较讲究，分为：夯筑二十四把小夯灰土、夯筑二十把小夯灰土、夯筑十六把小夯灰土、夯筑大夯灰土、夯筑素土。

5.1.27 何谓"夯筑二十四把小夯灰土"

——充海窝、筑银锭、补沟埂皆24次

《工程做法则例》卷四十七述"凡夯筑二十四把小夯灰土，先用大碌排底一遍，作灰土拌匀下槽。头夯充开海窝宽三寸，每窝筑打二十四夯头。二夯筑银锭，每银锭亦筑二十四夯头，其余皆随充沟。如槽宽一丈，充剁大埂小埂五十七道，取平，落水，压碴子，起平夯一遍，高夯乱打一遍，起平旋夯一遍，满筑拐眼，落水，起高夯三遍，旋夯三遍。如此筑打拐眼三遍后，又起高碌二遍，至顶步平串碌一遍"。即先用大石碌 [图5-1-19(a)]，将原土夯打一遍，再将拌匀的灰土下槽铺平。

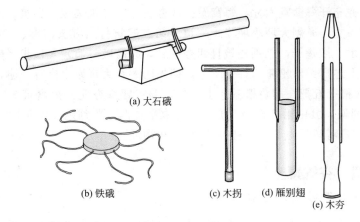

(a) 大石碌

(b) 铁碌　　(c) 木拐　(d) 雁别翅　(e) 木夯

图 5-1-19　夯土用具

"**头夯充开海窝**"即第一夯［木夯，图 5-1-19(e)］开打位置，"**宽三寸**"即海窝直径及间隔距离约为 3 寸，每个位置夯打 24 下。

"**二夯筑银锭**"即第二遍夯打银锭位置（即四海窝之间形如古铜钱空洞位置），每个银锭位置夯打 24 下。"**其余皆随充沟**"即对余下的空处随即补打。

"**充刴大埂小埂五十七道**"即每宽一丈，大约补打 57 道大小沟埂，夯打完后将表面整平（取平），洒水使石灰化解（落水），再撒一层碴子以免粘连（压碴子）。然后"**起平夯一遍**"即将夯抬矮些轻打一遍，再将夯抬高总打一遍（高夯乱打），再将夯旋转平打一遍（起平旋夯）。然后"**满筑拐眼**"，即用木拐［图 5-1-19(c)］普遍压洞一遍，浇水洇湿，继用重夯（将夯抬高）筑打 3 遍，旋夯 2 遍。

如此重复 3 遍后，最后抬起高碌［图 5-1-19(b)］拍打 2 遍，每层如此进行，当到了最上面一层（至顶步），将石碌斜向拉起，使其碌面摩擦灰土面抬起后自由落下（称为平串碌），以起蹭光作用。

5.1.28 ▌**何谓"夯筑二十把小夯灰土"**
——充海窝、筑银锭、补沟埂皆 **20** 次

《工程做法则例》卷四十七述"凡夯筑二十把小夯灰土，筑法俱与二十四把夯同，每筑海窝、银锭、沟埂俱二十夯头。每槽宽一丈，充刴大埂小埂四十九道"。即具体做法与二十四把夯相同，只是夯打次数为 20 下，每槽宽一丈补打 49 道大小沟埂。

5.1.29 ▌**何谓"夯筑十六把小夯灰土"**
——充海窝、筑银锭、补沟埂皆 **16** 次

《工程做法则例》卷四十七述"凡夯筑十六把小夯灰土，筑法俱与二十四把夯同，每筑海窝、银锭、沟埂俱十六夯头。每槽宽一丈，充刴大埂小埂三十三道"。也就是具体做法与二十四把夯相同，只是夯打次数为 16 下，每槽宽一丈补打 33 道大小沟埂。

5.1.30 ▌**何谓"夯筑大夯灰土"**
——充海窝、筑银锭、补沟埂等要粗略些

《工程做法则例》卷四十七述"凡夯筑大夯灰土，先用大碌排底一遍，将灰土拌匀下槽。

每槽夯五把，头夯充开海窝宽六寸，每窝筑打八夯头。二夯筑银锭，亦筑打八夯头。其余皆随充沟。每槽宽一丈，充剁大埝小埝二十一道。第二遍筑打六夯头海窝、银锭、充沟同前。第三遍取平，落水，撒碴子，雁别翅筑打四夯头后，起高碰二遍，至顶步平串碰一遍"。"大夯灰土"意指较上述打夯稍粗略的打夯工艺，即先用大石碰将原土夯打一遍，再将拌匀的灰土下槽铺平。"每槽夯五把"即将槽基灰土夯打 5 遍（即头夯充开海窝筑 8 夯；二夯筑银锭 8 夯，如此重复两遍，其中第 2 遍为 6 夯；三夯取平；四夯雁别翅 [图 5-1-19(d)] 4 夯；五夯起高碰 2 遍）。海窝间距为 6 寸，补打 21 道大小沟埝。

5.1.31 ▌ 何谓"夯筑素土"
—— 纯土不掺灰，夯筑 5 遍

《工程做法则例》卷四十七述"凡夯筑素土，每槽用夯五把，头夯充开海窝宽六寸，每窝筑打四夯头。二夯筑银锭，亦筑打四夯头，其余皆随充沟。每槽宽一丈，充剁大埝小埝十七道。第二次与头次相同。每三遍取平，落水，撒碴子，雁别翅筑打四夯头一遍，后起高碰一遍，至顶步平串碰一遍"。即素土只需夯筑 5 遍（即头夯充开海窝、二夯筑银锭、二夯取平、四夯雁别翅、五夯起高碰）。海窝间距为 6 寸，每夯 4 次即可。

5.2 其他石作构件

5.2.1 ▌ 何谓地面过门石、分心石、槛垫石
—— 门厅地面进门之石

1. 过门石

对有些比较讲究的建筑，为显示其豪华富贵，专门在房屋开间正中的门槛下，布置一块顺进深方向的方正石，此称为"过门石"。一般只在开有门的正间和次间布置。石宽可大可小，以小于 1.1 倍柱顶石径为原则，厚按 0.3 倍本身宽或与槛垫石同厚。制作加工要求，应达到二步做糙等级。

2. 分心石

分心石是更豪华的过门石，它比过门石长，设在有前廊地面的正开间中线上，从槛垫石里端穿过走廊直至阶条石，因此，在使用分心石后，不再布置过门石。

分心石宽按 0.3～0.4 倍本身长，厚按 0.3 倍本身宽。制作加工应达到二步做糙等级。

3. 槛垫石

对有些要求比较高的房屋，为免使槛框下沉和防潮，常在下槛之下铺设一道衬垫石，称此为"槛垫石"，分为"通槛垫"和"掏当槛垫"两种。

通槛垫是指沿整个下槛长度方向所铺设的槛垫石，即为不设过门石的通长槛垫石，如图 5-2-1 中所示。掏当槛垫是指在有些房屋中，使用了过门石，处在过门石外的槛垫石，也就是指被过门石分割的间断槛垫石，如图 5-2-1 中所示。

槛垫石的宽度按 3 倍下槛宽，厚按 0.3～0.5 倍本身宽。靠门轴部分的槛垫石可与门枕石联办在一起加工，称为"带门枕槛垫"，如图 5-2-2 所示。

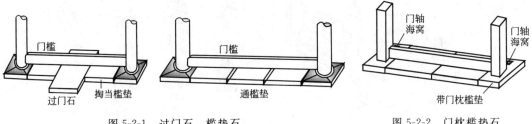

图 5-2-1 过门石、槛垫石　　　　　　　图 5-2-2 门枕槛垫石

5.2.2 何谓"门枕石"、"门鼓石"
—— 承托大门转轴之石

1. 门枕石

"门枕石"是指设在门槛两端承托门扇转轴的门窝石。石上凿有凹窝（称为海窝），套住门轴转动。也可以说是专为门轴设立轴窝的槛垫石，用它来代替木门枕，如图 5-2-2 中所示。其规格与槛垫石同，也可以比槛垫石稍短。制作加工要求达到二步做糙等级。

2. 门鼓石

"门鼓石"是指设在大门两边，置于门槛外侧形似鼓形的装饰石，《营造法原》称为"砷石"。它既是木大门的稳固装饰件，也是安装门扇轴的承轴构件。门鼓石用青石雕凿而成，可雕凿成圆鼓形，称为"圆鼓子"，也可雕凿成矩形，称为"方鼓子"。在鼓子顶面雕凿狮子、麒麟或方头（称为幞头）等，如图 5-2-3 所示。

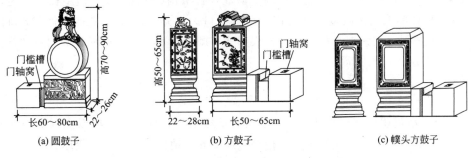

(a) 圆鼓子　　　　　　(b) 方鼓子　　　　　　(c) 幞头方鼓子

图 5-2-3 门鼓石

门鼓石一般与门枕石连做在一起，以门槛为界，其外为门鼓石，其内为安装门扇的门枕石，常用形式与规格如图 5-2-3(a)、(b) 所示。制作加工要求达到二遍剁斧的等级。

5.2.3 石栏杆的构造如何
—— 望柱、栏板、地栿

石栏杆是房屋台明上常使用的外围栏杆，它能经受风吹雨打，坚固耐用，故广泛用做室外栏杆。石栏杆一般用花岗石、青白石、汉白玉等石料加工而成，其基本构件为：望柱、栏板、地栿等，如图 5-2-4(a) 所示。其构件加工精度要求达到二遍剁斧等级。

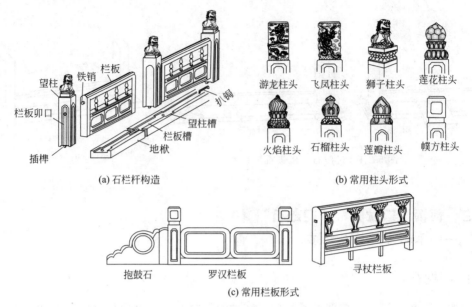

(a) 石栏杆构造　　　　　　　　　　　(b) 常用柱头形式

抱鼓石　　　罗汉栏板　　　　　　　寻杖栏板

(c) 常用栏板形式

图 5-2-4　石栏杆及其柱头形式

1. 望柱

"望柱"是石栏杆的直立支撑，一般为 15～25cm 的方形截面，柱高为 1.1～1.3m。柱脚做榫，与地栿连接。柱头为石雕，约占全高的 1/3～1/4，柱头形式有龙、凤、狮、莲瓣、幞方等，如图 5-2-4(b) 所示。

2. 栏板

栏板是将扶手和绦环板用一块石板剔凿而成，栏板高按 0.5～0.6 倍望柱高取定，厚按 0.6～0.7 倍望柱厚取定。两端和底边都剔凿有槽口边，分别嵌入望柱和地栿的槽口内。在扶手部分钻凿圆洞，用铁销与柱连接。栏板形式有雕花形和罗汉形。栏杆的起点和终点采用抱鼓石，如图 5-2-4(c) 所示。

3. 地栿

"地栿"是承接望柱和栏板的底座，剔凿有承接槽口，地栿宽度应以能剔凿望柱槽口为准，一般约为 2 倍栏板厚，或按望柱直径每边加 2cm；地栿厚度可按栏板厚或稍作加减。地栿与地栿之间用扒锔连接，如图 5-2-4(a) 所示。

5.2.4 何谓"滚礅石"、"夹杆石"
——固定室外立柱之石

滚礅石和夹杆石都是一种用于独立柱下的稳柱石。

1. 滚礅石

"滚礅石"是指独立柱式垂花门的稳柱石，它雕刻成双鼓抱柱形式，所以又称它为"抱鼓石"，如图 5-2-5(a) 所示。制作加工要求达到二遍剁斧等级。

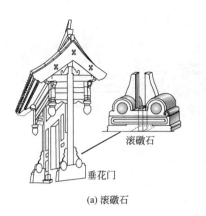

(a) 滚礅石

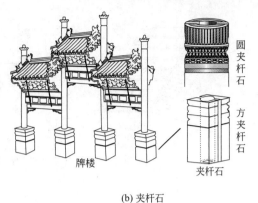

(b) 夹杆石

图 5-2-5 滚礅石、夹杆石

2. 夹杆石

"夹杆石"又称"镶杆石",它是木牌楼柱和旗杆的柱脚保护石,一般剔凿成两块合抱形式,将柱脚包裹起来,埋入地下一半,如图 5-2-5(b) 所示。其制作加工要求达到二遍剁斧等级。

5.2.5 何谓"抱鼓石"、"砷石"
—— 鼓形装饰之石

1. 抱鼓石

"抱鼓石"即为石栏杆的首尾栏板石,多用于桥梁石栏杆两端进出口处,因其中间雕刻成圆鼓形而得名,如图 5-2-6 所示。

2. 砷石

"砷石"是《营造法原》的称呼,也是南方建筑中最常用于大门两旁的装饰门面石,又称为"门鼓石",其形式与抱鼓石相似,如图 5-2-7 所示。其作用与图 5-2-3 门鼓石相同,只是不带门枕,仅为独立的装饰石。

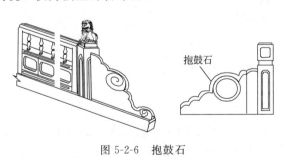

图 5-2-6 抱鼓石

图 5-2-7 砷石

5.2.6 何谓"牙子石"、"街心石"
—— 街路之石

1. 牙子石

"牙子石"简称"路牙",是指道路、甬路、海墁边缘的栏边石,用于约束和保证砖石铺

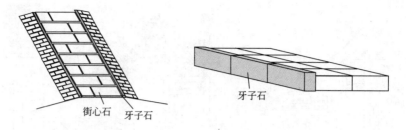

图 5-2-8　牙子石

筑的整齐，如图 5-2-8 所示。

2. 街心石

"街心石"是指用于铺垫繁华集镇街道的方块石，它是古建道路的最高级材料，能经历车马通行的长期碾压，如图 5-2-8 所示。

5.2.7 何谓"沟门"、"沟漏"、"石沟嘴子"、"带水槽沟盖"
——围墙下水沟之石

1. 沟门、沟漏

"沟门"是指用于围墙底部排水洞口的拦截石，以防止动物钻入。

"沟漏"是指地面排水暗沟的落水口，以防止物体堵塞沟道，如图 5-2-9 所示。

2. 石沟嘴子

"石沟嘴子"是指排水沟出水端的挑出嘴子，它悬挑墙外一段距离，免使排水滴漏在墙面上，如图 5-2-9 中所示。

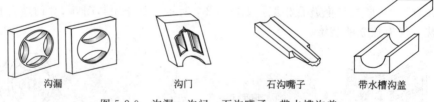

沟漏　　　　　　沟门　　　　　石沟嘴子　　　带水槽沟盖

图 5-2-9　沟漏、沟门、石沟嘴子、带水槽沟盖

3. 带水槽沟盖

"带水槽沟盖"是指带盖板的石排水沟槽。水槽即用石料剔凿成的排水凹槽，沟盖是指水槽上的盖板，盖板下面也剔凿成弧形，以利排水，如图 5-2-9 所示。

5.2.8 何谓"石墙帽"、"门窗碹石及碹脸石"
——砖墙上装饰之石

1. 石墙帽

"石墙帽"指用石料雕琢的墙顶盖帽，一般为兀脊形，多用于佛教寺庙的院墙，如图 5-

2-10 中所示。

2. 门窗碹石及碹脸石

"门窗碹石"又称门窗券石，它是门窗洞顶的拱形石过梁，处在最外层的称为碹脸石，里层的称为碹石。常用于佛教寺庙中的山门，如图 5-2-10 所示。

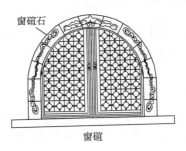

图 5-2-10　门窗碹石、墙帽

5.2.9 | 石构件加工的次序如何

——打剥，粗剥，细漉，褊棱，斫砟，磨砻

《工程做法则例》没有明确叙述，但王璞子工程师在《工程做法注释》中述"石作制作安装分做糙、做细、占斧、褊光、对缝安装、灌浆、摆滚子叫号、拽运、抬石等项工序"。也就是说清制石作加工次序，应为：打荒、做糙、做细、占斧、褊光等工序。

《营造法式》卷三述"造石作次序之制有六，一曰打剥（用鏨，揭剥高处），二曰粗剥（希布鏨凿，令深浅齐云），三曰细漉（密布鏨凿，渐令就平），四曰褊棱（用褊凿镌棱角，令四边周正），五曰斫砟（用斧刀斫砟，令面平正），六曰磨砻（用砂石水磨，去其斫纹）"。

《营造法原》第九章述"造石次序分：双细、出潭双细、市双细、鏨细、督细等数种"，接着解释曰"出山石坯，棱角高低不匀，就山场剥凿高处，称为'双细'。其出山石料未经剥凿，而料加厚，运至石作后剥高去潭者，称为'出潭双细'。经双细之料，由石作再加鏨凿一次，令深浅齐云，称为'市双细'。如再以鏨斧密布斩平，则成为'鏨细'。再用凿细督，使之平细，称为'督细'"。

根据上述，关于石作加工工艺，如表 5-2-1 所示。

表 5-2-1　石作加工程序

名称	1	2	3	4	5
《工程做法则例》	打荒	做糙	做细	占斧	扁光
《营造法式》	打剥	麤搏	细漉、褊棱	斫砟	磨礲
《营造法原》	双细	出潭双细	市双细	鏨细	督细

5.2.10 | 石料加工精度分几等

——打荒、一步做糙、二步做糙、一遍剁斧、二遍剁斧、扁光

加工精度一般分为：打荒、一步做糙、二步做糙、一遍剁斧、二遍剁斧、三遍剁斧、扁光 7 个等级。

1. 打荒

"打荒"是一种最初始、最粗糙的加工。它是将采出来的石料，选择合适的料形，用铁锤和铁凿将棱角和高低不平之处打剥到基本均匀一致的轮廓形式，对此加工品可称为"荒料"。

2. 一步做糙

"做糙"是指对荒料的粗加工。一步做糙是将荒料按设计规格增加预留尺寸后，进行放线打剥，使其达到设计要求的基本形式，对此加工品可称为"毛坯"。

3. 二步做糙

"二步做糙"是在一步做糙的基础上，用锤凿进一步进行錾凿，使毛坯表面粗糙纹路变浅，凸凹深浅均匀一致，尺寸规格基本符合设计要求，对此所做成的加工品可称为"料石"。

4. 一遍剁斧

"剁斧"是指专门用于砍剁石料的钝口铁斧，经过剁錾可以消除石料表面的凸凹痕迹。一遍剁斧就是消除凸凹痕迹，使石料表面平整的加工，要求剁斧的剁痕间隙小于3mm。对此加工品我们可以称它为"石材"。

5. 二遍剁斧

"二遍剁斧"是在一遍剁斧的基础上再加细剁，要求剁痕间隙小于1mm，使石料表面更趋平整的加工。

6. 三遍剁斧

"三遍剁斧"是在二遍剁斧的基础上，做更精密的细剁，要求剁痕间隙小于0.5mm，使肉眼基本看不出剁痕，手摸感觉平整无迹。

7. 扁光

"扁"即指很薄的面，"光"即指光滑。扁光是将三遍剁斧的石面用磨头（如砂石、金刚石、油石等）加水磨蹭，使石材表面细腻光滑。

5.2.11 石浮雕的工艺是怎样的
——素平、减地平钑、压地隐起、剔地起突

"浮雕"是指将雕刻图案，浮起凸现在雕刻面上的一种雕刻工艺。按照浮雕加工的内容分为：石浮雕；石碑镌字。

1. 石浮雕

石浮雕同方砖雕刻一样，按雕刻深浅类型不同，分为：素平（阴线刻）、减地平钑（平浮雕）、压地隐起（浅浮雕）、剔地起突（高浮雕）等。各种雕刻类型的含义见4.3.11方砖雕刻所述，但石浮雕的深浅规格有明确的要求，即：素平（阴线刻），刻线深度不超过0.3mm；减地平钑（平浮雕），浮雕凸起面不超过60mm；压地隐起（浅浮雕），浮雕凸起面为60～200mm；剔地起突（高浮雕），浮雕凸起面超过200mm以上。

2. 石碑镌字

石碑镌字与砖碑镌字一样，也分为：阴（凹）纹字、阳（凸）纹字。

5.2.12 何谓"筑方快口加工"、"斜坡披势加工"
——石垂直角面加工、石斜坡面加工

这是《营造法原》石作中的用语。

1. 筑方（快口）加工

"筑方"是指剔凿成方而平的形式，"快口"是指将边缘沿口加工成线角形。筑方快口加工就是将石料边缘剔凿成平口线角，使高低相邻的两个面形成垂直角的加工。按加工精度分为：一步做糙、二步做糙、一遍剁斧、二遍剁斧、三遍剁斧 5 个等级。

2. 斜坡（披势）加工

"披势"是指斜向剔凿。斜坡披势加工就是指将矩形面的直角去掉，剔凿成斜角面的加工，也称披势快口。按加工精度分为：一步做糙、二步做糙、一遍剁斧、二遍剁斧、三遍剁斧 5 个等级。

5.3 地面结构

5.3.1 台明砖墁地面的种类有哪些
——细墁、金砖、淌白和粗墁

在仿古建工程中，对地面的铺设称为"墁地"，台明地面一般用砖铺设，称为"砖墁地面"。由于砖墁地面具有防潮、防辐射、柔和性强等特点，所以它是园林建筑中用得最为广泛的一种地面。

砖墁地面的种类，可以根据使用砖料规格和施工精细程度进行划分。

1. 按使用砖料规格分类

按砖料规格分类，可以分为方砖类和条砖类。

（1）方砖类

方砖类是指平面为方形的砖料，如：尺二方砖、尺四方砖、尺七方砖、金砖等。

（2）条砖类

条砖类是指平面为长方形的砖料，如：城砖、地趴砖、停泥砖、四丁砖、开条砖等。

2. 按施工精细程度分类

砖墁地面根据施工要求的精细程度，可以分为：细墁地面、金砖地面、淌白地面和粗墁地面。

（1）细墁地面

细墁地面是砖墁地面中等级较高的一种地面，它是将墁地砖料，经过砍磨加工，使之平整方正，再将表面经桐油浸泡，然后精心铺筑而成。

这种地面的特点是：表面平整光滑、拼接紧密美观、质地坚固耐用。

（2）金砖地面

金砖地面是砖墁地面中等级最高的一种地面，它使用的砖料为质量最好的金砖，施工方法与细墁地面基本相同，但制作要求更加严密和精细，它一般只用于重要宫殿建筑的室内地面。

（3）淌白地面

淌白地面的砖料不需要经过精细加工，只需"干过勒"，不磨面或只磨面不过勒，但砖料仍需经桐油泡制，它的外观效果与细墁地面基本相似，因此，除比较重要的建筑和重要的部位用细墁砖外，其他一般多用淌白地面。

（4）粗墁地面

粗墁地面的砖料不需经过加工处理，不浸泡桐油，砖缝可稍大，但仍应要求缝齐面平，所以它施工简单易行，多用于要求不高的室内和室外地面。

5.3.2 台明砖墁地面的垫层有哪些
——素土、灰土、砖墁等垫层

砖墁地面是在回填土并经夯实后的基础上进行的，夯填土后，先需进行整平，然后铺筑垫层，最后铺设面砖。

地面垫层根据地面重要程度不同，常用的有三种，即：素土垫层、灰土垫层、砖墁垫层。

1. 素土垫层

素土垫层是将经过筛选除去杂质后的细土，分一至二层铺筑，每层虚铺 15～20cm，逐层夯实，最后抹平即成。

2. 灰土垫层

它是用 2∶8 或 3∶7 白灰与黄土，经混合拌匀，按每层虚铺 15～20cm，可为一至三层，并逐层夯实，最后抹平即成。

3. 砖墁垫层

它是采用普通砖料用粗墁地面方法铺成的垫层。一般用于高级宫殿建筑，可为二层至十几层，依重要程度而定。

5.3.3 细墁地面的操作工艺是怎样的
——样趟、揭趟、上缝、铲齿缝、杀趟、打点、墁水活擦净、攒生（刷生）

1. 样趟、揭趟

样趟是指按地面厚度，拴线拉直做出样标，然后按样标将砖进行试摆，以确定铺泥厚度和砖缝的严密。

揭趟是指经过样趟确定好砖的位置后，将砖揭下来，对低洼或高出之处，进行填补或凿剔，使之符合标准，然后铺上灰泥。

2. 上缝、铲齿缝

上缝是指将砖的砌缝的一边抹上油灰（即用面粉、白灰、烟子、桐油搅拌而成），使之与邻砖黏结，再按原位砌上，并经轻轻拍打，使之"严、平、直"。

铲齿缝是指经拍打后将挤冒出来的油灰铲掉，使灰缝平实。

3. 杀趟、打点

杀趟指对已铺筑好的砖进行检查，当有凸出之处，用磨头将其磨平磨直。

打点是指对砖面的残缺和砂眼用砖面灰（将磨细砖灰用水调匀）修补整齐。

4. 墁水活擦净

经过修补后，再次检查一遍，对有局部凸凹不平之处，用磨头蘸水打磨，使之滑腻光洁。然后进行擦拭干净。

5. 攒生（刷生）

待地面干透后，用生桐油涂抹砖面，以纱麻丝反复搓擦，使砖面吸足生桐油，此称为"攒生"。对稍次要的地面，可用毛刷蘸油进行涂刷，此称为"刷生"。最后用光油涂刷 1～2 遍。

5.3.4 金砖地面的操作工艺是怎样的
—— 同细墁地面

金砖地面的操作工艺与细墁地面基本相同，只是有以下两点区别：

① 铺泥墁砖时，不用灰泥，而用干砂或纯白灰。

② 攒生前，先用黑矾水涂抹地面两遍，使之颜色鲜艳一致，然后再进行攒生。

5.3.5 淌白与粗墁地面的操作工艺是怎样的
—— 不揭趟、不杀趟、只刷生

1. 淌白地面的操作工艺

淌白地面工艺是在细墁地面工艺基础上简化而成，它不揭趟，不杀趟，只刷生。其他与细墁相同。

2. 粗墁地面的操作工艺

粗墁地面工艺更为简捷，它只在样趟后就进行铺泥墁砖，不揭趟、不上缝、不铲齿缝、不杀趟、不打点、不墁水活擦净、不攒生，最后用白灰将砖缝抹严扫净即可。

5.3.6 砖墁地面施工要求如何
—— 砖面相合磨令平

宋《营造法式》卷十五述"铺设殿堂等地面砖之制，用方砖，先以两砖面相合磨令平，次斫四边，以曲尺较令方正，其四侧斫令下棱收入一份。殿堂等地面，每柱心内方一丈者，令当心高二分，方三丈者高三分。柱外广五尺以下者，每尺令自柱心起至阶䑓垂二分，广六尺以上者垂三分，其阶䑓压阑用石或亦用砖，其阶外散水，量檐上滴水远近，铺砌向外侧砖砌线道二周"。即室内地面砖，用方砖，砖四周磨合平整，地面中心应高出 2‰～3‰。在边柱以外应降低 2‰～3‰。阶边的压阑可用石，也可用砖。阶外散水根据下檐出而定，栽两道砖线围成。

清《工程做法则例》卷四十三述**"凡墁地按进深、面阔折见方丈，除墙基、柱顶、槛垫等石料，外加前后出檐尺寸，除阶条石之宽分位，或方砖、城砖、滚子砖，临期酌定"**，这就是说，清制砖墁地面，除石料位置之外，只要求按方正尺寸均匀密布即可，所用砖料可依现场而定。

砖墁地面，对砖的铺设，应以室内中心为轴，进行对称布置，如图 5-3-1 所示，即将中心砖铺设在正开间中心。

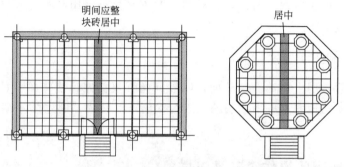

图 5-3-1　室内砖墁地面的分位

5.3.7 砖墁地面排砖形式有哪些

——砖摆图案

在实际工作中，墁地砖料，除方砖外，其他城砖、条砖等均可使用，应依空间和所需排列形式而定，经常使用的排砖形式如图 5-3-2 所示。

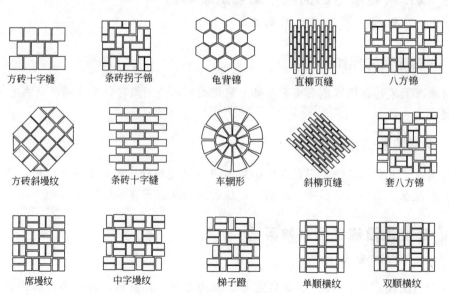

图 5-3-2　地面砖的常用排列形式

5.3.8 何谓"甬路"及"海墁"
——砖铺路、砖铺场

甬路本来是专指庭院和墓地中,直接通向主要建筑物的砖石道路。以后逐渐发展,将凡是用砖石材料铺砌而成的道路,通称为"甬路"。甬路根据所使用的材料分为:砖墁甬路和石墁甬路。

在甬路之外的大面积墁地称为"海墁",多采用砖墁。

5.3.9 砖墁甬路是怎样的
——排砖单列、鱼脊路背

1. 甬路直身路段

砖墁甬路依所用的砖料分为方砖和条砖。对甬路墁砖和海墁墁砖,可分别采用不同排砖形式。较常用的砖墁甬路形式,如图5-3-3所示。

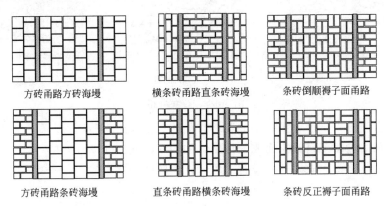

方砖甬路方砖海墁　　　横条砖甬路直条砖海墁　　　条砖倒顺褥子面甬路

方砖甬路条砖海墁　　　直条砖甬路横条砖海墁　　　条砖反正褥子面甬路

图 5-3-3　砖墁甬路的常见形式

甬路直身路段砖的排列,一般以路心为中,成单数排列,如3路、5路、7路等。路面应成肩形或鱼脊形,使路面中间高,两边低,以利于排水顺畅。

2. 甬路交叉路段

砖墁甬路对于交叉路段的处理,也有很多方式,有十字交叉和拐角交叉,方砖常为筛子底和龟背锦,条砖多为步步锦和人字纹。现选用几种常见的交叉路段排列形式,如图5-3-4所示,供使用时参考。

5.3.10 石墁甬路是怎样的
——街心石、中心石、碎拼石

石墁甬路有三种,即:街心石、中心石和碎拼石等。

街心石是指街道中心的主要通道,常用1~3块方正石排列而成,路牙之外可为砖墁或碎石,如图5-3-5(a)所示。

中心石一般称为"御路",是重要的交通行驶道路,它是用较大面积的方正石铺砌而成,如北京故宫三大殿的御路,其中最大的石长为16.57m,宽为3.04m,厚为1.07m。在中心

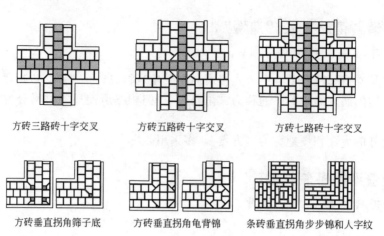

方砖三路砖十字交叉　　方砖五路砖十字交叉　　　　方砖七路砖十字交叉

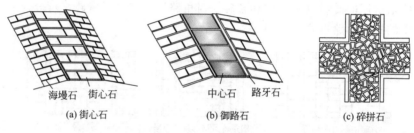

方砖垂直拐角筛子底　　方砖垂直拐角龟背锦　　条砖垂直拐角步步锦和人字纹

图 5-3-4　甬路交叉路段的排列形式

海墁石　街心石　　　　　　中心石　路牙石

(a) 街心石　　　　　　　　(b) 御路石　　　　　　　(c) 碎拼石

图 5-3-5　石墁甬路

石路牙以外，可用砖墁，也可用较小的石墁，如图 5-3-5(b) 所示。

碎拼石是利用边角余料镶拼而成的甬路，如图 5-3-5(c) 所示。

所有的石墁甬路都应做成"鱼脊背"形，以利顺畅排水。

5.3.11 何谓"散水"

——路边之狭窄护面

散水是保护台明周边和甬路两边免受雨水冲刷的一种墁地，由于它一般只起保护作用，故多要求不高，宽度也不大，只用砖墁即可。常用的散水砖墁形式，如图 5-3-6 所示。

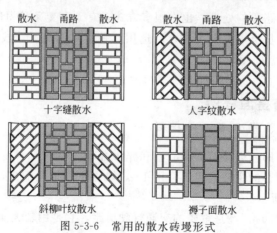

散水　甬路　散水　　　　　散水　甬路　散水

十字缝散水　　　　　　　　人字纹散水

斜柳叶纹散水　　　　　　　褥子面散水

图 5-3-6　常用的散水砖墁形式

第6章
中国仿古建筑装饰装修

6.1 通用装饰构件

6.1.1 何谓"挂落"
——吊挂装饰件

挂落，有木挂落和砖挂落之分。木挂落是用于木构架枋木之下的装饰构件，又称"楣子"，它是用木棂条拼接成各种花纹图案的格网形方框。挂在木构架檐枋之下，两柱间的称为"倒挂楣子"，用于坐凳之下凳脚间的称为"坐凳楣子"。

砖挂落是砖雕或成品釉面砖，常用于门窗洞口上方，作为门窗过梁的外观装饰。

1. 木挂落

木挂落由外框和花屉所组成。其中，外框由两个边框和上下大边组成，框高一般为30～60cm，框长按柱间距离。框料看面宽一般为 4～4.5cm，厚为 5～6cm。

而花屉是指框内的心屉用棂条拼做成各种图案，花屉带有仔边框的称为"硬樘花屉"，不带仔边只以边框为心屉边的称为"软樘花屉"。花屉棂条看面宽为 2cm，厚为 2.5～3cm。

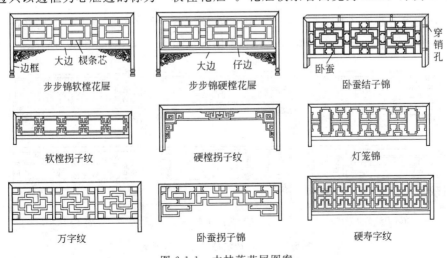

步步锦软樘花屉　　步步锦硬樘花屉　　卧蚕结子锦

软樘拐子纹　　硬樘拐子纹　　灯笼锦

万字纹　　卧蚕拐子锦　　硬寿字纹

图 6-1-1　木挂落花屉图案

225

花屉的图案很多，都是以花纹的形式来命名，一般有：步步锦、万字纹、寿字纹、拐子纹、灯笼锦、卧蚕结子锦等，如图 6-1-1 所示。

2. 砖挂落

在有些小式建筑的门洞和墙洞上面，采用木过梁作为洞口上的承载构件，但木过梁长期暴露于外，易于风蚀损坏，也与砖墙面不够协调，这时可以在木过梁外表面钉挂面砖予以保护，此面砖即为挂落砖。挂落砖可用方砖现场加工，有素面和雕花两种，砖雕是民间常用的一种雕刻艺术形式，在徽州和山西的民间被得到广泛应用。

除砖雕外，也可采用窑制成品釉面砖，该种砖有挂脚，可直接挂在木过梁上，如图 6-1-2 所示。

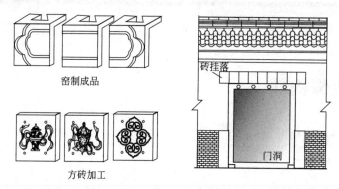

图 6-1-2　砖挂落

6.1.2 何谓"五纹头宫万式"、"五纹头宫万式弯脚头"、"七纹头句子头嵌结子"
——五、七种纹线之图案

这是《营造法原》木挂落中所常用的花纹图案。

五纹头宫万式是指用横直五种（即五个）纹线头以内的宫式、万字等的花纹图案，如图 6-1-3（a）所示。

五纹头宫万式弯脚头是指五种纹线头宫式、万字上带有弯脚的花纹图案，如图 6-1-3（b）所示。

七纹头是指用七种（七个）纹线头以内的花纹图案；句子头是指以一个完整花形为单位所构成的图案，嵌结子即指在花形内安装点缀性的花结子，如图 6-1-3（c）所示。

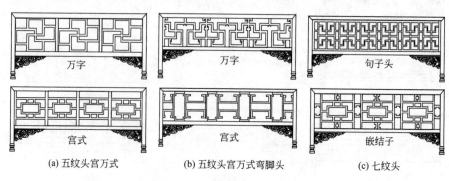

(a) 五纹头宫万式　　　(b) 五纹头宫万式弯脚头　　　(c) 七纹头

图 6-1-3　《营造法原》木挂落图案

6.1.3 何谓"雀替"、"花牙子"

——柱梁交角处之配件

雀替又称"角替",用于立柱与梁枋连接的交角处,是加强转角部位连接和强度的装饰构件,因其外形轮廓如鸟翼而得名,是房屋建筑木构架上的装饰配件。花牙子的外形轮廓与一般雀替相似,但比较轻巧,只起装饰而不起承托作用,是木挂落、木栏杆等上的装饰配件,如图 6-1-4 所示。

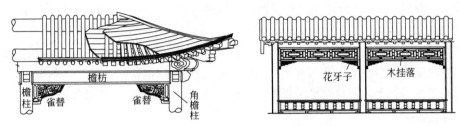

图 6-1-4 雀替、花牙子位置

1. 雀替

雀替既是转角部位的加固构件,又是一种横直构件交叉处的装饰构件。一般做成直角三角形的轮廓,垂直边做榫,插入柱内。一般多用于大式建筑的装饰配件。

雀替根据连接制作方式不同分为四种类型,即:一般雀替、二连雀替、通雀替、云栱雀替等。

（1）一般雀替

一般雀替是指被广泛使用的单翅形雀替,是一种三角形雕刻件,如图 6-1-5(a) 所示,它具有制作方便、使用灵活的特点。雀替长为 0.25 倍净面阔,高按本身长折半,厚按 0.3 倍柱径。顶面用栽销与横构件连接,侧边做双脚榫与柱连接。雀替下之栱子,长按瓜栱半长,高按 2 斗口,厚与雀替同。

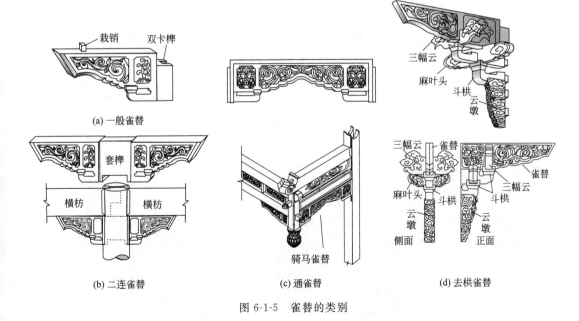

(a) 一般雀替

(b) 二连雀替

(c) 通雀替

(d) 去栱雀替

图 6-1-5 雀替的类别

（2）二连雀替

二连雀替是指双翼形雀替，由对称两个单翅雀替组成，多用于中柱与横枋接头处，这种雀替的加固作用比较好，多用于大型房屋建筑的中间横梁与立柱的交接处。雀替长按 3 倍柱径，高厚同一般雀替，用套榫插入柱顶开口槽内，如图 6-1-5（b）所示。

（3）通雀替

通雀替又称为"骑马雀替"，是由两个一般雀替联合而成，它的两端做半榫，插入两边的柱上，一般用于两柱之间的距离比较短的情况，如垂花门垂莲柱与落地柱之间的雀替，如图 6-1-5（c）所示。雀替长按柱之间距，高厚同一般雀替。

（4）云栱雀替

它是指在一般雀替下面，加装一个麻叶单栱或重栱，以增加装饰效果的一种组合形构件，为了突出它的豪华，多在单栱下做有一个脚墩，雕刻有云纹，称为"云墩"，如图 6-1-5（d）所示，多用在牌楼建筑上。雀替及栱子规格同一般雀替，云墩高约等于雀替加麻叶单栱高。

2. 花牙子

花牙子是一种轻型雀替，它的用料比较轻巧，多用于作为具有清雅活泼风格等建筑上的装饰配件。一般用料厚度多在 4cm 以内，长高尺寸稍小于一般雀替。有木板雕刻型和棂条拼接型两种，都为半榫连接。木板雕刻型图案有卷草、葫芦、梅竹、葵花、夔龙等，如图 6-1-6（a）所示；棂条拼接型图案常为拐子锦之类，如图 6-1-6（b）所示。

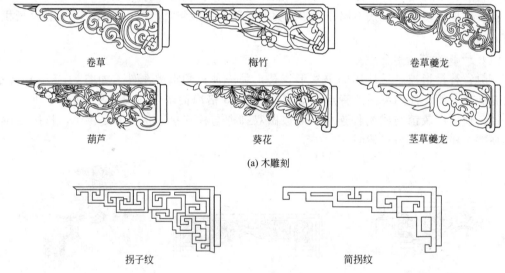

卷草　　　　　　　　梅竹　　　　　　　　卷草夔龙

葫芦　　　　　　　　葵花　　　　　　　　茎草夔龙

(a) 木雕刻

拐子纹　　　　　　　　　　　简拐纹

(b) 木棂条

图 6-1-6　花牙子的类别

依上所述，雀替、花牙子尺寸如表 6-1-1 所示。

表 6-1-1　雀替、花牙子尺寸

名称	构件长	构件高	构件厚	栱子
一般雀替	0.25 倍净面宽	0.5 倍本身长	0.3 倍柱径	半瓜栱
二连雀替	3 倍柱径	0.5 倍本身长	0.3 倍柱径	两端半瓜栱
骑马雀替	两柱间距	0.5 倍本身长	0.3 倍柱径	两端半瓜栱
云栱雀替	0.3 倍净面宽	组合高	0.3 倍柱径	上下半瓜栱
花牙子	0.2 倍净面宽	0.5 倍本身长	小于 4cm	

6.1.4 何谓"三幅云栱"、"麻叶云栱"、"雀替下云墩"
——云栱雀替之构件

1. 三幅云栱、麻叶云栱

云栱是指在斗栱的座斗上安插的带云弧状叶片的雕饰构件。云栱片上的雕饰为三朵云状的图案称为"三幅云栱";若雕饰图案为麻叶状的称为"麻叶云栱"。如图 6-1-7 所示。

2. 雀替下云墩

雀替下云墩是指在雀替下面的承托云栱,并在云栱下托一木雕饰块作脚墩〔如图 6-1-5 (d) 所示〕,该脚墩的雕饰花纹一般为云纹状,故称此为"云墩",如图 6-1-7 所示。常用于牌楼上。

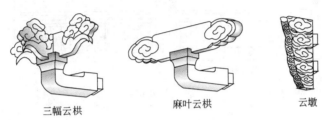

三幅云栱　　　　　　麻叶云栱　　　　云墩

图 6-1-7　云栱

6.1.5 何谓"寻杖栏杆"
——借用"巡杖"之意

"寻杖栏杆"是最早出现的一种形式,"寻杖"即巡杖,圆形扶手,这种栏杆的最早形式,在扶手以下只有简单的装饰构件,以后逐渐改进,变得较为复杂和多样化,但其基本特点不变,即以圆形扶手和绦环板为主,除此外,其他构件与一般栏杆相似,它们的基本结构为:望柱、扶手、直档、中枋、折柱、下枋、绦环板等,如图 6-1-8 所示。

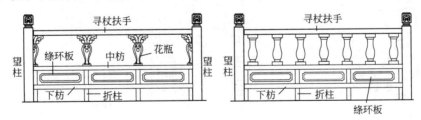

图 6-1-8　寻杖栏杆

望柱是独立柱,其截面可为 12~15cm,也可按 0.3 倍檐柱径定径;柱高为 120cm 左右。柱头常为蟆方头形。

扶手是圆形截面,直径一般为 8~12cm,安置高度为 80~100cm。

直档是扶手下的加固撑,可为圆柱形或花瓶形,其截面直径按扶手直径的 0.8 倍设定。

中枋和下枋是腰部和底部横木,其截面一般为 8cm×10cm。

折柱是中枋以下分隔绦环板的小柱,其截面按望柱截面的 0.6 倍设定。

绦环板是处在中下枋之间的栏板,厚为 2~3cm。

6.1.6 何谓"花栏杆"
——有棍条花屉之栏板

花栏杆是寻杖栏杆的改良型，它的扶手为馒头形的方木，绦环板也被棍条花屉所代替，其他与寻杖栏杆基本一致，如图 6-1-9 所示。其中扶手截面按（60cm×75cm）～（80cm×100 cm）设定，花屉棍条截面按 2cm×2.5cm 设定，其他与寻杖栏杆相同，常用花屉图案有：步步锦、万字纹、拐子锦、盘肠纹等。

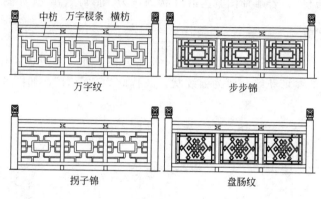

图 6-1-9 花栏杆

6.1.7 何谓"吴王靠"
——亭廊之靠背椅

吴王靠又称为"鹅颈靠"、"美人靠"，是由靠背和坐凳所组成的靠背栏杆，如图 6-1-10 所示，常用于作为房屋廊道和亭廊走道上的长靠背椅。

靠背栏杆的靠背由上枋、中枋、下枋、棍条花屉和拉结条等组成。枋木截面尺寸按 5cm×4cm 设置；花屉与花栏杆相同；拉结条是将靠背与檐柱拉接起来的铁条，一般采用

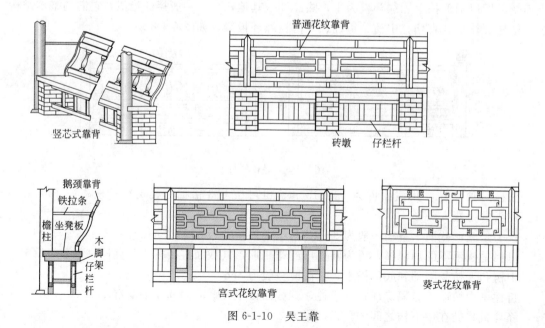

图 6-1-10 吴王靠

$\phi10\sim12cm$ 圆钢制作成撑钩形式。

坐凳由坐凳板、坐凳脚和仔栏杆所组成。其中凳板厚按 $3\sim5cm$，宽按 $30\sim40cm$ 或按檐柱径设置，凳板设置高度多在 $45\sim50cm$。凳脚可用木制脚架或砖墩，每隔 $1\sim1.8m$ 安置一道。仔栏杆是用来连接脚架或砖墩的构件，用横直椽条拼接即可。

靠背所做花纹图案分为：竖芯式、宫式、葵式和普通式等。

6.1.8 何谓"坐凳楣子"
——靠背椅下之围栏

坐凳楣子是没有靠背的简易坐凳围栏，一般置于走廊檐柱之间，由坐凳板、坐凳脚和凳下挂落等所组成，如图 6-1-11 所示。其中坐凳板厚 4cm 左右，安置高度为 50cm。

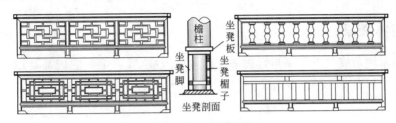

图 6-1-11　坐凳楣子

6.1.9 何谓"挂檐板"、"滴珠板"
——厅房楼廊檐口之装饰挂板

1. 挂檐板

挂檐板又称为封檐板，是指用于不用飞椽装饰的檐口、楼房平座檐口等的遮挡板，起装饰作用，板厚 $2\sim3cm$，板高 $40\sim60cm$。挂檐板一般分为无雕饰和带雕饰挂檐板。其中带雕饰挂檐板依其花纹形式，分为：云盘纹线、落地万字、贴做博古花卉等，如图 6-1-12 中所示。

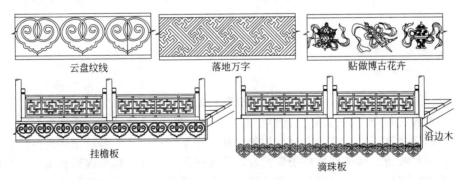

图 6-1-12　挂檐板、滴珠板

云盘纹线是指雕刻花纹为云纹套接线形。落地万字是指万字连接到边线上。贴做博古花卉是指以纸质花卉或木质线条用胶粘贴而不是雕刻。

2. 滴珠板

滴珠板又称"雁羽板"，它是比较豪华的挂檐板，由小长块板垂直拼接而成，滴水端雕刻云纹花形，多用于楼房和楼廊檐口，起遮挡雨水的作用，其规格可参考挂檐板，如图 6-1-

12 中所示。

6.1.10 何谓"卡子花"、"团花"、"握拳"、"工字"

——芯屉上之点缀装饰配件

卡子花、团花、工字、握拳等都是心屉或花屉上的点缀装饰件。

1. 卡子花、团花

卡子花和团花都是用木块雕刻各种花纹图案的节点衬块，在隔扇心屉、木挂落和木栏杆花屉中作为配衬节点。外形轮廓为圆形者称为"团花"，外形轮廓为矩形者称为"卡子"，如图 6-1-13 中所示。

2. 工字、握拳

工字即用木块做成"工"字形，握拳是用木块做成"〖"形，它们都是用于不装卡子花的朴素点缀件，如图 6-1-13 中所示。

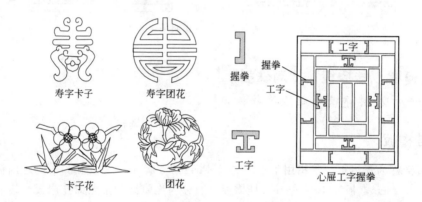

图 6-1-13　卡子花、工字、握拳

6.1.11 何谓"钩阑"

——宋制栏杆

"钩阑"是宋《营造法式》用于楼阁亭榭周边围护或室内楼梯（宋称胡梯）的栏杆，有木制和石制两种，其中木制钩阑，《营造法式》在卷八中述**"造楼阁殿亭钩阑之制有二：一曰重台钩阑，高四尺至四尺五寸。二曰单钩阑，高三尺至三尺六寸。若转角则用望柱。或不用望柱，即以寻杖绞角。如单钩阑枓子蜀柱者，寻杖或合角。其望柱头破瓣仰覆莲。当中用单胡桃子，或作海石榴头。如有慢道，即计阶之高下，随其峻势，令斜高与钩阑齐身。不得令高，其地栿之类，广厚准此"**。即"钩阑"有"重台钩阑"和"单钩阑"之分，如图 6-1-14所示。"重台钩阑"高 4 至 4.5 尺，有上下两道华版夹一束腰。而"单钩阑"高 3 至 3.6 尺，只有一道华版，在钩阑转角处使用望柱，也可不用望柱，即以寻杖绞成转角。如为单钩阑枓子蜀柱者，寻杖可直接作成合角。望柱头要剔凿成仰覆莲花形，望柱之间的蜀柱头可用胡桃（即核桃）形或海石榴花形。如衔接有慢道，要按阶高大小、坡度陡势，使斜与钩阑身齐平。但不得高于钩阑身，其他地栿之类构件的宽厚尺寸，也照此而定。

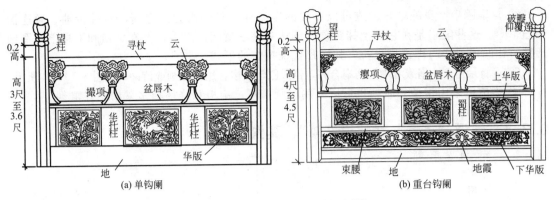

(a) 单钩阑   (b) 重台钩阑

图 6-1-14 　《营造法式》钩阑图样

6.2　室内装修结构

6.2.1 ▶室内装修结构是指哪些内容◀

——室内隔断和天花

仿古建筑的室内装修是指对室内隔断和天花等的装修。

常用的室内隔断均为木隔断，它包括：壁纱橱、飞罩、栏杆罩、门洞罩、落地罩、床罩、博古架、板壁等。

天花是装饰顶棚的一种吊顶，它用方木做成格栅方格框，在框内安置木板或糊贴纸张、锦绫等，并在其表面做油漆彩画。根据方格大小的不同有不同的称呼，大方格者，清称为"井口天花"，宋称为"平棋"；小方格者，清称为"海墁天花"，宋称为"平暗"。

6.2.2 ▶何谓"壁纱橱"，其构造如何◀

——室内隔扇

壁纱橱即内檐隔扇，它是对室内空间进行房间分隔处理的装饰性隔断，其构造与外檐隔扇基本相同，在隔扇上常蒙一层纱幔，因其外观面似壁橱而得名。只是用料都较外檐隔扇小 $1/6 \sim 1/5$，隔扇数常为六至八扇，最多可达十二扇，如图 6-2-1 所示。

虽其总的构造与外檐隔扇基本相同，但仍有以下地方稍有区别：

① 隔扇的抹头、边框、心屉等的截面，均按外檐隔扇规格的 0.8 倍取定，扇数适当增加 2 扇。

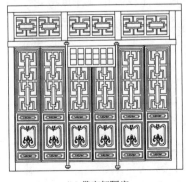

(a) 带帘架隔扇

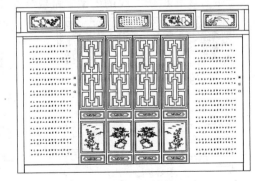

(b) 带诗画隔扇

图 6-2-1 　壁纱橱

② 每扇隔扇本身除中间做成可以开关的扇门外，其余均为固定扇，不做转轴、通连楹和楹木等。这些隔扇是在它的上抹头顶、下抹头底剔凿凹口滑槽，并在中槛和下槛上钉溜销凸榫，让凹槽卡住凸榫进行推拉，如同现代推拉窗的形式。

③ 可将最边上两扇或者中间两扇合并，做成固定板扇，用来贴画或诗词，如图 6-2-1(b) 所示。

④ 横披可采用棂条心屉，也可以采用字画横匾；裙板和绦环板多采用花卉雕刻。

6.2.3 何谓"飞罩"和"栏杆罩"，其构造如何
—— 透空隔断

1. 飞罩

飞罩又称"几腿罩"，它是分割室内空间的装饰构件。因它是由悬挂在室内木柱之间，枋木下的花形网格所形成的装饰架，故称为"飞罩"。又因其以抱框作为罩腿，故称为"几腿罩"。几腿罩是比较简单的透空花罩隔断，主要用于只起装饰作用，对分隔要求不太明显的室内空间。它的结构由上槛、跨空槛（即中槛）、抱框、横披和花牙子等组成，如图 6-2-2(a) 所示，各构件尺寸与隔扇基本相同。

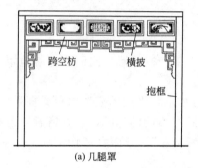
(a) 几腿罩

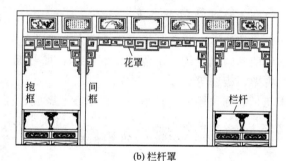
(b) 栏杆罩

图 6-2-2　飞罩、栏杆罩

2. 栏杆罩

栏杆罩是用于大开间或大进深的房间，它是在几腿罩的基础上，增加两根间框，将整个罩框分为三个开间，两边各增加一道栏杆而成，两边做装饰隔断，中间为行人通道，如图 6-2-2(b) 所示。

上述构件中的花罩图案有：宫万式、葵式、藤茎、乱纹嵌结子等，如图 6-2-3 所示。其中：宫万式是指带宫灯或万字图案的花纹；葵式为带弯脚的花纹。

藤茎是指带有藤科植物花纹的图案；乱纹嵌结子是指有多种花纹并点缀花结的图案。

藤茎

藤茎

(a) 木雕刻花罩

乱纹嵌结子

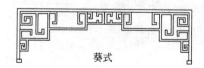
葵式

(b) 木棂条花罩

图 6-2-3　花罩图案

虽然花罩形式很多，但总的可分为木板雕刻和木棂条两类花屉。

6.2.4 何谓"门洞罩"，其构造如何
——有门洞的花隔断

门洞罩是按门洞形式做成圆形洞、八角洞等的隔断，这种隔断多用于要求分隔性更强的空间。它由隔断槛框和隔断心屉所组成。槛框为外框，在槛框内用棂条拼成各种图案心屉，如图 6-2-4 所示。

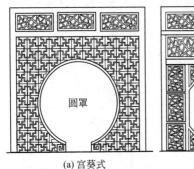

(a) 宫葵式   (b) 冰片式   (c) 乱纹嵌结子

图 6-2-4 门洞罩

心屉花纹图案分为两大类：一类为宫葵式、菱角式、海棠式、冰片式、梅花式等，这类花纹都是有规律性和一致性的单一图案；另一类为乱纹嵌结子，这是指没有规律性的花纹，并嵌有点缀花结的图案。

6.2.5 何谓"落地罩"，其构造如何
——有豪华装饰的透空隔断

落地罩又称"落地花罩"，有两种做法，一种是在几腿罩的基础上，在两边各安装一扇隔扇而成，不过隔扇下皮做有须弥座形式的木脚墩。

另一种是豪华做法，即将飞罩两端的罩脚做成落地，使整个花罩，落脚在须弥座式的木墩上，如图 6-2-5 中所示。

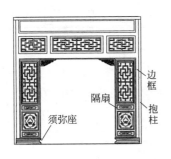
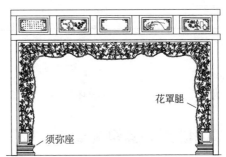

图 6-2-5 落地花罩

6.2.6 何谓"床罩"，其构造如何
——床前隔断

床罩又称为"炕罩"，是一种床前装饰构件。它是在床榻（即床柜）前安置的小型落地花罩

图 6-2-6　床罩

或隔扇，其构造与落地花罩完全一样，只是大小需按床榻（床柜）设置而已，如图6-2-6所示。

6.2.7 何谓"博古架"，其构造如何
——花格架隔断

博古架又称"多宝格"，是搁置古董花瓶等饰物的花格架子，是室内装饰性很强且具有立体感的一种隔断。

博古架的尺寸：架框厚度一般为 30～50cm，架框高一般不超过 3m，格板厚度常为 1.5～2.5cm。

整个框架分上下两段，上段为搁置古董的格子架，约占架高的 3/4；下段为存放物件的板柜，约占架高的 1/4。隔断的门洞可放在中间，如图 6-2-7（a）所示，也可置于两边，如图 6-2-7（b）所示。

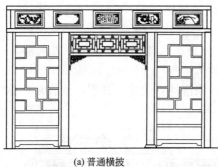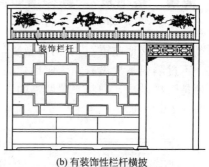

| (a) 普通横披 | (b) 有装饰性栏杆横披 |

图 6-2-7　博古架

框架顶部为诗词画匾，更豪华的还可安置装饰栏杆，如图 6-2-7（b）所示。

6.2.8 何谓"板壁"，其构造如何
——木墙板

板壁是指用木板做成隔断的木墙，用立柱、横框做成框架或框架格子，然后满钉木板，再施以油漆彩画，如图6-2-8所示。

6.2.9 何谓"井口天花"，其构造如何
——做成方格形之天花

井口天花由天花梁、天花枋、帽儿梁、支条、贴梁、天花板等构件所组成,如图 6-2-9 所示。

其中天花梁和天花枋,分别为进深方向和面阔方向的承重构件,其截面高按 6 斗口,厚按 4.8 斗口设定。

帽儿梁是搁置在天花梁上的龙骨,一般可用圆木剖半,截面高 2~2.5 斗口,厚宽 4 斗口。

贴梁是边格栅,紧贴在天花梁和天花枋的侧边,截面高 2 斗口,宽 1.5 斗口。

支条是钉在帽儿梁下面的小龙骨,纵横交错形成井字方格,其截面为 1.2~1.5 斗口见方,支条上裁有置放天花板的裁口。

天花板搁置在支条方格上,每格一块,板厚 2~3cm 即可。

图 6-2-8 板壁

6.2.10 何谓"海墁天花",其构造如何

——做成平顶形之吊顶

海墁天花没有帽儿梁,它除天花梁、天花枋外,主要由贴梁形成边框,在框内用小支条组成小方格,称为"木顶格",在木顶格下面糊白纸或麻布而成,如图 6-2-10 所示。

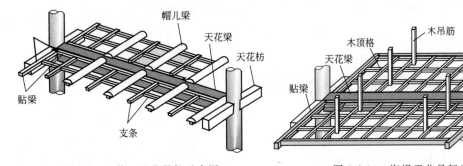

图 6-2-9 井口天花骨架示意图　　　　图 6-2-10 海墁天花骨架示意图

其中木顶格的边楞截面尺寸按贴梁截面尺寸的 0.8 倍取定,其他楞条厚与边楞相同,但宽度较小,可按边楞宽折半。

每个方格的空当,一般按"一楞三空至一楞六空"设定,即一个空当为楞条宽的 3~6 倍。

在木顶格上方连接木吊筋,吊挂在檩木上,吊筋截面尺寸与边楞截面尺寸相同。木顶格下面裱糊白纸或麻布,并在其上做油漆彩画。

6.2.11 何谓"藻井"

——穹隆式天棚

"藻"为水生植物,"井"即水井,在宋辽时期,"藻井"是意取灭火消灾、清净避邪之物，多用作佛堂圣像顶上的天棚。如蓟县独乐寺观音阁、宁波保国寺大殿等。由此可知，"藻井"是殿阁、厅堂上方的一种穹窿式天棚，它是由下、中、上三层井式结构组成。下层为长短趴梁组成的方井，是藻井的底座。中层由抹角梁组成的八角井，趴置在方井上，在八角井抹角梁上安装特制的丁字斗栱（一般为五踩斗栱），层层向中心悬挑，以承托"随瓣枋"组成的圆井。上层为八瓣弧形木板拼接成的穹窿圆顶，落脚在"随瓣枋"上。整个藻井外围用木板遮围，如图 6-2-11 所示。在《营造法式》卷八中述道"造斗八藻井之制，共高五尺三寸，其下曰方井，方八尺，高一尺六寸。其中曰八角井，径六尺四寸，高二尺二寸。其上曰斗八，径四尺二寸，高一尺五寸。于顶心之下施垂莲，或雕华云卷，皆内安明镜"。即上中下三层方径尺寸逐层缩小，中层高约比上下层高 1.5 倍。

而清《工程做法则例》没有提及具体做法，但基本结构与上述相同。根据不同建筑形式，很多建筑做有不同的藻井，如天坛祈年殿、皇穹宇、普乐寺旭光阁等。

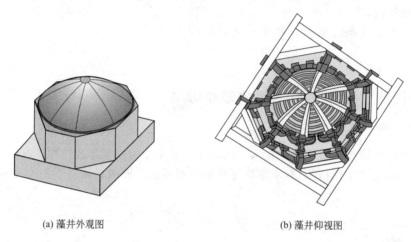

(a) 藻井外观图　　　　　　　　　　　(b) 藻井仰视图

图 6-2-11　藻井示意图

6.2.12 "平棊"和"平闇"是指什么

——宋制天花

"平棊"和"平闇"是《营造法式》中的两种天花顶棚。"平棊"是指长方形或大方格形的顶棚，"平闇"是指小方格形的顶棚，平棊和平闇的结构基本相同，只是大小区别。《营造法式》卷八小木作制度中述"造殿内平棊之制：于背版之上，四边用桯。桯内用贴，贴内留转道，缠难子。分布隔截，或长或方。其中贴络华纹，有十三品：一曰盘毬，二曰斗八，三曰叠胜，四曰锁子，五曰簇六毬文，六曰罗文，七曰柿蒂蔕，八曰龟背，九曰斗二十四，十曰簇三簇四毬文，十一曰六入圈华，十二曰簇六雪华，十三曰车钏毬文。其华文皆间杂互用。华品或更随宜用之。或于云盘内施明镜，或施隐起龙凤及雕华。每段以长一丈四尺，广五尺五寸为率"。即平棊一般用于殿阁，具体制作是在平板背上的四周，安装桯木作为边框，在桯木边框之内用贴木分隔，在分隔的贴木内，留有布置图案的"转道"，用小木条难子缠绕围圈。平棊图案可以分隔成长方形或正方形。在方格内作有花纹图案，共有 13 种，即：盘毬、斗八、叠胜、锁子、簇六毬文、罗文、柿蒂蔕、龟背、斗二十四、簇三簇四毬文、六入圈华、簇六雪华、车钏毬文等，如图 6-2-12 所示。这些花纹图案都可以相互间杂使用，图案品种也可以随意挑选。或者在四周云绕框（称为云盘）内布置圆框（称为明镜），如图 6-2-12（a）所示，或者用浅雕手法剔凿出龙凤及雕刻花纹。每段长以不超过 14 尺，宽 5.5 尺为原则。

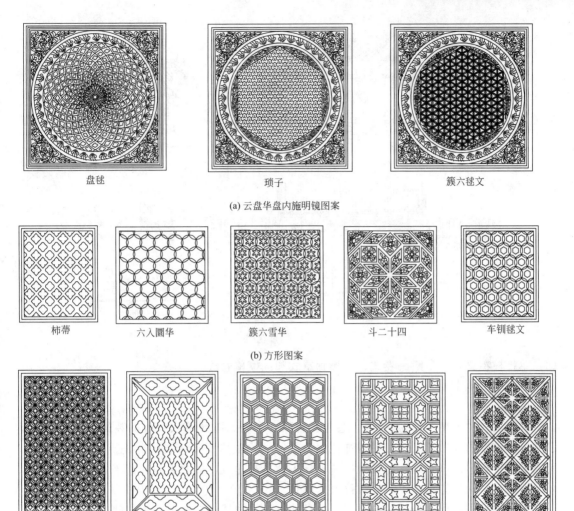

盘毯　　　　　　　　琐子　　　　　　　　簇六毯文

(a) 云盘华盘内施明镜图案

柿蒂　　　　六入圈华　　　　簇六雪华　　　　斗二十四　　　　车钏毯文

(b) 方形图案

簇四毯文　　　　罗文　　　　龟背　　　　斗八　　　　叠胜

(c) 长方形图案

图 6-2-12　宋制平棊贴络华文图案

6.3　室外装饰结构

6.3.1　室外装饰结构是指什么

——垂花门、牌楼

室外装饰结构是指房屋之外的标志性装饰结构，即：垂花门、牌楼。

1. 垂花门

垂花门是一种带有屋顶形式的装饰大门，因在屋檐两端吊有装饰性垂莲柱而得名，常用作园中园的入口门、游廊通道的起点门、垣墙之间分割的隔断门、四合院住宅大门等，它是一种装饰性很强的木大门，如图 6-3-1 所示。

各种垂花门的檐面形式基本一样，但根据屋顶剖面和木构架不同，可以分为四种类型，

239

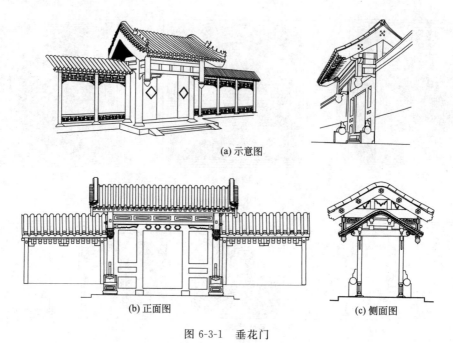

(a) 示意图

(b) 正面图

(c) 侧面图

图 6-3-1　垂花门

即：单排柱担梁式、一殿一卷式、四檩廊罩式和五檩单卷式。

2. 牌楼

牌楼又称"牌坊"，它是街衢、巷弄、公园、寺庙、陵园等入口处的装饰门架。它既是一种景区街衢的标牌，又是一种装饰性的排架结构，被广泛用于街道起讫点，园林、寺庙、陵墓和桥梁等出入口，是突出景区的一种标志性装饰建筑，如北京雍和宫昭泰门牌楼、北京颐和园排云门牌楼等都是很有欣赏价值的建筑。

木牌楼根据其形式分有两种类型：一是冲天柱式牌楼；二是屋脊顶式牌楼。

6.3.2 "单排柱担梁式"垂花门的构造如何

——脊中柱承横担梁之垂花门

单排柱担梁式垂花门，是指在正对屋脊线的位置上设立两根门柱，而屋架梁以它为中柱对称横担在柱顶上，如图 6-3-2 所示。由于它的稳定只依靠一排中柱插入基础内，故一般只能用于轻小型屋顶的垂花门。

1. 担梁式垂花门的木构架

担梁式垂花门，由两根中柱作为整个构件的承重柱，在每根柱的上部进深方向各横担一根抱头梁，各梁的前后端对称承接一根檐檩和一根悬柱（即垂莲柱），这就是取名担梁式的来源。

担梁式的面宽方向，在两根中柱的顶端共同支撑一根脊檩，并在进深抱头梁的两端各承接一根檐檩，如图 6-3-3(a) 所示，再在脊檩下用脊枋将两根中柱连接起来。

两端抱头梁之下为穿插枋，在穿插枋两端吊有垂莲柱形成四角。垂莲柱的檐面方向用帘笼枋连接起来，在进深方向用穿插枋连成整体，这就是"担梁式垂花门"的基本骨架。

然后在基本骨架上配备装饰性的摺柱、花板、雀替等构件，即成为单排柱担梁式垂花门木构架，如图 6-3-3 所示。

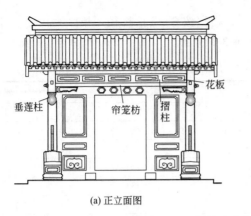
(a) 正立面图

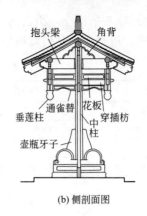
(b) 侧剖面图

图 6-3-2　担梁式垂花门

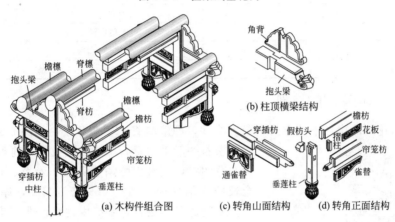

(a) 木构件组合图　　(b) 柱顶横梁结构　　(c) 转角山面结构　　(d) 转角正面结构

图 6-3-3　担梁式垂花门木构架示意图

中柱截面尺寸为（22cm×22cm）～（25cm×25cm）；柱高一般檐柱按 13～14 倍柱径，而中柱需另加脊步举高。

抱头梁截面高按 1.4 倍柱径，厚按 1.1 倍柱径取定，长为 7～8 倍柱径加 2 倍梁高。

穿插枋截面高按 1 倍柱径，厚按 0.8 倍柱径取定，长同抱头梁，做穿透榫穿过中柱和垂莲柱，榫厚按 0.5 倍柱径。

檐枋截面高按 0.75 倍柱径，厚按 0.6 倍柱径，长按面阔或按 3～3.3m。

帘笼枋截面高按 0.75 倍柱径，厚按 0.6 倍柱径，插榫按 0.4 倍柱径，长按面阔加 2 倍垂柱径。

垂莲柱截面按 0.75 倍中柱径见方，垂头直径按 1.1 倍中柱径，垂莲柱高按 4.5 倍中柱径（其中垂头高为 1.5 倍中柱径）。垂头形式有：素方头、莲花瓣、风摆柳三种做法，如图 6-3-4 所示。

摺柱截面按 0.3 倍柱径见方，花板厚按 0.1 倍柱径，高按 0.75 倍柱径。

檩木为圆形截面，檩径按 0.9 倍檐柱径。两端悬挑长度一般按 4 椽 4 当。

椽子截面可方可圆，方径尺寸按 0.27～0.32 倍檩径。飞椽为方形截面，其尺寸与檐椽同，尾部做成楔形。椽子长按步距和上檐出之和加斜，飞椽长为 3.5 倍上檐出（见 2.1.20 所述）。

素方头　　莲花瓣　　风摆柳

图 6-3-4　垂头形式

望板厚按 0.06 倍檩径。山面博风板，板宽按 6～7 倍椽径，板厚按 0.8～1 倍椽径。依上所述，担梁式垂花门规格如表 6-3-1 所示。

表 6-3-1　担梁式垂花门规格

名称	构件长	截面宽（厚）	截面高
中柱	13～14 倍柱径	22cm	22cm
抱头梁	13～15 倍柱径＋2 倍梁高	1.1 倍柱径	1.4 倍柱径
穿插枋	同抱头梁	0.8 倍柱径	1 倍柱径
檐枋	按面阔或 3～3.3m	0.6 倍柱径	0.75 倍柱径
帘笼枋	按面阔＋2 倍垂柱径	0.6 倍柱径	0.75 倍柱径
垂莲柱	4.5 倍中柱径	0.75 倍中柱径	0.75 倍中柱径
摺柱	0.75 倍中柱径	0.3 倍中柱径	0.3 倍中柱径
檩木		0.9 倍柱径	
椽子		0.27～0.32 倍檩径	
望板		0.06 倍檩径	
博风板		0.8～1 倍椽径	6～7 倍椽径

2. 担梁式垂花门的柱脚

担梁式垂花门的中柱下端有两个稳固构件，即滚墩石和壶瓶牙子，如图 6-3-5 所示。其

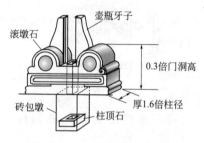

图 6-3-5　垂花门中柱柱脚构造

中滚墩石一般采用青石雕凿成圆鼓形，前观面可雕凿各种花草图案，侧观面雕凿成圆鼓、卷草、圭脚等形式。全长按 6 倍柱径，高按 0.3 倍门洞高，厚按 1.6 倍柱径。中间透凿落槽口，承插中柱套顶榫，使柱榫直达基础柱顶石。

壶瓶牙子为木质构件，起加强柱子与滚墩石之间紧密性的作用，高同滚墩石高，厚按 1/3 倍柱径，做成壶嘴形。

基础砖包墩，起维护稳定柱脚作用，高约与滚墩石高相等，截面尺寸以包住柱脚即可，底部平放柱顶石承接柱脚。

3. 担梁式垂花门的屋顶

担梁式垂花门的屋顶一般为尖顶小式做法。常为布瓦或合瓦屋面、清水脊，如图 6-3-2 中屋面所示。清水脊构造请参看 3.3.9 所述。

6.3.3 "一殿一卷式"垂花门的构造如何
——尖顶卷棚双屋顶之垂花门

一殿一卷式垂花门，是指前面屋顶形式为殿脊式，后面为卷棚式所组成的组合屋顶垂花门，如图 6-3-6 所示。这种垂花门由于有前后四根檐柱做支撑，具有很高的稳定性，所以得到广泛的运用。

1. 一殿一卷式垂花门的木构架

一殿一卷式垂花门的木构架，可以说是将担梁式木构架和卷棚游廊木构架经组合改进而成。以担梁式木构架作为前殿，则中柱变为前檐柱；将卷棚游廊木构架去掉一根柱作为后棚

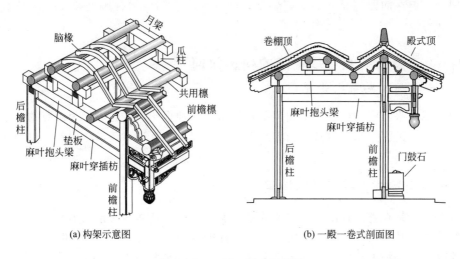

(a) 构架示意图　　　　　　　　　(b) 一殿一卷式剖面图

图 6-3-6　一殿一卷式垂花门

和后檐柱；同时将横担梁和四架梁合并，变成前端为麻叶抱头，后端为素抱头的横梁，称为"麻叶抱头梁"；并将前殿的后檐檩和后棚的前檐檩合并成一根共用檩，即成为一殿一卷式垂花门的木构架，如图 6-3-6 所示。因此，其木构架中各构件截面尺寸与前面所述基本相同，其中前檐柱按中柱尺寸，后檐柱按檐柱尺寸。麻叶抱头梁和穿插枋的长度，按前后进深加廊步，再加出头。其他构件具体请参看 6.3.2 有关部分所述。

2. 一殿一卷式垂花门的屋顶

一殿一卷式垂花门的屋顶构造，与前述有关部分相同，只是在共用檩处的屋面应做排水天沟，并将此处防水层多做几道，或将泥背改为锡背，安铺沟筒瓦。

大式屋顶为筒板瓦屋面，尖顶式正脊用八、九样脊身构件，即：正当沟、压当条、正通脊、扣脊瓦等叠砌而成。脊两端为望兽。

卷棚式过垄脊为罗锅瓦、折腰瓦。两侧垂脊施垂兽和小跑，铃铛排山和博风板，如图 6-3-7(a) 所示。

小式屋顶为布瓦或合瓦屋面，尖顶式正脊常做清水脊，卷棚式常做扁担脊，两侧垂脊做披水排山或披水梢垄，如图 6-3-7(b) 所示。详见第 4 章 4.3 节所述。

3. 一殿一卷式垂花门的柱脚

由于一殿一卷式垂花门有四根立柱，因此其柱脚可同其他一般建筑一样，将柱脚立于柱

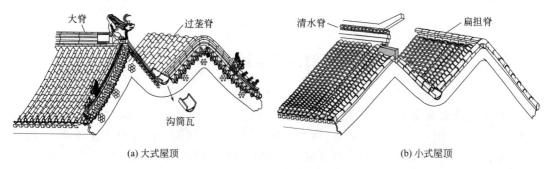

(a) 大式屋顶　　　　　　　　　(b) 小式屋顶

图 6-3-7　一殿一卷的屋顶形式

顶石上即可。但在前殿因要安装大门装饰，则在前殿大门门框柱脚处要安装门鼓石，如图6-3-6（b）所示。

6.3.4 "四檩廊罩式" 垂花门的构造如何
——游廊型构架之垂花门

四檩廊罩式垂花门是相同于卷棚顶游廊剖面的一种垂花门。它可作为游廊的一个开间的进口大门，它的进深和基本木骨架与游廊木构架相同，除有进口装饰作用外，也是作为游廊的一个开间通道。

1. 四檩廊罩式垂花门的木构架

这种垂花门是在卷棚式游廊木构架的基础上，将一个开间两端排架中的四架梁改做成麻叶抱头梁，并在其下吊装垂莲柱，垂莲柱与檐柱的距离一般为2～3.2倍檐柱径。为使垂莲柱有所支撑，在进深方向的麻叶抱头梁下，加装麻叶穿插枋，穿过前后檐柱和垂莲柱连接，如图6-3-8所示。

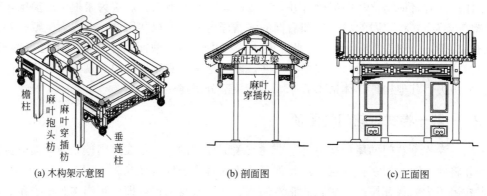

| (a) 木构架示意图 | (b) 剖面图 | (c) 正面图 |

图6-3-8 四檩廊罩式垂花门

四檩廊罩式垂花门的木构件截面尺寸，与前6.3.2所述相同（参看表6-3-1），只是檐柱高度要注意高出游廊一个距离，该距离以保证游廊屋面伸入垂花门博风板下为准，如图6-3-1（c）所示。

2. 四檩廊罩式垂花门的屋面

四檩廊罩式垂花门的屋面与游廊屋面相同，只是因为垂花门屋面高于游廊屋面，因此两端是悬挑结构，应做成铃铛排山脊形式，如图6-3-9（a）所示；或披水排山脊形式，如6-3-9（b）所示。

6.3.5 "五檩单卷棚式" 垂花门的构造如何
——单卷棚屋顶之垂花门

五檩单卷棚式垂花门可以说是一殿一卷式垂花门的改进形式，所谓"单卷棚"是相对"一殿一卷"而言的，因为一殿一卷式垂花门为两个脊檩双屋顶，而五檩单卷棚垂花门为一个脊檩屋顶（屋顶可用三架梁做成单脊檩，也可用四架梁做成双脊檩），但屋脊做成圆弧顶式，如图6-3-10（a）所示。

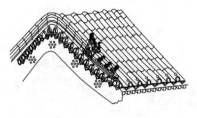
(a) 铃铛排山脊

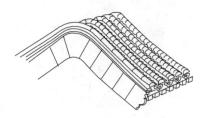
(b) 披水排山脊

图 6-3-9 廊罩式屋顶

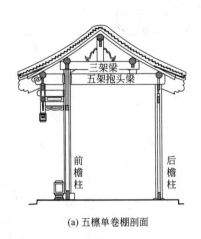
(a) 五檩单卷棚剖面

(b) 五檩木构架示意图

图 6-3-10 五檩单卷棚式垂花门

该垂花门在进深方向的后檐柱支承麻叶抱头梁的素抱头端，前檐柱做卡槽口承接麻叶抱头梁的腰卡榫，柱顶支承三（或四）架梁。麻叶抱头梁卡腰榫之外挑出 2~3.2 倍柱径，在麻叶头下悬挂垂莲柱。前后檐柱和垂莲柱用穿插枋进行连接加固。

在檐面方向的木构件与一殿一卷式相同。五檩单卷棚式垂花门的木构架示意如图 6-3-10（b）所示。各构件尺寸请参看前面所述。

屋顶构造与前述相关部分相同，此处不再重复。

6.3.6 何谓"冲天柱式木牌楼"
——柱头高出屋顶之牌楼

"冲天柱式木牌楼"是指牌楼的木立柱超出屋顶檐楼顶部，犹如竖立的蜡烛，如图 6-3-11 所示。依其开间数，分为二柱一间、四柱三间、六柱五间等。它们的基本构件，由下而上为：夹杆石、落地柱、雀替、小额枋、摺柱花板、大额枋、平板枋、斗栱、檐楼、挺钩等。

6.3.7 何谓"夹杆石"，其构造如何
——裹住柱脚之包裹石

"夹杆石"是稳定并围护落地柱的包裹石，一般用较坚硬不易风化的石材加工而成，其截面可做成方形或圆形，其方径为 2 倍柱径，露出地面的高为 3.6 倍柱径，埋入地下深度可等于露明高，其底端落脚在柱顶石上，柱顶石下为砖石或混凝土基础垫层，如图 6-3-12 所示。

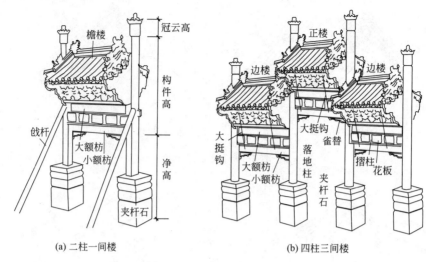

(a) 二柱一间楼   (b) 四柱三间楼

图 6-3-11 冲天柱式木牌楼

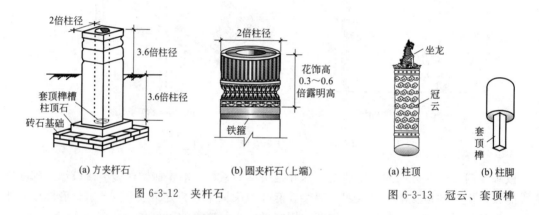

(a) 方夹杆石   (b) 圆夹杆石(上端)   (a) 柱顶   (b) 柱脚

图 6-3-12 夹杆石   图 6-3-13 冠云、套顶榫

6.3.8 牌楼"落地柱"的构造如何
——柱顶做"冠云"，柱脚做套顶榫

牌楼落地柱是牌楼的承重柱，在最外侧的称为"边柱"，其他称为"中柱"，柱径一般按 10 斗口取定，牌楼斗口规格按清制斗口等级，一般采用十等材（即斗口尺寸为 1.5 寸 = 4.8cm），最大不超过九等材，柱截面可方可圆。其柱高依所处地点需要的过往净高（一般都在 4~5m），再加柱上各构件高厚尺寸计算确定。

柱子顶端常雕凿成道冠状（也可用冲压花纹的铁箍套），冠上置坐龙，并在其下雕刻云纹，称这段长度为"冠云"，如图 6-3-13(a) 所示，冠云的长度按 2~3 倍柱径。柱的冠云下皮与檐楼正脊吻兽齐平，以此为准即可画出冲天柱高。

柱脚做套顶榫［如图 6-3-13(b) 所示］落脚到柱顶石上。

6.3.9 何谓"牌楼雀替"，其构造如何
——作夹榫之雀替

牌楼雀替是牌楼额枋与落地柱交接处的衬托构件，既起装饰作用，也起加固额枋端头受力的作用。其长按 0.25 倍柱间面阔取定，高按 0.75 倍柱径，厚为 0.25~0.3 倍柱径。侧面

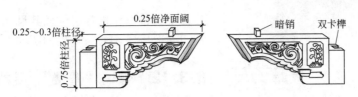

图 6-3-14　牌楼雀替

做夹榫与柱卯连接，上面用暗销与额枋连接，如图 6-3-14 所示。

6.3.10 牌楼额枋、摺柱与花板的规格如何

—— 以 清 制 斗 口 计 量

1. 牌楼额枋

额枋是两柱之间起联系作用的枋木，在牌楼中，下面的额枋因承接重量较少，其截面尺寸也较小，故称为"小额枋"，截面高按 9 斗口，厚按 7 斗口；上面的额枋要承接斗栱屋檐的重量，所用截面尺寸较大，故称为"大额枋"，其截面高按 11 斗口，厚按 9 斗口。额枋长度按柱间面阔来定，而面阔以安置斗栱攒数的多少确定，牌楼斗栱攒数按偶数设置，如四攒、六攒、八攒等自行拟定，在古代皇帝陵墓中，最多用到十攒。各攒斗栱之间的空当称为"攒当"，因此，攒当数为 3、5、7、9 等单数，以攒当居中对称布置。清制规定攒当按 11 斗口确定，所以面阔尺寸为：

$$面阔尺寸＝攒当数＋博风板厚×2＋柱径$$

2. 摺柱与花板

摺柱是大小额枋之间的支撑分隔柱，主要作用是进行分隔，以便安插装饰花板。摺柱截面宽按 2.5 斗口，厚按 3～4 斗口，净高按 11～12 斗口。花板一般雕刻有龙、凤、番草等图案，板厚为 1～1.2 斗口，如图 6-3-15 中所示。

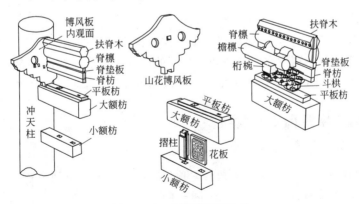

图 6-3-15　木牌楼细部构件

6.3.11 牌楼平板枋和斗栱的规格如何

—— 以 清 制 斗 口 计 量

平板枋是位于大额枋上承托斗栱的厚板，上面凿有卯口，与坐斗用暗销连接，板宽为 5 斗口，板高为 2 斗口。

牌楼斗栱一般为七踩斗栱，也有为九踩的，最多不超过十一踩。冲天柱式牌楼中的斗栱

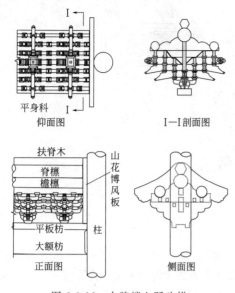

平身科

仰面图　　　　　　　　Ⅰ—Ⅰ剖面图

扶脊木
脊檩
檐檩
山花博风板
平板枋
大额枋
柱

正面图　　　　　　侧面图

图 6-3-16　木牌楼七踩斗栱

均为平身科，斗栱各组件及其尺寸，具体详见第 1 章 1.3 节所述，七踩斗栱如图 6-3-16 所示。

6.3.12 何谓"檐楼"，其构造如何
—— 以牌楼斗栱支撑的屋顶

檐楼是由斗栱支承的屋顶部分，由屋顶木结构和屋面瓦作等所组成。

1. 屋顶木结构

屋顶木结构如图 6-3-15 中所示，从斗栱桁椀（也称为角背）向上，包括檐檩、脊檩、扶脊木，及其脊垫板、脊枋，最后在檩木上铺置椽子而成。屋顶木构架檐口进深尺寸为：2×（脊步距＋上檐出）；举高可按 0.5～0.6 举。

屋顶的檐檩直径按 3 斗口，脊檩直径按 4.5 斗口，扶脊木按 4 斗口，脊垫板厚按 1 斗口，脊枋截面按 3.6 斗口×3 斗口。这些构件的长度直达两端山花博风板，并在山花板上刻通口或半口与其连接。山花博风板厚按 2 斗口，高按大额枋以上至扶脊木上皮，宽按上檐出加斗栱出踩尺寸。

2. 屋面瓦作结构

屋面瓦作一般采用大式做法，屋面木基层、苫背、铺瓦、正脊吻兽等，都与歇山或硬山建筑屋顶结构相同。

3. 大挺钩

大挺钩又称"霸王杠"，用圆钢做成，是支撑檐楼稳定的撑钩，它的上端用钩眼固定在檐檩上，下端为弯钩，分别钩在大额枋和小额枋的钩眼中，沿额枋两端左右前后对称布置。挺钩直径按 0.5～0.8 斗口取定，长度依施工现场位置而定。

6.3.13 何谓"屋脊顶式木牌楼"
—— 柱顶上承屋顶之牌楼

"屋脊顶式木牌楼"是指檐楼按庑殿的脊顶形式，而柱顶只做到平板枋的牌楼，如图 6-3-17 所示。按其开间及屋顶分为：二柱一间一楼、二柱一间三楼、四柱三间三楼、四柱三间七楼等，最高等级的是北京雍和宫北面的"寰海尊亲"牌楼，为四柱三间九楼。

屋脊顶式木牌楼的结构与冲天柱式基本相同，由下而上为：夹杆石、落地柱、雀替、小额枋、摺柱花板、大额枋、平板枋、斗栱、庑殿顶等。

6.3.14 何谓"二柱一间一楼、四柱三间三楼"牌楼
—— 每间一屋顶的牌楼

"二柱一间一楼"是屋脊顶牌楼中最简单的一种形式，它是由两根边柱形成的一个开间

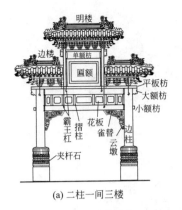

(a) 二柱一间三楼

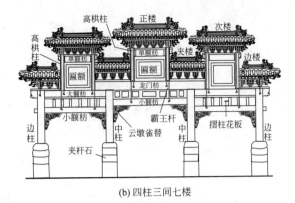

(b) 四柱三间七楼

图 6-3-17　屋脊顶式木牌楼

一个檐楼屋顶的牌楼，如图 6-3-18(a) 所示。

"四柱三间三楼"是指具有两根边柱和两根中柱所形成的三个开间三个檐楼屋顶的牌楼，它的明间檐楼（即明楼）要高出边楼一个屋顶，如图 6-3-18(c) 所示。

这两种牌楼的结构及构件尺寸，与冲天柱牌楼大体相同，只是其中有以下三点区别。

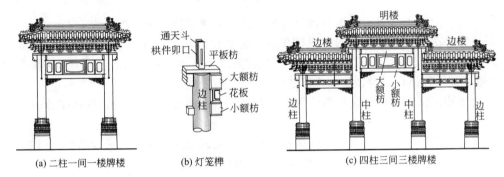

(a) 二柱一间一楼牌楼　　　(b) 灯笼榫　　　(c) 四柱三间三楼牌楼

图 6-3-18　四柱三间三楼屋脊顶式木牌楼

① 落地柱顶端到达平板枋下皮以后，要做成灯笼榫穿过平板枋，直达脊檩，又将此榫称为"通天斗"。通天斗的顶端做桁椀承接脊檩，底端代替坐斗，中部刻开槽口与栱件连接，如图 6-3-18(b) 所示。通天斗的截面按坐斗尺寸。

② 斗栱除平身科外，正对落地柱顶上的应为角科斗栱，其平、立、侧面图，如图 6-3-19 所示。斗栱内容具体见 1.3.12 所述。

③ 屋顶两端没有山花博风板，屋顶瓦作完全与庑殿建筑相同。

6.3.15　何谓"二柱一间三楼、四柱三间七楼"牌楼

——每间三屋顶的牌楼

"二柱一间三楼"是指由两根边柱形成的一个开间三个檐楼屋顶的牌楼。"四柱三间三楼"是指具有两根边柱和两根中柱所形成的三个开间七个檐楼屋顶的牌楼，它们每个开间的中间都是由增加两根"高栱柱"支撑一个高出边楼的屋顶所形成，如图 6-3-17 所示。

这两种牌楼的构件，也与上述牌楼基本相同，现就不同点叙述如下。

① 所有落地柱的柱顶标高应一致，其高度可以按次间所需净高和横构件总高之和进行计算。

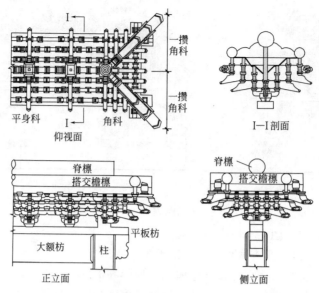

图 6-3-19　七踩牌楼斗栱

② 四柱三间的正（明）间大额枋改为龙门枋，即两端延长伸至次间约 1/4。

③ 明楼和次楼屋顶由增加的高栱柱支承。高栱柱截面按 6 斗口见方，其高以控制单额枋下皮与边、次楼正脊上皮相等为原则。高栱柱如图 6-3-20（b）所示，上端做灯笼榫与角科斗栱连接，直达脊檩；下端做套顶榫穿透大额枋或龙门枋。

④ 边楼和次楼靠高栱柱这一端应同冲天柱式一样安装山花博风板，具体见冲天式柱牌楼中所述。

⑤ 雀替花式一般可采用图 6-3-14 形式，也可做成较豪华型的"云墩雀替"，如图 6-3-20（c）所示，雀替中的斗栱，在明间采用双重栱，在次间采用单层栱。

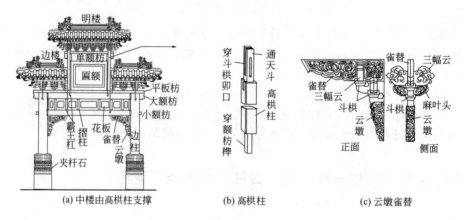

图 6-3-20　屋脊顶式的高栱柱牌楼

6.3.16 ▌牌楼屋脊顶的构造如何 ▶

——庑殿式屋脊

"屋脊顶式木牌楼"的屋顶是庑殿顶，有正脊和垂脊，如图 6-3-21（a）所示。屋顶木构件是在斗栱（一般为七踩）上支承脊檩和檐檩，在檩上铺钉直椽和飞椽，如图 6-3-21（b）所示，

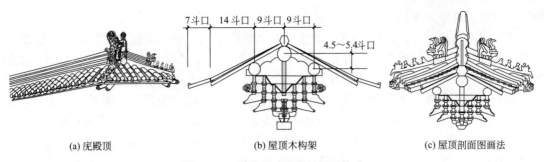

(a) 庑殿顶　　　　　　　(b) 屋顶木构架　　　　　　(c) 屋顶剖面图画法

图 6-3-21　屋脊顶式牌楼的屋顶构造

檩木之间的水平距离按斗栱出踩数确定，每一拽架为 3 斗口；而垂直距离按五举至六举计算。

　　屋顶瓦作大式建筑用料规格按檐口高确定，檐口高在 4.2m 以下者采用八样瓦材，檐口高在 4.2m 以上者采用七样瓦材。小式建筑使用布瓦，檐口高在 4m 以下者采用 3 号瓦，檐口高在 4m 以上者采用 2 号瓦。

6.3.17 何谓"乌头门"
——宋制"棂星门"即最原始牌楼

　　"乌头门"是由远古母系社会群居的"衡门"演变而来，因那时一个自家族都群居在一个土寨子内，在土寨子门口竖起两根木柱，柱上横固一根横梁作为寨子大门，将门柱超出横梁的柱头部分涂成黑色，称为"乌头"，以示人群驻地，此门就称为"乌头门"。到了唐代时期，将乌头门的门柱演变成豪华的华表柱，成为达官贵族的奢用品，《唐六典》述**"六品以上，仍通用乌头大门"**，如图 6-3-22 所示，至宋代将此门称为"棂星门"，以后发展至明清

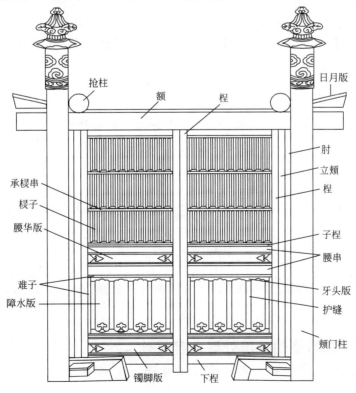

图 6-3-22　《营造法式》乌头门图样

时期，演变成现今的牌楼形式。

宋《营造法式》卷六述"造乌头门之制，俗谓之棂星门。高八尺至二丈二尺，广与高方。若高一丈五尺以上，如减广者不过五分之一。用双腰串。七尺以下或用单腰串。如高一丈五尺以上，用夹腰华版，版心内用桩子。每扇各随其长，于上腰串中心分作两份，腰上按子桯、棂子。棂子之数，须只用。腰华以下，并安障水版。或下安镯脚，则于下桯上施串一条。其版内外并施牙头护缝。下压头或用如意头造。门后用罗文楅。左右结角斜安，当心绞口"。即乌头门俗称棂星门，乌头门高为8尺至22尺，宽与高相同。如若高度在15尺以上，要减少宽度者，减值不超过1/5（即最少宽为6.4尺至17.6尺）。门扇用双腰串，7尺以下可用单腰串。如15尺以上，应在双腰串之间夹用腰华板，板心内用桩钉连接。每个门扇按其长度，于上腰串为界，分为上下两部分，上部分安装子桯和棂条，棂条根数应为双数。下部分安装障水板，也可安装镯脚板，这时应在下桯之上施一横串。在腰华板内外都安装牙头护缝，下牙头可做成如意头形。门扇背面用罗文楅作支撑。做成左右斜角安装在两门扇上，楅背剔凿梯形截面。

6.4 仿古建筑油漆彩画

6.4.1 仿古建筑油漆彩画的基本程序是什么
——基层处理、做地仗、刷油漆、作画

仿古建筑的油漆彩画基本程序分为：基层处理、做地仗、刷油漆、作画四大内容。

1. 基层处理

基层处理是将需要做油漆彩画的构件表面，为增强其衔接能力，增添表面光洁度，保证构件画工品质等所进行的处理工作，其内容为：砍、挠、铲、撕、剔、磨、嵌缝子、下竹钉等操作。

2. 做地仗

地仗是指在被漆物体表面，为加强油漆的坚硬度而做的硬壳底层。做地仗的材料称为"地仗灰"。地仗分为：麻（布）灰地仗和单皮灰地仗两大类。

3. 刷油漆

刷油漆是在基层处理和做地仗后所进行的一道工序，其施工工艺为：刮腻子→刷底油→刷油漆等操作工序。

4. 作画

仿古建筑的作画，是指将彩画图案搬上相关构件上的操作过程。作画分为：起打谱子、沥粉贴金。

6.4.2 仿古建筑油漆的基层处理内容是什么
——砍、挠、铲、撕、剔、磨、嵌缝子、下竹钉

油漆彩画构件表面的基层处理操作内容为：砍、挠、铲、撕、剔、磨、嵌缝子、下竹钉

等操作。

1. 砍

又称斩砍，即将木构件表面用小斧子砍出斧迹，以增加对地仗的吸附力。

2. 挠

即用挠子（类似于铁钩子）清除不需要斩砍或无法斩砍的细小构件表面的附着物的工序。

3. 铲

即用铲刀刮铲表面的灰尘污物。

4. 撕

即撕缝，它是指将木材表面存有的缝口再扩大一些，以使地仗灰容易压入缝隙内。

5. 剔

即刻剔，将不能用砍、挠、铲等方法进行清理的细小构件，采用小刻刀将表面原有残留物刮除的工序。

6. 磨

它是对需做清漆木纹的构件表面用砂纸、砂布进行打磨的工序。

7. 嵌缝子

它是针对木材表面所存的宽大裂缝，用细木条进行嵌补的工序。

8. 下竹钉

它是针对新木材构件，为减少因含水消失而产生的胀缩，在缝隙中打入适当的竹钉，以降低收缩变形。

6.4.3 做地仗的内容有哪些
——麻（布）灰地仗、单皮灰地仗

1. 麻（布）灰地仗

麻（布）灰地仗的种类很多，如：一麻（布）五灰、一麻（布）四灰、一麻一布六灰、两麻六灰、两麻一布七灰等。而在木装饰板油漆中较常用的只有：一麻五灰、一布五灰。

（1）一麻五灰

"一麻"即指粘一层麻丝，"五灰"即指：捉缝灰、通灰、压麻灰、中灰、细灰等。这五灰是用不同材料配制而成，其中最基本的材料为灰油、血料、油满等。其中："灰油"是用土籽灰、樟丹粉、生桐油等按一定比例加温熬制而成；"血料"是用鲜猪血经搓研成血浆后，以石灰水点浆而成；"油满"是用灰油、石灰水、面粉等按一定比例调和而成。

"一麻五灰"的施工工艺为：

"捉缝灰"即填缝灰，它是在清理好基层面后，用"粗油灰"（即为油满：灰油：血料＝0.3：0.7：1加适量砖灰调和而成）满刮一遍，填满所有缝隙，待干硬后用磨石磨平，然后扫除浮尘擦拭干净。

"通灰"即通刮一层油灰，在捉缝灰上再用"粗油灰"满刮一遍，干后磨平、除尘、擦净。

"压麻灰"是在通灰上先涂刷一道"汁浆"（用灰油、石灰浆、面粉加水调和而成），再将梳理好的麻丝横着木纹方向疏密均匀地粘于其上，边粘边用铁轧子（小铁抹子）压实，然后用油满加水的混合液涂刷一道，待其干硬后，用磨石磨其表面，使麻茸全部浮起，但不能磨断麻丝，然后去尘洁净，盖抹一道"粘麻灰"（即为油满：灰油：血料＝0.3：0.7：1.2加适量砖灰调和而成），再用铁轧子压实轧平，然后再复灰一遍，让其干燥。

"做中灰"即抹较稀油灰，当压麻灰干硬后，用磨石磨平，掸去灰尘，满刮"中灰"（即为油满：灰油：血料＝0.3：0.7：2.5加适量砖灰调和而成）一道，轧实轧平。

"做细灰"即满刮细灰，当中灰干硬后，用磨石磨平磨光，掸去灰尘，用"细灰"（即为油满：灰油：血料＝0.3：1：7加适量砖灰调和而成）满刮一遍，让其干燥。

"磨细钻生"是当细灰干硬后，用细磨石磨平磨光，去尘洁净后涂刷生桐油一道，待油干后用砂纸打磨平滑即成。

（2）一布五灰

"一布五灰"是一麻五灰的改进，即用夏布代替麻丝，具体操作与一麻五灰相同。

其他一麻（布）四灰、一麻一布六灰、两麻六灰、两麻一布七灰等，都是在一麻（布）五灰基础上，进行麻（布）、中细灰的增减而成。

2. 单皮灰地仗

"单皮灰"即单披灰，它是指只抹灰不粘麻的施工工艺，依披灰的层数不同分为：四道灰、三道灰、二道灰。其中：

四道灰是指：捉缝灰、通灰、中灰、细灰等，然后磨细钻生。

三道灰是指：捉缝灰、中灰、细灰等，然后磨细钻生。

二道灰是指：中灰、细灰等，然后磨细钻生。

6.4.4 刷油漆工艺的操作内容有哪些
——刮腻子、刷油漆

刷油漆工艺的操作内容分为：刮腻子（或刮浆灰）和刷油漆。

1. 刮腻子、刮浆灰

"刮腻子"是在刷油漆之前，用来填补基面不光滑或高低不平等缺陷所需进行的刮灰工序。刮腻子分为满刮腻子和批补腻子。"满刮"即指将漆物表面通刮一遍。"批补"是指将出现缺陷或满刮后不足之处，再刮一遍。常用的腻子有：土粉子腻子、色粉腻子、漆片腻子、石膏腻子等。

"刮浆灰"是用在与砖瓦颜色配套的构件上，它是指在做地仗后的漆物表面进行通刮浆灰腻子的工艺。浆灰腻子是用碎砖将其粉碎磨成细灰，放入水中经多次搅拌、漂洗，将悬浮浆液倒出沉淀，对此沉淀之物称为"澄浆灰"或"淋浆灰"，将澄浆灰与血料按一定比例混合，经搅拌均匀后即可得到塑状的浆灰腻子。

（1）土粉腻子

"土粉腻子"又称为"血料腻子"，它是用血料、土粉子、滑石粉等，按一定比例加水拌和而成。

（2）色粉腻子

"色粉腻子"是由大白粉、光油、清油或熟桐油等按一定比例调配而成的膏体，如果为配合油漆的相应颜色，则加入适量色粉即成为色腻子。

（3）漆片腻子

"漆片腻子"是用酒精将化开的漆片（又称虫胶漆、洋干漆、泡力水等）液体，加入到大白粉中调和而成。

（4）石膏腻子

"石膏腻子"是将生石膏粉，先用光油调和成可塑状，然后加入清水搅拌而成。

2. 刷油漆

仿古建筑工程的油漆，除特殊构件要求外，一般采用调和漆，分为：头道油、二至三道漆、罩光油或扣油等。

"头道油"是涂刷在光滑腻子面上，一般为无光调和漆或油色，待干燥后刷二三道漆。其中油色是由调和漆、清漆、清油、光油、色粉、溶剂油等按一定比例调配成液体，如果要使其干稠一些，可加少量石膏粉进行拌和。它是既可显示木材纹理，又可使基面具有一定底色的底油，是稳固油漆颜色的底料。

"二至三道漆"即指涂刷调和漆。

"罩光油或扣油"是针对做沥粉贴金的构件而言的。当在贴金后刷最后一道油漆时，金上不着油者谓之扣油，金上着油者谓之罩光油。

6.4.5 作画的基本操作内容有哪些
——起打谱子、沥粉贴金

仿古建筑的作画，是指将彩画图案搬上相关构件上的操作过程。作画分为：起打谱子、沥粉贴金。

1. 起打谱子

"起打谱子"是指先在纸上做好画稿，然后将其复印到构件上的操作过程。分为：丈量配纸、起谱子、扎谱子、打谱子。

（1）丈量配纸

"丈量"是指对彩画构件的部位，用尺量出长度、宽度和中线。"配纸"是指按量出的尺寸，选配画稿用的牛皮纸。

（2）起谱子

按照前面所述构图方法，在牛皮纸上分出三停线，用炭条绘制出彩画稿子，待各个粗线条起完后，再用墨笔描画成画谱。

（3）扎谱子

在作画基面上，将画谱平摊其上，用大针按墨线顺序进行扎孔，复制出画稿线迹。

（4）打谱子

扎好谱子后，用粉袋循着谱子拍打，使构件上透印出花纹粉迹。拍打完成后用墨线按粉迹描绘出图案；对需要贴金的地方，还要用小刷子蘸红土子，将花纹写出来称为"写红墨"，然后再依红墨线进行沥粉。

2. 沥粉贴金

"沥粉"是指使花纹凸显的一种工艺,"贴金"是修饰花纹增加色彩的一种工艺。大多数沥粉者都需要贴金,故一般统称为"沥粉贴金"。沥粉贴金分为:沥粉、包黄胶、打金胶、贴金、扫金等操作。

(1) 沥粉

"沥粉"工艺是将一种粉糊浆的胶粉(用骨胶或乳胶液、土粉子、大白粉等调和而成),用带有尖管嘴的承粉工具,像挤牙膏似的,将胶粉挤到彩画图案上,依花纹图案的高低,控制其粉条的宽窄厚薄,使图案形成具有仿真效果的立体感,沥粉工具如图 6-4-1 所示。

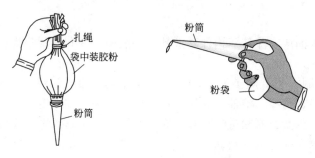

图 6-4-1　沥粉工具

(2) 包黄胶

沥粉完成后,在沥粉线上涂刷一层黄胶(用石黄、胶水和清水调制而成),将整个沥粉包裹在内不得外露。

(3) 打金胶

打金胶是指对需要贴金的部位涂刷金胶油(将光油与豆油混合加温熬制而成),这是粘贴金(铜)箔的粘贴剂,要求涂描准确、不污不脏、厚薄适度。

(4) 贴金

"贴金"工艺是在沥粉的表面涂刷金胶油后,待七八成干时开始粘贴金箔或铜箔的操作过程,使花纹图案闪闪发光。

(5) 扫金

它是指用金扫帚(即羊毛刷子),沿着已贴金面,用适当力度捺压一遍,以使达到贴实粘紧。

6.4.6 仿古建筑彩画的基本类型有哪些
——和玺彩画、旋子彩画、苏式彩画

中国仿古建筑的油漆彩画,早已在隋唐时代,就已经达到辉煌壮丽的阶段,到宋代已经开始形成一定的规制,如宋《营造法式》卷十四,对彩画制度规定了衬地、调色、衬色、取石色等作画步骤;还规定了常用的彩画制度,即:五彩遍装、碾玉装、青绿叠晕棱间装、解绿装、杂间装、丹粉刷饰等。延至明代时期就基本形成了"金龙彩画"和"旋子彩画"两种图案形制。

直到清代彩画制度日趋完善,形成了彩画的三大类别,即:和玺彩画、旋子彩画、苏式彩画。

6.4.7 仿古建筑彩画如何构图
——枋心、找头、箍头、五大线

中国仿古建筑彩画的构图，是以梁枋大木和面积较大的构件为作画构图的主要出发点，其他部位都以大木彩画的创意做相应的配合。

横梁、垫板、枋木等木构件，在整个建筑构架中，是比较显眼的构件，它的构图是以横向长度为条幅，将其分为三段，各占 1/3 长，称为"分三停"，其分界线称为"三停线"，如图 6-4-2 中所示。

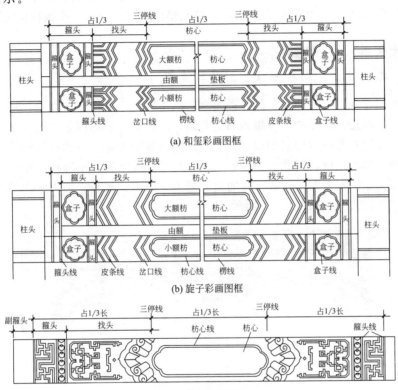

图 6-4-2　梁枋大木的构图

在横条中间一段称为"枋心"，邻枋心左右两段称为"找头"或"藻头"。在找头外端常做有两根竖条，称为"箍头"，箍头之间的距离，可依横向长度多少而调整，在此之间安插的图案称为"盒子"。

因此，整个梁枋的构图就在枋心、找头、盒子和箍头内进行。在这些部位上构图的线条都给以相应的名称，如：枋心线、箍头线、盒子线，在找头内的叫岔口线、皮条线（或卡子线），为简单起见通称为"五大线"。

6.4.8 仿古建筑彩画如何设色
——青地、绿地相间

油漆彩画的设色，这里主要是指对大木构件所作画面的底面颜色，一般称为"地色"，如作画底面做绿颜色者称为"绿地"，做青颜色者称为"青地"。梁枋大木的设色以青色、绿色、红色及少量土黄色和紫色为主，不同构件的不同位置，其"地色"都是相互之间调换使用，相间调换的大致规律如下：

① 同一构件的相邻部分，一般是青、绿两色相间使用。如箍头为青色者，则其外的皮条线、岔口线为绿色。如枋心为绿色者，则楞线为青色。如当前者使用青色者，则后者应使用绿色；反之当前者使用绿色者，则后者应使用青色。

② 同一开间的上下相邻构件，应青、绿两色相间使用。如大额枋是绿箍头、青枋心者，则其相邻的小额枋和檐檩应是青箍头、绿枋心。

③ 同一建筑物中相邻的两个开间，应青、绿两色相间使用。如明间大额枋为绿箍头、青枋心者，则次间的大额枋应为青箍头、绿枋心。也就是说，不同开间的相同构件，地色应相间使用。

④ 额垫板与平板枋如按通长设色者，一般额垫板固定为红地，平板枋固定为青地。

6.4.9 什么是"和玺彩画"
——龙凤图案、沥粉贴金、∑形三停线

和玺彩画即符合帝王大殿气质的一种彩画，它是以突出龙凤图案为主，采用沥粉贴金手法而作，和玺彩画是古建彩画中等级最高的彩画，因此，一般只用于宫殿、坛庙的主殿和堂门建筑上。作画位置是在木构架中檐（金）柱之间的额枋表面，特别是规格较大的建筑，往往有大、小额枋相辅相成，因此在作画时，将大额枋、额垫板、小额枋连在一起，作为绘制彩画的重点部位。绘制图案时将额枋露明面划分为：枋心、藻头、箍头、盒子四部分，分别按规定的形式进行构图，如图 6-4-3 所示。

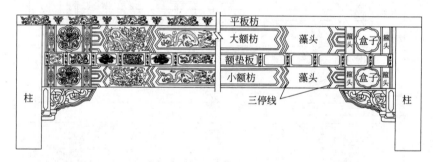

图 6-4-3　和玺彩画的特点

和玺彩画的特点如下。

（1）图案以龙形为主

对主要大木的构图，均以各种姿态的龙为主要图案，或者龙凤相间，或者龙草相间。

（2）沥粉贴金面大

沥粉即用胶粉状材料通过尖嘴捏挤工具，将其沥成线条使之凸起，然后在上面贴上金箔。也就是说，和玺彩画的主要线条都具有立体感，并且金光闪闪。

（3）三停线为∑形

和玺彩画与其他彩画最显著的不同之处，是枋心与找头之间、找头与盒子之间有明显的"∑"形分界线，如图 6-4-3 所示。

和玺彩画依绘制图案内容分为：金龙和玺、龙凤和玺、龙草和玺、和玺加苏画等。

6.4.10 "金龙和玺彩画"的图案内容如何
——以龙为主、沥粉贴金

金龙和玺彩画是和玺彩画中的最高等级，所有线条均为沥粉贴金。现就它的主要图案分

述如下。

1. 额枋内的图案

在大小额枋的枋心内，一般均画二龙戏珠，如图 6-4-4（a）所示。当大额枋为青地的，则小额枋为绿地，两者应相间使用。

2. 找头内的图案

当找头距离较长时应画升降二龙，上下找头的色地为青绿相间。当距离较短时则青地画升龙，绿地画降龙，上下相间调换使用，如图 6-4-4(b)、(c) 所示。

3. 盒子箍头内的图案

盒子内画坐龙，盒子两边的箍头内画贯套（一般称它为活箍头），如图 6-4-4(d)、(e)所示。盒子色地为青、绿两色相间。

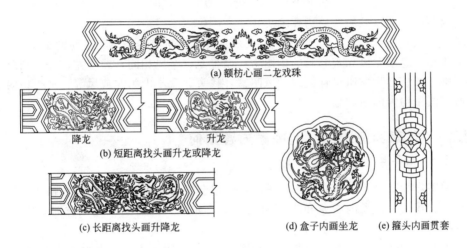

(a) 额枋心画二龙戏珠

降龙　　　　升龙
(b) 短距离找头画升龙或降龙

(c) 长距离找头画升降龙　　　　(d) 盒子内画坐龙　　(e) 箍头内画贯套

图 6-4-4　金龙和玺彩画的图案

4. 额垫板、平板枋的图案

额垫板画各种姿态行龙，如图 6-4-5(a)、(b) 所示，也可画龙凤相间，如图 6-4-5(c) 所示。色地为朱红地。平板枋由两端向中间画行龙，为青地。

(a)降龙　　　　　(b)升龙　　　　　(c)飞凤

图 6-4-5　额垫板内龙凤图案

总结以上金龙和玺彩画的构图特点：大小额枋内均是二龙戏珠，中间额垫板内为一龙一凤相间；上下找头为升龙或降龙；盒子内为坐龙；平板枋由两端向中间为行龙；所有线条均为沥粉贴金。

6.4.11 "龙凤和玺彩画"的图案内容如何
——龙凤图案、沥粉贴金

龙凤和玺彩画是仅次于金龙和玺彩画的一个等级，它所不同之处，是在枋心、找头、盒子等部位，由龙凤相间进行构图。或者在枋心内画"龙凤呈祥"，也可画"双凤昭富"，如图6-4-6(a)、(b)所示。

(a) 枋心画龙凤呈祥

(b) 枋心画双凤昭富

(c) 平板枋画行龙飞凤

图 6-4-6 龙凤彩画的主要图案

箍头内不画图案（一般称它为死箍头）。

平板枋和额垫板画一龙一凤，如图6-4-6(c)所示。所有线条均为沥粉贴金。

依上所述，总结龙凤和玺彩画的构图为：以金龙、金凤相间，或金龙、金凤结合为主要图案的彩画，如枋心为龙凤呈祥，或双凤昭富，找头、盒子内为龙或凤等。平板枋内为行龙飞凤。所有线条均为沥粉贴金。

6.4.12 "龙草和玺彩画"的图案内容如何
——龙草图案、沥粉贴金

龙草和玺彩画又次于龙凤彩画一个等级，是以金龙、金草图案相间的彩画。它的主要构图是：枋心、找头、盒子内由龙和大草相间构图，当大额枋画二龙戏珠时，则小额枋画"法轮吉祥草"，如图6-4-7(a)所示。

找头画升龙或降龙时，盒子画花草，如图6-4-7(b)所示。箍头也为死箍头。

平板枋和额垫板一般只画"轱辘草"，如图6-4-7(c)所示。所有线条均为沥粉贴金。

(a) 枋心画法轮吉祥草

(b) 盒子内画西番莲　(c) 额垫板画轱辘草

图 6-4-7 龙草和玺彩画的主要图案

6.4.13 "金琢墨和玺彩画"的图案内容如何
——龙草图案、墨线为主

金琢墨和玺彩画是以墨线为主的龙草和玺彩画，故又称为"金琢墨龙草和玺彩画"。因为，龙草和玺彩画中的主要图案，如龙、草等均为沥粉贴金，但金琢墨和玺彩画中的龙、草只在龙鳞、龙身和龙头的轮廓线以及盒子轮廓线、花芯线等处为沥粉贴金外，其他均为墨线或色线。

6.4.14 什么是"旋子彩画"
——旋花找头、空白箍头、"《"形三停线

旋子彩画是次于和玺彩画一个等级的彩画，它的构图既可以做得很华丽，也可做得很素雅，作画的种类较多，因此，它可用于除宫殿之外的所有建筑，如宫殿以下的官府建筑、坛庙的配殿和牌楼建筑等，如图 6-4-8 所示。

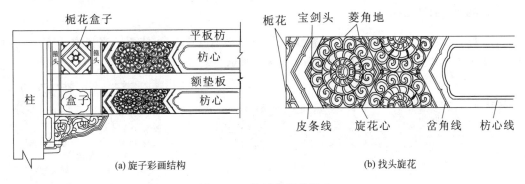

(a) 旋子彩画结构　　　　　　　　　　(b) 找头旋花

图 6-4-8　旋子彩画的特点

旋子彩画有以下几个明显的特点。

1. 固定找头旋花

在找头内一律画旋转形的花纹，一般简称为"旋子"或"旋花"。旋子中有几个特定部位，如：旋眼、栀花、菱角地、宝剑头。

旋眼是指旋花的中心花纹。

菱角地是指花瓣之间的三角地。

宝剑头是指一朵旋花最外边所形成的交角的三角地。

栀花是常绿灌木所开的一种四瓣花，对找头与箍头连接的上下交角，常画成两个 1/4 花瓣形，一般简称此为"栀花"。

2. 三停线为"《"形

在枋心与找头之间、找头与箍头之间有明显的"《"形分界线。

3. 死箍头

旋子彩画的箍头均不画图案，称为"死箍头"，设色为青地和绿地相间。

旋子彩画按用金量多少分为：金琢墨石碾玉、烟琢墨石碾玉、金线大点金、墨线大点金、金线小点金、墨线小点金、雅伍墨、雄黄玉八种。

6.4.15 "金琢墨石碾玉彩画"的图案内容如何
——龙锦图案、沥粉贴金

金琢墨石碾玉彩画是旋子彩画中的最高等级，它的五大线（即指枋心线、岔角线、皮条线、

箍头线、盒子线）和各种花瓣线均为沥粉贴金，除此外的其他线为墨线，故称为"金琢墨"。

1. 枋心内的图案

当有大小额枋时，应分别画二龙戏珠和宋锦，龙为青地，锦为绿地，可相互调换。当只有一个额枋时，应优先画龙。均为沥粉贴金。

宋锦的画法如图6-4-9（b）所示。

2. 找头内的图案

找头内的旋花花纹均沥粉贴金。色地与枋心对应相间。

3. 盒子内的图案

当为大小额枋时，上下盒子为"整盒子"与"破盒子"相间使用。当只有一个额枋时，一般使用整盒子。盒子图案如图6-4-9（d）、（e）所示。均为沥粉贴金。

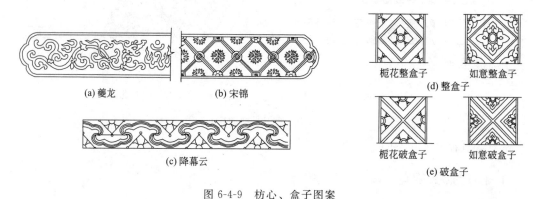

(a) 夔龙   (b) 宋锦

(c) 降幕云

栀花整盒子   如意整盒子
(d) 整盒子

栀花破盒子   如意破盒子
(e) 破盒子

图6-4-9 枋心、盒子图案

4. 额垫板、平板枋的图案

额垫板多画栀花与夔龙［图6-4-9（a）］，或栀花与其他花草相间布置。平板枋画降幕云，如图6-4-9（c）所示。所有线条均为沥粉贴金。

6.4.16 "烟琢墨石碾玉彩画"的图案内容如何
——龙凤图案、墨线为主

烟琢墨石碾玉彩画是仅次于金琢墨石碾玉彩画一个等级的彩画，它除五大线（即指枋心线、岔角线、皮条线、箍头线、盒子线）仍为沥粉贴金外，而其他图纹线条均为墨线，故称为"烟琢墨"。

其图案基本与金琢墨石碾玉彩画大致相同，额垫板除按上述图案外，还可画法轮吉祥草，如图6-4-10所示。

6.4.17 "金线、墨线大点金彩画"的图案内容如何
——突出部位为金色、五大线分别为金墨

"大点金"是指旋眼、花心、尖角等突出部位点成金色，线条不做退晕处理。在此基础上，若将画中五大线做成金色者，称为"金线大点金"。若将五大线做成墨色者，称为"墨

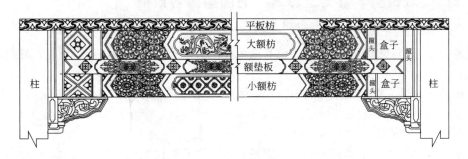

图 6-4-10　旋子金琢墨石碾玉彩画示意

线大点金"。除此以外的其他各线一律为墨色。

1. 金线大点金

金线大点金是指旋眼、花心、尖角等突出部位为沥粉贴金，而五大线可为沥粉贴金，也可为墨色。其他各线一律为墨色。

金线大点金彩画的构图，与烟琢墨石碾玉彩画基本相同，只是盒子内画坐龙和西番莲相间使用，如图 6-4-4(d)、图 6-4-7(b) 所示。额垫板固定画法轮吉祥草，朱红地。

2. 墨线大点金

墨线大点金彩画除旋眼、花心、尖角等突出部位的线条为沥粉贴金外，其他一律为墨线。

墨线大点金彩画的构图，大部分与金线大点金彩画相同，但枋心除可画龙、宋锦点金外，还可画黑墨一字枋心、黑叶子花或其他花草等，如图 6-4-11（a）～（e）所示。

盒子内除画西番莲外，还可画其他花草，如图 6-4-11(f) 所示。

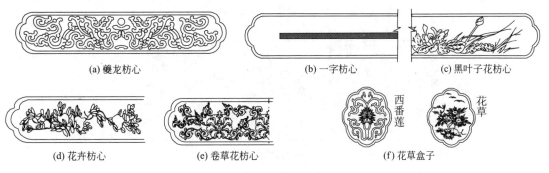

(a) 夔龙枋心	(b) 一字枋心	(c) 黑叶子花枋心
(d) 花卉枋心	(e) 卷草花枋心	(f) 花草盒子

图 6-4-11　金钱、墨线点金彩画的图案

6.4.18　"金线、墨线小点金彩画"的图案内容如何
——只有花心为金色、五大线分别为金墨

"小点金"是指只对旋眼和花心点金，其他同大点金。

小点金彩画是大点金彩画的简化，它只对旋眼和栀花进行金色加工，其他一律为墨线。其中金线小点金与墨线小点金的区别是，前者对旋眼和栀花沥粉贴金，后者只对花心点金。

金线小点金与墨线小点金的图案仍与上述大点金相同，如图 6-4-11 所示。

6.4.19 "雅伍墨、雄黄玉彩画"的图案内容如何
——无金彩画、墨色为雅伍墨、黄色为雄黄玉

这是完全不用金的彩画,若以墨色和白色相配合的称为雅伍墨,若以黄色作底色的称为雄黄玉。

这两种彩画是完全不用金,更不得用金龙和宋锦,但枋心内图案可用夔龙和花草相间,而最朴素的为一字枋心和黑叶子花,如图 6-4-11(a)～(e) 所示。盒子图案多为花草之类,如图 6-4-11(f) 所示。

雅伍墨彩画和雄黄玉彩画的最大区别是,雅伍墨彩画以青地、墨线为主,而雄黄玉彩画以丹黄色地、色线为主。

6.4.20 什么是"苏式彩画"
——不拘题材、灵活作画

苏式彩画是以江南苏浙一带所喜爱的风景人物为题材的民间彩画,它以轻松活泼、取材自由、色调清雅、体贴生活而独具一格,因此,多为民间建筑和园林建筑所垂青。苏式彩画除宫殿、坛庙和官衙主殿以外,可以在其他所有建筑上广泛采用,其图式如图 6-4-12 所示。

(a) 枋心式苏画

(b) 包袱式苏画

图 6-4-12 苏式彩画的特点

苏式彩画的特点是:

(1) 没有固定形式的三停线

在枋心与找头之间的岔口线有多种画法,而在找头与箍头之间没有岔口线和皮条线。

(2) 箍头中的盒子可有可无,没有硬性规定

在和玺、旋子彩画中都为带盒子的双箍头,而枋心式苏式彩画在找头外端的箍头,可为没有盒子的单箍头,也可为有盒子的双箍头。

(3) 图案形式灵活自由

苏式彩画的最大特点是,图案内容可灵活多变,形式丰富,生动活泼,人物山水、花卉

草木、鸟兽虫鱼、楼台殿阁等，均可列为作画内容。

苏式彩画依贴金量多少，分为：金琢墨苏式彩画、金线苏式彩画、黄线苏式彩画等。其中：

① 金琢墨苏式彩画是指对彩画中的主要线条和图案（如箍头线、枋心线、聚锦线、卡子图案等规矩部分）做沥粉贴金；包袱线外层做金边，向内做多层退晕处理，称此为"烟云"，退晕层次 7～13 道，如图 6-4-13 所示。

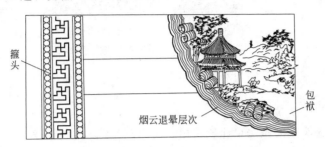

箍头

烟云退晕层次

包袱

图 6-4-13　包袱线退晕

② 金线苏式彩画是指只对彩画中的枋心线、聚锦线、包袱边线等规矩部分做沥粉贴金；而箍头、卡子可灵活处置做片金。包袱烟云退晕层次 5～7 道。

③ 黄线苏式彩画是指对彩画中的主要线条（如枋心线、聚锦线、包袱边线等规矩部分）用黄色线条，其他均用墨线。箍头内用单色回纹或万字，卡子为紫、红色线。烟云退晕层次 5 道以下。

但在实际工作中，苏式彩画一般按构图形式和特点，划分为三种类型，即：枋心式彩画、包袱式彩画、海墁式彩画。

6.4.21　"枋心式彩画"的图案内容如何
—— 在枋心线、岔口线内自由作画

1. 枋心线和岔口线的形式

枋心式苏画的枋心线可以画成多种形式，常见的有三种，即：卷草花边式、卷草框边式、弧线框边式，如图 6-4-14（a）所示。

枋心式苏画的岔口线也有三种，即：卷草式、烟云式、角线式，如图 6-4-14（b）所示。

2. 枋心的图案

苏式彩画的枋心图案比较自由，如：龙凤、夔龙、草木、花卉、人物、风景、博古、写

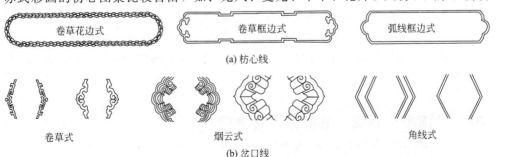

卷草花边式　　　　卷草框边式　　　　弧线框边式

(a) 枋心线

卷草式　　　　　　烟云式　　　　　　角线式

(b) 岔口线

图 6-4-14　苏画的枋心线和岔口线

行龙画纹枋心

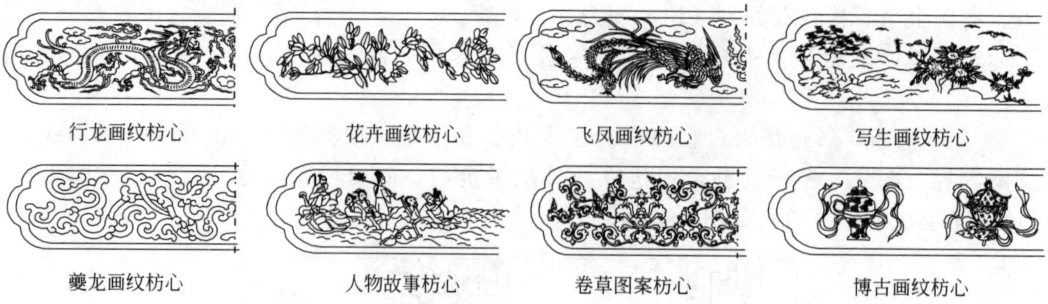

花卉画纹枋心

飞凤画纹枋心

写生画纹枋心

夔龙画纹枋心

人物故事枋心

卷草图案枋心

博古画纹枋心

图 6-4-15　常见枋心图案

生画等，都可作为枋心图案的题材，如图 6-4-15 所示。

3. 找头的图案

枋心式找头在箍头端的做法也比较自由，可有皮条线，也可没有；可带卡子，也可不带卡子。找头图案也比较多，如图 6-4-16 所示。

软卡子花卉找头

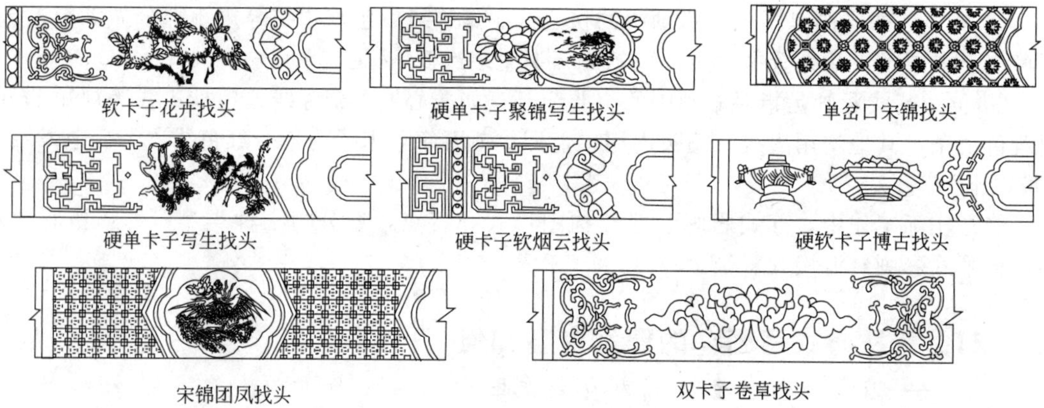

硬单卡子聚锦写生找头

单岔口宋锦找头

硬单卡子写生找头

硬卡子软烟云找头

硬软卡子博古找头

宋锦团凤找头

双卡子卷草找头

图 6-4-16　常见找头图案

6.4.22　"包袱式彩画"的图案内容如何

——箍头卡子对称、包袱线内自由作画

包袱式彩画是将额、垫、枋，或檩、垫、枋三者作为一个大面积进行构图，用圆弧形的包袱线作为枋心与找头的分界线，然后，分别在包袱和找头内各自构图。如图 6-4-17 所示。

包袱内的图案因面积较大，一般以大手笔、大题材为思路进行构图。找头内可按枋心式找头那样，分开三件构图，也可连在一起构图。构图题材仍同枋心式一样，可集思广益，精心创作。包袱式彩画除箍头和卡子需要对称外，其他图案均可自由发挥。

包袱线是包袱式彩画构图核心的边界线，除上图 6-4-17 中烟云退晕层次线外，还有如图 6-4-18 所示的形式。

6.4.23　"海墁式彩画"的图案内容如何

——箍头卡子对称、无限制自由作画

海墁式彩画是较包袱式彩画更为自由构图的彩画，它除箍头、卡子外，在枋心和找头之

图 6-4-17 包袱式苏画示意图

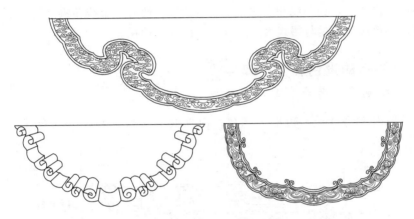

图 6-4-18 常用包袱线形式

间没有任何分界线和框边，作画的面积更为宽阔，故称为"海墁"。

海墁式彩画可以按额、垫、枋，或檩、垫、枋三者分别作画，也可以将三者连在一起作画，但不设框边。在箍头内侧可设卡子，也可不用卡子。除两端箍头需要对称外，其他构图既可对称，也可不对称。如图 6-4-19 所示。

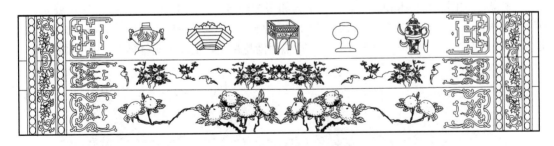

图 6-4-19 海墁式彩画示意图

在海墁式彩画中，还有一种特殊构图，即对各大木构件专画竹纹，称为"斑竹海墁"，粗视之，好似各构件是用竹子编织而成，多用于竹林、森林中的建筑。

6.4.24 斗栱的设色和图案如何

——青绿二色相间、金线墨线相别

斗栱的设色以柱头科为准，按青绿二色相间使用，当升、斗构件为绿地者，栱、翘、昂

267

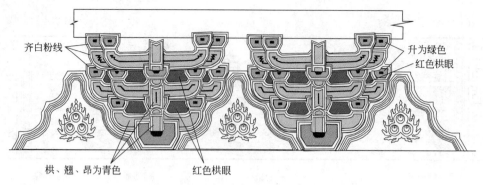

图 6-4-20　斗栱的设色

构件为青地；反之调换使用，如图 6-4-20 所示。

各构件周边作线条，分金线和色线（墨线或黄线）两种。金线斗栱是与金线大点金以上彩画配合使用，色线斗栱是与墨线大点金以下彩画配合使用。

6.4.25　斗栱板的设色和图案如何

——红地绿框为率、金线墨线相别

斗栱板一般固定为红地，边框为绿色；内框线为金线，其他框为色线，如图 6-4-21 所示。

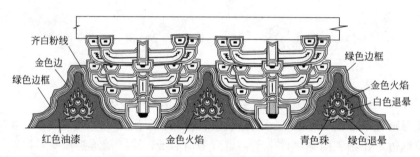

图 6-4-21　斗栱板的设色

斗栱板的构图应与大木相适应，如大木为和玺彩画者，斗栱板应为火焰三宝珠，或龙、凤、草、佛等图案，如大木为旋子墨线大点金以下的彩画者，斗栱板一般不作画，只刷红油漆。其图案多如图 6-4-22 所示。边框之内的龙、凤、火焰为沥粉贴金，宝珠为颜料彩画，也可加色线。

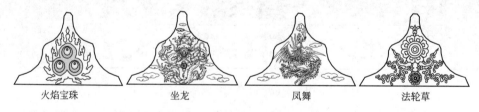

火焰宝珠　　坐龙　　凤舞　　法轮草

图 6-4-22　斗栱板的图案

6.4.26　椽子端头的设色和图案如何

——沥粉贴金框线、青地绿地为本

椽子端头是指直椽的檐口端头和飞椽的檐口端头，简称为檐椽头和飞椽头。

檐椽头：边框线为沥粉贴金，底色油漆为青地，图案多为寿字、龙眼、百花等，如图6-4-23(a) 所示。

寿字　　　龙眼　　　百花　　　　　　　　万字　　　栀花

(a) 檐椽图案　　　　　　　　　　　　　　(b) 飞椽图案

图 6-4-23　椽子端头常用图案

飞椽头：边框线为沥粉贴金，底色油漆一般为绿地，图案多为万字、栀花等，如图6-4-23(b) 所示。

6.4.27 天花板的设色和图案如何
——绿色圆光浅方光、鼓心岔角燕尾花

天花板的构图，由内向外为圆光、方光、大边。传统设色为：圆光用绿色，方光为浅绿（或圆光用蓝色，方光为浅蓝），大边为深绿。天花支条用绿色，如图6-4-24(a) 所示。

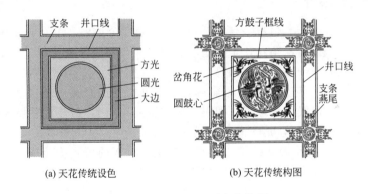

(a) 天花传统设色　　　　　　　　(b) 天花传统构图

图 6-4-24　天花板的设色与构图

天花图案分为井口板图案和支条图案。井口线以内的为井口板图案，包括鼓心图案和岔角花图案。

井口线以外的为支条图案，包括支条交叉处十字图案（称为"燕尾"）和井口线。

6.4.28 井口板的图案及传统彩画是怎样的
——二龙戏珠、双凤朝阳、双鹤翩舞等

1. 井口板图案

井口板的油漆彩画图案分为：鼓子心和岔角花两部分。鼓子心是指井口板的中间部位图案，岔角花是指井口板四角部位的岔角图案。

井口板的图案一般为方鼓子框线，圆鼓心，常用圆鼓心图案有：二龙戏珠、双凤朝阳、双鹤翩舞、五蝠捧寿、西番莲、金水莲草等，如图6-4-25所示。

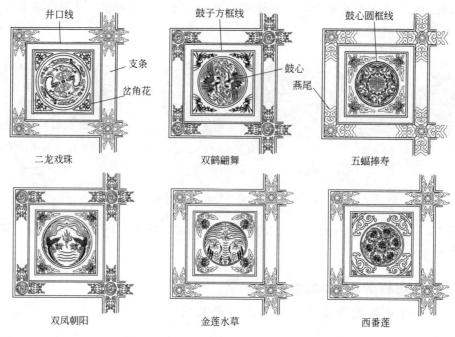

图 6-4-25　常用天花板的图案

2. 井口板传统彩画

井口板传统彩画分为：井口板金琢墨岔角花片金鼓子心彩画、井口板金琢墨岔角花做染鼓子心彩画、井口板烟琢墨岔角花片金鼓子心彩画、井口板金琢墨岔角花做染及攒退鼓子心彩画、井口板方（圆）鼓子心金线彩画等。其中：

① 井口板金琢墨岔角花片金鼓子心彩画，是指井口板的彩画为金琢墨岔角花、片金鼓子心。即岔角图案和井口线为金琢墨（即很精细的沥粉贴金），鼓子内图案和鼓子框线为片金（即所有线条为沥粉贴金），其图案多为双龙、双凤。

② 井口板金琢墨岔角花做染鼓子心彩画，是指井口板的彩画为金琢墨岔角花、做染鼓子心。其中做染鼓子心是指鼓子内图案的轮廓线为较细的沥粉贴金，细金线之内染成花草所具有的颜色，其图案多为团鹤、花草。

③ 井口板烟琢墨岔角花片金鼓子心彩画，是指岔角图案和井口线为烟琢墨（即很精细的墨线），鼓子内图案和鼓子框线为片金（即所有线条为沥粉贴金）。

④ 井口板烟琢墨岔角花做染及攒退鼓子心彩画，是指岔角图案和井口线为烟琢墨（即很精细的墨线），鼓子内图案轮廓线为较细的沥粉贴金，细金线之内为彩色并齐白粉退晕。

⑤ 井口板方（圆）鼓子心金线彩画，是指方（圆）鼓子框线和鼓子心图案轮廓线为金线，其他线条为色线。

6.4.29 支条图案及传统彩画是怎样的
——云朵状燕尾、素花草燕尾

1. 支条图案

支条的油漆彩画依其位置分为燕尾图案和支条井口线。支条燕尾图案为：当井口板图案为龙凤鹤蝠者，支条采用云朵状燕尾；当井口板图案为番莲水草者，支条采用番花素草燕尾，如图 6-4-25 所示。支条井口线一般为贴金或色线。

2. 支条传统彩画

支条的传统彩画分为：支条金琢墨燕尾彩画、支条烟琢墨燕尾彩画、不贴金的支条燕尾彩画、刷支条井口线贴金、刷支条拉色井口线、天花新式金琢墨彩画等。其中：

① 支条金琢墨燕尾彩画，是指支条燕尾图案线为金琢墨线（即沥粉贴金的线条），其他为色漆。

② 支条烟琢墨燕尾彩画，是指支条燕尾图案线为烟琢墨线（即边轮廓为很细的金线），其他线条为墨色线。

③ 不贴金的支条燕尾彩画，是指支条和燕尾图案线均为墨线和色漆。

④ 刷支条井口线贴金，是指对支条井口线刷色漆贴金线。

⑤ 刷支条拉色井口线，是指对支条井口线刷色漆。

6.4.30 何谓"灯花"，其图案如何
——裱糊顶棚吊灯处图案

灯花是指在一般裱糊天花顶棚上，专门配合悬吊灯具而作的一种彩画，如图 6-4-26 所示。

图 6-4-26　灯花

灯花分为：灯花金琢墨彩画、灯花局部贴金彩画、灯花沥粉无金彩画等。其中：

灯花金琢墨彩画是指灯花图案的各主要线条均为沥粉贴金。

灯花局部贴金彩画是指灯花图案中的主要轮廓线、花芯，或点缀花纹等局部为沥粉贴金。

灯花沥粉无金彩画是指对灯花图案只做沥粉而不贴金，使线条具有凸凹感的做法。

6.4.31 挂檐板的图案如何
——万字不到头、博古

挂檐板即封檐板，常用图案为万字不到头、博古等，如图 6-4-27 所示。一般为沥粉贴金。

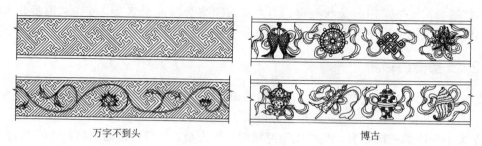

万字不到头　　　　　　　　　　　　博古

图 6-4-27　挂檐板彩画图案

6.4.32 仿古建筑的"裱糊"是怎样的
——以胶粘特定花纸或锦绫

"裱糊"是用于不做油漆彩画的天花顶棚和墙壁隔断上的一种经济装饰，一般用胶黏剂将特定纸张或锦绫绸缎，糊贴到基面上。明朝时期广泛用于民间舍房，到清代扩大到官府、后宫、后院。清朝内府营造司，还专设有宫廷裱糊匠。清《工程做法则例》卷六十为裱糊作有具体规定，如下所述。

1. 井口天花的裱作

"隔井天花，用白棉榜纸托夹堂，苎布糊头层，底二号高丽纸糊两层，山西练熟绢，白棉榜纸托裱面层。锭铰匠压锭，随天花板之燕尾，用山西绢、棉榜纸托裱"。其意是对井口天花的天花板裱糊要求为："白棉榜纸"作托垫，在其上糊贴第一层"苎布（即大眼麻布）"，然后再糊贴两层"二号高丽纸（即油杉纸）"，天花板的四边要加钉压住裱糊层。面层用山西"熟绢"和"白棉榜纸"托裱。而对天花板支条的燕尾部分，也随"熟绢"糊贴面层，"白棉榜纸"托裱一起完成。

2. 海墁天花的裱作

"海墁天花，用白棉榜纸托夹堂，苎布糊头层，底二号高丽纸横竖糊二层，山西绢托榜纸，过画作画完，裱糊二层"。其意是对海墁天花裱糊要求为：以"白棉榜纸"作托垫，在其上糊贴第一层"苎布"，然后分别横贴、竖贴各糊一层"二号高丽纸"，再由画家绘画完图案后，用山西"熟绢"和"白棉榜纸"托裱面层。

3. 木壁板墙的裱作

"裱糊木壁板墙，山西纸托夹堂，苎布糊头层，底二号高丽纸横竖糊二层，出线角云所用纸张，临期酌定"。其意是对木壁板墙裱糊要求，以"白棉榜纸"作托垫，在其上糊贴第一层"苎布"，然后分别横贴、竖贴各糊一层"二号高丽纸"，至于要作边线和转角的用纸，另根据现场情况而定。

6.4.33 何谓"平棚"、"一平两切"、"卷棚"
——顶棚平坡卷之形式

这是指顶棚裱糊的顶棚形式。

平棚是指水平顶面的棚顶，它包括：海墁天花、胶合板顶棚、秫秸杆平顶等。

一平两切是指带斜坡面的顶棚，它包括：人字屋顶、四坡屋顶等。

卷棚是指带圆弧形的顶棚。

6.4.34 何谓"白樘笆子裱糊"
——在小方格架上裱糊

白樘笆子是指用小木条装钉成小方格子的网格框架，用于要求较高的大式建筑裱糊，它是在需要裱糊顶棚或墙壁上事先吊装一层望格方框，然后再在方格子上进行裱糊，这样，对裱糊操作和维修比较方便。

6.4.35 何谓"五彩遍装"
——宋制高等彩画

"五彩"本指青黄赤白黑五种颜色，但这里是泛指绚丽多彩的艳丽色彩，"五彩遍装"是指宋制具有丰富色彩的一种高级彩画，作画对象分为梁、栱之类和柱、额、椽之类两大部分。其中对梁、栱之类《营造法式》卷十四彩画作制度述"**五彩遍装之制：梁、栱之类，外棱四周皆留缘道，用青、绿或朱叠晕。梁栱之类缘道，其广二分。斗栱之类，其广一分。内施五彩诸华间杂，用朱或青、绿剔地，外留空缘，与外缘道对晕。其空缘之广，减外缘道三分之一**"。即五彩遍装对梁栱、斗栱之类构件，在外棱四周都要留出描绘彩色线的空间道（称为缘道，如图 6-4-28 中所示），在缘道上用青色、绿色或朱色做叠晕。梁栱之类缘道宽度为 2 分。斗栱之类缘道宽度为 1 分。在缘道框之内绘制五彩类的各种花纹图案，用朱色或青色、绿色做剔地，花纹图案之外留出空边，以便与外缘道对称叠晕。留空的宽度，较外缘道减少 1/3。

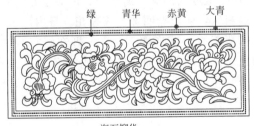

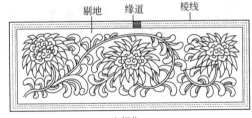

图 6-4-28　五彩棱线、缘道、剔地

对柱、额之类《营造法式》接述"**凡五彩遍装，柱头，谓额入处。作细锦或琐文；柱身自柱木质上亦作细锦。与柱头相应，锦之上下，作青、红或绿叠晕一道；其身内作海石榴等华，或于华内间以飞凤之类。或作碾玉华内间以五彩飞凤之类，或间四入瓣窠，或四出尖窠，窠内间以化生或龙凤之类。作青瓣或红瓣叠晕莲华。檐额或大额及由额两头近柱处，作三瓣或两瓣如意头角叶，长加广之半。如身内红地，即以青地作碾玉，或亦用五彩装。或随两边缘道作分脚如意头**"。即五彩遍装的柱头，即指与额连接处。绘制细锦或琐文。柱身从柱脚向上，也绘制细锦，与柱头相互对应。在细锦的上下，作青色、红色或绿色的叠晕一道；柱头与柱脚之间的身内，作海石榴等花纹图案，也可在花间内插入飞凤类的图案。也可在碾玉装花内插入五彩飞凤之类，或者四入瓣窠，或四出尖窠，在窠内插入化生或龙凤之类。柱脚则绘制青瓣或红瓣叠晕莲花。对檐额、大额、由额的额枋两头近柱处（即清制藻头箍头部分），作三瓣或两瓣如意头角叶（如图 6-4-29 所示）。如意头长度为 1.5 倍宽度。对

三卷如意头

单卷如意头

图 6-4-29   五彩遍装额枋图案

额身内若为红地，应以青地作碾玉装，也可采用五彩装。也可以随两边缘道作分脚如意头。

6.4.36 何谓"碾玉装"
——宋制次于五彩遍装的彩画

"碾玉"本是指打磨雕琢玉器之操作，但这里是指作画的精细程度，即"碾玉装"是指画作功夫除五彩装外，较其他各种画要精细的一种彩画，它与五彩遍装的区别，在于叠晕色彩为二色，花纹图案少一些。作画构件也分为梁、栱之类和柱、椽之类等两大部分。其中，对梁、栱之类《营造法式》卷十四彩画作制度述"**碾玉装之制：梁、栱之类，外棱四周皆留缘道，缘道之广并同五彩之制。用青或绿叠晕。如绿缘内，于淡绿地上描华，用深青剔地，外留空缘，与外缘道对晕。绿缘内者，用绿处以青，用青处以绿**"。即梁、栱之类的碾玉装，在边棱线的四周都要留出缘道，缘道宽度要求都与五彩遍装相同。在缘道内用青色或绿色进行叠晕。如绿色缘道内，应于淡绿色的色地上描花，花间使用深青色剔地，花外留出空缘道，以便与外缘道对称叠晕。叠晕时，对绿缘道，用绿色过渡成为青色，对青缘道，用青色过渡成为绿色。

对柱、椽之类《营造法式》接述"**凡碾玉装，柱碾玉或间白画，或素绿。柱头用五彩锦，或只碾玉。木质作红晕，或青晕莲花。椽头作出焰明珠，或簇七明珠，或莲花。身内碾玉或素绿。飞子正面作合晕，两旁并退晕，或素绿。仰版素红。或亦碾玉装**"。即在碾玉装中，柱的碾玉花纹内可以加入小型图案，也可用素绿色。柱头用五彩锦，也可只做碾玉装。柱脚绘制红晕，也可绘制青晕莲花。椽子端头绘制火焰明珠，也可绘制簇七明珠，或者莲花。椽身绘制碾玉花纹或素绿。飞椽正面作合晕图案，两侧面都作退晕，或素绿。望板做成素红色，仍可作碾玉装。

6.4.37 何谓"青绿叠晕棱间装"
——以青绿色为主所构制的宋制彩画

"青绿叠晕棱间装"彩画是指对构件外棱线以青、绿二色叠晕，身内以青、绿二色相间使用的一种彩画，按构件分为枓栱和柱椽等两大类。对枓栱类彩画，《营造法式》卷十四彩画作制度述"**青绿叠晕棱间装之制：凡枓、栱之类，外棱缘广二分。外棱用青叠晕者，身内用绿叠晕，外棱用绿者，身内用青，下同。其外棱缘道浅色在内，身内浅色，在外道压粉线。谓之两晕棱间装。外棱用青华、二青、大青，以墨压深；身内用绿华、三绿、二绿、大绿，以草汁压深。若绿在外缘，不用三绿；如青在身内，更加三青。其外棱缘道用绿叠晕。浅色在内，次以青叠晕，浅色在外。当心又用绿叠晕者，深色在内。谓之三晕棱间装。皆不用二绿、三青，其外缘广与五彩同。其内均作两晕。若外棱缘道用青叠晕，次以红叠晕，浅色在外，先用朱华粉，次用二朱，次用深朱，以紫矿压深。当心用绿叠晕者，若外缘用绿**

者，当心以青。谓之三晕带红棱间装。即青绿叠晕棱间装［如图 6-4-30 （a）所示］的料、栱之类栱件，它的外棱缘道宽为 2 分。外棱线用青色叠晕者，身内用绿色叠晕，若外棱用绿色者，身内用青色，后面都如此。其中外棱缘道的浅色在内，身内为浅色，外缘道压着粉线。这种青绿叠晕相间的做法称之为"两晕棱间装"。若外棱用青花、二青、大青，以墨压深；则身内用绿花、三绿、二绿、大绿，以草汁压深。如果绿色在外缘的，则不用三绿；如果青色在身内的，要多加一色三青。当外棱缘道用绿色叠晕，浅色在内。次后以青色叠晕，浅色在外。而中心部分又用绿色叠晕者，深色在内。这种绿青绿叠晕的称之为"三晕棱间装"。外缘道都不用二绿、三青，外缘道宽度与五彩相同。外缘道以内均作两晕。若外棱缘道用青色叠晕，次后以红色叠晕，浅色在外，先用朱花粉，次用二朱，次用深朱，以紫矿压深。中心部分用绿色叠晕者，若外缘用绿者，当心以青。这种青红绿叠晕的称之为"三晕带红棱间装"［如图 6-4-30 （b）所示］。

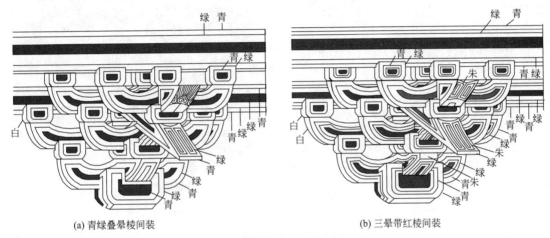

(a) 青绿叠晕棱间装　　　　　　　　　　　(b) 三晕带红棱间装

图 6-4-30　青绿叠晕棱间装

对柱椽类彩画，《营造法式》接上述"凡青绿叠晕棱间装，柱身内笋文，或素绿，或碾玉装；柱头作四合青绿退晕如意头；木质作青晕莲花，或作五彩锦，或团窠方胜素地锦。椽素绿身，其头作明珠莲花。飞子正面，大小连檐，并青绿退晕，两旁素绿"。即青绿叠晕棱间装的柱，其柱身内绘制笋文，或素绿色，或碾玉装花纹；柱头绘制四合青绿退晕如意头；柱脚绘制青晕莲花，或五彩锦，或团窠方胜素地锦。对于椽子，其椽身用素绿色，其椽头作明珠莲花。而对飞子正面，大小连檐等构件，都用青绿色退晕，两侧边为素绿色。

6.4.38　何谓"解绿装饰屋舍"

——以土朱色为主青绿叠晕的宋制彩画

"解绿装饰屋舍"是以土朱色为主体，边缘线道用青、绿两色叠晕相间的彩画，分为：科栱和柱额椽等两大类。其中对科栱类彩画，《营造法式》卷十四彩画作制度述"解绿装饰屋舍之制：应材、昂、料、栱之类，身内通刷土朱，其缘道及燕尾、八白等，并用青、绿叠晕相间，若料用绿，即栱用青之类。缘道叠晕，并深色在外，粉线在内，先用青华或绿华在中，次用大青或大绿在外，后用粉线在内。其广狭长短，并同丹粉刷饰之制；唯檐额或梁栿之类，并四周各用缘道，两头相对作如意头。由额及小额并同。若画松文，即身内通刷土黄，先以墨笔界画，次以紫檀间刷，其紫檀用深墨合土朱，令紫色。心内用墨点节。栱、梁等下面用合朱通刷。又有于丹地内用墨或紫檀点簇毯文与松文各件相杂者，谓之"桌柏装"。

科、栱、方、桁、椽内朱地上间诸华者，谓之"解绿结华装"。即解绿装［如图6-4-31（a）所示］用于木材昂、科、栱等构件上时，先在构件全身通刷土朱，对缘道及燕尾（即翘昂端头收分部分）、八白（即中间刷白部分）等部位，都用青、绿两色叠晕相间，即若科用绿色，则栱用青色。缘道的叠晕，都使深色在外，粉线在内，即先在中心部位绘制青花或绿花，紧在其外用大青或大绿，然后在其内用粉线。叠晕线的宽窄和长短，都按丹粉刷饰的规定；唯檐额或梁栿等构件，都在四周各自使用缘道，两头相互对称绘制如意头。由额及小额都相同。如需画松文，应先在身内通刷土黄色，然后用墨笔勾画出轮廓，再用紫檀色填刷其间，紫檀用深墨和土朱进行调配，使其为紫色。中间部分用墨点画出松节。栱、梁等下面用合朱通刷。对有在红丹地内，用墨或紫檀点画篏毯文与松文等相互间杂者，称之为"桌柏装"。对在科、栱、枋、桁、椽等构件的朱地上，穿插有各种花纹者，称之为"解绿结华装"［如图6-4-31（b）所示］。

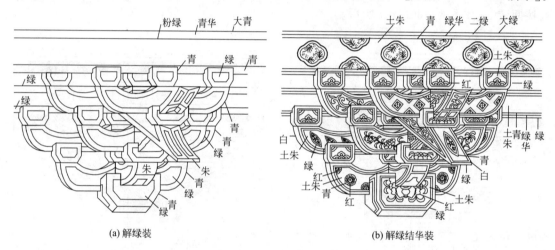

(a) 解绿装　　　　　　　　　　(b) 解绿结华装

图 6-4-31　解绿装饰屋舍

对柱额椽彩画，《营造法式》接述"柱头及脚并刷朱，用雌黄画方胜及团华，或以五彩画四斜，或簇六毯文锦。其柱身内通刷合绿，画作笋文。或只用素绿，椽头或作青绿晕明珠。若椽身通刷合绿者，其樽亦作绿地笋文或素绿。凡额上壁内影作，长广制度与丹粉刷饰同。身内上棱及两头，亦以青绿叠晕为缘，或作翻转华叶。身内通刷土朱，其翻卷华叶并以青绿叠晕。科下莲华并以青晕"。即对于柱头及柱脚的色地都刷朱色，再用雌黄绘制方胜及团花图案，或者用五彩画四斜、簇六毯文锦等。而柱身通刷合绿色地，再在其上绘制笋文，或只用素绿。对于椽头绘制青绿晕明珠，若椽身通刷合绿者，其樽亦作绿地笋文或素绿。对于檐额上的栱眼壁内画作，其长宽尺寸与丹粉刷饰中所述相同。额身内的上棱及两头，仍要画出青绿叠晕的缘道，或者绘制翻转花叶。额身色地通刷土朱，而翻卷花叶都做青绿叠晕。科下莲花都做青晕。

6.4.39 何谓"丹粉刷饰屋舍"
——以红黄丹为主不作叠晕的宋制彩画

"丹粉刷饰屋舍"是以红丹或黄丹为主要色彩，不作叠晕的一种彩画。分为：科栱和柱额椽等两大类。其中对科栱类《营造法式》卷十四述"丹粉刷饰屋舍之制：应材木之类，面上用土朱通刷，下棱用白粉阑界缘道，两尽头斜讹向下。下面用黄丹通刷。昂、栱下面及要头正面。其白缘道长广等依下项：

科、栱之类，栿、额、替木、叉手、托脚、驼峰、大连檐、搏风板等同。随材之广，分为八分。以一分为白缘道。其广虽多，不得过一寸；虽狭，不得过五分。

栱头及替木之类，绰幕、仰楷、角梁等同。头下面刷丹，于近上棱处刷白。燕尾长五寸至七寸，其广随材之厚，分为四分，两边各以一分为尾。中心空二分。上刷横白，广一分半。其耍头及梁头正面用丹处，刷望山子。上其长随高三分之二；其下广随厚四分之二；斜收向上，当中和尖"。即丹粉刷饰应用木材结构上时，在材面上通刷土朱色，下棱用白粉线画出缘道，两尽头斜讹向下。下面用黄丹通刷，如昂、栱下面及耍头正面等处。如图 6-4-32 (a) 所示。对于空白缘道的长宽按以下所述：

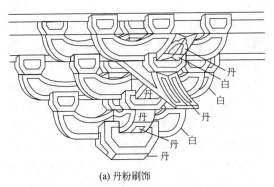

(a) 丹粉刷饰

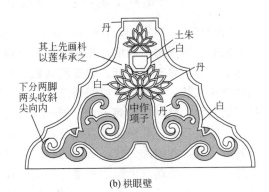

(b) 栱眼壁

图 6-4-32　丹粉刷饰屋舍

斗、栱等构件，枋、额、替木、叉手、托脚、驼峰、大连檐、搏风板等相同，按构件本身宽度，分为 8 份，以 1 份为空白缘道。而缘道宽最多不超过 1 寸，最狭不小于 5 分。

对栱头及替木等构件，绰幕、仰楷、角梁等相同。头部下面刷丹粉，靠近上棱处刷白色。燕尾（即翘昂端头收分部分）长度 5 寸至 7 寸，宽度与构件厚度一样，分为 4 份，两边各以 1 份为尾。中间间隔 2 份。构件端头上部刷横白，宽 1.5 分。对耍头及梁头正面刷丹处，刷望山子。上面长度按高的 2/3；下面宽度按厚的 2/4；斜收向上，中间拼和成尖形。

对柱额椽类《营造法式》接上述"檐额或大额刷八白者，如里面。随额之广，若广一尺以下者，分为五分；一尺五以下，分为六分；二尺以上者，分为七分。各当中以一分为八白。其八白两头近柱，更不用朱阑断，谓之柱白。于额身内均之作七隔；其隔之长随白之广。俗谓之七朱八白。柱头刷丹，柱脚同。长随额之广，上下并解粉线。柱身、椽、檩及门、窗之类，皆通刷土朱。其破子窗子桯及屏风难子正侧并椽头，并刷丹。平闇或版壁，并用土朱刷版并桯，丹刷子桯及头护缝。额上壁内，或有补间铺作远者，亦于栱壁内。画影作于当心。其上先画斗，以莲华承之。身内刷朱或丹，隔间用之。若身内刷朱，则莲华用丹刷；若身内刷丹，则莲华用朱刷；皆以粉笔解出花瓣。中作项子，其广随宜。至五寸止。下分两脚，长取壁内五分之三，两头各空一分。广身内随项，两头收斜尖向内五寸。若影作华脚者，身内刷丹，则翻卷叶用土朱；或身内刷土朱，则翻卷叶刷丹。皆以粉笔压棱"。即对于檐额或大额的刷八白，如里面（意思是说对额枋的刷八白，是指在中间部位的这一范围），按照额宽而定，若为 1 尺以下者，分为 5 份；1.5 尺以下，分为 6 份；2 尺以上，分为 7 份。都以中间 1 份为八白。若八白的两头靠近柱子，其间不用朱色拦隔，称之为"柱白"。现于额身内都分作 7 隔；每隔之长与八白之宽一致。俗称之为"七朱八白"。对于柱子，将柱头刷丹粉色，柱脚同。涂刷长随额之宽度，上下都画出粉线。对柱身、椽、檩及门、窗之类，通通都刷土朱。对破子棂窗的子桯及屏风的难子等正侧面以及椽头都刷丹。对于平闇或板壁上的板和桯，都刷土朱色，而子桯及护缝头刷丹粉。在额上的板壁内，包括补间铺作间的栱眼壁内。于中心部位绘制画作。先在其上画斗，再画以莲花承之。斗身内刷朱或丹，隔间用之。例如若身内刷朱者，则莲花刷丹；若身内刷丹者，则莲花刷朱；但都要用粉笔画出花瓣。中间画作项子，其宽依具体情况而定。以不超过 5 寸为原则。下面画成两脚［如图 6-4-32（b）所示］，脚长取壁内 3/5，两头各空 1 分。脚身宽度与项子同，两头收斜尖向内 5 寸。如果绘制花脚者，身内刷丹，则翻卷叶用土朱；也可身内刷土朱，而翻卷叶刷丹粉。但都需用粉笔压棱。

6.4.40 何谓"杂间装之制"
——以几种宋制彩画进行组合的彩画

"杂间装"是各种彩画进行相互穿插而加以组合的一种彩画。《营造法式》卷十四述"**杂间装之制：皆随每色制度，相间品配，令华色鲜丽，各以逐等分数为法。五彩间碾玉装，五彩遍装六分，碾玉装四分。碾玉间画松文装，碾玉装三分，画松装七分。青绿三晕棱间及碾玉间画松文装，青绿三晕棱间装三分，碾玉装三分，画松装四分。画松文间解绿赤白装，画松文装五分，解绿赤白装五分。画松文卓柏间三晕棱间装，画松文装六分，三晕棱间装二分，卓柏装二分。凡杂间装以此分数为率，或用间红青绿三晕棱间装与五彩遍装及画一松文等相间装者，各约此分数，随宜加减之**"。即杂间装是以按每种彩画的作法，进行相互穿插而加以组合，使花纹色彩达到鲜艳华丽的效果，各种彩画的组合比例如下：五彩间碾玉装的组合比为，五彩遍装 6 份，碾玉装 4 份。碾玉间画松文装的组合比为，碾玉装 3 份，画松装7 份。青绿三晕棱间及碾玉间画松文装的组合比为，青绿三晕棱间装 3 份，碾玉装 3 份，画松装 4 份。画松文间解绿赤白装的组合比为，画松文装 5 份，解绿赤白装 5 份。画松文卓柏间三晕棱间装的组合比为，画松文装 6 份，三晕棱间装 2 份，卓柏装 2 份。凡是杂间装都以此组合比为准则，若采用红青绿三晕棱间装，与五彩遍装及画一松文等相间使用者，各参照此组合比，依具体情况进行加减。

6.4.41 宋制彩画的"叠晕"是指什么
——用一种颜色由浅至深的处理手法

"晕"是指晕色，即相似如水面上的油膜所反光的彩色，能够使物象产生浑圆之感。"叠晕"就是利用一种颜色调出二至四种色阶（如浅色、青色、三青、二青、大青等），再依次排列进行绘制的手法。明清称此为"退晕"。

对叠晕做法，《营造法式》卷十四述"**叠晕之法：自浅色起，先以青华，绿以绿华，红以朱华粉。次以三青，绿以三绿，红以三朱。次以二青，绿以二绿，红以二朱。次以大青，绿以大绿，红以深朱。大青之内，用深墨压心，绿以深色草汁罩心，朱以深色紫矿罩心。青华之外，留粉地一晕。绿红准此。其晕内二绿华，或用藤黄汁罩；如华文缘道等狭小，或在高远处，即不用三青等及深色压罩。凡染赤黄，先布粉地，次以朱华合粉压晕，次用藤黄通罩，次以深朱压心。若合草绿汁，以螺青华汁，用藤黄相和，量宜入好，墨数点及胶少许用之**"。即叠晕做法是从浅色开始，先以青色描绘，绿地以绿色描绘，红地以朱粉色描绘。接着以三青色描绘，绿地以三绿色描绘，红地以三朱色描绘。再以二青色描绘，绿地以二绿色描绘，红地以二朱色描绘。然后以大青描绘，绿地以大绿色描绘，红地以深朱色描绘。最后在大青色之内，用深墨色压心，绿地以深色草汁罩心，朱地以深色紫矿罩心。在青色的外边，留出铅粉地做一晕。绿色、红色也如此。在晕内用二绿描绘，也可用藤黄汁罩面；如花纹缘道等狭小，或者在高远之处，则不用三青等及深色压罩。凡需要涂染赤黄颜色的，应先布刷铅粉地，再以朱色铅调合粉压晕，然后用藤黄汁全通罩面，最后以深朱色压心。如果是合草绿汁，应以螺青华汁与藤黄汁相调和，适量加入数点好墨及少许胶水用之。

第7章
仿古建筑设计施工点拨

7.1 仿古建筑设计点拨

7.1.1 仿古建筑工程设计图的内容有哪些
——建筑设计图、结构设计图

仿古建筑设计图是采用一定比例尺进行绘制的工程图，分为建筑设计图和结构设计图两大部分。

1. 建筑设计图的内容

建筑设计图包括：平面布置图、正立面图、背立面图、侧立面图、建筑细部图、建筑设计说明。

① 平面布置图：表示房屋平面开间间数，面阔和进深尺寸，台明边框线。

② 正立面图：表示房屋正面的屋顶形式、围护结构形式；台明、檐口、屋顶标高。

③ 背立面图：表示房屋背面的屋顶形式、围护结构形式；台明、檐口、屋顶标高。

④ 侧立面图：表示房屋山面的屋顶形式、围护结构形式；台明、檐口、屋顶标高。

⑤ 建筑细部图：屋脊细部构造、台阶栏杆构造、门窗构造等。

⑥ 建筑设计说明：交代本工程图纸中使用的设计标准、度量单位；砖砌体、木构件、屋面瓦作等所用的材料品质、型号、规格；抹灰、油漆、彩画要求等。

2. 结构设计图的内容

结构设计图包括：木构架横剖面图、台明基础剖面图、结构细部图、结构设计说明等。

① 木构架横剖面图：标示横排架的柱梁枋檩结构组合及尺寸。

② 台明基础剖面图：标示台明挡土墙、磉礅的结构及尺寸。

③ 结构细部图：标示檐口（斗栱或砖檐）结构及尺寸、山面结构及尺寸、需要交代的细部结构。

④ 结构设计说明：交代本工程图纸中使用的度量单位、木构件材质、某些构件的特点

和说明等。

7.1.2 确定面阔与进深的要点是什么

——以历史时代和功能需要相结合为原则

面阔和进深是决定房屋规模的基本数据，面阔和进深确定后，即可依此绘出房屋平面及其柱网布置图。确定房屋的面阔和进深的注意要点为：

① 庑殿建筑的平面间数，应根据房屋使用功能和 2.1.2 所述排架方案进行确定，最少 3 间，最多 11 间。

确定仿古建筑面阔和进深尺寸，是以心间（明间）尺度为主体，次梢间应依次递减。

② 仿古建筑的面阔，一般遵循"建筑物以所代表的历史时代与功能需要相结合"的原则进行确定。如宋以前的建筑，除特殊情况外，一般面阔不超过 18 尺（但辽代有所增加）。清制带斗栱建筑以斗栱攒数而定，除特殊情况外，一般最多为 7 攒 77 斗口宽（重檐可达 7 攒 84 斗口），不带斗栱大式建筑不超过 13 尺，小式建筑不超过 10.5 尺（参考表 1-2-5 所述）。

③ 面阔尺寸的取定，按整数或 0.5 的小数取定，如 18 尺、17 尺，或 17.5 尺等，一般不取 18.2 尺、17.8 尺等小数。

④ 房屋进深大小，依屋架梁的长短和 2.1.3 所述结合考虑，宋制殿堂一般为四至八椽栿，厅堂为三至五椽栿。清制一般为三至七架梁，最大不超过七架梁，超过者另增加步梁。凡进深超过最大梁长者，均应另行加柱增间。

⑤ 宋制进深由椽平长及所选椽栿而定，如四椽栿的进深为四椽平长，六椽栿的进深为六椽平长，如此类推，选定椽平长后即可确定进深尺寸。清制建筑的进深与面阔，可按一定的比例控制，大式建筑进深为 1.6～2 倍面阔（带斗栱建筑进深较大，无斗栱建筑进深较小），小式建筑进深为 1.1～1.2 倍面阔（参考表 1-2-5 和表 1-2-8 所述）。

⑥ 台明边线参考 5.1.1 所述进行拟定。

当面阔、进深、间数确定后，就可初步用比例尺绘出其平面轮廓，以作为进一步设计的基础，如图 7-1-1 所示。

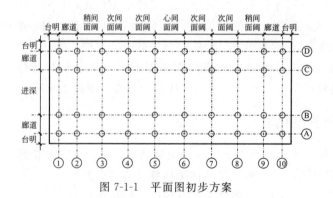

图 7-1-1 平面图初步方案

当平面初步方案确定后，就可以根据室内使用功能需要，参考 4.1.1、5.1.3、5.1.17 所述，拟定围护结构、柱顶石、台阶等平面布置，如图 7-1-2 所示。

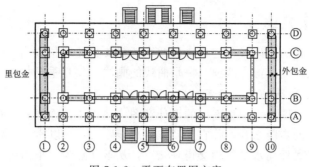

图 7-1-2　平面布置图方案

7.1.3 绘制庑殿正面屋顶图要掌握哪些要点
——找出屋脊底线、飞椽檐口线、确定垂脊脊底线

正面屋顶图是房屋建筑工程正立面图的重要表现图。它是在选定横排架简图（参看 2.1.3）的基础上所进行的工作。绘制该图，必须先找出屋顶正面图的基线，并确定出垂脊脊底线。

1. 找出屋顶正面图的基线

绘制屋顶正面图需要首先找出两根水平基线，即屋脊底线和飞椽檐口线。

（1）屋脊底线

屋脊底线是指屋面正脊最下层的一根水平线，此线确定后，就可根据脊身构造画出正脊线和当沟线，因此，我们可以取定当沟上皮线为屋脊底线。该线位置可以按下述近似方法确定。

首先通过木构架找出脊檩上皮的标高，然后按下式得出脊底线标高：

$$脊底线标高＝脊檩标高＋扶脊木径＋0.35m＋当沟高$$

式中　脊檩标高——根据步距、举架（或总举高）、檐柱高和檩径值计算确定；

　　　扶脊木径——扶脊木是脊檩上栽置脊桩、稳固脊身的基础木（宋没有设此木），其直
　　　　　　　　　径，有斗栱建筑为 4 斗口，无斗栱建筑为 0.8 倍檐柱径；

　　　0.35m——苫背扎肩平均厚度，也可按屋面实际设计取定；

　　　当沟高——依筒瓦所确定的样数，查表 3-3-4 正当沟高。

（2）飞椽檐口线

飞椽檐口线是确定屋顶垂直投影的基底线。此线分两部分，一是正身部分飞椽水平线，二是翼角部分上翘曲线。

正身部分飞椽水平线，按下式计算：

$$飞椽檐口标高＝脊檩标高－总举高－上檐出垂直投影高$$

式中　　　　总举高——脊檩（槫）上皮至檐檩（槫）上皮的距离，参考 1.2.10、1.2.11、
　　　　　　　　　　　1.2.12 所述；

上檐出垂直投影高——即以上檐出距离为底线，檐檩上皮为顶点的三角形垂直边长，可近
　　　　　　　　　　　似按三五举计算。

翼角部分上翘曲线，参考表 1-2-10 之值，进行曲线勾画。

2. 确定垂脊脊底线

垂脊脊底线是垂脊的基础线，它是一根曲线，只要将此线位置确定后，就可在其上面绘制垂脊的脊身线。该线的定位有两项，一是曲线的画法，二是垂脊与正脊的交点位置。

（1）垂脊与正脊交点位置的确定

首先根据平面柱网图和山面剖面图的设计意图，找出山面檐柱和正脊端点金柱的中线距离，该距离为推山前的步距之和，称它为"推前总步距"。以此距离画出两根垂直线，其中，金柱垂直线与正脊脊底标高水平线相交得一交点，从该交点量一推山后步距差值（即推前总步距与推后总步距之差），画金柱垂线的平行线，并延长正脊底标线与垂线相交，如图7-1-3（a）所示，则该交点即为垂脊曲线的顶点位置。其中：

$$推山后步距差值＝\sum x - \sum x_i + 0.35m$$

式中　　$\sum x$——推山前步距之和，按正身部分檐檩至脊檩的步距计算；

　　　　$\sum x_i$——推山后步距之和，按2.1.15所述推山法计算；

　　0.35m——苫背扎肩平均值。

（2）垂脊曲线的画法

垂脊曲线可采用木构架中计算山面的推山曲线（按2.1.15所述方法），依选定的比例尺画出推山后的曲线，以此作为垂脊基线，如图7-1-3（b）所示，将此线描绘在透明纸上或采用其他方法，以便复制。

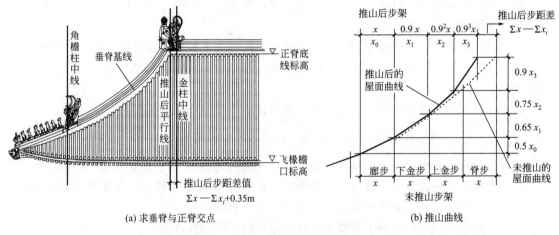

(a) 求垂脊与正脊交点　　　　　(b) 推山曲线

图 7-1-3　屋顶垂直投影画法

复制时，使曲线的顶点与所找出的垂、正脊交点相重合，即可定出垂脊曲线的基线位置。该基线的下端点与翼角起翘曲线的端点依势圆滑连接，该基线的弯曲度也可按垂脊构件的大小，适当修饰成圆滑曲线，然后在此基线上参考第3章3.1节、3.3节相关内容，绘制垂脊投影线、垂兽、小兽等。

7.1.4 绘制庑殿正立面图要掌握哪些要点

——画出水平标高线和柱中基线

1. 立面设计的依据

① 根据平面柱网设计，确定立面图的通面阔、台明宽、两山间距。

② 依据横剖面设计的空间要求，构思立面檐口单檐或重檐形式。

③ 按建筑规模等级大小，确定斗栱和屋面瓦作的规格。

④ 根据对该建筑的装饰要求，选择前檐门窗、隔扇、槛墙等形式。

2. 立面设计步骤和要点

① 根据平面图比例、开间数和面阔尺寸，画出各檐柱的中轴线。在画檐柱轴线时，可不考虑侧脚和收分，侧脚和收分另用文字加以说明。

② 画出室外自然地坪和台明水平标高线。

③ 根据檐柱净高（参看表1-2-7所述）画一平行于台明的水平线，作为檐柱的标高线。

④ 画出飞椽檐口标高线、正脊脊底标高线（参看7.1.3所述）。

⑤ 找出推山起点和推山计算后的顶点（参看2.1.15所述），并绘制出推算曲线（可将7.1.3垂脊脊底线复制过来）。

通过以上内容，即可得出图7-1-4所示的基本线。

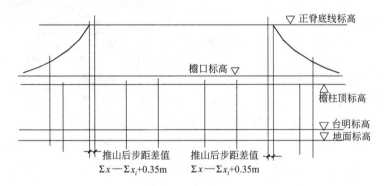

图 7-1-4 绘制柱轴线、标高线和推山曲线

⑥ 按翼角冲出和起翘方法，勾画出翼角起翘曲线。

⑦ 再由柱径尺寸，依柱轴线绘制各立柱图形。

⑧ 在檐柱顶标高线上，依檐额枋尺寸，绘制额枋、平板枋等横线图。

⑨ 根据选定的瓦作样数（参看3.3.26所述），绘制正脊线、垂脊线、吻兽轮廓、瓦垄线等。

⑩ 最后修饰和配备屋面当沟线、檐口飞椽、斗栱轮廓等，并根据装饰要求绘制门窗隔扇、槛墙和室外配件等的轮廓线（对其中所需详图，另按各有关专项内容的介绍，另行单独绘制）。如图7-1-5所示。

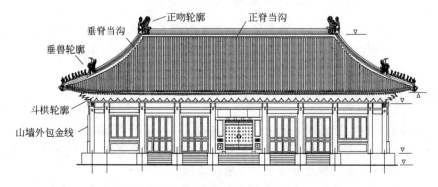

图 7-1-5 庑殿正面设计图

283

7.1.5 绘制庑殿侧立面图要掌握哪些要点
——画出水平标高线和脊中、边柱基线

庑殿侧面图即庑殿山面图，它是在平面柱网图、排架简图和正立面图基础上，用来表现建筑外观侧面形式的构造图，它的画法与正立面相同，其步骤如下。

① 按正立面图的构造，画出地标线、台明线、柱顶标高线、檐口线和正脊底标线。

② 根据平面柱网，画出进深方向正脊中线和两边角檐柱垂直中线。

③ 将正脊推山曲线复制过来，将推山曲线的顶点作为正吻或正脊厚度线与正脊底标线的交点。

根据以上所述内容，绘制出的基本轮廓如图 7-1-6(a) 所示。

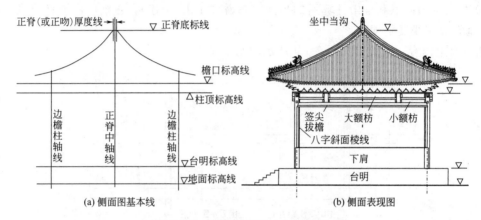

(a) 侧面图基本线　　　　　　　　　(b) 侧面表现图

图 7-1-6　绘制侧面图（单檐建筑）

④ 如果山面砌砖墙，应按檐柱标高的 1/3 绘制山墙的下肩水平线和山墙边垂线。靠前檐的边垂线有两根，一是砖墙边八字起点线（与檐柱中线重叠），二是按里包金作八字斜面的棱线。如果后檐为砖砌墙者，靠后檐边的墙边垂直线应按外包金尺寸画线。

⑤ 以柱顶标高线为准，绘制柱顶额枋线、山柱外露线、签尖拔檐线（如图 4-2-12 所示）等。

⑥ 山面屋顶先画出正脊坐中当沟。以坐中当沟垂直线为准，绘制山面各条瓦垄平行线。

⑦ 最后绘制沟头、滴水、飞椽、斗栱轮廓线和室外配套设施。如图 7-1-6(b) 所示。

7.1.6 绘制歇山正立面图要掌握哪些要点
——画出横向水平线、垂直基准线和戗脊基线

要绘制歇山建筑的正立面图，首先要找出它的几条基准线，然后在此基础上，按各构件形式和尺寸，绘出整体图形。这些基准线总的分为横向水平线线、垂直基准线、垂脊中心线和戗脊基线。

1. 横向水平线

横向水平线有：台明标高线、檐柱柱顶标高线、飞椽檐口标高线、下金檩标高线、正脊底线等。其中，台明标高线、檐柱柱顶标高线、飞椽檐口标高线和正脊底线的寻找方法，同庑殿建筑正立面画法一样。现着重叙述下金檩标高线。

在歇山建筑中，下金檩标高线起着很重要的作用，它是确定歇山建筑中垂直山花板与山

面斜坡屋面的分界线。山花板的底线可依踏脚木的高低而定，而踏脚木的两端是与下金檩相接的，因此，在绘制正立面图时，可近似将下金檩上皮作为垂脊与戗脊底的交界点；绘制侧立面图时，可近似将下金檩上皮作为博脊脊底参考线。因为正立面图和侧立面图只是一种外观形式表现图，对于屋面上各构配件的位置，并不要求很精准的尺寸，只要按其规格绘制在允许范围内即可，故可选择下金檩标高线作为绘制歇山屋面的基准线。

下金檩标高＝檐檩标高＋檐步举高

檐檩标高(无斗栱)＝檐柱标高＋檐口抱头梁或正身架梁高－半檩径

檐檩标高(有斗栱)＝檐柱标高＋斗栱高＋半檩径

檐步举高参考 1.2.10～1.2.12 所述。

以上横向基准线如图 7-1-7 中所示。

2. 垂直基准线

垂直基准线有：檐柱中线、角柱中线、收山后的山花板外皮线（简称收山线），如图 7-1-7所示。其中檐柱和角柱中线可根据平面图设计确定，收山线按 2.1.15 所述取定。

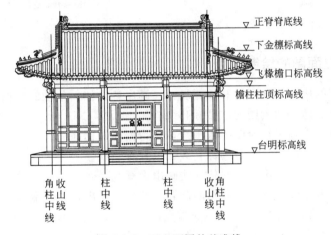

图 7-1-7　正立面图的基准线

3. 垂脊中心线的确定

歇山屋面正立面图的垂脊，是一条垂直的屋脊线，只要确定该脊身的中心线后，就可根据垂脊筒的宽厚尺寸，绘制出垂脊的投影线图。

垂脊中心线是条垂直线，它可以收山线为依据，向里量进约半个垂脊宽而定。垂脊上端以正脊底线向上画出垂脊高，图 7-1-8(b) 所示。

垂脊长短以垂兽位置而定，垂兽一般控制在檐檩至下金檩范围，远者搁置在檐檩（无斗栱建筑）或挑檐桁（有斗栱建筑）上方，近者安置在下金檩上方。垂脊中线见图 7-1-8(a)垂脊剖面所示。

4. 戗脊基线的确定

戗脊是正对角梁上的屋脊，它的上端点与垂脊相交，下端点为角梁尽端，可参考1.2.14 表 1-2-10 中关于翼角的起翘原则进行确定。戗兽位置大致在檐檩搭交点附近，具体依仙人走兽安排而定，然后依照戗脊构造（参考 3.3.21 所述）和戗脊构件尺寸大小（参考表 3-3-4），可绘制出戗脊轮廓线图。如图 7-1-8 所示。

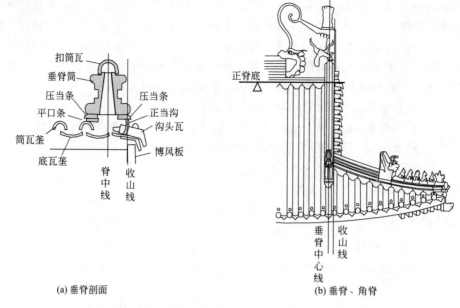

(a) 垂脊剖面　　(b) 垂脊、角脊

图 7-1-8　歇山垂脊和角脊

5. 歇山正立面图的绘制要点

① 根据平面图的比例、开间数和面阔尺寸，画出各檐柱、角柱的中轴线。

② 画出室外自然地坪和台明的水平标高线。

③ 根据檐柱净高，画平行台明的水平线，作为檐柱的标高线。

④ 画出飞椽檐口标高线、下金檩标高线、正脊脊底线。

⑤ 平行角柱中线画出收山线，并依此线画出垂脊线。

⑥ 以飞椽檐口上皮线为准，按翼角的起翘与冲出，定出角梁外端点。

⑦ 将垂脊线和下金檩线之交点，与角梁端点连接，作为戗脊的基线。从角柱中线与飞椽檐口线的交点为起点，向角梁端点画一圆滑斜线，作为翼角部分的檐口基线。如图 7-1-9 所示。

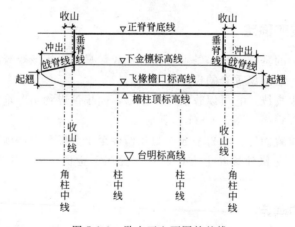

图 7-1-9　歇山正立面图的基线

对于南方地区的凹曲戗脊，可参考图 3-3-27 近似绘制。

⑧ 参照图 3-1-3，画出屋面瓦垄和屋脊轮廓图。

⑨ 根据檐柱、檐枋的设计尺寸要求，绘制梁头和柱枋的外轮廓图。对带斗栱建筑，只

需用斗栱轮廓线表示。

⑩ 门窗、檐墙、台明等，根据设计意图进行轮廓布置。

7.1.7 绘制歇山侧立面图要掌握哪些要点

——画出横向、垂直基线和戗脊基线

歇山侧面图同正立面图一样，在绘制侧面图时，必须首先找出它的纵横基准线。纵向基准线包括山面位置上的柱中线和正脊中心线。这都可从平面图上求得。横向基准线同正立面图横向基线一样，即包括台明标高、檐柱标高、飞椽檐口标高、下金檩标高和正脊脊底线。除上述基准线外，还有垂脊基线和戗脊基线。

垂脊基线在正立面图中是一条垂直线，而在侧面图中，它既可做成凹曲线，也可做成斜折线，依屋面设计意图而定。凹曲线的画法参看1.2.10～1.2.12所述，但只取金步至脊步的曲线。如果金脊步都各只有一个步距，可直接将正脊端点与下金檩交点的连线，稍许进行圆滑修改即可。

画博脊时可近似取下金檩标高线，作为博脊的下皮线。

戗脊基线按正立面图方法作出。

按以上所述，绘制尖山式屋顶的侧面，如图7-1-10(a)所示。

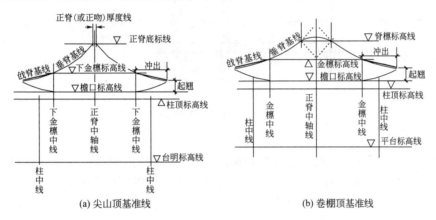

(a) 尖山顶基准线   (b) 卷棚顶基准线

图 7-1-10 绘制侧面图基准线（单檐建筑）

当绘制卷棚式屋顶［图7-1-10(b)］时，可近似以脊檩中线与"垂脊基线"交点为依据，作"垂脊基线"的垂线与"正脊中心线"相交，得出弧线圆心和半径画弧。

基准线确定后，即可按前面所述的构造和构件尺寸，绘制出各轮廓线图，最后对各细部

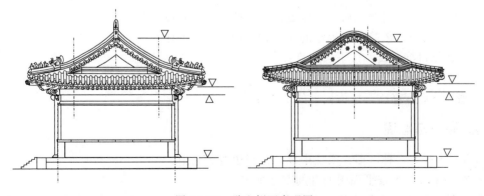

图 7-1-11 歇山侧面表现图

进行描绘，画出图 7-1-11 所示的侧面。

7.1.8 绘制硬、悬山正立面图要掌握哪些要点

——画出水平线、垂直基准线

绘制硬山和悬山建筑正立面图时，与绘制庑殿和歇山一样，首先要找出它的几条基准线，然后在此基础上，按各构件形式和尺寸，绘出整体图形。这些基准线总的分为水平基准线、垂直基准线、垂脊基线。

1. 水平基准线

水平基准线有 5 条，即：台明标高线、檐柱柱顶标高线、飞椽檐口标高线、正脊底线、墙体下肩标高线等，如图 7-1-12 所示。

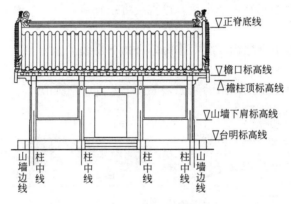

图 7-1-12 正立面图的基线

其中：

① 台明标高线，宋制台明高差按所选用的取材等级的 5 倍计算；清制按檐柱高的 20% 计算。《营造法原》要求厅堂至少高一尺，殿庭至少高三至四尺（见 5.1.1 所述）。

② 檐柱柱顶标高线，檐柱高和檐柱径的尺寸，参看表 1-2-7 所述。

③ 正脊底线，按下法计算：

$$正脊底线标高＝脊檩标高＋扶脊木径＋0.35m＋当沟高$$

式中　脊檩标高——根据步距、举架、檐柱高和檩径值计算确定；

　　　扶脊木径——扶脊木是脊檩上栽置脊桩、稳固脊身的基础木（宋没有设此木），其直径为 0.8 倍檐柱径；

　　　0.35m——苫背扎肩平均厚度，也可按屋面实际设计取定；

　　　当沟高——依筒瓦所确定的样数，不用筒瓦者不计。

④ 飞椽檐口标高线，按下法计算：

飞椽檐口标高＝脊檩标高－总举高－上檐出（参看 1.2.13 所述）垂直投影高

⑤ 墙体下肩标高线，按檐柱高的 1/3 计算。

2. 垂直基准线

垂直基准线有 2 种，即：檐柱中线和山墙边线。其中：

① 檐柱中线，可按平面图的开间宽度确定。

② 山墙边线以山墙下肩外包金为准，大式建筑外包金 1.5～1.8 倍山柱径；小式建筑外

包金为 1.5 倍山柱径。

3. 硬山与悬山屋面的垂脊基线

硬、悬山屋面正立面图的垂脊，是一条垂直线的屋脊，垂脊中心线位置距山面外皮距离尺寸为：

悬山建筑垂脊中心线距＝燕尾枋外伸长＋博风板厚－排山瓦长－垂脊半宽

硬山建筑垂脊中心线距＝博风板外皮－排山瓦长－垂脊半宽

其中：燕尾枋外伸长按 8 倍椽径。

博风板厚，宋按 3～4 份，清按 0.8～1 倍椽径。

排山瓦是指排山沟头瓦或披水砖檐伸出尺寸，按瓦件规格计算（参看 3.3.26 所述）。

垂脊半宽按垂脊瓦件规格计算（参看 3.3.26 所述）。

以上所述基线确定后，即可根据各个构造细部要求，绘制正立面表现图，如图 7-1-13 所示。

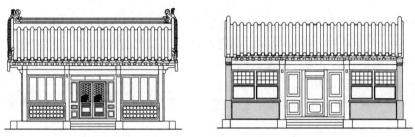

图 7-1-13　硬、悬山正立面表现图

7.1.9 绘制硬、悬山侧立面图要掌握哪些要点
——画出木构架简图线、正脊底标高线

硬山与悬山侧面图的绘制，其要点如下：

① 首先以梁柱中心线为准，绘制出木构架简图（桁檩步距参看表 1-2-8 所述），如图 7-1-14 中粗线所示，以此作为侧面的基线图。

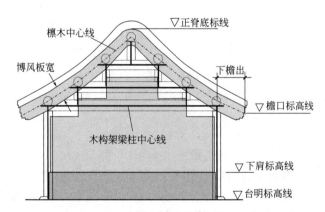

图 7-1-14　侧面图的绘制

② 按檩木直径绘制出檩木位置，并画出檩木中心线，如图 7-1-14 中虚线所示。

③ 依上檐出和檐口标高线的位置，将檩木中心线延长，此线即是博风板基线。

④ 屋面轮廓线在博风板的基础上，依大小式瓦件规格进行勾画即可，不需十分精确。

⑤ 山墙的边线，硬山建筑是包柱而砌，应按外包金绘制。悬山建筑是与柱成八字连接，边线可按柱径的 1/2 绘制。

⑥ 悬山五山花墙的垂线按瓜柱中心线绘制，横线距梁底 8～10mm，以露出横梁为原则。如图 7-1-14 中虚线所示。

⑦ 硬山盘头的挑出，按 4.2.2 所述尺寸绘制。

⑧ 山墙砌体类别，可依具体要求加注文字说明。

7.1.10 绘制单檐亭子木构架图要掌握哪些要点
——按柱网梁檩平面投影图、上引垂线

单檐亭木构架图，由俯视平面图和横剖面图两部分组成。

1. 木构架俯视图的绘制

① 按选择的形式和规格，画出柱网中心轴线平面图，如图 7-1-15(a) 所示。

② 以各中心线为基础，按各构件的厚度尺寸，绘制出各根檐檩、井字梁或抹角梁、金檩的平面投影。其中，搭交檐、金檩的端头挑出长度，以柱中心线和檩中心线的交点，向两端各伸出 1～1.5 倍檩径定其长。

长短井字梁和抹角梁的轴线位置，以金檩中心线为准进行布置，并按其梁厚尺寸绘制平面投影。

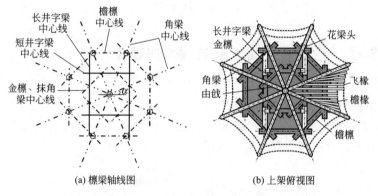

(a) 檩梁轴线图　　　　(b) 上架俯视图

图 7-1-15　八角亭构架俯视图的绘制

③ 依各柱轴线画出角梁、由戗、雷公柱的水平投影。其中老仔角梁的水平投影长，要计算角柱挑出的长度（此长度＝檐平出＋冲出，参看 1.2.13 和 1.2.14 所述）。即角梁挑出水平投影长计算如下。

宋制：老角梁挑出水平长＝（檐平出＋4～5 寸）÷cosα

　　　　仔角梁挑出水平长＝（0.6 倍檐平出＋4～5 寸）÷cosα

清制：老角梁端点至檐檩中心的水平距离＝（2/3 倍檐平出＋2 倍椽径）÷cosα

　　　　仔角梁端点至老角梁端点的水平距离＝（1/3 倍檐平出＋1 倍椽径）÷cosα

其中　檐平出——参考表 1-2-9 和表 1-2-10 所述；

　　　　cosα——为角梁水平投影的夹角余弦值，夹角 α＝（360°÷边数）÷2。

④ 椽子的轨迹线，将老仔角梁端点作弧形连接，画出飞椽和檐椽的檐口线，如图 7-1-15(a) 中虚线所示。椽子根数与间距，参看 2.1.19 所述。

2. 木构架剖面图的绘制

① 根据柱网平面图，从各中心点引出垂直线。

② 画一水平线作为柱脚的水平线，以此线为准，量出檐柱高，并画出柱顶平行线。

③ 从柱顶线向下量出檐枋高的尺寸；向上量出檐垫板高的尺寸，即可画出檐枋底线和檐垫板顶线。如图7-1-16所示。

④ 在垫板顶线上，按檐檩垂线和直径绘制出檐檩剖面图。

⑤ 从檐檩顶向上，量出尺寸"长井字梁或抹角梁高－0.37倍檩径"画横线，再按俯视图中梁的轴线位置和梁高，绘制出梁的剖面图。

⑥ 在金枋垂线上，以檐步举高和檩径画出金檩的剖面图；金檩下面是金枋。

⑦ 在雷公柱中心线上，从金檩顶水平线向上，量出脊步举高尺寸，即为由戗上皮线，按由戗高和举架斜率画出由戗线。

⑧ 由于在剖面图中角梁不能全面表现出来，故可采取近似画法，从金檩心向下，量出老角梁高，得一点，该点与檐檩心连接，即为角梁下皮线（近似）。然后根据角梁端头形式、花梁头形式，勾画出示意图，如图7-1-14所示。

⑨ 最后沿金檩、檐檩上皮，按举架斜度和椽子高度尺寸，画出椽子剖面线。

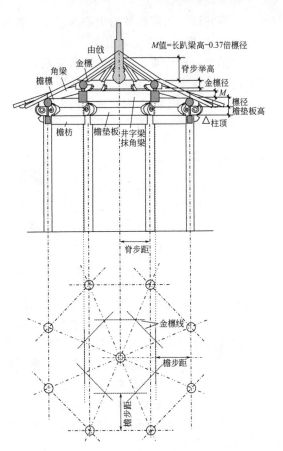

图7-1-16　木构架剖面图的绘制

7.1.11 绘制亭子正立面屋顶图要掌握哪些要点
——按柱网梁檩平面投影图、上引垂线

在设计中表示亭子屋面的构造图，主要有两种，一是凉亭建筑的正立面图；二是随木构架一起所表示的剖面图，现以单檐亭为例加以叙述。

亭子建筑正立面图，是表示亭子外观形式的垂直投影图，而在正立面图中的屋面部分，则是绘图工作量最大的部分，所以只要绘出了屋面部分，整个立面也就随即而出。绘制屋面正立面，离不开平面图和木构架图，绘制立面图的基本步骤如下。

（1）绘制各木构件平面投影轴线图

首先按平面柱网图，绘制出檐檩、金檩、角梁等各构件的中心轴线图。其中，檐檩轴线可按柱网中心线，金檩轴线则按步距尺寸，而角梁轴线则肯定是对角线，具体画法与单檐亭木构架相同，详见图7-1-13。当各轴线确定好后，随即画出飞椽和檐椽的檐口线。

（2）绘制立面图中的檐柱顶、檐檩、金檩、脊檩等标高线

在平面图的上方画一水平线作为柱脚水平线，然后依柱高、檐檩、金檩、脊檩等木构件

尺寸，计算并画出相应构件的中心水平线，具体画法详见图7-1-16。

（3）找出老、仔角梁的标高

正面图中角梁位置，因绘图比例关系，只是表现角梁示意的基本位置，在施工放样时，还应另行在施工现场通过放大样来解决。故在绘图时，为了简单起见，可近似将金檩中心下半径至檐檩中心的连线作为老角梁的下皮线，由于正面图受绘制比例尺的限制，其位置线的误差影响并不很大，如图7-1-17（b）所示。

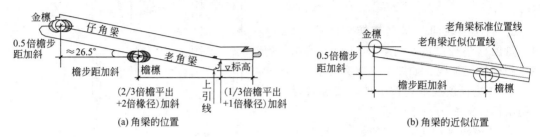

图7-1-17 清制角梁的位置分析

当老角梁的下皮线确定后，即可在平面图中，从老角梁顶点上引垂线，上行与老角梁下皮线相交得一交点，以该点为准作水平线，即为老角梁的标高线，如图7-1-17（a）上引线所示。该标高值也可从金檩心向下量减"角梁金檩标高差"计算得出，其差值计算式为：

$$角梁金檩标高差 = (2/3倍檐平出 + 2倍椽径) \div \cos\alpha \times tg26.5°$$

式中 $\cos\alpha$——平面图中角梁与正面水平线夹角的余弦值；

$tg26.5°$——立面图中老角梁下皮与水平线夹角的正切值。

再从老角梁标高线向上加角梁高，作水平线与平面图中仔角梁垂线相交，即可得到仔角梁下皮线的标高点。

（4）找出垂脊端头的瓦作顶点位置

由仔角梁标高点向上量出（仔角梁高＋苫背厚＋脊端瓦作高）尺寸，即得垂脊端的顶点［如图7-1-19（c）顶部"仔角梁标高"所示］。此点既是垂脊线的檐口点，也是垂脊端构件的控制点。其中苫背厚可取20～35cm，垂脊端瓦作高度如下。

① 当为琉璃建筑时：在仔角梁上皮，按筒瓦所确定样数大小（参考3.3.26中表3-3-4），砌放构件，以七样为例，则螳螂沟头高12.8cm、掭头高8cm、撺头高8cm、筒瓦高12.8cm、仙人在垂线以上。

② 当为黑活瓦件时：在仔角梁上皮，沟头可用琉璃瓦，高12.8cm；圭脚用城砖砍制，高11～13cm；瓦条用望砖、小开条砖、斧刃砖或板瓦砍制，高4cm；盘子用方砖砍制，高6cm左右；筒瓦高12.8cm，筒瓦上坐狮（施工用瓦尺寸参考3.3.26中表3-3-4，施工用砖尺寸见4.2.17所述）。

③ 当为小式建筑时：在仔角梁上皮为沟头、圭脚、瓦条、盘子、筒瓦。尺寸同上。如图7-1-18所示。

（5）绘制垂脊的脊顶轮廓线

对于亭子的屋顶，一般只有檐步和脊步两个步距，即：檐步举架为0.5举，脊步举架为0.7举，依此所作的脊线是三点两线，如图7-1-19（a）所示，它是绘制木构架图的基本要求，但对表示屋脊曲线，却不能表达脊线的曲线美。为此，我们可以将"檐口点→檐檩点→金檩点→脊檩点"四点三线的中间，各增加一点，这样就变成七点六线，画起来接近曲线。屋面曲线的陡缓可根据设计人的构思做适当调整。

由于亭子屋面瓦作垫囊厚度一般为上薄下厚，为了表示屋脊的曲线美，可将其举架值作

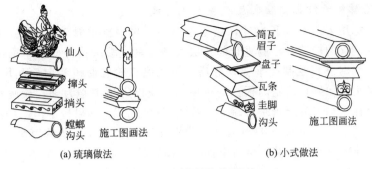

仙人
撺头
揣头
螳螂
沟头
施工图画法

(a) 琉璃做法

筒瓦
眉子
盘子
瓦条
圭脚
沟头
施工图画法

(b) 小式做法

图 7-1-18　脊端构件画法

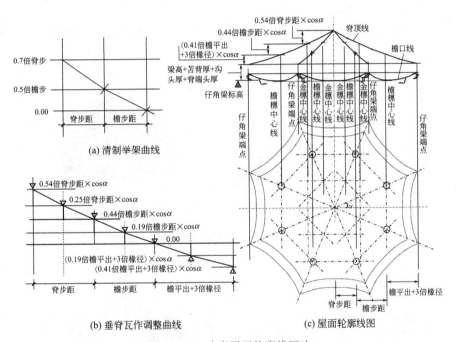

(a) 清制举架曲线

(b) 垂脊瓦作调整曲线

(c) 屋面轮廓线图

图 7-1-19　凉亭屋面轮廓线画法

适当平缓的调整，由檐口点至脊檩点的举高建议采用如图 7-1-19(b) 所示：（0.41 倍檐平出＋3 倍椽径）×$\cos\alpha$、（0.19 倍檐平出＋3 倍椽径）×$\cos\alpha$；0.19 倍檐步距×$\cos\alpha$、0.44 倍檐步距×$\cos\alpha$；0.25 倍脊步距×$\cos\alpha$、0.54 倍脊步距×$\cos\alpha$（$\cos\alpha$ 为平面图中角梁轴线与中心水平线夹角的余弦值）。如果要求曲线陡峻些，还可适当增大举架。

当举架值确定后，以仔角梁标高线为准，分别将平面图中仔角梁端点、檐檩中心点、金檩中心点等，上引垂线，分别量其举高值，得点并连线，即可画出垂脊顶部的曲线，如图 7-1-19(c) 所示。

(6) 绘制立面图中屋面檐口轮廓曲线

檐口轮廓曲线是绘制飞椽头、沟头瓦和滴水瓦的基本依据。亭子建筑正立面图中的屋面檐口曲线有两根，一是正面正中檐口线，二是正面两边檐口线，它们都只能是表示屋面构造形式的示意线，施工放样时，应另行根据木构架中正身椽和翼角椽的檐口线来确定，因此，绘制屋面檐口线时并不要求非常精确。可将平面图中已绘制出的飞椽檐口线复制过来，按垂脊端头点位置，稍做修改作为正面正中檐口线。

正面正中檐口线两个端点的位置，可按仔角梁上皮角尖顶点确定，如图 7-1-19(c) 中檐口轮廓线所示。正面两边的檐口线，则以两仔角梁尖顶为基点，用弧线板描一曲线，使该曲线最低点接近正中檐口曲线最低点，如图 7-1-19(c) 中檐口线所示。

（7）以各轮廓线为依据，绘制屋脊屋面瓦作线

首先根据所选用宝顶形式和尺寸，绘制出宝顶；再根据垂脊轮廓曲线，按照垂脊的兽后、兽前和垂脊端头的构造，绘制垂脊的各层线条。垂脊端头构件应依平面图端点的位置，考虑一定的投影斜度进行绘制；垂脊画好后，再依檐口轮廓曲线和屋面瓦尺寸，绘制滴水瓦、沟头瓦和椽头：如果是绘制筒板瓦的正屋面，应以宝顶中心为轴，让滴水板瓦垄居中，向两边赶排，使瓦垄均匀分配到垂脊端头，这叫"排好活"，如果排不出"好活"，可适当调整几条板瓦垄的宽窄。而垂脊下的当沟线，分别按筒瓦垄和板瓦垄的宽窄，勾画成凸凹弧线，如图 7-1-20（a）所示。如果是绘制小青瓦、蝴蝶瓦正屋面，应将宝顶中心轴线作为盖瓦垄，如图 7-1-20（b）所示，向两边赶排出"好活"，如果不能排出好活，可调整底瓦垄宽窄。

（8）绘制凉亭的正立面图

以老角梁下皮为准画一水平线，作为檐柱的柱顶线。柱顶线之上为檐垫板，柱顶线之下

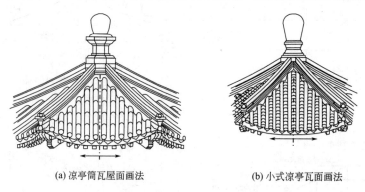

(a) 凉亭筒瓦屋面画法 　　　　　(b) 小式凉亭瓦面画法

图 7-1-20　屋面瓦的画法

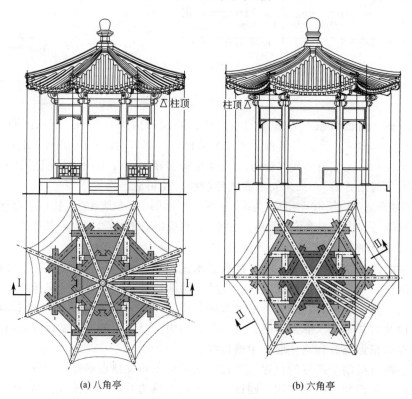

(a) 八角亭 　　　　　(b) 六角亭

图 7-1-21　多角亭正立面图

为檐枋，如图 7-1-21 所示。

　　然后依垂直轴线，按檐柱径、檐柱高，绘制出柱的立面。有了檐柱立面，即可配制吊挂楣子、坐凳楣子和台明等的立面投影。最后，勾画出脊顶、角梁头、枋头、花牙子、楣子心屉等细部。

7.1.12 绘制亭子剖面图要掌握哪些要点
——以亭子木构架图为基础

　　凉亭建筑屋面剖面图是在木构架剖面图的基础上，加上屋面苫背厚度和瓦垄线，即为屋面的剖面线。其步骤如下。

　　① 首先绘制出木构架剖面图，具体绘制详见 7.1.10 所述。

　　② 在木构架椽子线上，量出苫背厚度并画出瓦垄线，瓦垄线可用阶梯锯齿形粗线替代。

　　③ 按宝顶尺寸和形式绘制出宝顶轮廓线。

　　④ 对已绘出正面图中的最边端垂脊线，先找出垂脊上皮线顶与宝顶交点的位置，然后用描图纸或其他方法将垂脊线及其当沟线描出，再以找出的交点为基点，将垂脊及其当沟的描线复制过来。

　　⑤ 然后在瓦垄线和垂脊线的空当上，以当沟线为依据加上其他瓦垄的投影线。如图 7-1-22所示。

　　⑥ 在瓦垄线与椽子线间配上抹灰图示。

　　⑦ 在檐枋线下画出倒挂楣子、花牙子。

　　⑧ 最后画出台明线和坐凳楣子。

　　对应图 7-1-21 中相应的八角亭剖面号Ⅰ—Ⅰ、六角亭剖面号Ⅱ—Ⅱ的屋面剖面图，如图 7-1-22 所示。

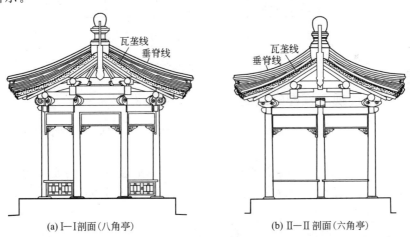

(a) Ⅰ—Ⅰ剖面（八角亭）　　　　　(b) Ⅱ—Ⅱ剖面（六角亭）

图 7-1-22　屋面剖面图的绘制

7.1.13 绘制石舫立面图要掌握哪些要点
——以柱网平面投影图为基础

　　石舫立面图包括侧视图和后（前）视图。

1. 石舫侧视图的绘制

　　侧视图是指船帮两侧的垂直面投影图，该侧面图是歇山（或水榭）与游廊两者立面图的结合，因此，绘制石舫侧视图时，可分别参看前面有关章节的内容进行绘制。大致步骤如下：

①　首先用一定比例画出平面图，然后根据平面轴线画出各柱的立面中轴线。

②　选一适中位置，画一水平线作为舱面标高线。依此画出亭、廊、楼的檐柱净高标高线。

③　按7.1.6画出后楼的各基线。

④　按2.5.1所述相关内容画出连廊的基线。

⑤　按7.1.7画出前亭的各基线。

⑥　当以上各部分基线和轮廓线画出后，再根据各有关尺寸和构造内容，绘制正、侧立面表现图，如图7-1-23所示。

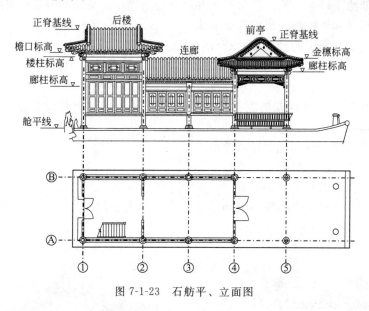

图7-1-23　石舫平、立面图

2. 石舫前、后视工程图的绘制

石舫建筑的前、后立面，是指船头前视立面和船尾后视立面，即要表现前亭和后楼两个端面的立面图。

如画图7-1-23的①轴端面和⑤轴端面时，先应在一张透明纸上分别画出前亭①轴端面立面图、后楼⑤轴端面立面图和游廊③轴剖面图，如图7-1-24所示。

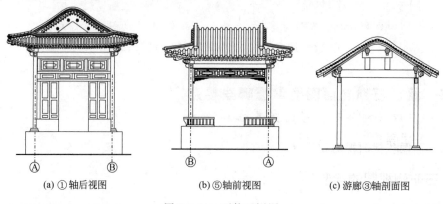

(a) ①轴后视图　　　(b) ⑤轴前视图　　　(c) 游廊③轴剖面图

图7-1-24　石舫三视图

然后分别剪下，将前亭、后楼、游廊三视图拼合在一起，如图 7-1-25(a) 所示。

再另用一张描图纸，先描出图 7-1-24(b) 的前视图，然后重叠在图 7-1-25(a) 上，描出不被遮挡的部分，即可得出图 7-1-25(b) 所示。

同理，再描出图 7-1-24(a) 后视图，然后重叠在图 7-1-25(a) 上，描出不被遮挡的部分，即可得出图 7-1-25(c) 所示。

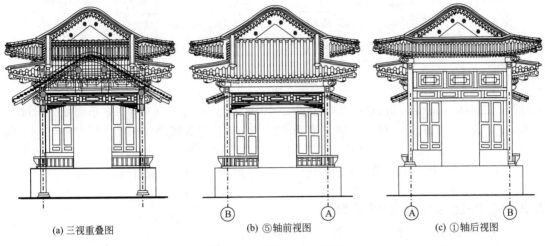

(a) 三视重叠图　　　　(b) ⑤轴前视图　　　　(c) ①轴后视图

图 7-1-25　石舫前、后视图

7.2　仿古建筑施工点拨

7.2.1　五边形台基如何放线
——以垂直平分十字线取点

台基放线是将设计图上建筑物的台基尺寸引到拟建地面上，供基础开挖及砌筑台明基础的关键工作。一般四边形或矩形台基的放线，只要找准位置后，按尺寸掌握两对角线相等的原则即可。而五边形台基放线，可采用下述方法。

1. 五边形台基放线

五边形放线可记住一个口诀，即"一六坐当中，二八两边分，九五顶五九，八五定边形"。

"一六坐当中，二八两边分"：即先用 1.6 倍面阔长作一垂直十字线，再用 1 倍面阔、0.6 倍面阔划分垂直线；用 0.8 倍面阔划分水平横线，以作放样中线。如图 7-2-1(a) 所示。

"九五顶五九，八五定边形"：再细化，用 0.59 倍面阔确定五边形上角点，用 0.95 倍面阔确定五边形的下边线；再分别用 0.8 倍面阔和 0.5 倍面阔确定五边形其他角点，最后连接各点即为五边形。如图 7-2-1(b) 所示。

2. 作图原理

上述"九五、五九、二八"，均为计算值取两位有效数字的约数。如图 7-2-1(c) 所示。

"五九"为：$AF = \sin36° \times AE = 0.58779 \times$ 面阔 $= 0.59$ 倍面阔

"九五"为：$FO = \mathrm{tg}18° \times EF = \mathrm{tg}18° \times (\cos36° \times$ 面阔$) = 0.32492 \times (0.809 \times$ 面阔$) =$

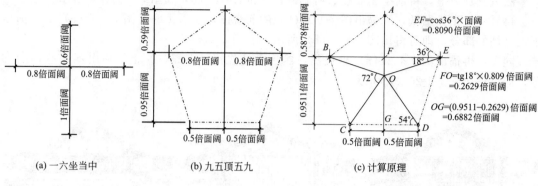

(a) 一六坐当中　　　　　　(b) 九五顶五九　　　　　　(c) 计算原理

图 7-2-1　五边形放线

0.26286 倍面阔＝0.2629 倍面阔，OG＝tg54°×0.5 倍面阔＝1.37638×0.5 倍面阔＝0.6882 倍面阔，则：FG＝FO＋OG＝0.2629 倍面阔＋0.6882 倍面阔＝0.9511 倍面阔＝0.95 倍面阔。

"二八"是指两个 0.8，即 EF＝FB＝ cos36°×面阔＝0.8090 倍面阔。

7.2.2 六边形台基如何放线
——矩形中心取点法、矩形四角取点法

六边形的放线有两种方法，即：矩形中心取点法、矩形四角取点法。

1. 矩形中心取点法

① 先以面阔为短边，1.732 倍面阔为长边，作一矩形，并画出对角线及横中线，得出中心点，如图 7-2-2(a) 所示。

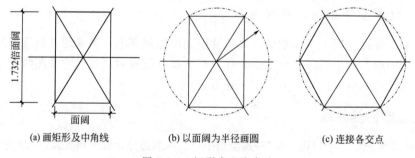

(a) 画矩形及中角线　　　(b) 以面阔为半径画圆　　　(c) 连接各交点

图 7-2-2　矩形中心取点法

② 以中心点为圆心，面阔长为半径，画圆得出六个交点，如图 7-2-2(b) 所示。连接六交点即为六边形，如图 7-2-2(c) 所示。

2. 矩形四角取点法

① 先以面阔为短边，1.732 倍面阔为长边，作一矩形，并画出横中线，如图 7-2-3(a) 所示。

② 以短边二角点为圆心，面阔长为半径，分别画圆，得出与横中线 2 个交点，连接交点与角点即为六边形。

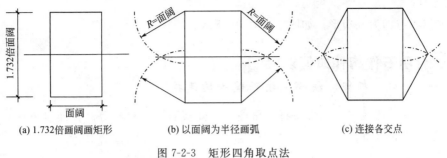

(a) 1.732倍画阔画矩形　　　(b) 以面阔为半径画弧　　　(c) 连接各交点

图 7-2-3　矩形四角取点法

7.2.3 八边形台基如何放线
——十字矩形法、十字取点法

八边形放线有两种方法，即：十字矩形法、十字取点法。

1. 十字矩形法

① 先画出垂直十字线，如图 7-2-4(a) 所示。

② 以十字线为基础，分别以面阔为短边，tg67.5°×面阔＝2.414 倍面阔为长边，画出两个垂直矩形，如图 7-2-4(b) 所示。

③ 连接矩形各个角点即为八边形，如图 7-2-4(c) 所示。

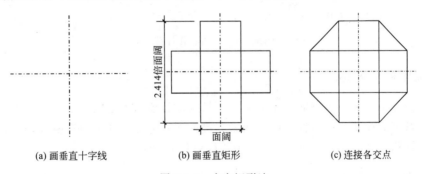

(a) 画垂直十字线　　　(b) 画垂直矩形　　　(c) 连接各交点

图 7-2-4　十字矩形法

2. 十字取点法

① 先画出垂直十字线，并以进深长为边画出正方形，如图 7-2-5(a) 所示。

② 在各边上，以 tg22.5°×进深＝0.414 倍进深，分别从垂直十字线取点，如图 7-2-5

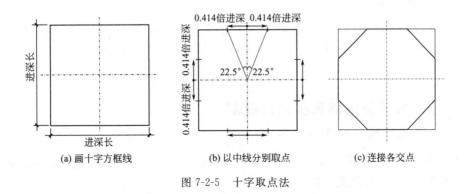

(a) 画十字方框线　　　(b) 以中线分别取点　　　(c) 连接各交点

图 7-2-5　十字取点法

（b）所示。

③ 连接各点即为八边形，如图 7-2-5（c）所示。

7.2.4 台明石作构件如何连接

——槽口、榫卯、铁销、铁银锭等的连接

台明石作构件比较多，如阶条石、角柱石、陡板石、土衬石等。其连接方法有：槽口、榫卯、铁销、铁银锭等。

1. 采用槽口连接

槽口连接是用于两连接面的宽窄尺寸相差较大的构件，如角柱石侧面与陡板侧面、土衬石上面与陡板底面等的连接。它是将宽面构件用錾子剔凿出槽口，然后将窄面构件插入即可，如图 7-2-6 中角柱石槽口所示。

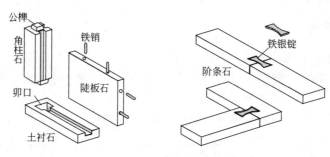

图 7-2-6　台明石作连接

2. 采用榫卯连接

榫卯连接是用于上下接触面较小的构件，如角柱石顶面与上面的阶条石、角柱石底面与下面的土衬石等的连接，都因柱顶面小而影响接触面。它是将柱顶面剔凿成公榫，连接构件剔凿成卯口，相互套入连接，如图 7-2-6 中角柱石顶底面所示。

3. 采用铁销连接

铁销连接是用于狭窄长条形接触面的连接，如陡板与陡板、陡板长向面与其他构件等的连接。它是在两个接触面上都打孔眼，用圆铁销相互插入连接，如图 7-2-6 中陡板上面及侧面所示。

4. 采用铁银锭连接

铁银锭连接是用于平面构件之间的连接，如阶条石与阶条石、阶条石与槛垫石等的连接。它是在两连接处剔凿成燕尾口，将铸铁银锭（即铸铁熔化浇铸成对接双燕尾形）嵌入而成，如图 7-2-6 中阶条石所示。

7.2.5 山墙砖博风的博风头如何砍制

——取点划线，按等份划弧

砖博风头，是硬山建筑山墙采用砖砌博风的端头构件，它用方砖在施工现场砍制成霸王拳形式，如图 7-2-7 中博风头所示。

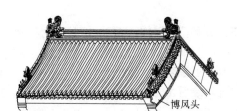 

图 7-2-7 硬山建筑山墙砖博风

其砍制方法为：

① 先选用一标准方砖，在其下边的中间（1/2 宽）量取一点，与上边角连一斜线，并将斜线分成七等份，如图 7-2-8（a）所示。

② 在上边，从该边角量取一等份取点，与斜线一等份连线，如图 7-2-8（b）所示。

③ 在其余六等份中，除中间二等份以其半长（即 1 等份）为半径划弧外，其余均以 0.5 等份为半径划弧，如图 7-2-8（c）所示。

④ 用錾子将线外部分剔凿掉，并磨光、磨整齐即可，如图 7-2-8（d）所示。

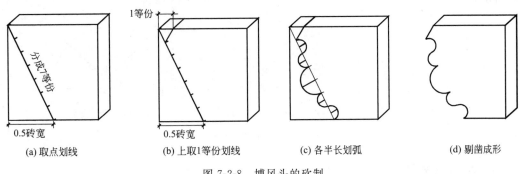

(a) 取点划线 (b) 上取1等份划线 (c) 各半长划弧 (d) 剔凿成形

图 7-2-8 博风头的砍制

7.2.6 墙体砖券如何"发券"
——划出起拱线，做出拱券胎

墙体砖券，除门窗顶上所用的有平券、圆光券、半圆券等外，墙体所用的还有木梳背、车棚券等穿堂券，具体形式如图 4-3-18 所示。在砌筑工程中，对砖券的砌筑称为"发券"，它是洞口上用于承重的一种拱形砖过梁。

发券方法是按照起拱弧线，先用木料或垒叠砖块做成拱形券胎，如图 7-2-9（a）所示。然后再在其上用砂浆砌筑砖券。为防止拆卸券胎后拱形下沉，一般在做券胎时，应将券胎适当增加起拱度，起拱度大小为：平券按 1％跨度、圆光券按 2％跨度、木梳背按 4％跨度、半圆券按 5％跨度。

(a) 按起拱线做卷胎 (b) 由两边向中间砌筑 (c) 合龙砖

图 7-2-9 发券

发券时应注意以下要点：

① 券砖应为单数，最中间一块称为"合龙砖"，应加工成上宽下窄的楔形。如图 7-2-9（c）所示。

② 发券前应先将券砖进行试排，由中间向两边摆排，摆排余尺最后落脚在"合龙砖"上进行加工。摆排完成后，再由两边向中间砌筑，最后由"合龙砖"砌紧。如图 7-2-9（b）所示。

③ 券砖与灰浆的接触面要求达到 100％，砌筑完成后应在上口用片石塞缝并灌浆。

发券起拱放样方法，以半圆券、木梳背为例叙述如下。

1. 半圆券放样

① 以券底为准作垂直十字线，在十字线上以中心点向外分别取点：

AB＝跨度，$CO＝DO＝NO＝5％AB$（起拱度）。如图 7-2-10（a）所示。

② 以 $C(D)$ 为圆心，$CB(DA)$ 为半径画弧，与 $CN(DN)$ 延长线相交于 $F(E)$。如图 7-2-10（b）所示。

③ 再以 N 点为圆心，$AE(F)$ 为半径画弧至 $F(E)$，则 $AEFB$ 弧即为券线。如图 7-2-10（c）所示。

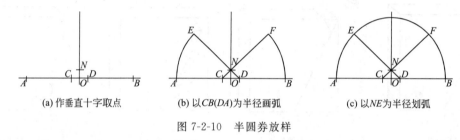

| (a) 作垂直十字取点 | (b) 以$CB(DA)$为半径画弧 | (c) 以NE为半径划弧 |

图 7-2-10　半圆券放样

2. 木梳背放样

① 以券底为准作垂直十字线，在十字线上以中心点向外分别取点：

AB＝跨度，CD－矢高，$DE＝4％AB$（起拱度）。如图 7-2-11（a）所示。

② 连接 AE、BE，并作其垂直平分线交于垂线 O 点。如图 7-2-11（b）所示。

③ 再以 O 点为圆心，以 OA、OB 为半径画弧，则 AEB 弧即为券线。如图 7-2-11（c）所示。

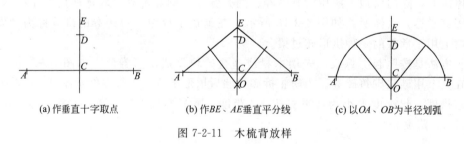

| (a) 作垂直十字取点 | (b) 作BE、AE垂直平分线 | (c) 以OA、OB为半径划弧 |

图 7-2-11　木梳背放样

7.2.7 檐柱柱顶与柱脚的连接构造如何
——燕尾榫、透榫、馒头榫、管脚榫

檐柱柱顶有面阔和进深两个方向的连接构件，又因大式建筑和小式建筑的连接构造有所不同。檐柱柱脚与柱顶石连接。

小式建筑面阔方向有檐枋一个构件，檐枋用燕尾榫与柱连接。进深方向有抱头梁、穿插枋两个构件。其中抱头梁搁置在柱顶上，用馒头榫连接，穿插枋用透榫穿过柱顶连接。柱脚用管脚榫与柱顶石连接，如图 7-2-12(b) 所示。

大式建筑面阔方向有大额枋、小额枋、额垫板、平板枋，大额枋用燕尾榫与柱连接，小额枋用半透榫与柱连接，额垫板用插槽榫与柱连接，平板枋不留榫，直接搁于柱上，另用栽销与大额枋连接。进深方向只有穿插枋，用透榫与柱连接，如图 7-2-12(c) 所示。

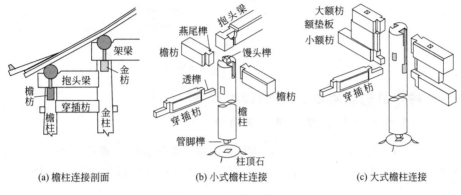

(a) 檐柱连接剖面　　　　(b) 小式檐柱连接　　　　(c) 大式檐柱连接

图 7-2-12　檐柱连接构造

由上述可知，檐柱的连接构造大致有四种，即：燕尾榫、透榫、馒头榫、管脚榫。

1. 燕尾榫

燕尾榫，又称"大头榫"、"银锭榫"，是头宽尾窄的木榫，因此，柱上榫口为里宽外窄。这种榫安装后不易拔出，有很好的拉结作用。

2. 透榫

透榫，又称"大进小出榫"，即配合的榫口，进入部分是大榫口，榫穿过柱身后，出口部分为小榫口。

3. 馒头榫、管脚榫

馒头榫是用于柱顶垂直连接的木榫，管脚榫是用于柱脚连接的木榫，两榫构造一样，它们能有效阻止构件横向移动。

7.2.8 角檐柱的柱顶连接构造如何
——箍头榫、透榫

角檐柱是檐柱转角处的柱子，它与面阔和进深山面两个方向的檐枋构件相互交叉连接，如图 7-2-13(a) 所示。角柱做出十字榫口，檐枋做成带卡口的箍头榫，面阔檐枋卡口朝上，先放入榫口内。山面檐枋卡口朝下，卡在面阔檐枋上，如图 7-2-13(b) 所示。

面阔方向穿插枋仍为透榫与柱连接，若山面有廊道者，也有山面穿插枋与柱连接，如图7-2-13 所示。

箍头榫是用于转角柱或边柱的特殊卡榫，它的榫心落入柱顶榫口内。榫头大于榫口卡在柱外，起箍住作用，此榫头称为"箍头"，大式箍头做成霸王拳形式，如图 7-2-13(b) 所示。小式做成三岔头形式，如图 7-2-15(b) 中所示。

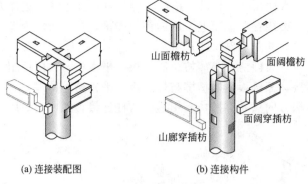

(a) 连接装配图   (b) 连接构件

图 7-2-13 角檐柱连接构造

7.2.9 金柱与重檐金柱的连接构造如何
——燕尾榫、透榫、馒头榫、管脚榫

由图 7-2-12（a）可知，金柱柱顶和柱脚连接基本与檐柱相同，即：面阔方向有横枋用燕尾榫与柱顶连接。进深方向有抱头梁（用半透榫）、穿插枋（用透榫）与柱连接。柱脚用管脚榫与柱顶石连接。

重檐金柱面阔方向的连接构件有上檐枋、围脊枋、承椽枋、棋枋等，如图 7-2-14（a）所示。其中，上檐枋用燕尾榫与柱连接。围脊枋、承椽枋、棋枋等用半透榫与柱连接。

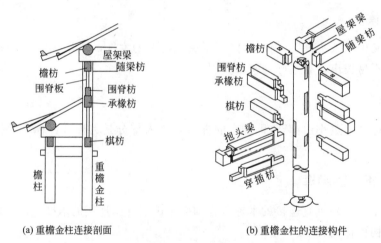

(a) 重檐金柱连接剖面   (b) 重檐金柱的连接构件

图 7-2-14 重檐金柱连接构造

重檐金柱进深方向的连接构件有：屋架梁、随梁枋、抱头梁、穿插枋等。其中，屋架梁用馒头榫与柱连接，随梁枋用燕尾榫与柱连接。抱头梁用半透榫、穿插枋用透榫与柱顶连接。柱脚用管脚榫与柱顶石连接。图 7-2-14（b）所示。

7.2.10 重檐角金柱的柱顶连接构造如何
——箍头榫、半透榫

重檐角金柱的连接构件，有面阔方向、山面进深方向、45°斜角方向三个方向的连接构件，如图 7-2-15 所示。

正面面阔方向的连接构件有：檐枋（箍头榫）、围脊枋、承椽枋（半透榫）、棋枋（半透榫）等，还有从面阔檐柱延伸过来的抱头梁、穿插枋（半透榫）等。

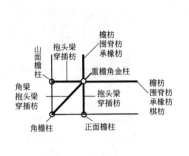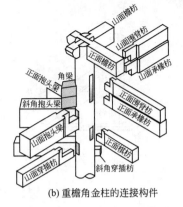

(a) 转角连接构件平面   (b) 重檐角金柱的连接构件

图 7-2-15　重檐角金柱连接构造

山面进深方向的连接构件有：檐枋（箍头榫）、围脊枋、承椽枋（半透榫）等，还有从山面檐柱延伸过来的抱头梁、穿插枋（半透榫）等。

45°斜角方向的连接构件有：斜抱头梁（半透榫）、斜穿插枋（透榫）和老仔角梁（半透榫）等。

7.2.11 童柱的连接构造如何

——箍头榫、半透榫

童柱是大式重檐建筑所用的上层檐柱，它落脚于下层檐桃尖梁上，有面阔和进深两个方向的连接构件。

面阔方向的连接构件有：大小额枋（箍头榫）、围脊枋、承椽枋（半透榫），柱脚处管脚枋（箍头榫）等。柱顶用馒头榫与平板枋连接。

进深方向的连接构件有：穿插枋（透榫）、柱脚处管脚枋（箍头榫）等。

柱脚用管脚榫与墩斗连接。如图 7-2-16 所示。

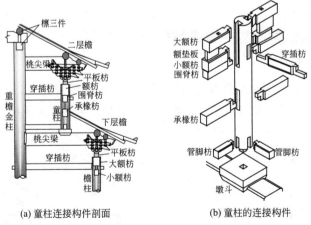

(a) 童柱连接构件剖面   (b) 童柱的连接构件

图 7-2-16　童柱连接构造

7.2.12 脊瓜柱的连接构造如何

——双脚榫、半透榫

脊瓜柱是支持屋脊脊檩的重要矮柱，它必须要稳重牢固，因此一般用双脚榫插入屋架梁

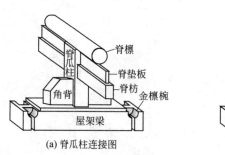
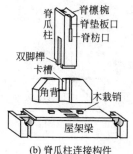

(a) 脊瓜柱连接图   (b) 脊瓜柱连接构件

图 7-2-17 脊瓜柱连接构造

榫口内，中间卡有稳定构件角背，角背用木销，与屋架梁连接。脊枋用半榫与柱连接，如图 7-2-17 所示。

7.2.13 趴梁与桁檩的连接构造如何
——阶梯榫

趴梁是趴在圆形桁檩上的构件，它没有管脚，为了不使其移动，一般做成三阶梯榫，如齿牙形状咬住桁檩。在桁檩上做成相应的阶梯槽，以确保不使其移动，如图 7-2-18 所示。

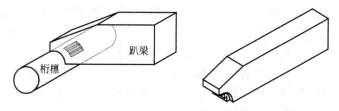

图 7-2-18 趴梁连接构造

7.2.14 悬山燕尾枋的连接构造如何
——燕尾榫

燕尾枋是悬山建筑上檩木伸出山墙之外，悬挑端下面的衬托木，具体规格见 2.3.3 所述。它是用燕尾榫插入屋架梁的榫槽内，檩木有鼻槽与屋架梁上鼻子连接，而屋架梁下设有卯口与柱顶馒头榫连接，如图 7-2-19 所示。

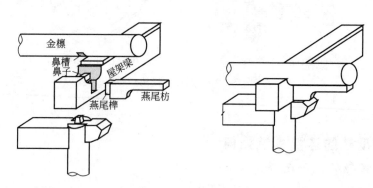

图 7-2-19 燕尾枋连接构造

作者著作简介

1. 编制建筑工程预算问答（27.1万字）5.10元   1989.3 中国建筑工业出版社出版

  本书是在全国预算界第一本以问答形式，阐述工程预算中实际应用问题的书籍。

2. 预算员手册（42.9万字）21.20元   1991.1 中国建筑工业出版社出版

  本书是第一个打破老预算手册的纯数据资料格式的版本，将预算原理、计算方法、技术资料等有机结合在一起的综合实用性手册。

3. 编制建筑与装饰工程预算问答（43.8万字）21.00元   1995.1 中国建筑工业出版社出版

  该书以问答形式介绍：一般土建工程；现代建筑装饰工程；中国古园林建筑工程；房屋水电工程；工程招投标与其他有关问题。

4. 施工组织管理200问（31.2万字）12.80元   1995.2 广东科技出版社出版

  该书内容以问答形式阐述：施工组织设计要领、施工方案的选择、施工进度计划的编制、设计施工平面布置图、计划管理、工程质量管理、技术管理、成本管理、安全生产管理等问答。

5. 建筑装饰工程预算（54.5万字）31.00元   1996.5 中国建筑工业出版社出版

  该书是《1992年全国统一建筑装饰工程预算定额》颁布后，紧密配合阐述建筑装饰工程预算的书籍。内容为：1. 建筑装饰工程预算与报价；2. 楼地面工程；3. 墙柱面工程；4. 天棚工程；5. 门窗工程；6. 油漆涂料工程；7. 其他工程；8. 装饰灯具。

6. 简明建筑施工员手册（55.1万字）30.00元   1997.5 广东科技出版社出版

  该书是供现场施工员学习参考的综合性读物。内容包括：1. 施工准备；2. 单位工程施工组织设计；3. 施工技术；4. 施工测量；5. 栋号工程承包核算；6. 施工材料及其检验；7. 施工常用结构计算。

7. 中国古建筑构造答疑（18.8万字）15.00元   1997.9 广东科技出版社出版

  本书以较简单的问答形式，介绍了中国古建筑构造上的一些基本名词和知识。

8. 基础定额与预算简明手册（52.5万字）41.00元   1998.5 中国建筑工业出版社出版

  本书是全国第一个详细介绍《全国统一建筑工程基础定额》具体制定方法、以及施工图预算编制方法和相应一些技术资料。

9. 怎样编制施工组织设计（30.5万字）25.00元   1999.11 中国建筑工业出版社出版

  该书用问答形式介绍了：怎样编制施工组织设计；施工组织设计的技术知识和施工组织中的一些设计资料。

10. 建筑装饰工程概预算（教材）（25.8万字）14.40元 2000.6 中国建筑工业出版社出版

  该书是全国高职高专建筑装饰技术教育的系列教材之一。

11. 预算员手册（第二版）（100.9万字）60.00元   2001.5 中国建筑工业出版社出版

  该书详细介绍了《建筑工程概算定额》、《建筑工程基础定额》、《建筑工程施工定额》、《房屋水电工程安装定额》、《涉外工程的人工、材料和机械台班》等的制定方法，以及相应的设计概算、施工图预算、施工预算，以及房屋水电和涉外工程预算的编制方法。

12. 室内外建筑配景装饰工艺（14.6万字）11.00元 2002.1 广东科技出版社出版

  该书介绍了室内门、墙、柱的几种装饰造型和室外亭廊假山石景的施工工艺。

13. 中国园林建筑施工技术（60万字）41.00元   2002.3 中国建筑工业出版社出版

  该书较完整介绍仿古建筑园林工程的一些基本施工工艺，是继承和发扬我国古建筑文化基本知识的读物。内容有：1. 中国园林建筑总论；2. 基础与台基工程；3. 木构架工程；4. 墙体砌筑工程；5. 屋顶瓦作工程；6. 木装修工程；7. 地面及甬路工程；8. 油漆彩画工程；9. 石券桥及其他石活；10. 假山掇石工艺。

14. 中国园林建筑工程预算（102万字）58.00元   2003.3 中国建筑工业出版社出版

  该书是全国第一本详细、全面介绍，仿古建筑及园林工程预算编制的实用性书籍，共分五篇，第一篇为"通用项目"；第二篇为"营造法原做法项目"；第三篇为"营造则例做法项目"；第四篇为"园林绿化工程"；第五篇为"园林工程预算造价的计算"。

15. 中国园林建筑构造设计（48.2万字）32.00元   2004.3 中国建筑工业出版社出版

  该书以较通俗的形式，介绍一般仿古建筑结构中，各种构件的构造及其设计尺寸。共分九章：第一章为仿古建筑构造设计通则；第二章为庑殿建筑的构造设计；第三章为歇山建筑的构造设计；第四章为硬山与悬山建筑的构造设计；第五章为亭廊榭舫建筑的构造设计；第六章为垂花门与木牌楼的构造设计；第七章为室内外装修构件的构造设计；第八章为台基与地面的构造；第九章为彩画知识的鉴别。

16. 编制装饰装修工程量清单与定额（66.8万字）43.00元　　　　　　　　2004.9 中国建筑工业出版社出版

本书是为帮助从事建筑装饰工程专业预算工作者，学习理解执行《建设工程工程量清单计价规范》和编制企业定额基本知识的实用书籍，全书共分五章：第一章为装饰装修工程量清单绪论；第二章为工程量清单编制实践；第三章为工程量清单计价格式编制实践；第四章为消耗量定额及基价表的编制；第五章为建筑装饰工程参考定额基价表。

17. 编制建筑工程工程量清单与定额（139.5万字）110.00元　　　　　　2006.4 中国建筑工业出版社出版

本书是帮助建筑工程专业预算工作者，学习理解执行《建设工程工程量清单计价规范》和编制企业定额基本知识的实用书籍，全书共分六章：第一章为建筑工程工程量清单绪论；第二章为工程量清单编制实践；第三章为工程量清单计价格式编制实践；第四章为消耗量定额及基价表的编制；第五章为建筑工程参考定额基价表；第六章为利用定额光盘修改定额基价表。

18. 园林建筑与绿化工程清单编制及计价手册（140.4万字）98.00元　　2007.7 中国建筑工业出版社出版

本书是帮助园林建筑工程专业预算工作者，编制工程量清单及清单计价的实用书籍，全书共分九章：第一章为园林建筑与绿化工程工程量清单绪论；第二章为"通用项目"工程量清单编制实践；第三章为"营造法原作法项目"工程量清单编制实践；第四章为"营造则例作法项目"工程量清单编制实践；第五章为"园林绿化工程"工程量清单编制实践；第六章为工程量清单计价格式编制实践；第七章为仿古建筑及园林工程定额基价表；第八章为《计价规范》附录摘要；第九章为利用定额光盘修改基价表。

19. 建筑工程计价简易计算（21.4万字）29.80元　　　　　　　　　　2008.1 化学工业出版社出版

该书是利用智能光盘和要求不高的电脑知识，来代替手工计算器，以免除工作中的烦恼、烦闷和烦躁心情，杜绝了因一字之错而前功尽弃，推翻重做的尴尬局面。该书分为指导说明和光盘。在指导说明中叙述了光盘使用及其计算表格的操作方法，并用工程项目实践算例，全程指导如何按图纸取定尺寸和手工计算等内容。

光盘包含建筑工程各个分部（土方、桩基、砌筑、混凝土、门窗、楼地面、屋面、装饰、金属等）智能工程量计算表；智能清单计价计算表；智能定额基价计算表等。

20. 装饰工程清单计价手册（70.4万字）60.00元　　　　　　　　　　2008.3 化学工业出版社出版

本书用实践事例对编制装饰工程量清单各个环节做了精辟论述，并配有一张智能计算光盘，盘中含有各种工程量计算和各个项目清单计价等智能计算表，只要输入几个基数，无须手工计算就可获得计算结果，并配备有全国通用性定额基价表，只要输入当前市场价格就可自动形成新的基价，减少定额换算工作。全书共分七章：第一章为装饰装修工程工程量清单绪论；第二章为工程量清单编制实践；第三章为工程量清单基价实践；第四章为制定消耗量定额基价表；第五章为应用智能计算光盘；第六章为装饰装修工程参考定额基价表；第七章为《计价规范》附录摘要。

21. 中国仿古建筑设计（41.9万字）45.00元　　　　　　　　　　　　2008.8 化学工业出版社出版

本书详细介绍了唐宋元明清时期古建筑的一些基本知识。全书具体内容分为七章：第一章为仿古建筑的形与体，主要介绍仿古建筑的类型、体量和斗栱；第二章为仿古建筑木构架，按所分类型详细介绍仿古建筑的木构架结构；第三章为仿古建筑的屋面，按所分类型具体讲解仿古建筑的屋面瓦作；第四章为仿古建筑的围护与立面，具体细化仿古建筑的立面表现图示；第五章为仿古建筑的装饰构件，分别介绍仿古建筑常用的装饰内容；第六章为仿古建筑的台基与地面，阐述仿古建筑常用的台座、地面和甬路等的形式；第七章为仿古石桥与石景，介绍园林景点所常用的石券桥和石景基本知识。

22. 仿古建筑快捷计价手册（71.3万字）85.00元　　　　　　　　　　2010.1 化学工业出版社出版

本书是介绍唐宋元明清时期仿古建筑工程，进行工程计价和工作实践的专业书籍。它以《建设工程工程量清单计价规范》和《仿古建筑工程定额基价表》为基本依据，选用水榭房屋建筑和亭子建筑工程为实例，详细叙述其工程量计算及计价方法，并特别提供了一张快捷计算光盘。

本书内容包括：仿古建筑工程计价依据文件，《营造法原作法项目》释疑，《营造法原作法项目》工程量清单及计价，《营造则例作法项目》释疑，《营造则例作法项目》工程量清单及计价，仿古建筑快捷计算光盘应用说明。本书附仿古建筑快捷计算光盘一张。

23. 预算员手册（第三版）(78.8万字) 68.00元 　　　　　　2010.8 中国建筑工业出版社出版

本书按新的要求，将原版预算内容改为工程量清单内容，并提供一张智能计算光盘，以解除繁琐的手工计算操作。该书是将理论与实践、务实与操作融为一体的版本，全书共分五章：第一章　工程量清单基本内容简述；第二章　建筑工程项目名称释疑；第三章　建筑工程量清单编制示范；第四章　建筑工程量清单计价示范；第五章　建筑工程计算光盘使用说明。

24. 城市别墅建筑设计（32.9万字）45.00元 　　　　　　2011.6 化学工业出版社出版

本书以普及版本的入门形式，帮助初学者和自学者达到既能掌握基本理论知识，也能进行实际操作，为提高建筑设计能力打下牢固基础。全书共分五章：第一章　城市别墅概论；第二章　功能分析与平面设计；第三章　外观造型与立面设计；第四章　内空高度与剖面设计；第五章　城市别墅建筑设计图集。

25. 中国园林建筑施工技术（第三版）(66.8万字) 68.00元 　　　　2012.5 中国建筑工业出版社出版

本书对原版章节结构作了一定更新和调整，增补了《营造法式》、《营造法原》的一些相关内容及解说，增添了更多的图例，全书分为八章：第一章　园林建筑鉴别及基础施工；第二章　园林建筑木构架施工；第三章　园林建筑墙体施工；第四章　园林建筑屋顶工程；第五章　园林建筑木装修工程；第六章　地面及石作工程；第七章　油漆彩画工程；第八章　石券桥及石景。

参 考 文 献

［1］　唐春来主编．园林工程与施工．北京：中国建筑工业出版社，1999．

［2］　王璞子．工程做法注释．北京：中国建筑工业出版社，1995．

［3］　高珍明，覃力共著．中国古亭．北京：中国建筑工业出版社，1994．

［4］　刘大可编著．中国古建筑瓦石营法．北京：中国建筑工业出版社，1993．

［5］　刘致平著．中国建筑类型及结构．北京：中国建筑工业出版社，1987．

［6］　姚承祖原著．营造原法．张志刚增编、刘敦桢校阅．北京：中国建筑工业出版社，1985．

［7］　李全庆，刘建业编著．中国古建筑琉璃技术．北京：中国建筑工业出版社，1985．

［8］　文化部文物保护科研所主编．中国古建筑修缮技术．北京：中国建筑工业出版社，1983．

［9］　梁思成著．清式营造则例．北京：中国建筑工业出版社，1980．

［10］　马炳坚著．中国古建筑木作营造技术．北京：科学出版社，1991．

［11］　姜振鹏主编．中国传统建筑木装修技术．北京市城建科协，1986．

［12］　李诫编．营造法式．中国书店版．

［13］　王庭熙，周淑秀编．园林建筑设计图选．南京：江苏科学技术出版社，1988．

化学工业出版社
古建类图书推荐

	书　名	定价	出版时间	作者	ISBN 号
古建筑工程施工 细节详解系列	古建筑修缮工程施工细节详解	28.00	2014 年 10 月	赵　琛	9787122207432
	古建筑油饰工程施工细节详解	29.00	2014 年 10 月	曹　雷	9787122205308
	古建筑木作工程施工细节详解	39.00	2014 年 05 月	姜　彧	9787122198389
	古建筑屋面工程施工细节详解	28.00	2014 年 04 月	武　琳	9787122195135
	古建筑瓦石工程施工细节详解	29.00	2014 年 04 月	姜　彧	9787122194244
	古建筑消防工程施工细节详解	28.00	2014 年 01 月	赵　辉	9787122189462
中国古建筑工程 技术系列图书	中国传统建筑装饰	45.00	2014 年 01 月	杜　爽	9787122184498
	古建筑工程预算	49.80	2014 年 06 月	徐锡玖	9787122193094
	中国古建筑构造技术	69.00	2013 年 09 月	王晓华	9787122176622
	古建筑瓦石工程技术	38.00	2013 年 08 月	王　峰	9787122168658
	古建筑油漆彩画(附光盘)	39.80	2012 年 11 月	杜　爽	9787122148124
古建筑工程手册		59.00	2014 年 01 月	姜　彧	9787122183798
中国古建筑典籍解读——《营造法式》注释与解读		138.00	2018 年 2 月	吴吉明	9787122304070
中国古建筑典籍解读——《园冶》注释与解读		68.00	2018 年 2 月	吴吉明	9787122304087
中国古建筑典籍解读——清工部《工程做法则例》注释 与解读		138.00	2018 年 2 月	吴吉明	9787122304094
中国传统建筑木作知识入门——传统建筑基本知识及 北京地区清官式建筑木结构、斗栱知识		78.00	2016 年 10 月	汤崇平	9787122278661
中国仿古建筑构造与设计		78.00	2017 年 7 月	徐锡玖	9787122291400
中国仿古建筑构造精解(第二版)		85.00	2013 年 05 月	田永复	9787122167149

如需更多图书信息，请登录 http://jz.cip.com.cn

服务电话：010-64518888，64518800（销售中心）

网上购书可登录化学工业出版社天猫旗舰店：http://hxgycbs.tmall.com

邮购地址：(100011) 北京市东城区青年湖南街 13 号 化学工业出版社

如果您有出版图书的计划，欢迎与我们联系，联系电话：010-64519527